新疆农业
抗旱减灾关键技术
研究与应用

张江辉　白云岗　张强　姜卉芳　著

中国水利水电出版社
www.waterpub.com.cn
·北京·

内 容 提 要

本书针对新疆频发的干旱问题，介绍了新疆干旱灾害的时空演变规律及主要特征，分析了不同干旱评价因子及抗旱标准对新疆干旱内陆区环境特点的适应性，探讨了区域与流域两种尺度下的干旱监测预警及不同气候情景下应对干旱的灌区水资源调度与优化配置方法，提出了集干旱预警预报、灌区水资源优化配置、高效节水灌溉技术、非充分灌溉技术、化学抗旱制剂应用等技术为一体的应对干旱灾害的综合防治技术与应用模式，为构建具有“预测、预防、预警、应急处置”四位一体的抗旱减灾保障体系提供了技术支持和方法。

本书可供从事农业抗旱减灾工作的管理人员及科技工作者借鉴，也可供有关大专院校师生参考。

图书在版编目（CIP）数据

新疆农业抗旱减灾关键技术研究与应用 / 张江辉等著. -- 北京 : 中国水利水电出版社, 2019.6
ISBN 978-7-5170-7740-4

Ⅰ. ①新… Ⅱ. ①张… Ⅲ. ①旱作农业－节约用水－研究－新疆 Ⅳ. ①S343.1

中国版本图书馆CIP数据核字(2019)第112850号

审图号：新S（2019）038　地图审核：新疆维吾尔自治区自然资源厅

书　　名	**新疆农业抗旱减灾关键技术研究与应用** XINJIANG NONGYE KANGHAN JIANZAI GUANJIAN JISHU YANJIU YU YINGYONG
作　　者	张江辉　白云岗　张　强　姜卉芳　著
出版发行	中国水利水电出版社 （北京市海淀区玉渊潭南路1号D座　100038） 网址：www.waterpub.com.cn E-mail：sales@waterpub.com.cn 电话：（010）68367658（营销中心）
经　　售	北京科水图书销售中心（零售） 电话：（010）88383994、63202643、68545874 全国各地新华书店和相关出版物销售网点
排　　版	中国水利水电出版社微机排版中心
印　　刷	天津嘉恒印务有限公司
规　　格	184mm×260mm　16开本　16.5印张　371千字
版　　次	2019年6月第1版　2019年6月第1次印刷
印　　数	0001—1200册
定　　价	**87.00**元

凡购买我社图书，如有缺页、倒页、脱页的，本社营销中心负责调换

前　言

QIANYAN

新疆位于我国的西北部，地处欧亚大陆中心，北纬34°22′～49°33′，东经73°41′～96°18′，南北最宽1650km，东西最长2000km，总面积166万km^2，与俄罗斯、哈萨克斯坦、塔吉克斯坦、吉尔吉斯斯坦、蒙古、阿富汗、巴基斯坦、印度八个国家接壤。山脉与盆地相间排列，盆地与高山环抱、喻称“三山夹二盆”。北部阿尔泰山，南部为昆仑山系，天山横亘于新疆中部，把新疆分为南北两半，南部是塔里木盆地，北部是准噶尔盆地，习惯上称天山以南为南疆，天山以北为北疆，哈密、吐鲁番盆地为东疆。

由于远离海洋，周围又有高大山脉环抱，来自海洋的气流不易到达，因此新疆降水稀少，气候干旱，为温带大陆性气候。因而全年日照时数延长，全年日照时数达2550～3500h，年总辐射量为5000～6490MJ/(m^2·a)，比同纬度的华北和东北地区多620～640MJ/(m^2·a)，仅次于青藏高原而位于全国第二。全疆年平均降水量只有150mm，而且时空分布极为不均，其中北疆由于西部山地海拔较低，降水较多，年平均降水量200～250mm；南疆由于周围高山环绕，降水极少，平原区年平均不足100mm。和降水相比，新疆地区的蒸发特别强烈，准噶尔盆地一般为1500～2000mm，塔里木盆地一般为2000～3000mm，吐鲁番、哈密盆地一般为3000mm。

水是人类生存的生命线，是经济发展和社会进步的生命线，是实现可持续发展的重要物质基础，水对我国内陆干旱区尤为重要。频繁发生的干旱是一个世界范围的重大灾害性气候问题，它已直接和间接地阻碍了社会经济发展，并且威胁着人类的生存。旱灾不仅造成经济损失严重，而且加剧干旱缺水、水土流失、荒漠化土地扩展等生态环境灾害，严重影响社会经济发展与可持续发展。2006年全疆受灾面积达37.27万hm^2，经济损失9.6亿元，2007年全疆受灾面积达26.67万hm^2，经济损失11.2亿元。据2008年不完全统计，新疆地区农作物受旱面积达81.33万hm^2（包括旱地），成灾面积达42.67万hm^2，绝收面积8.8万hm^2。旱灾已成为制约新疆经济、社会可持续发展的重要灾害之一。

目前，新疆缺乏关于抗旱减灾技术的相关研究，突出表现在缺乏干旱监测预警技术，可操作性强的应对受灾减免技术，如水资源联合调度技术、作物亏缺补偿技术等。因此，加快相关关键技术的研究工作，为抗旱减灾工作提供技术支撑和技术服务是当务之急。加大防灾减灾科研力度，最大限度减少自然灾害给人民生命财产带来的损失，是落实科学发展观，坚持以人为本，构建和谐社会，打造平安新疆的重要前提。同时，重大自然灾害的监测、预警和应急处置关键技术，是《国家中长期科学和技术发展规划纲要(2006—2020)》中“公共安全”重点领域中的优先主题。

“十五”以来，随着新疆极端天气事件与农业干旱灾害频发，强度和空间分布差异明显，造成巨大经济损失，干旱灾害成因及抗旱减灾关键技术的问题引起了新疆维吾尔自治区科技厅、水利部门和各地区政府的高度重视。为了探索新疆农业干旱灾害综合评价指标体系，搭建农业干旱灾害数字可视化平台，为干旱减灾保障体系提供技术支持和技术服务，提高新疆地区处置突发自然灾害事件的能力，2008年、2013年新疆水利水电科学研究院申请了新疆维吾尔自治区科技计划项目“新疆农业抗旱减灾关键技术研究”“新疆农业干旱灾害成因及风险评估研究”课题，与中山大学及新疆农业大学密切合作，相继开展了新疆农业干旱灾害特征及其成因分析研究、新疆农业干旱灾害综合评价指标体系及区划研究、新疆农业干旱灾害风险评估及数字平台系统研究及主要作物高效节水灌溉技术模式等方面的研究工作。课题实施以来，定期搜集全疆50余个监测站点气象数据，共投入30余名科技人员长期坚持在第一线进行研究工作，共布置试验小区100余个，试验累计面积12hm^2，采集全疆气候数据、田间土壤水分、试验区气象及植株等各类基础数据9万余组。通过近10年的研究发现，采用抗旱节水技术，在节水的同时，提高了作物的品质和产量，同时，创建的新疆干旱预防预警系统可对新疆空间范围进行干旱监测、预测以及对损失影响进行评估。研究成果在生产中得到了较大面积的推广应用，取得了显著的经济效益、社会效益与生态效益。

在项目研究中，以提高抗旱应急反应及处置能力为目标，分析已有研究成果，结合田间、室内模拟模型实验，通过新疆区内干旱灾害特征及成因分析，探索研究适应我区自然环境特点的干旱预警因子及标准，构建干旱预警决策系统及地表水、地下水统一调度的策略和优化方案，开展农业节水抗旱新技术的开发与示范等；搭建农业抗旱减灾科技创新平台，以科技攻关为先导，示范工程为突破口，实现抗旱减灾保障体系的完善，提高新疆处置突发自然灾害事件的能力，为全面建设和谐社会提供可靠的科技保障。在干旱预警及水资源应急调度应用方面，将干旱预警技术、水资源优化调度技术、GIS技术、计算机技术与局域网络管理技术集成建立了“新疆玛纳斯河流域水资源配置与管理信息系统”，并在新疆玛纳斯河流域管理处水资源调度中心进行了应用，通过预警系统可及时根据来水对全流域内水资源进行调配，大大降低了干旱灾害可能对流域内农业造成的损失。在玛纳斯县乐土驿镇建成333.3hm^2的作物高效节水技术示范区，使项目区水费的征收率由86%提高到98%；灌溉水利用率提高到0.9，示范区毛灌溉定额（斗口）由6750m^3/hm^2减少到4500m^3/hm^2，节水33%。

本书是在新疆维吾尔自治区科技计划项目“新疆农业抗旱减灾关键技术研究”“新疆农业干旱灾害成因及风险评估研究”课题的支持下，针对新疆近年来频发的干旱灾害问题，首次较为系统地开展了农业干旱灾害成因及关键技术的研究，将现代农业前沿技术与实用技术相融合，形成具有“预测、预警、预防、应急处置”四位一体的抗旱减灾保障技术体系，揭示了新疆区内降水、气温以及极端降水与极端气温事件发生的规律及空间特征，阐明了新疆干旱灾害的成因，确立北疆地区干旱预警因子及评价标准，开发出干旱预警决策系统。在研究流域地表水、地下水资源优化调度的基础上，建立联合决策调度模型，利用GIS系统集成技术，将流域水资源优化决策模型与流域的管理调度相结合，开发了玛纳斯河流域水资源管理信息系统。通过田间试验，提出了基于非充分灌溉、化学抗旱制剂应用等技术为一体的棉花、小麦等作物的抗旱节水技术综合应用模式。

本书共分9章，其中第1章由张江辉、白云岗撰写；第2章由张江辉、卢震林、刘洪波撰写；第3章由白云岗、张强、木沙·如孜撰写；第4章由张强、李剑锋、孙鹏撰写；第5章由张强、李剑锋撰写；第6章由张强、姜卉芳、李剑锋、刘小勇、彭亮、穆振侠撰写；第7章由张江辉、白云岗、加孜拉、刘洪波、王永杰撰写；第8章由孙鹏、姜卉芳、张强、何英、林丽撰写；第9章由张江辉、白云岗撰写。全书由张江辉、白云岗、张强进行统稿校核，并由张江辉最后审定。

在书稿付梓出版之际，感谢为新疆干旱灾害成因与风险评估及抗旱减灾关键技术研究付出辛勤努力和艰辛劳动的各位工作人员，还要感谢新疆维吾尔自治区防汛抗旱指挥部办公室、新疆玛纳斯河流域管理局等相关部门的大力支持与帮助。

由于研究者水平和时间及经费所限，对有些问题的认识和研究还有待于进一步深化，错误和不足之处也必颇多，恳请同行专家批评指正。

作者

2018年12月

目 录

MULU

第1章 概 论

1.1 背景与意义

水是人类生存的生命线，是经济发展和社会进步的生命线，是实现可持续发展的重要物质基础，水对我国内陆干旱区尤为重要。频繁发生的干旱是世界范围内的一个重大灾害性气候问题，它已直接和间接地阻碍了社会经济发展并且威胁着人类的生存。我国是一个干旱灾害频繁发生的国家，据统计，全国每年干旱造成的损失占各种自然灾害损失的15%以上，为各项灾害之首。20世纪后半叶，我国干旱灾害严重程度、持续时间和发生范围都呈现出增加的趋势，2000年和2001年是特大干旱年，2001年是2000年的延续；2002年、2003年、2006年、2007年、2009年是严重干旱年；2010年对于全国虽属于中度干旱年，但局部地区出现严重干旱，2010年西南5省（自治区、直辖市）（云南、贵州、广西、四川、重庆）发生百年一遇特大干旱，耕地受旱面积700万hm^2（$1hm^2=10000m^2$），占全国耕地面积的84%，作物受旱526.93万hm^2（1亩≈$666.67m^2$），有2088万人、1368万头大牲畜因干旱饮水困难，分别占全国总作物面积及总牲畜量的80%和74%。频繁发生的干旱灾害，对我国城乡供水安全、粮食安全和生态环境安全构成极大威胁，抗旱减灾工作面临着前所未有的压力和挑战。

同样，干旱也是新疆最普遍、影响最广泛的灾种。旱灾不仅造成严重的经济损失，而且加剧干旱缺水、水土流失、荒漠化土地扩展等生态环境灾害，严重影响社会经济发展与可持续发展。2006年全疆受灾面积达37.27万hm^2，经济损失9.6亿元，2007年全疆受灾面积达26.67万hm^2，经济损失11.2亿元。据2008年不完全统计，新疆地区农作物受旱面积达81.33万hm^2（包括旱地），成灾面积42.67万hm^2，绝收面积8.8万hm^2。特别是塔额盆地发生了近35年以来不遇的特大干旱，农作物受旱面积达20万hm^2，其中成灾面积13.33万hm^2，绝收面积6.33万hm^2，天然草场严重干旱面积达373.33万hm^2，占草场总面积的66%，有190万头（只）牲畜放牧困难，受灾农牧民达7.4万人。阿勒泰农田受旱面积9.33万hm^2，草场受旱面积438.8万hm^2，占可利用草场总面积的60.6%，22万农牧民和120万头（只）牲畜受到严重干旱影响。旱灾已成为制约我区经济、社会可持续发展的重要灾害之一。

目前，新疆缺乏关于抗旱减灾技术的相关研究，突出表现在缺乏干旱监测预警技术；可操作性强的应对受灾减免技术，如水资源联合调度技术、作物亏缺补偿技术等。特别是在农业抗旱节水方面，目前对棉花微灌节水技术研究较多，但在近两年受旱频繁的北疆灾区，对于种植面积较大适合微灌的番茄、打瓜等特色作物的节水技术研究较少，落后于生产实际。因此，加快相关关键技术的研究，为抗旱减灾工作提供技术支撑和技术服务是当务之急。

加大防灾减灾科研力度，最大限度减少自然灾害给人民生命财产带来的损失，是落实科学发展观，坚持以人为本，构建和谐社会，打造平安新疆的重要前提。同时，重大自然灾害的监测、预警和应急处置关键技术，是《国家中长期科学和技术发展规划纲要（2006—2020）》中“公共安全”重点领域中的优先主题。设立“新疆农业抗旱减灾关键技术研究”项目，对于提高新疆抗旱应急管理水平，增强抗旱减灾预案的针对性和可操作性，提升灾害监测预报水平和预警能力，完善应急反应处置，发挥科技在抗旱减灾中的重要支撑、引领作用，实现预防和减轻自然灾害损失的目标，具有重要现实意义。

1.2 国内外研究进展

1.2.1 干旱定义

干旱是全球普遍存在的自然灾害，其中在亚洲大部地区、澳大利亚大部地区、非洲大部地区、北美西部和南美西部的干旱半干旱区域分布最广，约占陆地总面积的35%，有120多个国家和地区每年不同程度地遭受干旱灾害的威胁。干旱灾害是我国最严重的气象灾害之一。对干旱的概念，长期以来，人们就有各种不同的理解。目前国内外对干旱定义的理解，多达100多种。由于干旱是一种十分复杂的综合现象，其形成原因和所造成的影响非常复杂，不仅与众多的自然环境因素有关，也与人类社会因素有关。干旱是在一定地区一段时期内近地面生态系统和社会经济中水分缺乏时的一种自然现象，它普遍地存在于世界各地，频繁地发生于各个历史时期。干旱灾害不仅是自然问题，也是社会问题。人类活动对于减轻干旱灾害可能施加正面影响，也可能施加负面影响。

干旱一词在气象学上有两种含义：一个是气候干旱；另一个是气象干旱。气候干旱是指蒸发量比降水量大得多的一种气候。气候干旱与特定的地理环境和大气环流系统相联系。我国的干旱气候区包括西北地区大部，内蒙古西部和西藏北部。这里的自然景观是极端干旱的沙漠和戈壁。与气候干旱不同，气象干旱是指某一地理范围在某一具体时段内的降水量比多年平均降水量显著偏少，导致该地区的经济活动（尤其是农业生产）和人类生活受到较大危害的现象。它的发生地区遍布全国。

气候干旱和气象干旱是有区别的。在有人类生产和生活的地区，干旱才可能产生灾害。属于干旱气候的新疆，当水的灌溉条件得到满足时，是不会发生干旱灾害的，相反，属于湿润气候的东部地区，年降水量高达1000mm，主要种植水田作物，需水量大，遇到降水量显著偏少的年份，因水分满足不了需要也会发生干旱灾害。当然，气候干旱和气象干旱这两者之间也存在某种联系。在干旱、半干旱气候区，由于降水量的年际变化和季节变化大，降水量显著偏少的年份和时间多，干旱灾害发生的年份往往很多；而半湿润、湿润气候则相反，干旱灾害发生的可能性比较小。

不同时间尺度的干旱变化形成了不同尺度的干旱期，生物和人类对长期干旱和湿润的适应性形成了干旱区、半干旱区、半湿润区和湿润区的空间格局，从而形成了一些耐旱性和耐湿性的自然景观和社会系统。例如，灌溉农业和旱地农业是人类农业生产过程与干旱环境相适应的产物。由此可见，干旱地区是人们根据一定的干旱指数划分的气候类型分布区，它是长期干旱变化在近代的反映，干旱地区是一种地理范围，而干旱是一种自然现象。因此干旱与干旱地区有不同的含义。

从自然角度来看，干旱和旱灾是两个不同的科学概念。干旱通常指淡水总量少，不足以满足人的生存和经济发展的气候现象。干旱一般是长期的现象，而旱灾却不同，它只是属于偶发性的自然灾害，甚至在通常水量丰富的地区也会因一时的气候异常而导致旱灾。干旱和旱灾从古至今都是人类面临的主要自然灾害。即使在科学技术如此发达的今天，它们造成的灾难性后果仍然比比皆是。尤其值得注意的是，随着人类的经济发展和人口膨胀，水资源短缺现象日趋严重，这也直接导致了干旱地区的扩大与干旱化程度的加重，干旱化趋势已成为当前全球关注的问题。

1.2.2 干旱指标

干旱发生时，伴随着降水、径流、土壤水分、积雪覆盖率、地下水及水库蓄水量等多种水文气候要素的变化。根据水分收支平衡的变化及水分亏缺类型的不同，可以将干旱划分为四种类型：①由于降水量和蒸发量收支不平衡，水分支出大于水分收入造成的水分亏缺而引起的干旱为气象干旱；②在作物生长期内，由土壤水分不足导致的作物体内水分亏缺而引起的干旱为农业干旱；③降水短缺造成的地表水或地下水收支不平衡造成的水分亏缺而引起的干旱为水文干旱；④由自然系统与人类社会经济系统水分总需求量大于总供给量而引起的干旱为社会经济干旱。

四种干旱类型各具特点，干旱类型之间既存在差异性，又存在紧密的联系。其中，气象干旱是指某时段内，由于蒸发量和降水量的收支不平衡，水分支出大于水分收入而造成的水分短缺现象，它主要以降水短缺作为指标。它可分为持续性干旱、季节性干旱和突发性干旱三类。根据持续时间，干旱又可分为：①小旱：连续无降水天数，春季达16～30天、夏季16～25天、秋冬季31～50天；②中旱：连续无降水天数，春季达31～45天、夏季26～35天、秋冬季51～70天；③大旱：持续无降水天数，春季达46～60天、夏季36～45天、秋冬季71～90天；④特大旱：连续无降水天数，春季61天以上、夏季在46天以上、秋冬季在91天以上。

气象干旱是各种干旱类型的基础，农业干旱发生与否取决于气象干旱发生的时间、地点以及种植结构等条件，农业干旱的发生与气象干旱及水文干旱的发生之间并没有直接联系，即农业干旱发生时，气象干旱及水文干旱不一定发生，而农业干旱的发生一定会引起社会经济干旱的发生，另外，荒无人烟地区气象干旱的发生一定不会引起农业干旱及社会经济干旱。

对于各种干旱，一般都基于干旱指标来表征，干旱指标的使用可以帮助科学家们简化复杂的干旱现象，量化气候异常的强度、持续时间及空间范围，使其能够更好、更方便地传达给其他使用者，对气候水文变化区域干旱事件发生强度、历时以及强度的量化和比较非常重要。能否提前做好准备以减轻干旱所带来的影响，在很大程度上依赖于对干旱开始、发展过程及覆盖范围的判断，而这些信息即可通过干旱监测获得。干旱监测通常使用多种干旱指数，干旱指数的使用既能为决策者提供干旱强度相关信息，又能作为依据来制定干旱应急预警计划。

国内外常用的干旱指数概括为单因子指数与多因子指数两大类。单因子指数仅考虑降水量或气温等单一影响因子，不考虑下垫面等其他因素的作用，例如，在澳大利亚适用性较强的百分位指数；在中国范围内得到广泛使用的 *Z* 指数；全世界范围内适用性较强的标准化降水指数 *SPI*、降水距平、气温距平、朗格雨量指数、德马顿干燥指数及谢尼良诺夫水热系数等，单因子指数操作简单，但因为干旱事件本身的复杂性，单因子指数对干旱监测并不全面，其应用不够完善，存在一定的局限性。多因子指数不仅考虑降水、气温等气象因子对干旱事件所造成的影响，还会综合考虑下垫面特征、土壤持水能力及降水量蒸散发等多种因子的作用。在考虑降水、气温等因子对干旱所造成影响的同时，还综合考虑了降水量蒸散发、径流量、土壤渗透性、下垫面特征等多种水文气象因素对干旱的作用，常用的多因子干旱指数有标准化蒸散发指数 *SPEI*、在美国得到广泛使用的 Palmer 指数等。

近年来，研究者们在干旱指标的确立以及改进方面做了诸多努力。20 世纪建立了一大批用于干旱量化、分析以及监测的干旱指标。基于土壤水分平衡的干旱指数有 *CSDI*（crop specific drought index）、*PDSI*（palmer drought severity index）、*SMDI*（soil moisture drought index）等，其中，由 Palmer 于 1965 年提出的 *PDSI* 是干旱指标发展过程中的里程碑，但由于计算过程复杂、对干旱反应不够灵敏、没有考虑人类活动如灌溉等对水平衡的影响等缺陷，其实用性并不高。Wells 等在 2004 年对 *PDSI* 指标进行了很大程度上的改善，建立了自适应 *PDSI* 指数（Self - calibrating PDSI），使得计算结果依赖于当前测站气候特征，对干湿状况有不同的敏感性，在空间上的可比性有所提高。基于降水概率分布的干旱指数有 *BMDI*（bhalme and mooley drought index）、*DI*（deciles index）、*RAI*（rainfall anomaly index）、*SPI*（standardized precipitation index）等，其中 *SPI* 指数的使用最为广泛。

1.2.3 干旱特征与成因

干旱问题是一个世界性的问题。当今世界对于干旱及干旱灾害的研究已有多年历史，国内外学者普遍认为干旱呈增加趋势，首先是非洲的萨赫勒—苏丹地区持续不断发生严重的干旱，大范围的严重干旱又在世界许多地区接连不断地出现，加上与干旱灾害有关的荒漠化灾害等影响极大，严重制约了许多国家经济、社会的发展，并且威胁人类的生存环境。为了减轻干旱灾害的影响，研究者从气候对社会、经济、环境冲击的角度出发，对我国 1951—1985 年干旱灾害发生的时空分布特征、变化规律进行了分析，并且以大量事实为依据，阐述了干旱灾害对我国国民经济产业，如粮食产量、水资源和能源、林收渔业等造成的影响。根据农业灾害统计资料显示，1949 年以来的旱灾时空分异特征和演变规律，得到的结论是我国旱灾灾情分布特点主要受自然环境控制。陈菊英、马宗晋等分别利用降水量距平百分率、干旱频率等指标建立了我国干旱灾害的时空分布格局。中华人民共和国水利部长江水利委员会依据水旱灾害史料和气象水文观测记录分析了长江流域的历史农业干旱灾害时空分布规律。姜逢清等基于新疆 1950—1997 年历史灾害统计资料，运用一般统计学方法与分形理论分析了新疆的干旱灾害特征，对新疆农业旱情进行了风险评估。肖军和赵景波等利用陕西省 54 年来的农业旱灾灾情资料对旱灾特征进行了详细分析和预测，得出陕西省旱灾有发生频率加快、灾情加重趋势，干旱灾害具有较强的持续性。张允和赵景波通过对历史文献资料的收集、统计和分析，对 1644—1911 年西海固地区干旱灾害的时间变化、空间变化、等级序列以及驱动力因子进行了研究。总结出了在气候条件、人类活动的影响下，干旱灾害在时间和区域上有逐年加重的趋势。黄会平根据近 60 年来干旱灾情统计资料，分析了我国干旱灾害的时空分布特征及其变化趋势，结果表明：近 60 年来，我国干旱灾害的受灾面积、成灾面积、经济损失有逐步增加的趋势，灾害发生的频率也在不断加快。在空间分布上，陕西、甘肃、宁夏、内蒙古、山西、青海、黑龙江、吉林、辽宁、重庆、山东、河北、北京、天津等是成灾严重的省（自治区、直辖市）；北方的黄河流域、松辽流域、海滦河流域、淮河流域受灾程度严重，南方的长江流域、珠江流域、太湖流域等受灾程度相对较低，但总体上都有不断加重的趋势。李晶、王耀强等调查分析了内蒙古自治区 101 个旗县 1990—2007 年间因旱造成的农业、牧业、城镇居民生活及工业方面的损害程度及相应降水资料。通过运用统计计算、频率分析等方法，初步确定了内蒙古自治区的旱情时空分布特征，确定了内蒙古自治区 3 个易旱季节旱灾易发区的分布区划及 3 个级别的旱灾等级（严重旱灾、中度旱灾、轻度旱灾）发生频率和分布区划。江涛和杨奇等利用 1956—2005 年 126 个雨量站逐月降水资料，采用标准化降雨指数和经验正交函数分解法，探讨了广东省干旱灾害空间分布规律，结果表明局部地区干旱灾害有逐渐加重的趋势。

在深入调查研究本国旱灾规律、旱灾影响和国民抗旱减灾活动的基础上，美国国会于 1998 年通过美国国家干旱政策法案（The Natinoal Druoght Policy），明确提出本国抗旱减灾的方针，同时成立了国家干旱政策委员会（The National Drouhgt Policy Commission），授权对本国抗旱方略进行研究，并向国会提出有关建议。国家干旱政策委员会随后提交了题为“为 21 世纪的干旱做准备（preparing for drouhgt in the 21st century - report of the national drought pocliy commssion）”的报告，全面分析本国旱情形势，提出了具体的抗旱减灾对策。

刘引鸽利用西北地区降水和农作物旱灾面积统计资料，将干旱灾害事件与影响因子进行对比分析，结果表明：厄尔尼诺事件当年或次年，南方涛动指数负距平，太阳黑子低值，青藏高原为多雪年，地表径流枯期，西北干旱灾害发生率较高，降水稀少、气候变化。杜金龙和邢茂娟等研究出地处黑龙江省西部松嫩平原腹地的安达市干旱灾害形成的原因是自然因素和人类因素。黄桂珍和韦庆华等从气候、地形等方面分析了广西凌云县2009年秋至2010年干旱灾害的成因，并提出了相应的抗旱措施，尽可能减少干旱灾害造成的损失。梁建茵等根据广东省86个气象站的降水量资料，用正态化 Z 指标讨论了广东省汛期旱涝的成因及前期影响因子，并对前后汛期的旱涝等级进行了划分。吕娟和高辉等根据2000年以后的气象及旱灾统计数据，总结分析了21世纪我国干旱灾害发生频率大、受旱面积广、区域变化明显的特点，并就自然和社会两方面分析了旱灾频发的原因。李治国和朱玲玲等利用河南省1950—2009年干旱灾情资料，分析了干旱灾害的变化特征及成因。

1.2.4 干旱预测预报方法

近年来，随着全球性环境的恶化和水资源的短缺，与人类生存密切相关的干旱问题显得日益突出，已经引起许多国家和地区的关注和重视。美国、日本、俄罗斯以及澳大利亚等发达国家相继建立了气候监测及诊断分析业务，以加强对灌溉用水和干旱灾害的研究。在国内，如何有效地监测旱情的动态变化并进行准确的预报，也成为众多学者共同关心的研究课题，安徽、陕西、西藏以及内蒙古等地区分别建立了基于各类指标的干旱预报模型。但总的来说，由于干旱灾害受到诸多长期天气过程的影响，人们对其成灾机理仍不尽明确，这些模型大多具有比较明显的区域性和针对性，尚未形成能在全国各地广泛适用的预报模型。

干旱的分类和指标研究是干旱监测预报的基础，干旱类型的区分以及适合指标的选择，都将对干旱预报的精确度和适用度产生很大的影响。根据旱情影响范围和研究角度的不同，可以将干旱分为气象干旱、水文干旱、农业干旱以及经济干旱。气象干旱指在一个相对长的时期内，某一地区的蒸发量大于降水量，或降水量异常偏少，多直接以降水量或降水量的统计量以及帕尔默（palmer）指标作为干旱指标。农业干旱是由于在某一时段内，某一地区的降水量和多年均值产生较大的偏差，而使该地区农业供水和需水状况不协调，农作物产生缺水现象，一般采用降水量、土壤含水量、作物旱情指标以及综合类指标对其进行评价。水文干旱是指一种持续性地、广泛地区性地河川流量和蓄水量较常年偏少，难以满足需水要求的水文现象。经济干旱则是指社会、经济领域从水分影响生产、消费活动等描述的干旱现象，一般以干旱所造成的经济损失作为其研究指标。

频繁发生的干旱灾害已经促使人们去关注如何更加准确地预报干旱的发生、发展、衰亡及消退的动态过程，以使得能尽可能地采取有效及时的措施来减轻或缓解所造成的损失。与洪水、风暴以及地震等自然灾害不同，干旱灾害是一个受天气、水文、地理等因素综合影响的结果，同时也是一个逐步积累的动态过程，这无疑会给干旱预报的研究工作带来很多的困难。以目前的预报研究来看，人们对水文干旱和经济干旱的预报研究相对比较少，只建立了少量的预报模型，其研究主要还是集中在与生活生产关系比较密切的气象干旱和农业干旱，或者是将两者进行耦合而形成的干旱集成预报方法方面。

农业干旱有着更为复杂的发生和发展机理，因为不同的作物有不同的需水量，即使同一作物，在不同发育期、不同地区，其需水量也都不一样。总的来说，农业干旱是气象条件、水文环境、土壤基质、水利设施、作物品种及生长状况、农作物布局以及耕作方式等因素综合作用的结果。因此，与气象干旱预报不同，农业干旱的预报必然要涉及与大气、作物以及土壤等相关的因子。根据在预报中采用的指标不同，可以将农业干旱预报分成基于降水量的预报方法、基于土壤含水量的预报方法以及基于综合性旱情指标的预报方法。

1.2.4.1 基于降水量的预报方法

降水是农田水分的主要来源，是影响干旱的主要因素之一。虽然降水量指标被认为是一种气象干旱指标，但是由于它是反映某一时段内降水与其多年平均降水值相对多少的指标，可以大致地反映出干旱的发生程度和趋势，因此也被大量地应用于对农业干旱的宏观监测和预报。降水量的预报建模方法通常是借鉴气象干旱预报的建模方法，具有直观简便等优点，但是以它为指标建立的预报模型只能描述干旱的大致程度，而不能反映出农作物遭受的干旱程度。

1.2.4.2 基于土壤含水量的预报方法

土壤含水量是农业干旱中一种应用比较成熟的指标，Feddes RA 在 1988 年对土壤水分的研究概况和方法进行了系统的阐述，指出土壤水分的研究还仅局限于区域内某田块或某样点上进行，建立的模型也多以参数模型为主。但是由于土壤含水量指标可以利用农田水量平衡关系，方便地建立起土壤—大气—植物三者之间的水分交换关系或土壤水分预报模型，因此在农业干旱预报中也被广泛地采用。目前以土壤含水量为指标建立的干旱预报模型通常可以分成两种：一是以作物不同生长状态下土壤墒情的实测数据作为判定指标而建立的预报模型；二是利用土壤消退模式来拟定旱情指标，根据农田水量平衡原理，计算出各时段末的土壤含水量，以此来预报农业的干旱程度。范德新于 1998 年在江苏南通市建立的“农业区夏季土壤湿度预测模式”，赵家良于 1999 年在淮北地区、王振龙于 2000 年在安徽进行的“土壤墒情预报模型”研究等是都基于前者所建立的干旱预报模型。该类模型的优点是能实时监测土壤的含水量变化，从而较好地反映作物旱情的动态变化，但是要对大范围的农业旱情进行预报，必须要大量地布点取样，工作量和投资都很巨大。以农田水量平衡原理建立预报模型是土壤含水量预报的另一种方法，在 1982 年，鹿洁忠就开展了关于“农田水分平衡和干旱的计算预报”的研究，李保国于 1991 年又在鹿洁忠等人研究的基础上建立了二维空间的“区域土壤水贮量预报模型”，此后，辽宁黄旭晴、安徽孙荣强等利用土壤水平衡方法建立了“农业干旱预报模型”，熊见红在长沙市、陈木兵在湘中采用三层蒸散发模型和蓄满产流原理，建立了“土壤含水量干旱预报模型”。由于土壤含水量的计算要对气候条件、作物发育状况、土体构型等因素的影响进行考虑，因此以此为指标建立的预报模型往往参数计算复杂，具有明显的区域特征。

1.2.4.3 基于综合性旱情指标的预报方法

农业干旱的发生是一个综合因素影响的结果，采用单指标开展干旱预报，如降水量指标和土壤含水量指标虽然可以在一定程度上大致反映出农业干旱的发生趋势，但却忽视了对作物光合作用、干物质产量以及籽粒产量的动态变化进行描述。大量实验证明，这与作物的蒸腾量以及水分亏缺情况有密切的关系。吴厚水、安顺清等人最早开展了以蒸发力和相对蒸散量计算作物水分亏缺情况的研究工作，建立了作物缺水指标。此后，康绍忠、熊运章和张正斌等人分别采用了“气孔阻力法”“叶温法”以及“土壤含水量法”来计算作物的实际耗水量，并将它作为一种综合指标对作物的水分亏缺状况进行监测和预报，余生虎等人也在高寒草甸区以作物蒸散能力和土壤干湿程度相结合的综合指标建立了类似的干旱预报方程。由于作物实际耗水量综合反映了土壤、植物本身因素和气象条件的综合影响，因此以此建立的干旱预报模型比其他指标的预报模型更加宏观实用，真实准确。

对于干旱指标国内外均有大量研究，我国科学工作者在干旱指标的制定和应用方面做了大量的工作。但是由于干旱成因及其影响的复杂性，迄今为止还没有建立起完善统一的干旱指标体系，没有找到一种普遍适用各种用途、不同地区、不同时间段的干旱指标，目前不同地区、不同领域使用不同的干旱指标。长期以来，由于受到传统专业划分的限制，不同的部门、行业（如大气学、水文学、农业学、生态学、系统工程学等）横向之间沟通和交叉不够，它们基于不同的角度，从实际工作领域去认识干旱，因此对于干旱没有一个统一的定义，存在着不同的理解。美国、日本、苏联和澳大利亚等一些发达国家都相继建立了气候监测、诊断分析业务，加强对包括干旱在内的气候灾害的研究。干旱评价方法也随着干旱的不同划分而不同，总起来说可分为以下几种类型：

1. 气象干旱评价

气象干旱指标主要是考虑一定时期内的降水量。评价这类干旱的方法主要有：

(1) 雨量指标法，根据降水距平、均方差来定量描述干旱程度。南京大学气象系教授徐尔灏于1950年在假定年降雨量服从正态分布的基础上，提出用降雨量的标准差来划分旱涝等级的方法。1981年，我国中央气象局曾用类似的指标绘制出我国500年的旱涝图集。

(2) 区域旱涝指数（drought area index/flood area index，*DAI*/*FAI*）法，该法由Bhalme等提出，能反映区域的水分状况。它首先计算区域内各个气候分区干旱程度平均值，并定义区域干旱指数*FAI*为干旱程度平均值不大于－2的气候分区所占总分区的百分比。同样定义区域洪涝指数*FAI*为干旱程度平均值不小于2的气候分区所占总分区的百分比。如果*DAI*不小于25%，则该年为大面积干旱年，*FAI*不小于25%，则该年为大面积洪涝年。*DAI*计算简单可行，有效地反映了区域和年季尺度的水分状况。

(3) 湿润度和干燥度指标法，降雨量与蒸发能力之比称为湿润度（蒸发与降水之比称为干燥度)，是一种表示水分收支的综合指标。气象部门对此研究很多，制定了许多湿润、干燥度模式。该指标考虑了下垫面条件，但也仅适合于讨论气象干旱问题。

(4) 帕尔默指标法，1965 年 Palmer 提出了 *PDSI* 干旱指标，帕尔默指标是一个被广泛用于评估旱情的指标。该方法引入了水量平衡概念，又考虑了供需关系，具有较好的时间、空间可比性，能够描述干旱形成、发展、减弱和结束的全过程。我国气象部门在 20 世纪 80 年代初期也开始使用这一指标。帕尔默方法的最大贡献是首先提出了当前情况下的气候上适应降水量概念，以及用气候特征权重因子修正水分异常指标，使得各代表站之间，各月之间的干旱程度可以比较。但是，用帕尔默指标讨论水文、农业干旱有待商榷，因为该指标中有些假定不符合水文学中的水平衡理论。如假定某月的可能降水是这个月正常降水的三倍具有相当的任意性。

2. 水文干旱评价

水文干旱开始是以河川径流量为研究对象，是以时段径流量小于某临界值来定义干旱。因而很自然地，水文干旱的识别主要是采用游程理论。最初把游程理论用于水文干旱识别的是 Herbst 等人，主要是基于月降雨或月径流系数对干旱情况进行检验分析。1991 年，Mohan 和 Rangacharya 在此基础上，考虑了月径流的变差值，对以游程理论为基础的水文干旱识别方法进行了改进。应用游程理论对水文干旱进行识别，一般可采用 Dracup 等人建议的以下步骤进行：

(1) 决定缺水性质。水的缺乏与否依赖于分析对象的选择，如径流量、降水量或土壤湿度等，也可以选择几种因素的综合作为对象。水文干旱分析中多采用地表径流量作为分析对象。

(2) 确定计算时段。计算时段即为时间步长，可以采用小时、天、旬、月、季、年等计。考虑到干旱是一种发展缓慢、历时较长的自然现象，多采用旬或月作为一计算时段。

(3) 建立截断水平。它是用于区分历史资料中的不同事件，反映对来水的需求。分析中其可以是常数，也可以是随时间变化的函数、径流量的某一百分数。实际应一般多以需水过程作为截断水平。

在实际应用时，通常表示为

$$S=MD$$

式中 S——干旱列度；

M——干旱强度；

D——干旱历时。

此式给出了描述水文干旱事件的三个基本定义量的关系，干旱时 S 应为负值，且绝对值越大，说明干旱程度越严重。

3. 农业干旱评价

评价农业干旱的方法主要有：

（1）作物旱象指标法，通过观察作物生长状况判定是否发生旱象来评价干旱等级。

（2）供需水关系指标法，用降水量与农作物需水量的比值得出旱涝指数来评价干旱程度；或者以农作物根系层实际土壤含水量与农作物适宜生长含水率的关系来作为农业干旱指标。

（3）土壤含水量指标法，常用的土壤含水量干旱指标有两种：①用实测含水率判定旱象，依据阻碍作物生长的土壤含水量实验数据判定旱象是否发生；②用土壤消退模式拟定旱情指标，根据水量平衡原理，计算各时段末的土壤含水量，判定干旱是否发生。1992年，南京水利科学研究院水文水资源研究所的孙荣强利用水平衡模型提出了一种能够较全面、较客观地描述农业干旱过程及其程度的方法和指标，并用河北、安徽等省市的资料进行了试算、检验，得到的结果与实际相吻合。

4. 社会经济干旱评价

主要评估由于干旱所造成的经济损失。通常使用损失系数法来评价。Ohlssno 还提出了 *SWSI* 指标，用于反映社会所面对的干旱威胁程度，计算公式为

$$SWSI = ARW/P \cdot HDI$$

式中 *ARW*——年可利用水量；

P——人口数；

HDI——人类发展指数（基于国民的平均寿命、教育水准和 GDP 三项计算所得）。

1.3 主要研究内容与方法

1.3.1 主要研究内容

根据新疆近年来频发的干旱灾害问题，以提高农业抗灾避险能力为目标，从农业抗旱保障体系建设中急需解决的关键技术出发，研究适应新疆自然环境特点的干旱预警因子及标准，干旱预警决策系统及避险预案，地表水、地下水统一调度的策略和优化方案，旱灾的风险分担与补偿机制，农业节水抗旱新技术的开发与示范等，搭建农业抗旱减灾科技创新平台，为构建具有“预测、预防、预警、应急处置”四位一体的抗旱减灾保障体系提供技术支持和技术服务，提高新疆处置突发自然灾害事件的能力，为全面建设和谐社会提供可靠的科技保障，其具体研究内容如下。

1.3.1.1 新疆干旱灾害成因及规律分析研究

利用历史资料，研究新疆地区干旱灾害形成时间、孕灾环境、致灾因子、承灾体的特征，探索干旱灾害的变化规律和形成机理，确定新疆地区干旱灾害的发生频率与分布特征。

1. 干旱发生时间、强度和范围的动态模拟研究

分析新疆地区干旱的变化规律与水资源状况、灌溉设施、区域经济、作物品种等之

间的关系，在给定的干旱不同情景（选取不同分位数的用水量与可用水量的比值）时，利用瑞典水文局 HBV 模型模拟地表径流、壤中流、地下水补给、河川径流等可用水量以及灌溉、生活、畜牧、工业用水等用水量，再把用水量和可用水量连接起来计算用水压力指数；利用 GAEZ 模型模拟不同作物的产量，最后基于模拟的用水压力和粮食产量结果，利用 GIS 平台模拟它们的动态过程，并充分利用计算机图形技术对模型结果进行可视化表达，结合地理信息系统技术，直观、形象地反映农业旱灾的时空分布和物理图像。

2. 抗旱减灾监测预警系统研究

利用帕尔默干旱指数（palmer drought index/palmer drought severity index，PDI/PDSI）、作物湿度指数（crop moisture index，CMI）、标准降水指数（standardized precipitation index，SPI）、农业受旱率（作物受旱总面积/播种总面积）、地表供水指数（surface moisture supply index，SMSI）以及 MODIS 卫星遥感资料对新疆的干旱进行监测，确定干旱的发生时间、强度、影响范围以及结束时间，利用 GIS 技术整合常规气象资料、土壤湿度、农业及卫星遥感资料等，建立旱灾空间数据库，建成具有一定实用性的抗旱减灾预警系统。

1.3.1.2 典型流域特枯水年水资源优化调度决策方案与补偿机制研究

1. 特枯水年水资源优化调度决策方案研究

在新疆天山北坡地区选择一典型流域，选择典型的特枯受旱年份，分析其产汇流特征与水文转化过程，基于优化调度理论与技术，研究地表水、地下水资源联合调度管理模式；对流域内水库现有库容、蓄水量进行全面调查，建立水库群优化调度数学模型，提出水库联合优化调度方案。

2. 旱灾风险分担与风险补偿机制研究

从我国的国情出发，针对新疆旱灾区的不同特点，考虑局部区域与流域整体效益的关系，研究区分固有风险与附加风险的方法，注重传统模式与现代模式的结合，提出适宜的风险分担与风险补偿机制与模式，为国家及自治区相关政策的调整与完善提供科学的依据。

1.3.1.3 主要作物农业节水新技术研究

1. 小麦、玉米水分亏缺补偿技术研究

以小麦、玉米为研究对象，研究土壤水—作物水—生物量—经济产量的转化过程，探明水分亏缺下作物产生适应—补偿的高效用水生理过程；研究作物各生育期个体、群体对水分亏缺产生适应、伤害、补偿的条件，作物产生生长补偿、光合补偿、代谢补偿的类型、强度，以及作物生理节水潜力；研究可有效调控作物水分传导、气孔反应、叶片水分利用效率和根系吸水能力的技术与方法。挖掘作物生物节水潜力，实现作物抗旱节水增产。

2. 小麦、玉米非充分灌溉技术研究

研究主要农作物不同水分环境与产量水平下的作物需水特征和水分生长模型，确定作物经济需水量标准与最优蒸腾量；研制基于作物水分、土壤水分、气象信息的智能化灌溉预报系统及决策支持软件。揭示节水灌溉条件下作物需水规律，建立作物经济需水量标准，构建田间非充分灌溉技术体系，确定作物节水灌溉制度。

1.3.1.4 抗旱减灾关键技术集成示范

1. 干旱灾害评估体系研究

针对干旱灾害的危害特点，研究适宜的干旱灾害评估指标，建立干旱灾害评估体系，对研究区域内的农业产量价值进行评价，估算农业经济损失率，对干旱损失进行评估。

2. 抗旱减灾关键技术集成示范

以选择的典型流域为基础，将抗旱减灾监测预报预警系统、水资源优化调度技术、灌区农业节水新技术等关键技术进行组装集成，并应用示范，确定适宜新疆干旱特点的抗旱减灾技术模式，提出抗旱减灾预案。

1.3.2 主要研究方法

1.3.2.1 综合调查

对新疆53个气象站进行实地调研，搜集各气象站1957—2009年的气象资料，建立了新疆历史干旱灾害损失数据库。通过分析新疆降水的年内年际及空间变化特征，并从时间尺度上和空间尺度上分析干旱灾害的演变规律与分布特征，确定了新疆干旱灾害历史演变规律与空间分布特征。

1.3.2.2 模拟分析

从干旱灾害承载机制着手，通过对新疆历史干旱资料的统计分析，从历史水文、气象等环境因子的变化特征以及农业栽培发展情况，研究新疆干旱灾害评价指标；根据农业气象学、自然地理学、灾害学和自然灾害风险管理等基本理论，利用成因分析的思想，从干旱灾害风险的形成机理出发，指标选取致灾因子危险性、成灾环境敏感性、承灾体脆弱性及防灾减灾能力四因素，利用GIS技术建立灾害风险评估模型，对我区农业干旱灾害进行综合风险评估。

1.3.2.3 软件开发

在研究流域地表水、地下水资源优化调度的基础上，建立联合决策调度模型，利用地理信息系统（geographic information system，GIS）集成技术，将流域水资源优化决策模型与流域的管理调度相结合，建立干旱监测预警系统，搭建优化调度决策信息系统。

1.3.2.4 集成应用

将干旱预警技术、水资源优化调度技术、GIS技术、计算机技术与局域网络管理技术集成，建立“新疆玛纳斯河流域水资源配置与管理信息系统”，并在新疆玛纳斯河流域管理处水资源调度中心进行应用。

1.4 研究主要进展

通过综合调查、模拟分析、软件开发和集成应用的方法对新疆干旱灾害进行了系统的研究，主要得出以下研究进展：

（1）建立了新疆历史干旱灾害损失数据库，确定了新疆地区干旱灾害历史演变规律与空间分布特征。

1）通过搜集《新疆通志（水利志）》《中国气象灾害大典（新疆卷）》《新疆50年（1955—2005）》《新疆维吾尔自治区抗旱规划报告》《中国历史干旱（1949—2000）》等文献，新疆防汛抗旱办公室历史文件等资料，进行系统整理，并采用典型区域调研核准的方法，构建了新疆历史干旱灾害损失数据库。

2）从时间尺度上、空间尺度上分析了干旱灾害的演变规律与分布特征。新疆干旱发生的频次大约1.06年发生一次，从20世纪80年代开始，重大与特大干旱灾害发生频次明显增加，同时干旱灾害的受灾面积、成灾面积、各种经济损失呈逐步增加的趋势；春夏旱是新疆最普遍的干旱季节，北疆地区和东疆地区为旱灾的高发区，其中北疆地区干旱的发生次数远远高于其他地区。

（2）从气候因素入手，采用M-K趋势法、Copula函数法等分析手段，研究了新疆降水、气温以及极端降水与极端气温事件发生的规律及空间特征，阐明了新疆干旱灾害的成因。

1）根据新疆53个气象站1957—2009年的气象资料，分析了新疆降水的年内年际及空间变化特征。新疆58年（1951—2008年）平均降水量为128.9mm，最大降水量为179.5mm，出现在1958年，最少降水量为86.5mm，出现在1951年。最大降水量为多年降水量平均值的1.39倍，最小降水量为多年降水量平均值的67.1%。年降水量超过平均降水量的年份出现了25年，年降水量低于平均降水量的年份出现了33年。研究表明，绝大部分站点的年降水量并未表现出显著的变化趋势，只有位于阿尔泰山南麓的吉木乃、富蕴，天山北麓的温泉、精河，天山中段的达坂城、焉耆、乌鲁木齐，天山南麓的轮台、库车、拜城、阿克苏、阿合奇、柯坪，天山东段的巴里塘、哈密以及东昆仑山北支阿尔金山北麓的且末、若羌的年降水量呈现上升趋势（通过置信度5%的显著性检验）。年降水量呈显著上升趋势的绝大部分站点都是分布在山区附近，天山北麓、中段近年来降水量增加。

2）新疆59年（1951—2008年）的平均温度为7.31℃。新疆最高气温为8.8℃，出现在2007年，最低气温为5.83℃，出现在1969年，两者相差2.97℃。年降水量低于平均温度（7.31℃）的年份出现了23年（绝大部分出现在1984年以前），气温大于平均气温（7.31℃）的年份出现了35年（绝大部分出现在1984年之后）。绝大部分站点气温大于35℃发生的日数呈现显著上升趋势，只有位于天山南麓的库车站点，高温日数的变化趋势呈现出显著的下降趋势；而位于北疆的阿勒泰、和布克赛尔、青河、北塔山、温泉、奇台、昭苏、乌鲁木齐、巴仑台、达坂城、巴音布鲁克，南疆的焉耆、吐尔尕特、乌恰、喀什、阿合奇、阿拉尔、塔什库尔干、莎车、安德河、于田以及东疆的巴里塘、伊吾、哈密，其高温日数并未呈现出显著的变化。

3）新疆极端气候事件发生的频率呈增加趋势，这促使新疆极端水文事件的发生，虽然降水及径流与多年平均相比有增加的趋势，但年内及年际间分布的不均，是新疆干旱灾害发生增加的主要影响因素。

（3）综合分析干旱预警因子及评价指标，确立北疆地区干旱预警因子及评价标准。

1）采用12个干旱指标分析研究新疆干湿特征的时空分布，包括降水量指标、朗格雨量指数、德马顿干燥指数、湿润指数、谢尼良诺夫水热系数、干燥度指标、M指标、最长干期天数、距平百分率、标准差指标、SPI、降水温度均一化指标（I_s）以及Z指标，分别用各种干旱指标对新疆干湿特征进行分析，然后对比分析每种指标的优缺点。由于SPI多时间尺度的特性，从而使得用同一个干旱指标反映不同时间尺度和不同方面的水资源状况成为可能。而且，SPI可以直接区分引起干旱的两种直接原因，即土壤水分亏缺和用于补给的水分亏缺。SPI计算简单易行，资料容易获取，同时在各个地区和各个时段都具有良好的计算稳定性，能有效地反映旱涝状况。而且还具有优越的多时间尺度应用特性，可以满足不同地区、不同应用的需求，因而可以为我国的水资源评估和不同时间尺度的干旱监测服务。

2）结合《气象干旱等级》（GB/T 20481—2006）规定的五个气象干旱指数的干旱等级标准，综合考虑各指标应用的广泛程度和成熟程度，以及本课题组掌握的气象资料和水文的分析计算，选择SPI、Z干旱指标和降水量距平百分率（P_a）作为新疆干旱评估标准。

（4）开发区域尺度与流域两个不同尺度下的新疆干旱监测预警系统。

1）新疆干旱监测预警系统。新疆干旱监测预警系统由系统内部数据库、Arcgis文件、主程序、极端降水分析子系统、干旱监测预警子系统、干旱空间分析子系统组成。

2）玛纳斯河干旱监测预警系统。玛纳斯河干旱监测预警系统是以新疆干旱监测预警系统为基础开发的一个针对玛纳斯河流域的干旱监测预警系统。该系统只需要玛纳斯河流域的水文气象数据，减少获取数据的难度，提高可操作性，并且针对该流域的特征进行一定程度的优化，同时去掉一些由于资料限制等因素而导致计算结果偏差较大的功能。

玛纳斯河干旱监测预警系统由系统内部数据库、Arcgis文件、主程序、极端降水分析子系统、干旱监测预警子系统、干旱空间分析子系统组成。

(5) 开发玛纳斯河流域水资源管理信息系统。

1) 在研究流域地表水、地下水资源优化调度的基础上，建立联合决策调度模型，利用GIS系统集成技术，将流域水资源优化决策模型与流域的管理调度相结合，建立优化调度决策信息系统。

2) 该系统的开发平台系统采用ARCGIS地理信息系统以及相应的二次开发平台，数据库系统采用SQL SEVER 2000，玛河流域地图采用1∶50000地形图。该系统为含融雪结构的新安江模型，可实现不同气候情景下的径流过程进行模拟研究，通过干旱预警进行玛纳斯河水资源优化调度，提出了应对干旱的水资源调度方案。

(6) 提出基于非充分灌溉等技术为一体的棉花、小麦的抗旱节水技术综合应用模式。

1) 通过不同水分环境处理的试验研究，分析了棉花、小麦等作物的水分消耗与产量转化的形成关系，确定了作物需水关键期，构建了作物水分生产函数模型，采用数学模型分析了优化的灌溉制度，提出了干旱年份降低旱灾损失的非充分灌溉技术应用方案。

2) 对充分灌溉技术、化学抗旱制剂技术进行集成，形成了棉花、小麦的综合抗旱节水技术应用模式。

(7) 针对了当前旱灾风险分担机制存在的问题，提出了建立旱灾风险分担机制的措施。

1) 在对新疆干旱灾害及影响情况进行初步调查的基础上，分析了旱灾本质、成因及其发生规律，当前旱灾风险分担机制存在的问题：①旱灾损失评估难；②旱灾风险补偿制度的融资渠道有限；③法律法规不健全，制度保障缺失；④旱灾风险补偿制度的支持性配套措施不足。

2) 针对风险分担机制存在的问题，提出旱灾风险分担机制——风险共同体，根据损失的大小，所有利益相关方，包括个人、保险公司、资本市场、政府等在补偿灾害损失的时候所扮演的不同角色，即在政府支持下的多层次旱灾风险补偿机制，这个补偿机制中，包括投保人、保险人、资本市场和政府等主体。

具体措施是：①构建风险补偿制度的技术支持；②构建旱灾风险共同体的融资渠道；③构建旱灾风险共同体的法律制度；④构建旱灾风险共同体的支持性配套措施。

参考文献

[1] 陈菊英，等. 中国旱涝的分析和长期预报研究 [M]. 北京：中国农业出版社，1991.
[2] 陈菊英，等. 海滦河流域汛期旱涝变化规律成因和预测研究 [M]. 北京：气象出版社，1991.
[3] 马宗晋，高庆华. 中国自然灾害综合研究60年的进展 [J]. 中国人口·资源与环境，2010，20

(5)：1-5.

[4] 姜逢清，张延伟，胡汝骥，等. 新疆年降水不规则性空间差异与长期演变 [J]. 干旱区地理，2010，33 (6)：853-860.

[5] 赵景波，郝玉芬，岳应利. 陕西洛川地区全新世中期土壤与气候变化 [J]. 第四纪研究，2006，20 (6)：969-975.

[6] 张允，赵景波. 1644—1911年宁夏西海固干旱灾害时空变化及驱动力分析 [J]. 干旱区资源与环境，2009，23 (5)：94-99.

[7] 黄会平. 1949—2007年我国干旱灾害特征及成因分析 [J]. 冰川冻土，2010，32 (4)：659-665.

[8] 李晶，王耀强，屈忠义，等. 内蒙古自治区干旱灾害时空分布特征及区划 [J]. 干旱地区农业研，2010，28 (5)：266-272.

[9] 刘引鸽. 西北干旱灾害及其气候趋势研究 [J]. 干旱区资源与环境，2003，17 (4)：113-116.

[10] 黄桂珍，韦庆华. 2010年凌云县干旱灾害成因分析及抗旱措施 [J]. 气象研究与应用，2010，31 (3)：19-18.

[11] 梁建茵，吴尚森. 广东省汛期旱涝成因和前期影响因子探讨 [J]. 热带气象学报，2001，17 (2)：97-108.

[12] 吕娟，高辉，孙洪泉. 21世纪以来我国干旱灾害特点及成因分析 [J]. 专题研讨，2011，21 (5)：38-43.

[13] 李治国. 近40a河南省农业气象灾害对粮食生产的影响研究 [J]. 干旱区资源与环境，2013，27 (5)：126-130.

[14] 孙荣强. 干旱定义及其指标评述 [J]. 灾害学，1994，9 (1)：17-21.

[15] 赵丽，冯宝平，张书花. 国内外干旱及干旱指标研究进展 [J]. 江苏农业科学，2012，40 (8)：345-348.

[16] 耿鸿江. 干旱定义述评 [J]. 灾害学，1993，8 (1)：19-22.

[17] 张景书. 干旱的定义及其逻辑分析 [J]. 干旱地区农业研究，1993，11 (3)：97-100.

[18] 耿鸿江，沈必成. 水文干旱的定义及其意义 [J]. 干旱地区农业研究，1992，10 (4)：91-94.

[19] 范德新，成励民，仲炳凤，等. 南通市夏季旱情预报服务 [J]. 中国农业气象，1998，19 (1)：53-55.

[20] 赵家良，王振龙，乔建华，等. 淮北地区灌溉水资源优化利用模型研究 [J]. 地下水，1999，21 (1)：17-22.

[21] 王振龙，赵传奇，周其君. 土壤墒情监测预报在农业抗旱减灾中的作用 [J]. 治淮，2000 (3)：1-2.

[22] 鹿洁忠. 农田水分平衡和干旱的计算与予报 [J]. 北京农业大学学报，1982，13 (2)：69-76.

[23] 李保国. 区域土壤水贮量及旱情预报 [J]. 水科学进展，1991，2 (4)：264-270.

[24] 熊见红. 长沙市农业干旱规律分析及旱情预报模型探讨 [J]. 防汛抗旱，2003，4：29-31.

[25] 吴厚水. 利用蒸发力进行农田灌溉预报的方法 [J]. 水利学报，1981，1：1-9.

[26] 安顺清，邢久星. 修正的帕默尔干旱指数及其应用 [J]. 气象，1985，11 (12)：17-19.

[27] 康绍忠. 旱地土壤水分动态模拟的初步研究 [J]. 中国农业气象，1987，8 (2)：38-41.

[28] 张正斌，山仑. 作物水分利用效率和蒸发蒸腾估算模型的研究进展 [J]. 干旱地区农业研，1997，15 (1)：73-78.

[29] 李英年，余生虎，关定国，等. 青南青北寒冻雏形土地温状况比较及对牧草产量的影响 [J]. 山地学报，2004，22 (6)：648-654.

[30] 卫捷，张庆云，陶诗言. 1999及2000年夏季华北严重干旱的物理成因分析 [J]. 大气科学，2004，28 (1)：125-136.

[31] 张存杰，王宝灵，刘德祥. 西北地区旱涝指标的研究 [J]. 高原气象，1998，17 (4)：381 - 389.

[32] 王密侠，马成军，蔡焕杰. 农业干旱指标研究与进展 [J]. 干旱地区农业研，1998，13 (3)：119 - 124.

[33] 徐尔灏. 十年来我国对动力气象的研究 [J]. 气象学报，1959，30 (3)：243 - 250.

[34] Jackson R. D.. Canopy temperature and crop water stress, Advances in irrigation [J]. Academic Press, 1982, 1: 43 - 85.

[35] Asher J. B.. System management of high frequence drop irrigation and estimation of evaporation and transpireation by canopy temperature [J]. Agricultural Water Management, 1992, 22: 379 - 390.

[36] N. C. Turner, S. K. Sinha, D. V. Sane, et al. The benefits of water deficits [C]. Proceedings of the international congress of plant physiology, Indian, 1990.

[37] Herbst P. H., Bredenkamp D. B., Barker H. M.. A technique for the evaluation of drought from rainfall data [J]. Journal of Hydrology, 1966, 4 (66): 264 - 272.

[38] Mohan S., Rangacharya N. C.. A modified method for drought identification [J]. Hydrological Sciences Journal, 1991, 36 (1): 11 - 22.

[39] Dracup J. A., Lee K. S., Paulson E. G.. On the statistical characteristicsof drought event [J]. Water Resources, 1980, 16 (2): 289 - 296.

[40] Palmer W. C.. Meteorological drought [R]. U. S. Weather Bureau Research Paper, 1965: 45 - 58.

[41] Diaz H. F.. Drought in the united states [J]. Clim Appl Meteorol, 1983, 22: 3 - 16.

[42] Alley W. M.. The palmer severity drought index: limitations and assumptions [J]. Journal of Applied Meteorology, 1984, 23 (23): 1100 - 1109.

[43] Bogardi J. J., Duckstein L., Rumambo O. H.. Practical generation of synthetic rainfall event time series in a semi - arid climatic zone [J]. J Hydrol., 1988, 103 (3 - 4): 357 - 373.

[44] Woo K. M., Tarlue A.. Streamflow droughts of northern Nigerian river [J]. Hydrol. Sci. J., 1994, 39 (1): 19 - 34.

[45] Shiau J. T., Shen H. W.. Recurrence analysis of hydrologic droughts of differing severity [J]. J. Water Res PL - ASCE, 2001, 127 (1): 30 - 40.

[46] Bonaccorso B., Cancelliere A., Rossi G.. An analytical formulation of return period of drought severity [J]. Stoch Environ Res Risk Assess, 2003, 17 (3): 157 - 174.

[47] Gupta V., Duckstein L.. A stochastic analysis of extreme droughts [J]. Water Resour. Res., 1975, 11 (2): 221 - 228.

[48] Sen Z.. Critical drought analysis by second - order Markov chain [J]. J. Hydrol., 1990, 120 (1 - 4): 183 - 202.

[49] Sharma T. C.. Simulation of the Kenyan longest dry and wet spellsand the largest rain - sums using a Markov model [J]. J. Hydrol., 1996, 178 (1 - 4): 55 - 67.

[50] Lana X., Burgueno A., Martinez M. D., et al. Statistical distributions and sampling strategies for the analysis of extreme dry spells in Catalonia (NE Spain) [J]. J. Hydrol., 2006, 324: 94 - 114.

[51] Ali M. M., Woo J., Nadarajah S.. Generalized gamma variables with drought application [J]. Journal of the Korean statistical society, 2008, 37: 37 - 45.

[52] Serinaldi F., Bonaccorso B., Cancelliere A., et al. Probabilistic characterization of drought properties through copulas [J]. Phys. Chem. Earth, 2009, 34: 596 - 605.

[53] Cancelliere A., Salas J. D.. Drought probabilities and return period for annual streamflows series

[J]. J. Hydrol., 2010, 391: 77-89.

[54] Shahid S., Behrawan H.. Drought risk assessment in the western part of Bangladesh [J]. Nat Hazards, 2008, 46: 391-413.

[55] Raje D., Mujumdar P. P.. Hydrologic drought prediction under climate change: Uncertainty modeling with Dempster-Shafer and Bayesian approaches [J]. Adv Water R, 2010, 33: 1176-1186.

[56] Sechi G. M., Sulis A.. Drought mitigation using operative indicators in complex water systems [J]. Phys. Chem. Earth, 2010, 35: 195-203.

[57] Araghinejad S.. An approach for probabilistic hydrological drought forecasting [J]. Water Resour Manage, 2011, 25: 191-200.

第2章 新疆地理概况

2.1 自然地理

2.1.1 自然地理特征

2.1.1.1 远离海洋、气候干旱

新疆东至太平洋2500～4000km，西至大西洋6000～7500km，南至印度洋1700～3400km，北至北冰洋2800～4500km。在远离海洋和高山环抱的综合地理因素影响下，形成典型的大陆性气候，80%以上的降水分布在山区，广大平原区降水稀少、无径流产生，盆地中部存在大面积荒漠或沙漠。平原区气候干燥、蒸发强烈。多年平均降水量，塔里木盆地西部和北部为50～70mm，南部和东部多为50mm以下；吐鲁番盆地、哈密盆地为40mm以下，吐鲁番盆地的托克逊县仅为7.1mm；降水较多的准噶尔盆地，其边缘年降水量为150～200mm，盆地中部为100～150mm。根据新疆各地20cm口径蒸发皿资料，未经修正的各地蒸发量北疆为1500～2300mm，南疆为2000～3400mm，吐鲁番、哈密盆地为3000～4000mm。根据新疆水文局的研究资料，经换算的新疆各地水面蒸发值或蒸发能力，北疆为770～1200mm，南疆为1000～2000mm，吐鲁番、哈密盆地为1500～2000mm。

2.1.1.2 山盆相间、地形独特

新疆典型的地貌特征是“三山夹两盆”，由南向北依次是昆仑山、塔里木盆地、天山、准噶尔盆地、阿尔泰山。天山山脉西接帕米尔高原，由西向东延伸，其山脊线将新疆分成南北两大部分，俗称南疆和北疆。南疆主要为全封闭性的塔里木盆地，东西长达1300km，南北宽约为500km，在塔里木盆地的北缘与天山南麓之间，还有许多山间盆地，其中较大的有拜城盆地、尤勒都斯盆地、焉耆盆地、吐鲁番盆地和哈密盆地等。北疆主要为半封闭性的准噶尔盆地，东西长达850km，南北宽约为350km。各大盆地的周边是许多河流的冲积扇和冲积平原，上面分布着星罗棋布的绿洲。两大盆地的中部，都是广阔的沙漠。南疆塔里木盆地的中部为塔克拉玛干沙漠，准噶尔盆地中部为古尔班通古特沙漠。吐鲁番盆地地势低洼，为世界著名炎热低地之一，其中最低处为艾比湖，湖面高程低于海平面154.00m。准噶尔盆地的西北部边缘，有两个向西的河谷缺口：一个是阿尔泰地区境内的额尔齐斯河谷；另一个是塔城地区境内的额敏河谷。准噶尔盆地西南侧，为新疆最大的伊犁河谷。

2.1.1.3 荒漠浩瀚辽阔、绿洲人口稠密

新疆90%以上的土地面积为渺无人烟的瀚海和高山，现有绿洲面积14.28万km^2，

不到总土地的10%，其中天然绿洲为8.08万km^2，占绿洲总面积的56.6%。新疆荒漠戈壁面积为102.3万km^2，占新疆土地面积的62%（其中沙漠面积为35.2万km^2，占全疆土地面积的21%）。绿洲都处于荒漠包围之中，由于绿洲与荒漠的过渡带遭受破坏，有些绿洲已有零星沙丘入侵。新疆87个县市中有53个县（市）分布着沙漠。按土地面积计，新疆人口密度为11人/km^2，；若按绿洲面积计，则人口密度为120人/km^2。其中喀什噶尔绿洲、吐鲁番绿洲和石河子绿洲人口密度与内地人口稠密地区相当。

2.1.1.4 高山雨雪、孕育河川

新疆虽属典型内陆干旱区，但由于天山、阿尔泰山、昆仑山等高山拦截高空水气，山区降水相当多，加之众多高山冰川“固体水库”的调节，形成了大小570多条河流（包括间歇性河流）和272条山泉，并形成博斯腾湖、乌伦古湖、艾比湖等100多个大小湖泊。新疆主要水系均发源于高山山区。绝大多数属于内陆河，在大陆性干旱气候条件下，具有中小河流数量多、径流形成于山区、不少河流含沙量相当大等与国内其他河流不同的特点。

2.1.1.5 地大物博、资源丰富

特有的水土光热资源条件，使新疆成为闻名遐迩的瓜果之乡和全国最大的优质商品棉生产基地及重要的粮食生产基地。新疆有相当数量的宜农、宜林、宜牧土地，农用土地后备资源多，开发潜力大，但森林资源贫乏，植被稀少。新疆矿产资源丰富，种类繁多，已发现4000多处矿产地、122种矿产，已探明储量的矿产有73种，具有开发价值的有石油、天然气、煤、金、镍、稀有金属、盐类矿产、建材、宝石、玉石等，优势矿产有石油、天然气、煤、有色金属和铀等。新疆旅游资源丰富，发展旅游业的条件优越。

2.1.2 气象特征

由于地理、辐射、环流三因子的相互作用，使新疆气候具有自己固有的特点，即不仅受温带天气系统和北冰洋系统的影响，又受副热带天气系统甚至低纬度天气系统的影响；加上距海洋遥远，地形又由盆地和高山组成，除具有西风带气候的多变特性外，还具有年变化和日变化大的大陆性气候和盆地气候的特点。

2.1.2.1 气温

新疆属典型大陆性干旱气候，干燥少雨，四季气温相差悬殊，冬、夏季漫长，春、秋季短暂，并有春季升温快，秋季降温迅速等特点。气温的年较差和日较差都很大，北疆地区各地的气温年较差多在40℃左右；南疆地区多数地方气温年较差为30～35℃。新疆各地年平均日较差：北疆地区为12～15℃，南疆地区为14～16℃，气温年最大日较差一般在25℃以上。年平均气温：北疆地区为4～8℃，南疆地区为9～12℃。夏热冬寒是大陆性气候的显著特征，夏季7月平均气温：北疆地区为15～25℃，南疆地区为20～30℃；吐鲁番盆地是我国夏季最热的地方，有正式

记录的极端最高气温为47.7℃，出现在1986年7月23日；冬季1月平均气温：北疆地区为－20～－30℃，南疆地区为－10～－20℃，阿勒泰地区的富蕴曾出现极端最低温度－51.5℃。

2.1.2.2 积温

热量资源丰富程度主要由积温多少来衡量。新疆除北疆地区北部山区积温高于10℃但低于2000℃外，大部分农业区积温都比较高。吐鲁番盆地西南部为5500℃，持续215天；塔里木盆地多在4000℃以上，持续180～20天；准噶尔盆地南部和伊犁河谷西部多为3000～3600℃；北部阿尔泰山前平原、塔城盆地、伊犁河谷东部多在2500～3000℃，持续145～170天。一般纬度北移1°，积温高于10℃约减少100℃，持续天数缩短4天。如按热量划分，北疆可划为干旱中温带，南疆可划为干旱暖温带。

2.1.2.3 日照和太阳总辐射

新疆日照时间长，太阳总辐射量大，年总日照时数为2470～3380h，比长江中下游地区年总日照时数多500～1000h。北疆盆地为2700～2900h，山地略少；南疆盆地为2600～3100h，山地略多。太阳总辐射量北疆一般为5200～5600MJ/(m^2·a)，南疆一般为6000～6200MJ/(m^2·a)。最大值在哈密淖毛湖盆地，在6200MJ/(m^2·a)以上；最小值出现在准噶尔盆地中心，太阳总辐射量在5200MJ/(m^2·a)以下。

2.1.2.4 无霜冻期

无霜冻期，通常是指春末日最低气温最后一次出现0℃或0℃以上日期至秋季日最低气温最早出现0℃或0℃以下日期之间的天数。新疆的无霜冻期差异显著，南疆长，北疆短；平原长，山地短。北疆盆地一般为150～170天，南疆盆地在200天以上，吐鲁番长达223天。

2.1.2.5 降水

新疆地处欧亚大陆腹地，远离海洋，具有典型的内陆干旱气候特征。新疆水汽来源主要是西风环流携带的西来水汽，其次是北冰洋南下水汽，太平洋和印度洋的东南和西南季风对新疆的大部分地区影响甚微。据新疆维吾尔自治区气象局估算，新疆上空每年由西向东的水汽输送量为11540亿m^3，根据平衡统计，全疆地面降水总量2544亿m^3，约占空中水汽输送量的22%。新疆平均降水深154.8mm，约为全国平均降水深的23.8%，为各省区的末位，其中北疆平均年降水深为254mm，南疆为117mm。这些降水主要分布在山区，2/3直接蒸发返回大气层，近1/3的降水形成地表径流，部分渗入地下形成地下水。新疆降水量的地区分布很不均匀，总的规律是北疆多于南疆，西北部多于东南部，迎风坡多于背风坡，山地多于平原，垂直地带性分布特征显著。北疆山地一般为400～800mm，准噶尔盆地边缘为150～200mm，盆地中心约在50mm左右；南疆山地一般为200～500mm，塔里木盆地边缘为50～100mm，东南边缘为25～50mm，盆地中心约在25mm左右，新疆代表性气象站多年平均月降水量见表2－1。

表 2-1 新疆代表性气象站多年平均月降水量统计表 单位：mm

站 名	月 平 均 降 水 量												合计
	1月	2月	3月	4月	5月	6月	7月	8月	9月	10月	11月	12月	
石河子	8.8	7.7	15.5	26.2	28.6	22.2	21.6	18.3	15.3	17.2	16.0	10.4	207.8
乌鲁木齐	9.0	9.1	18.9	30.0	33.2	34.5	27.8	21.2	22.7	22.9	16.4	12.4	258.1
吐鲁番	0.9	0.3	1.5	0.5	0.7	2.9	2.2	2.6	1.4	1.3	0.4	0.9	15.6
哈 密	1.4	1.1	1.3	2.6	3.3	6.1	7.0	5.2	3.1	2.6	1.4	1.3	36.4
库 车	1.8	2.5	2.7	2.8	8.7	15.7	12.5	11.5	5.6	3.4	1.7	1.1	70.0
喀 什	2.2	5.3	5.1	5.6	12.1	6.8	7.2	7.6	5.0	2.3	1.3	1.3	61.8
于 田	1.8	1.4	1.2	3.8	8.7	10.0	9.6	5.5	3.8	0.5	0.3	0.5	47.1

降水的年内分配受水汽条件和地理位置的影响，地区间存在差异，雨季开始时间各不相同。除准噶尔西部山地迎风坡和伊犁河谷连续最大四个月降水出现在4—7月，东疆和焉耆盆地的局部地区最大四个月降水出现在6—9月外，全疆大部分地区降水集中在5—8月。各山系年际降水过程不同步，降水量年际最大变幅（最大年与最小年之比）区域性差异很大，北疆小，南疆大，90%以上的站点年降水量变差系数 C_v = 0.20～0.70。

2.1.2.6 蒸发

新疆降水稀少，蒸发强烈，蒸发分为水面蒸发和陆面蒸发。水面蒸发量的地区分布主要受气温和湿度等因素影响，一般低温高湿区的水面蒸发量小，高温干燥区的水面蒸发量大，分布规律与降水量相反，与气温的变化规律基本相同，即山区小、平原区大，西部小、东部大，北疆地区小、南疆地区大。新疆水面蒸发量区域变幅很大，最低值小于700mm，最高值大于2400mm。除准噶尔、塔里木及吐哈盆地的荒漠、沙漠区水面蒸发量可达1600mm以上外，准噶尔盆地边缘绿洲带内水面蒸发量为1000～1400mm，只有克拉玛依市超过1400mm，伊犁谷地均小于1000mm；塔里木盆地边缘绿洲带内水面蒸发量为1200～1600mm。北疆地区山区蒸发量低于1000mm（以上蒸发值均为折算后的E601型蒸发值）。连续最大四个月水面蒸发量均出现在5—8月，占年水面蒸发量的53%～70%。水面蒸发量的年内变幅高于全国其他省区，但年际变化不大。年水面蒸发量极值比为1.26～2.26，变差系数 C_v = 0.06～0.19，新疆代表性气象站多年平均月蒸发量见表2-2。蒸发皿直径为20cm。

表 2-2 新疆代表性气象站多年平均月蒸发量（φ20cm）统计 单位：mm

站 名	月 平 均 降 水 量												合计
	1月	2月	3月	4月	5月	6月	7月	8月	9月	10月	11月	12月	
石河子	6.8	13.3	51.8	162.4	234.8	263.1	271.8	231.1	154.5	81.5	22.0	6.9	1500.0
乌鲁木齐	10.3	16.7	60.6	203.1	318.4	371.1	409.9	376.5	259.6	134.5	35.9	11.1	2207.7

续表

站 名	月平均降水量												合计
	1月	2月	3月	4月	5月	6月	7月	8月	9月	10月	11月	12月	
吐鲁番	20.0	52.5	166.7	302.2	414.6	470.2	475.5	384.9	245.3	128.6	50.7	19.3	2730.5
哈 密	25.9	57.3	171.5	317.6	413.0	421.5	437.0	394.7	273.3	162.5	63.4	26.4	2764.1
库 车	22.5	43.2	121.9	224.2	278.8	307.1	299.1	244.4	173.5	110.8	43.8	18.8	1888.1
喀 什	27.0	51.3	150.2	263.7	340.7	396.0	398.0	326.1	229.0	149.7	70.4	26.9	2429.0
于 田	40.4	68.2	179.5	281.6	335.3	353.8	340.8	298.6	229.6	168.5	89.3	44.1	2429.7

陆面蒸发是指陆地表面土壤蒸发和植物蒸散发以及各种水体水面蒸发之和，它是水循环运动中的重要组成部分，对水量平衡起着重要作用。在干旱半干旱的新疆，陆面蒸发量主要受水分条件的制约，与水面蒸发量两者差别较大，可相差数倍到数百倍。新疆陆面蒸发量分布规律为：从盆地到中山带，随着海拔高程的增加，降水量增加较快而径流深增加较慢，其陆面蒸发随着海拔高程的增加而增加；而从中山带到高山带，气温降低较快，降水量增加速度慢于径流深增加速度，陆地蒸发量随着海拔高程的增加而减少。天山及北疆山区陆地蒸发一般为150～200mm，南疆南部山区一般为100～300mm，山前倾斜平原区（绿洲农业开发区）为250～400mm；陆面蒸发量最小的区域位于沙漠，为10～100mm。

2.1.2.7 水热条件分区

新疆上空的水汽含量很少。夏季相对湿度低，冬季绝对湿度小，加之风多风大、蒸发强烈，以致形成了夏季干热、冬季干冷、春旱普遍的气候特征。但由于新疆幅员辽阔，东西跨经度22°50′，南北跨纬度14°30′，且境内多高峻宽大的山脉，因此在南部与北部、东部与西部、平原与山地之间，水热条件十分悬殊。根据积温的多少和无霜期长短，全疆可大致划分为炎热区、温热区、温暖区、温和区、温凉区、冷凉区、高寒区七个不同的气候区；根据气候湿润度，全疆又可大致划分出干旱、半干旱、偏干半湿润、偏湿半湿润四种类型，新疆水热条件分区指标见表2-3。

表2-3　新疆水热条件分区指标

热量			水分			
代号及名称	指标		代号及名称		指标	
	高于10℃积温/℃	无霜期/天			温润度	农田水分供求差
Ⅰ炎热区	>4500	>215	A干旱区	A1	<0.33	>1000
Ⅱ温热区	3950～4500	>160		A2		900～1000
Ⅲ温暖区	3450～3950	175～185		A3		800～900
Ⅳ温和区	3150～3450	160～175		A4		700～800
Ⅴ温凉区	2150～3150	140～160		A5		600～700
				A6		500～600
				A7		400～500

续表

热量			水分			
代号及名称	指标		代号及名称		指标	
	高于10℃积温/℃	无霜期/天			温润度	农田水分供求差
Ⅵ冷凉区	1500～2150	120～140	B半干旱区	B1	0.33～0.66	300～400
				B2		200～300
Ⅶ高寒区	<1500	<200	C偏干半湿润区		0.67～0.99	100～200
			D偏湿半湿润区		1～1.2	<100

按照表2-3所列热量及湿润度指标，全疆可大致划分为11个不同的水热条件区，其中有的区还可根据农田水分供求差进一步划分为若干个地区，新疆水热条件分区见表2-4。每一个或两个相近的水热条件区，都分布着相应的植被，发育成相应的土壤。

2.1.3 土壤特征

新疆干旱多风，大陆性极强的气候特点，致使在土壤形成过程中物理风化占有突出地位，且风蚀、风积相当强烈，以致形成大面积的漠土、干旱土、盐碱土、风沙土等。同时，新疆水热条件的复杂性，不仅决定了土壤类型的多样性和利用上的多宜性，而且由于广大平原地区极度干旱，不灌溉就没有农业，因此形成了干旱地区特有的人为土壤类型——灌漠土（灌耕土）和灌淤土等。

2.1.3.1 绿洲内土壤分布特点

新疆农业耕种历史悠久，形成了各种不同类型的绿洲，绿洲内土壤分布规律，受人为条件支配，一般呈现的分布规律如下：

（1）在老绿洲内，绿洲上部地下水位一般较深，与其相应的土壤为灌漠土；绿洲中下部，地下水位较高，分布有潮土或水稻土等；在较大城镇附近的老绿洲内，还分布有暗灌漠土亚类中的菜园土等。在有灌溉淤积物条件的老绿洲内，上部分布着绿洲灌溉淤积土；老绿洲下部分布着潮灌淤土。

（2）在老绿洲外围，上部一般为灰漠土（如北疆）或棕漠土（如南疆），因绿洲范围的不断扩大，逐年在老绿洲两侧进行开垦种植，形成灌耕灰漠土和灌耕草甸土等（如北疆），灌耕棕漠土和灌耕草甸土（如南疆）。

（3）新绿洲范围内，除灌耕灰漠土、灌耕棕漠土、灌耕草甸土等，还有灌耕灰钙土、灌耕棕钙土、旱作栗钙土、旱作黑钙土等。

（4）在新、老绿洲的外围，特别是绿洲下部的外缘，以及绿洲以内的灌渠两侧、平原水库下游和加荒地，由于地下水位太高而引起土壤的次生盐化，形成各种盐化土壤或次生盐土。

表 2-4 新疆水热条件分区

代号及名称		地区	主要气象要素								
			高于10℃积温/℃	1月平均气温/℃	7月平均气温/℃	无霜期/d	年降水量/mm	生长季蒸发量/mm	农田水分供求差/mm	年均大风日数/d	干燥度
ⅠA炎热干旱区	ⅠA1-2	吐鲁番盆地	5300～5500	-9.5～-9	32～33	210～224	7～17	1460～1740	930～1110	27～72	780
ⅡA温热干旱区	ⅡA2-4	哈密盆地、塔里木盆地东部	3850～4500	-12～-7	25～29	182～193	17～40	1250～1480	780～940	6～37	25～80
	ⅡA3-4	塔里木盆地西部、北部	4040～4700	-9～-6	25～28	203～242	33～76	1210～1540	730～890	2～32	14～25
ⅢA温暖干旱区	ⅢA1-4	准噶尔盆地西南部	3520～3970	-18～-16	25～27	177～195	90～128	1180～1670	710～1030	8～165	6～10
	ⅢA4	焉耆盆地	3400～3600	-13～-12	23～24	175～184	50～75	1180～1210	710～730	12～42	9
	ⅢA5	准噶尔盆地中南部	3430～3680	-19～-17	25～26	170～186	130～200	1070～1260	600～720	11～25	5～6
	ⅢA5	阿克苏河上游—托什干谷地	3500～3800	-9	22～24	207	60～90	1130～1160	690	13～14	9～11
ⅣA温和干旱区	ⅣA5	准噶尔盆地东部边缘	3110～3550	-18～-15	24～26	156～190	170～215	1160～1270	640～700	11～23	5～6
	ⅣA6	伊犁河谷西部	3100～3530	-12～-10	21～24	170～190	200～260	1100	580	13～24	4.4
ⅤA温凉干旱区	ⅤA5-7	准噶尔盆地北部博尔塔拉	2100～2900	-22～-13	19～23	140～150	110～250	930～1060	470～620	23～67	3～5
	ⅤA6-7	塔城盆地	2860～2900	-14～-11	22～23	149～156	270～290	930～1060	450～530	39～65	4
ⅤB温凉半干旱区	ⅤB1-2	伊犁河谷东部	2290～3050	-12～-8	18～21	140～180	300～480	910～1030	290～400	13～24	1.5～2
ⅥA冷凉干旱区	ⅥA5-7	巴里坤—伊吾盆地	1730～2060	-19～-13	17～18	102～133	90～200	960～1080	470～630	13～37	3～5
ⅥC冷凉偏干半湿润区	ⅥC	昭苏盆地	1317	-12	15	118	512	840	115	10	1.2
ⅦA-D高寒干旱—偏湿半湿润区	ⅦA-D	阿尔泰山西南坡	<1500	—	—	<120	500以上	—	—	—	1～2
	ⅦA-D	天山北坡	<1500	—	—	<120	500以上	—	—	—	1～2
ⅦA-C高寒干旱—偏干半湿润区	ⅦA-C	天山南坡	—	—	—	—	300左右	—	—	—	>1.2
ⅦA-B高寒干旱—半干旱区	ⅦA-B	帕米尔高原、昆仑山、阿尔金山	—	—	—	—	20～200				

(5) 在排水畅通的古老灌溉绿洲内，也可见到同心圆式的土壤组合。如哈密绿洲，距城近的土壤开发早，熟化程度高，而距城远的垦殖较晚，熟化程度较低。

2.1.3.2 土壤类型区域分布

1. 北疆土壤主要有灰钙土、棕钙土、灰漠土、黑钙土、栗钙土等

(1) 塔城盆地、额尔齐斯河谷地、托里谷地、和布克赛尔谷地、天山北麓山前洪积—冲积扇上部和南北疆山地垂直地带的下部，以及准噶尔盆地北部的两河流域，主要以棕钙土为主，植被覆盖度一般为20%～40%。棕钙土是较好的土地资源，宜农、宜林、宜牧。地势平坦的已大面积开垦为农田，成为重要的粮油生产基地。但不合理的灌溉和农业经营，也导致部分棕钙土水土流失日趋严重，肥力下降。

(2) 伊犁谷地主要分布灰钙土。灰钙土的植被类型属于半荒漠草原，以短命植物蒿属为主，植物覆盖度一般为20%～60%。在施肥以及良好的农业技术措施的条件下，灰钙土的生产力相当高。

(3) 准噶尔盆地南部主要分布灰漠土（砾质灰漠土、龟裂灰漠土）。植被以琵琶柴和蒿属为主，覆盖度一般为15%～20%，由于灰漠土所处地区较为平坦，且大部分土层深厚，土质较细，早已成为自治区粮、棉、油、糖的主要产地，部分未垦区，留作冬、春牧场，但其中也有一部分是今后开垦潜力较大的后备土地资源。

2. 南疆塔里木盆地主要分布龟裂棕漠土、干盐土

盆地山前平原上部主要为砾质灌耕棕漠土和石膏棕漠土。其中砾质灌耕棕漠土是新疆绿洲重要的耕作土壤。植被为干旱半灌木荒漠类型，覆盖度小于1%，土壤肥力很高。盆地山前平原中下部分布龟裂棕漠土、干盐土等。

龟裂棕漠土，肥力较高，有的已演变为绿洲土壤。开垦历史较长的已演变为绿洲黄土、绿洲白土、绿洲淡黄土、灌淤土等。开垦历史短的也演变为灌溉棕漠土。此类荒地可以开垦，宜于冬小麦、玉米、水稻、陆地棉、胡麻及果木等生长。

干盐土主要分布在塔里木河北岸及和田到且末北面。植被有红柳、梭梭、爬地芦苇等，生长稀疏。干盐土结皮盐层含盐量一般为10%～30%，表层厚30cm，含盐为3%～10%，少数超过20%。

2.1.3.3 土壤质地水平分布

新疆南北跨度大，独特的地形、地貌和各种成土条件，使南北疆土壤质地分布十分复杂。根据第二次土壤普查资料，土壤质地从南到北，呈细粒物质逐步增加、粗粒物质逐步减少的趋势。自西向东，西部伊犁地区的土壤质地多属黏质土，伊犁谷地、塔城谷地、塔城盆地多属壤质土，越向东，质地越粗。到塔里木盆地和准噶尔盆地的东部具有较多的砾质土，甚至出现大面积的砾质土和砾质戈壁。

准噶尔盆地和塔里木盆地在南北方向上（除盆地中心沙漠外），土壤质地差异明

显，准噶尔盆地土壤质地由北到南表现出粗粒物质渐次较少，而细粒物质增多的趋势。准噶尔盆地北部的阿尔泰山山前倾斜平原和两河流域沙质土和砾质土为主。准噶尔盆地南部的天山北麓山前平原则由壤质土组成。塔里木盆地土壤质地由北到南表现出细粒物质渐次较少，粗粒物质递增的趋势。塔里木盆地北部的天山南麓山前洪积平原多为黏质土，而塔里木盆地南部的昆仑山—阿尔金山北麓山前平原则多为沙质土。

2.1.3.4 土壤质地垂直分布

新疆土壤质地垂直分布规律与地貌部位有关。山地土壤一般随海拔高度的升高，土层越薄，土壤质地越粗。如高山草甸土和亚高山草甸土因地处高山带和亚高山带，一般土层浅薄，土壤质地较粗；而地处低山草原带的黑钙土和栗钙土土层深厚，土壤质地较细。在山前洪积—冲积平原上，土壤质地分布规律符合洪积—冲积物分选沉积规律，都有从高到低逐渐由粗粒物质过渡到细粒物质的显著规律。洪积—冲积扇上部沉积粗骨物质，多由卵石石块、粗砂组成，土层薄，向下逐渐过渡为砂砾混合层，洪积—冲积扇以下沉积物质颗粒逐渐变细，以砂土和砂壤土为主，土层渐趋增厚。或以轻壤、中壤土为主，土层深厚。在扇缘的低洼地带、干三角洲下部、古老冲积平原、大河下游低地和湖滨的静水沉积物主要分布黏质土，但靠近沙漠边缘则为沙质土。

2.1.4 水文特征

新疆是我国也是亚洲中部最大的内流区域之一，绝大多数河流属于内流河。唯有北部的额尔齐斯河流经哈萨克斯坦和俄罗斯，汇入鄂毕河，最终注入北冰洋；西南部喀喇昆仑山的奇普恰普诸小河流入印度河，最后注入印度洋。另外发源于盆地周围山地中的河流，向盆地内部流动，构成向心水系，河流归宿地是内陆盆地和山间封闭盆地的低洼部位。其中准噶尔盆地西部的额敏河和天山西部的伊犁河分别流入哈萨克斯坦的阿拉湖、巴尔喀什湖和萨列兹湖，属中亚细亚内陆区；若羌县境内的托格拉萨依河，流入青海柴达木内陆区。其余绝大部分河流都汇集于区内的湖泊和盆地。新疆内陆区根据河流汇集的湖泊和盆地，划分为乌伦古湖、艾比湖、玛纳斯湖、巴里坤湖、准噶尔盆地中部、艾丁湖、沙兰诺尔、塔里木、羌塘高原九个内陆区。其中，塔里木内陆区是我国最大的内陆区，塔里木河总长为2437km，其中干流长为1321km，是我国最长的内陆河。

新疆大部分流域以出山口为界，山区是径流形成区，平原是径流散失区。在出山口以上的山区，降水量大，集流迅速，引水量少，从河源到山口水量逐渐增加，河网密度大，是径流形成区；河流出山后，流经冲洪积扇和冲积平原，水量在此大量渗漏，由地表水转化为地下水，部分引入灌区，由于出山口后降水少，蒸发量大，因此地表不能形成径流，是径流散失区。大部分河流出山口后，水量引入灌区，消耗于灌溉、渗漏和蒸发。只有少数水量较丰富的河流，才能流到盆地内部，潴水成湖。新疆的地表水年总径流量为879.0亿m^3。

根据新疆盆地地形和河流发源于山区的特点，以流出山口处的河流条数进行统计计算，新疆共有大小河流570条，其中北疆地区387条，南疆地区183条。在570条河流中，大部分是流程短、水量小的河流，年径流量在1亿m^3以下的河流就有487条，占河流总条数的85.4%，其年径流量仅有82.9亿m^3，占年总径流量的9.4%；年径流量大于10亿m^3的河流共18条，占河流总条数的3.2%，年径流量却达525.73亿m^3，占年总径流量的59.8%。

新疆河流的径流量季节变化大，年内分配极不均匀，通常夏季水量占全年径流量的50%以上，发源于昆仑山区的河流则高达70%～80%；冬季水量很少，在10%以下；春秋两季水量相当，各占20%左右，但发源于昆仑山区的河流则在10%以下，一般是春季水量少于秋季水量。除准噶尔西部山地河流春季水量较丰沛外，新疆河流一般都是春秋季节水量不足，发源于昆仑山区的河流这种现象则更严重。河流年径流量年际变化比较平稳，但不同区域河流年际变幅差异大。

新疆河流泥沙问题突出，悬移质含沙量为0.05～13kg/m^3，悬移质输沙模数为20～4000t/km^2，且年内分配不均匀，年际变化差异大，对各类水利工程，尤其是水库工程的正常运行构成了极大威胁，对河床演变也产生重要影响，导致平原区河道河势极不稳定。

新疆大部分河流现状水质良好，从河流水质的空间分布来看，水质优良的Ⅰ、Ⅱ类河长占评价总河长的74.7%，Ⅲ类河长占20.2%，污染河长占评价总河长的5.1%。新疆工业化程度低，大部分河流尚未受到明显的工业类有毒污染，但河流水质已出现下降趋势。根据全区现有水文测站的河流多年实测及分析资料统计，新疆年径流量10亿m^3以上的部分河流情况统计表见表2-5。

表2-5　新疆年径流量10亿m^3以上的部分河流情况统计表

序号	河流名称	集水面积/km^2	起　点	终　点	长度/km	平均坡降/‰	多年平均年径流量/亿m^3
1	开都河	19022	依连哈比尔山	博斯腾湖	530	4.45	34.2
2	木扎提河	2845	汗腾格里峰	渭干河	242	6.76	14.57
3	昆马力克河	12816	天山山脉西部南麓	阿克苏河	230	2.18	48.16
4	盖孜河	9753	慕孜塔格山	喀什噶尔河	151	18.0	11.30
5	克孜河	13700	帕米尔高原	喀什噶尔河	213	14.0	20.95
6	叶尔羌河	50248	喀喇昆仑山北麓	塔里木河	1078	3.06	65.45
7	玉龙喀什河	14575	昆仑山东段北坡	和田河	326	54.0	22.14
8	喀拉喀什河	19983	昆仑山东段北坡	和田河	509	50.0	21.47

2.2 社 会 经 济

2.2.1 区划与人口

新疆目前辖5个自治州、7个地区、2个地级市、4个区直辖市、68个县（含自治县6个）和15个地州直辖市。新疆维吾尔自治区行政区划一览表见表2-6。

2010年全疆总人口21813300人，全区常住人口中，男性人口为11190228人，占51.30%；女性人口为10623106人，占48.70%。新疆共有13个主体民族，包括维吾尔族、汉族、哈萨克族、回族、柯尔克孜族、蒙古族、锡伯族等民族。少数民族人口13067200人，占全疆总人口的59.9%。

表2-6 新疆维吾尔自治区行政区划一览表

<table>
<tr><th>编号</th><th colspan="2">地级市、自治州、地区</th><th>市辖区、县级市、县</th></tr>
<tr><td>1</td><td colspan="2">乌鲁木齐市</td><td>天山区、沙依巴克区、高新区（新市区）、水磨沟区、经济技术开发区（头屯河区）、达坂城区、米东区、乌鲁木齐县</td></tr>
<tr><td>2</td><td colspan="2">克拉玛依市</td><td>克拉玛依区、独山子区、白碱滩区、乌尔禾区</td></tr>
<tr><td>3</td><td colspan="2">吐鲁番市</td><td>高昌区、鄯善县、托克逊县</td></tr>
<tr><td>4</td><td colspan="2">哈密市</td><td>伊州区、伊吾县、巴里坤哈萨克自治县</td></tr>
<tr><td>5</td><td colspan="2">昌吉回族自治州</td><td>昌吉市、阜康市、呼图壁县、玛纳斯县、奇台县、吉木萨尔县、木垒哈萨克自治县</td></tr>
<tr><td>6</td><td rowspan="3">伊犁哈萨克自治州</td><td>伊梨州直属县（市）</td><td>伊宁市、奎屯市、伊宁县、察布查尔锡伯自治县、霍城县、巩留县、新源县、昭苏县、特克斯县、尼勒克县、霍尔果斯市</td></tr>
<tr><td>7</td><td>塔城地区</td><td>塔城市、乌苏市、额敏县、沙湾县、托里县、裕民县、和布克赛尔蒙古自治县</td></tr>
<tr><td>8</td><td>阿勒泰地区</td><td>阿勒泰市、布尔津县、富蕴县、福海县、哈巴河县、青河县、吉木乃县</td></tr>
<tr><td>9</td><td colspan="2">博尔塔拉蒙古自治州</td><td>博乐市、精河县、温泉县、阿拉山口市</td></tr>
<tr><td>10</td><td colspan="2">巴音郭楞蒙古自治州</td><td>库尔勒市、轮台县、尉犁县、若羌县、且末县、焉耆回族自治县、和静县、和硕县、博湖县</td></tr>
<tr><td>11</td><td colspan="2">克孜勒苏柯尔克孜自治州</td><td>阿图什市、阿克陶县、阿合奇县、乌恰县</td></tr>
<tr><td>12</td><td colspan="2">阿克苏地区</td><td>阿克苏市、温宿县、库车县、沙雅县、新和县、拜城县、乌什县、阿瓦提县、柯坪县</td></tr>
<tr><td>13</td><td colspan="2">喀什地区</td><td>喀什市、疏附县、疏勒县、英吉沙县、泽普县、莎车县、叶城县、麦盖提县、岳普湖县、伽师县、巴楚县、塔什库尔干塔吉克自治县</td></tr>
<tr><td>14</td><td colspan="2">和田地区</td><td>和田市、和田县、墨玉县、皮山县、洛浦县、策勒县、于田县、民丰县</td></tr>
<tr><td>15</td><td colspan="2">自治区直辖县级市</td><td>石河子市、阿拉尔市、图木舒克市、五家渠市、北屯市、铁门关市、双河市、昆玉市、可克达拉市</td></tr>
</table>

2.2.2 社会经济

2013年新疆GDP总值8360.24亿元，人均GDP 37181元，农村居民纯收入年人均7286元。第一产业生产总值1468.30亿元，占全疆GDP的17.56%；第二产业生产总值3776.98亿元，占全疆GDP的45.18%；第三产业生产总值3114.96亿元，占全疆GDP的37.26%。耕地面积412.46万hm^2，有效灌溉面积440.73万hm^2，农作物播种面积521.23万hm^2，其中粮食作物220.42万hm^2，总产量1360.83万t，人均605.2kg，亩均产量411.60kg；棉花171.83万hm^2，总产量351.80万t，位居全国各省之首；油料面积22.17万hm^2，总产量60.63万t；甜菜面积6.59万hm^2，总产量476.47万t。农林牧渔总产值11291亿元，全部工业总产值40565亿元。牲畜存栏总头数4502.86万头（只），肉产量139.26万t，水产品总量13.17万t，畜牧总产值604.20亿元。主要工业产品318.63万t，成品糖46.72万t，纱43.46万t，农用化肥（折纯）203.22万t，粗钢1276.77万t，钢材1512.90万t，水泥5410.34万t。

从新疆的资源环境条件、经济社会发展布局来看，以石油天然气资源和煤炭资源为依托的石油化工基地、煤电、煤化工基地建设，以水、土、光热资源为依托的商品棉、后备粮食、特色林果业和优质畜牧业等“四大基地”建设，以工业化和现代化为依托的城镇化建设，将构成21世纪新疆经济社会强势发展的三大支柱。因此，建立水资源与人口、资源、环境和经济社会协调发展的良性循环体系，是新疆新时期水资源可持续利用的关键。

山地与平原的资源分布差异很大，利用方向也不同。新疆的山地和平原面积大致各占1/2，山地降水较多，热量较少，坡度较大，土地利用以草场和森林为主，是新疆主要牧业和林业基地。农田主要在海拔较低的盆谷地，占次要地位。山地降水除形成草场和林木外，还能形成众多河流，为平原绿洲的主要灌溉水源。平原降水稀少，但热量较丰富，且地形平坦，只要有水源灌溉，农林牧业均宜利用，是新疆主要粮棉基地，首先被利用的是细土平原和河谷冲积平原。在山地和平原矿产资源的分布也很不相同，石油主要分布在盆地中，煤炭集中分布于天山南北麓的山前拗陷及山间盆地，其他山地较少；黑色金属、有色金属、稀有金属、建筑材料矿及玉石、宝石矿，绝大部分分布在山区，盐类化工原料矿产广泛分布于两大盆地及山间盆地的低洼部位。

参考文献

[1] 袁方策，杨发相. 新疆地貌的基本特征 [J]. 干旱区地理，1990，13（3）：1-5.

[2] 程维明，柴慧霞，周成虎，等. 新疆地貌空间分布格局分析 [J]. 地理研究，2009，28（5）：1157-1169.

[3] 杨振，雷军，段祖亮，等. 新疆人口的空间分布特征 [J]. 地理研究，2016，35（12）：2334-2346.

[4] 原新，林丽. 论新疆人口东西分布不均与经济的关系 [J]. 西北人口，1987，(2)：16-22.

[5] 邓德芳，段汉明. 新疆城镇区域人口发展中的问题及人口空间分布特征 [J]. 干旱区资源与环境，2009，23 (8)：53-60.

[6] 刘爽，冯解忧. 新疆民族人口空间分布的测量与分析：基于“五普”、“六普”数据 [J]. 南方人口，2014，6 (29)：33-41.

[7] 刘追，苟虹璐，李豫新. 新疆南北疆人口的区域差异及对策研究 [J]. 人口与发展，2014，20 (3)：33-42.

[8] 陈虹. 新疆统计年鉴 [M]. 北京：中国统计出版社，2014.

第3章　新疆干旱灾害特征及成因研究

3.1　新疆干旱灾害特征时空分析

干旱作为一种自然灾害，是世界上危害最为严重的灾害之一，其出现的次数、持续的时间、影响的范围、造成的损失，居各种自然灾害之首。新疆是典型的干旱半干旱地区，“荒漠绿洲、灌溉农业”是其显著特点。受气候和地理环境的影响，生态环境脆弱，各种自然灾害频繁发生，在时空上具有洪旱灾害交替发生的特点。特别是部分地区及小型灌区等易旱区域连年发生持续性干旱，严重影响了农牧业生产，给新疆社会经济持续发展造成了严重危害。

3.1.1　资料来源和处理

资料主要采用文献查阅方法，根据《新疆通志（水利志）》《中国气象灾害大典（新疆卷）》《新疆50年（1955—2005）》《新疆维吾尔自治区抗旱规划报告》《中国历史干旱（1949—2000）》，以及新疆防汛抗旱办公室提供的数据资料进行系统整理。数据按新疆行政区划县市为单位录入，建立数据库，并用Excel进行处理分析。

为方便定量研究干旱灾害发生的规律和强度，本章根据文献中记载的灾害持续时间、影响范围、灾害强度等将新疆干旱灾害划分为4个等级序列。

（1）1级为轻度旱灾。历史文献中只记载了新疆局部地区或个别县（区）发生旱灾或少雨或不降雨，但未记载对人们生产、生活产生较大影响，农田受灾面积小于0.67万hm^2或者受灾草场面积小于6.67万hm^2的，这一类归于轻度旱灾。

（2）2级为中度旱灾。文献中记载有较大范围或较长时间或对人们生产、生活产生较大影响的，农田受灾面积0.67万～6.67万hm^2之间或者草场受灾面积6.67万hm^2以上的。

（3）3级为重大旱灾。历史文献中有记载较大的区域大旱，粮食严重歉收，农田受灾面积超过6.67万hm^2或者草场受灾面积超过66.7万hm^2的旱灾。

（4）4级为特大旱灾。为持续一年或数年，大区域范围的跨季度、跨年度的严重干旱，农田受灾面积超过33.3万hm^2或者草场受灾面积超过666.7万hm^2的大旱灾。

3.1.2　新疆干旱灾害时间演变特征分析

干旱是新疆的主要经常性自然灾害，如果以县为单位统计，可以说干旱年年都有。对新疆历史干旱资料进行统计分析，不同等级历史干旱发生情况见表3-1，1950—

2000年的50年间，新疆有记载的干旱灾害共47次，平均每1.06年发生1次。在发生干旱灾害的47次中，特大旱灾、重大旱灾、中度旱灾、轻度旱灾分别为9次、10次、14次、14次，其分别占干旱灾害发生年总数的19.1%、21.3%、29.8%、29.8%，3级以上大旱灾共发生19次，平均每2.4年发生1次，占干旱灾害发生年总数的40.4%。以年份为横坐标，旱灾等级为纵坐标，绘出新疆1949—2004年不同等级旱灾变化情况，如图3-1所示，在1950—1980年轻度、中度旱灾发生比较多，重大旱灾与特大旱灾发生较少；在1981—2000年轻度、中度旱灾发生频次越来越少，重大旱灾与特大旱灾发生频次越来越多，尤其20世纪80年代后特大旱灾发生次数显著增多。从以上分析可看出，新疆干旱灾害较为频繁，而且整体上呈增加的趋势，旱情呈严重的趋势。

表3-1　新疆不同等级历史干旱发生统计表

等级	年　份	次数	频率/%
1	1950、1952、1953、1954、1956、1959、1964、1970、1972、1973、1978、1979、1996、1999	14	29.8
2	1951、1955、1957、1960、1963、1967、1968、1971、1975、1976、1977、1992、1993、1998	14	29.8
3	1961、1962、1965、1974、1980、1981、1982、1987、1988、1994	10	21.2
4	1983、1985、1986、1989、1990、1991、1995、1997、2000	9	19.2

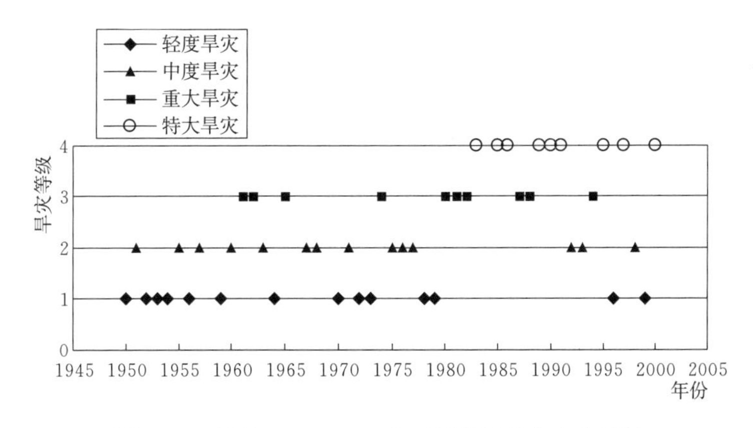

图3-1　新疆1949—2004年不同等级旱灾变化情况

3.1.2.1　年际变化特征

在1800—1900年的100年里，共发生干旱灾害13次，平均每7.69年发生1次，大致每7年半中就有一年发生干旱灾害。其中每发生连续两年干旱1次，就会发生4年连旱1次，在1900—2000年里共发生旱灾78次，平均每1.28年发生1次，约1年半中就有1年发生干旱灾害。其中共发生连年干旱7次，其中两年连旱发生1次，3年连旱发生1次，6年连旱发生1次，7年连旱发生2次，18年连旱发生1次，31年连旱发生1次。近200年共发生连年干旱的次数为8次，2年连旱共1次，3年连旱1次，4年连旱1次，6年连旱1次，7年连旱2次，18年连旱1次，31年连旱1次。

根据近200年的旱灾资料，以10年为单位，统计各时段干旱灾害发生的频次。新疆1800—2000年干旱灾害发生频次统计表见表3-2。统计结果显示，20世纪30年代、40年代、50年代、60年代、70年代、80年代、90年代干旱灾害最为频繁，灾害发生频次分别为8年、10年、9年、8年、9年、10年、10年1次；另外在20世纪10年代、20年代旱灾也较多，10年当中发生频次达到5次。灾害发生较少的在19世纪70年代、80年代、20世纪00年代，发生频次仅为3～4次，发生频次仅为1次的在19世纪10年代、20年代、40年代、50年代、60年代、90年代，没有发生过干旱灾害的在19世纪00年代、30年代。通过文献资料分析可知一般持续时间较长的连年干旱灾害影响范围都较大。在上述的91次干旱灾害中，最为突出的是1970—2000年连续31年发生的干旱。

在1800—1900年的100年间，干旱灾害共发生13次，平均每7.69年发生1次。之后按每隔20年计算发生干旱灾害的频次依次为2.2年/次、1.5年/次、1.1年/次、1.2年/次、1年/次。从表3-2可以看出，该地区干旱灾害发生的平均间隔年限逐渐缩短，从原来的6～7年发生一次缩短到每1～2年发生一次。19世纪共发生13次，20世纪共发生78次，增加了71.43%，说明了干旱灾害在不断增长，而且从1800—1900年的100年到1900—2000年的近100年，发生中等旱灾的次数基本持平，发生大旱灾和特大旱灾的次数都有增加，而且增长率都达到100%，灾害发生的频率明显增加。

表3-2　　新疆1800—2000年干旱灾害发生频次统计表

年代	灾害频次	年代	灾害频次	年代	灾害频次	年代	灾害频次
19世纪00年代	0	19世纪50年代	1	20世纪00年代	3	20世纪50年代	9
19世纪10年代	1	19世纪60年代	1	20世纪10年代	6	20世纪60年代	8
19世纪20年代	1	19世纪70年代	4	20世纪20年代	5	20世纪70年代	9
19世纪30年代	0	19世纪80年代	3	20世纪30年代	8	20世纪80年代	10
19世纪40年代	1	19世纪90年代	1	20世纪40年代	10	20世纪90年代	10

根据近200年的旱灾资料，以10年为单位，统计各时段干旱灾害发生的频次距平如图3-2所示。得出20世纪10年代、20年代、30年代、60年代发生旱灾的次数大于每10年的平均次数4.55次。20世纪50—70年代发生旱灾的距平次数都大于2次，说明这些年代干旱灾害发生较多，其中20世纪40年代、80年代、90年代的次数最多，这一时期是近200年来干旱发生次数最多的年代。其他年代发生的干旱次数都低于旱灾平均次数。

3.1.2.2　干旱季节变化规律

新疆干旱季节性是指在农作物生长季节里因河道来水，降水量、前期土壤含水量等

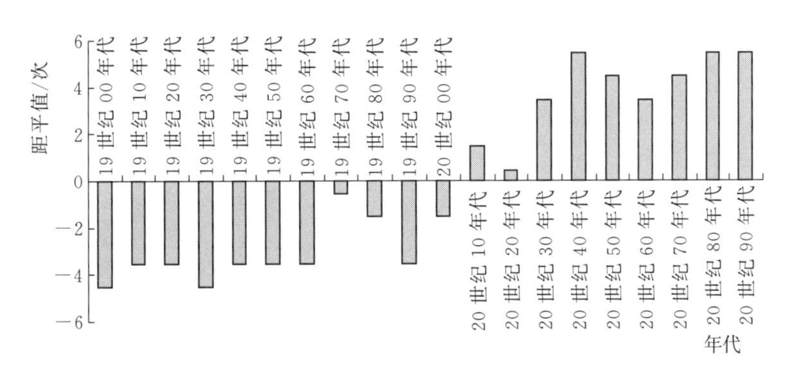

图3-2 新疆1800—2000年干旱灾害频次距平图

不能满足农作物需水要求而造成农作物缺水，出现季节性干旱的特性。春旱一般是指3—5月发生的干旱，夏旱一般是指6—8月发生的干旱，秋旱一般是指在9—11月发生的干旱，冬旱是指12月至次年2月发生的干旱。

新疆降水量少且时空分布极不均匀，农业生产季节一般都不能满足作物正常需水要求，因而干旱普遍存在。新疆绝大多数河流河道来水最少月发生在2月或1月，春季来水（3—5月）约占全年来水量的10%～25%，夏季来水（6—8月）约占全年来水量的50%～60%，秋季来水（9—11月）约占全年来水量的10%～20%，相对于灌溉期6—8月而言，干旱季节多发生在3—5月和9—11月，虽然夏季河道来水约占全年的50%～60%，但由于洪水期过分集中于6月10天左右的时间，因此农作物正值需水高峰期而河道来水相对不足发生夏旱。由此可见，新疆绝大部分地区农业生产处于干旱状态，尤以春季干旱最为严重、最普遍，夏季、秋季干旱也十分频繁。

根据新疆防洪办提供的1990—2009年各县（市）农业干旱季节发生时间资料，计算统计不同类型干旱（包括单季旱和连季旱）发生频次，选择干旱发生频次最高的季节为该县（市）的易旱季节，对出现两个不相连、频次相同且频次最高的干旱事件，选择作物需水量大或缺水对作物影响程度大的季节作为该县的易旱季节新疆干旱历史县级单元干旱季节统计表见表3-3。

表3-3 新疆干旱历史县级单元干旱季节统计表

地区	县（市）	旱季/月	类型
北疆	乌鲁木齐、昌吉、阜康	4—6	春夏旱
	米泉、克拉玛依、奇台、沙湾	5—6	春夏旱
	呼图壁	5—8、4—7	春夏旱
	玛纳斯、奎屯、察布查尔、特克斯、尼勒克、阿勒泰	6—8	夏旱
	吉木萨尔	3—4	春旱
	木垒	6	夏旱
	博乐、霍城、巩留、新源、昭苏、乌苏、额敏、青河	7—8	夏旱
	精河	3—5、6—7	春旱、夏旱

续表

地区	县（市）	旱季/月	类型
北疆	温泉、布尔津、哈巴河、吉木乃	5—7	春夏旱
	伊犁、伊宁、托里	4—5	春旱
	塔城、裕民	6—7	夏旱
	富蕴、福海	8	夏旱
南疆	库尔勒	6—8	夏旱
	轮胎、温宿、沙雅、新和、拜城、乌什、喀什、疏附、疏勒、麦盖提、岳普湖、伽师、墨玉、皮山	3—5	春旱
	尉犁、若羌、和硕、叶城	3—7	春夏旱
	且末、阿图什、阿克陶、乌恰	5—7	春夏旱
	焉耆	4—5、10	春旱、秋旱
	和静	3—5，7—8	春旱，夏旱
	博湖	5—6	春夏旱
	阿克苏	4	春旱
	库车	3—5，9—10	春旱，秋旱
	阿瓦提、英吉沙、泽普、莎车、巴楚、塔什库尔干、和田市、洛浦、策勒、民丰	3—6	春夏旱
	柯坪	7—8	夏旱
	阿合奇	4—7	春夏旱
	和田县	4—6	春夏旱
	于田	4—5	春旱
东疆	吐鲁番、托克逊	3—6	春夏旱
	鄯善	4—7	春夏旱
	哈密	3—5	春旱
	巴里坤、伊吾	6—7	夏旱

3.1.3 新疆干旱灾害空间分布特征分析

新疆共分为北疆、南疆、东疆三个地区。以《中国气象灾害大典（新疆卷）》为依据，将近200年来有历史记载的新疆各县市发生的干旱灾害年次统计并绘图，新疆干旱灾害空间分布如图3-3所示。

新疆近200年北疆地区干旱灾害发生次数较多的县市有乌鲁木齐市、昌吉市、阜康市、呼图壁县、玛纳斯县、奇台县、吉木萨尔县、木垒县、伊犁市、察布查尔县、霍城县、巩留县、新源县、昭苏县、特克斯县、尼勒克县、塔城市、乌苏市、额敏县、沙湾县、托里县、裕民县、和布克赛尔县、布尔津县、吉木乃县，南疆地区有库尔勒市、和硕县、阿克陶县、巴楚县、皮山县、洛普县、民丰县，东疆地区有哈密市、巴里坤县、伊吾县，其发生年次均在10次以上。其次北疆有米泉市、奎屯市、伊宁市、阿勒泰市、

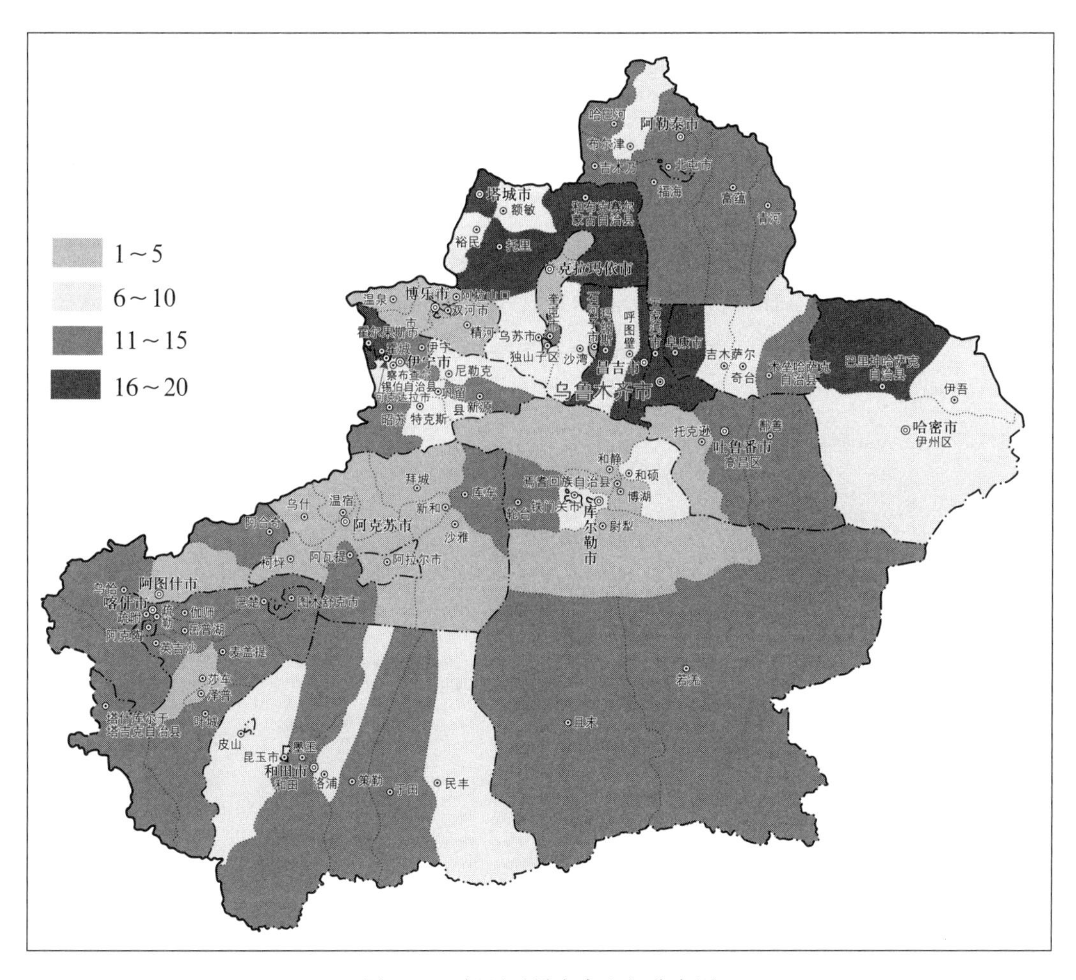

图 3-3 新疆干旱灾害空间分布图

富蕴县、福海县、哈巴河县、青河县，南疆地区有轮台县、若羌县、且末县、焉耆县、库车县、阿瓦提县、阿合奇县、乌恰县、喀什市、疏附县、疏勒县、英吉沙县、叶城县、麦盖提县、岳普湖县、伽师县、塔什库尔干县、和田市、和田县、墨玉县、策勒县、于田县，东疆地区有吐鲁番市、鄯善县，发生年次为 6～10 次。发生较少干旱灾害的县市北疆有克拉玛依市、石河子市、博乐县、精河县、温泉县，南疆有尉犁县、和静县、博湖县、阿克苏市、温宿县、沙雅县、新和县、拜城县、乌什县、柯坪县、阿图什市、泽普市、莎车市，东疆有托克逊市。可以看出，旱灾等级累计值最高的县为 21 次，最低为 3 次，相差为 18 次，可见新疆各县市的旱灾频次相差很大。

新疆分区域 1800—2000 年干旱灾害频率距平图如图 3-4 所示。由图 3-4 得出北疆地区乌鲁木齐市、昌吉市、玛纳斯县、奇台县、吉木萨尔县、木垒县、伊宁市、察布查尔县、霍城县、巩留县、新源县、昭苏县、特克斯县、尼勒克县、塔城市、乌苏县、额敏县、沙湾县、托里县、裕民县、和布克赛尔县、布尔津县、吉木乃县，南疆地区库尔勒市、和硕县、阿克陶县、巴楚县、皮山县、洛普县、民丰县，东疆哈密市、巴里坤县，伊吾县发生旱灾的次数都大于平均次数9.163次，这些县市占总县市的40.7%，累计值为466次，占总次数的59.14%，平均13.31次。其他县市发生的干旱次数都低于旱灾平均次数，累计值为322，占总次数的40.86%，平均6.34次。旱灾的高发区主要集中在北疆乌鲁木齐市、昌吉市、阜康县、玛纳斯县、奇台县、伊犁市、霍城县、塔城市、乌苏县、额敏县、托里县、裕民县、和布克赛尔县，南疆库尔勒市、和硕县、阿克陶县、巴楚县、皮山县、洛普县、民丰县，东疆哈密市、巴里坤县、伊吾县。结合各县市地理分布位置可知，旱灾高发集中区主要集中在北疆和东疆，其中北疆的发生干旱的频次远远高于其他地区。

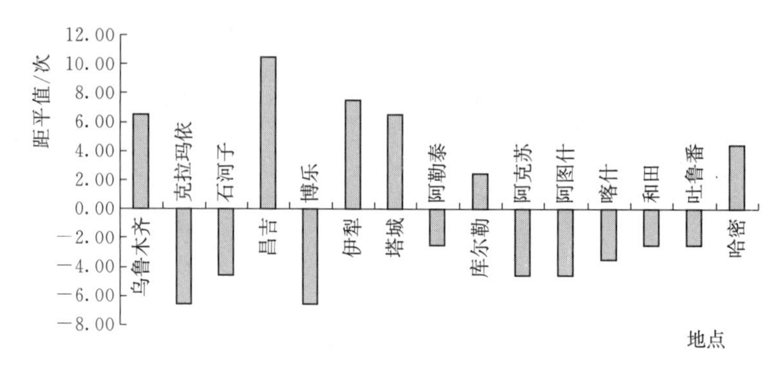

图3-4 新疆分区域1800—2000年干旱灾害频率距平图

3.1.4 新疆干旱灾害主要特点

通过上述分析，可以对新疆1800—2000年干旱灾害得出以下认识：

(1) 新疆共发生干旱灾害91次，平均每2.2年发生一次，从20世纪00年代开始，干旱灾害发生频率有明显的增加，其中19世纪40年代、20世纪80年代、20世纪90年代的次数最多，干旱最为频繁。

(2) 新疆大多数地区均有春旱发生，春夏旱是新疆最普遍的干旱季节，农作物生长需水高峰期的夏旱也较多。

(3) 新疆地区北疆和东疆为旱灾的高发区，其中北疆地区干旱的发生次数远远高于其他地区。

(4) 新疆旱灾害变化趋势是指在长时间变化过程中呈现的上升和下降状态，在1800—2000年间的200年里旱灾次数的发生总体上呈现上升趋势，而且上升的幅度也很大。

3.2 新疆干旱灾害主要影响因素分析

干旱成因复杂，影响因素多，再加上水文气象因素以及社会经济的不确定，给干旱的准确定义造成困难。

干旱成因主要分为自然因素和人为因素两部分。影响干旱的自然因素包括降水、冰雪融水、径流、蒸散发、地形地貌等。自然因素很大程度上决定新疆有多少水可用，来水多少，同时影响用水量。可见，自然因素是造成干旱的最基本原因之一。造成干旱的人为因素包括不科学无节制地开荒、不合理的农业结构、供水设施不足或损坏造成的供水不足、上中游地区对水资源的人为干预、节水技术落后及普及不广、水权问题等。人为因素很大程度上决定人们能够用多少水，要用多少水。

3.2.1 特殊的地理、气候环境

新疆位于欧亚大陆腹地，在远离海洋和高山环抱的综合地理因素影响下，形成了我国最典型的干旱气候。北面阿尔泰山、南面昆仑山和横贯中部的天山环绕形成准噶尔和塔里木盆地两大盆地，沙漠面积占全国的2/3。高山阻隔了暖湿气流的进入，因而区内降水稀少，平原区、荒漠区无降水径流产生，干旱指数为10～30，盆地边缘干旱指数超过50，全区多年平均降水量只有154.4mm，为全国平均降水深的23.8%，而年蒸发量为1880～3350mm，吐鲁番地区多年平均降水量仅为16.5mm，蒸发量却高达2845mm，降水、蒸发比十分悬殊。因此，特殊的地理、气候决定了新疆是典型的干旱半干旱地区。

3.2.2 水资源时空分布不均，季节性供需矛盾极大

新疆主要河流均发源于周边阿尔泰山、天山、昆仑山。大部分河流具有流程短、水量小、垂直地带分布规律十分明显的特点，属典型的冰雪补给型河流。年径流量在1亿m^3以下的河流占河流总条数的85.3%，其年径流量仅有82.9亿m^3，占全疆年径流总量的9.4%。冰川的消融量与气温同步，受气温的高低控制，随着高空气温（零度层）的逐渐升高，冰川消融，补充河水。春季气温低，河川径流仅靠浅山区冬季积雪消融补给，随季节转换，特别是夏季高空气温升高冰川消融，加之区间降水的增多，补给河流，形成洪水，因此，春季3—5月径流量占全年总水量的12.1%，而吐鲁番地区春季径流量仅占全年的10.0%，全疆夏季6—8月径流量占全年总水量的64.8%，秋季9—11月径流量占全年总水量的17.02%，冬季12月至次年2月径流量占全年总水量的6.04%，水资源形成了“春旱、夏洪、秋缺、冬枯”的时空分布不匀特征，供需矛盾极大，季节性缺水是造成干旱的重要原因之一。

3.2.3 社会经济及不合理的人类活动

经济社会的快速发展加剧了旱情，天山北坡经济带和哈密、吐鲁番地区水资源承载能力与区域经济社会发展格局极不协调，经济社会发展速度过快加剧了当地的资源性缺水问题。据《新疆50年（1955—2005）》提供的1949—2004年新疆人口和耕地面积资料绘制出新疆地区50年间人口和耕地面积的变化情况，如图3-5所示。

由图3-5可以看出，人口增长带来需水量的大幅增长，新疆区内人口由1949年的433.34万人，发展到2000年的1849.41万人，50年间增加1416.07万人，在1949年

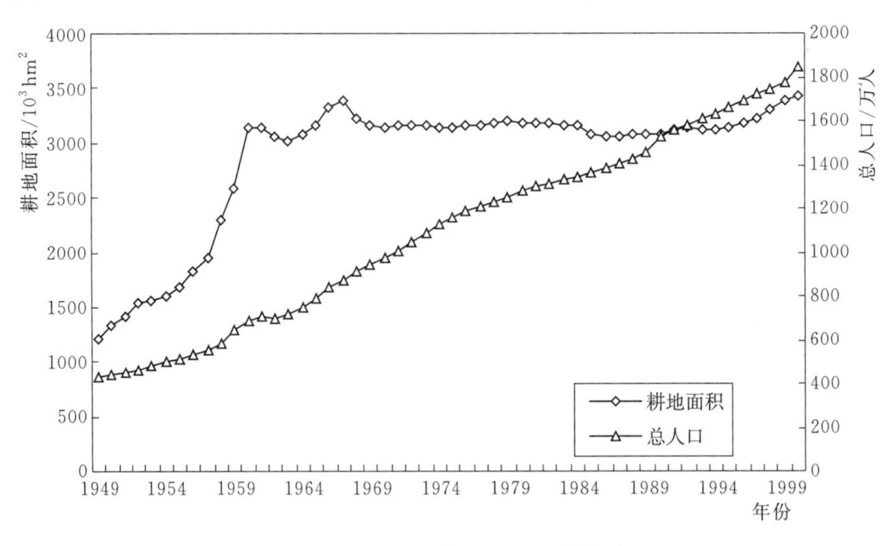

图3-5　人口和耕地面积变化情况

的基础上增加了76.6%；同时耕地面积由1949年的120.97万hm^2，发展到2000年的341.65万hm^2，50年间增加了220.68万hm^2，在1949年的基础上增加了64.6%。因此，经济社会需水量不断增长，农业用水量逐年增大，水资源供需矛盾越来越突出，人为加大旱情、旱灾，增加了抗旱任务难度。

3.2.4　水毁形成干旱

水毁形成干旱是因洪水冲毁引水灌溉设施，有水而无法引入灌区，造成农作物受旱和人畜饮水困难而形成的“水毁受旱”。如2010年和田地区发生洪水，洪水灾害造成灌区蓄水、引水工程受损严重，共有7座水库、7座渠首、113座闸口、513km引水渠不同程度的损坏，灾害损失7569.52万元。由于缺乏资金，未能得到及时修复，灌区引水困难，致使3.73万hm^2农作物遭受不同程度的干旱；2002年渭干河上游拜城县连降大到暴雨，形成特大洪水冲毁拜城县供水厂4个，6个乡（镇）40多个村供水中断，6万群众饮水困难。

3.2.5　水利建设相对经济发展滞后

虽然新疆地区水利工程建设取得显著成绩，但由于受历史、区域的诸多因素影响，水利工程基础设施相对较薄弱。突出表现在源流区水资源控制性工程少，调蓄能力低；灌区田间节水技术应用滞后，致使水资源利用率低，高耗低效现象比较突出。加之许多区域节水意识淡薄，人为造成水资源紧张而加重旱情。

3.3　新疆干旱灾害的发生频率与分布特征研究

当前以全球变暖为主要特征的气候变化对水文过程，尤其是干旱和洪涝灾害等极端水文现象的时空分布造成极大影响。干旱是世界上造成损失最多的自然灾害之一，对生态系统和社会经济都造成重大影响。因此，研究干旱的时空演变规律，对于科学认识干旱灾害具有重要意义，也为科学的水资源管理及灾害防治提供理论依据。

关于干旱已经有大量的研究，但由于干旱成因复杂，影响因素多，目前还没有统一的定义，通常把干旱分为气象干旱、农业干旱、水文干旱和社会经济干旱四类。本章研究基于降水的气象干旱。标准降水指标（standardized precipitation index，SPI）是目前应用最广泛的气象干旱指标之一，是评估干旱强度和干旱历时的重要工具。张强等采用 *SPI* 研究珠江流域干湿时期的旱涝情况及其发生频率的变化特征。张强基于 *SPI* 分析甘肃省的干旱情况。袁文平等对 *SPI* 和 *Z* 指数在我国进行对比分析，认为 *SPI* 能有效反映我国旱涝状况，并对旱涝灾害有良好的预测作用，优于 *Z* 指数。Piccarreta 等用 *SPI* 分析意大利南部 1923—2000 年的干旱情况。Guttman 基于美国降水资料对 *SPI* 和 *PDI*（Palmer）进行计算并比较，认为 *PDI* 谱特征会随地点位置的变化而变化，*SPI* 则不会，而且 *SPI* 比 *PDI* 更简单易用。*SPI* 是美国干旱监测系统的主要根据之一。

新疆是洪水和干旱灾害频发地区，在气候变化及人类活动的影响下，新疆出现了洪旱灾害损失扩大化的趋势。众多学者对新疆干旱进行了研究。姜逢清等运用一般统计学方法与分型理论分析新疆洪旱灾害特征，认为 20 世纪 80 年代以来新疆洪旱灾害呈急剧扩大的态势。庄晓翠等用 *K* 干旱指数、*R* 指数、*Z* 指数对新疆阿勒泰地区干旱监测进行研究，认为该地区干旱灾害集中在春夏季节，春夏连旱概率高，近年来干旱频次有增高的趋势，其中秋季干旱相对明显。翟盘茂等基于修正的 *PDSI* 干旱指标研究我国干旱变化，得出西北地区西部干旱面积呈下降趋势。然而目前仍没有基于 *SPI*，以整个新疆为研究对象的干旱发生频率空间分布及干旱时空变化特征的研究，而这对认识新疆地区干旱灾害规律、干旱灾害预警及防治有重要作用。基于此，以 *SPI* 干旱指标为基础，研究不同干旱等级发生概率空间分布特征，干旱情况、干旱强度及干旱历时的时空变化特征。

3.3.1 研究数据与方法

对国家气象信息中心提供的新疆 53 个雨量站 1957—2009 年逐日降水量资料进行分析，缺失数据采用以下方法进行插补：缺失数据时间较短，例如缺失 1～2 天的数据，采用相邻数据的平均值进行插补；缺失数据时间较长，则计算整个数据序列对应时期的平均值进行插补。

气象干旱以 *SPI* 来定义，*SPI* 由 Mckee 于 1993 年提出，能从不同时间尺度评价干旱。由于 *SPI* 具有资料获取容易、计算简单、能够在不同地方进行干旱程度对比等优点，得到广泛应用。假定计算时间尺度为 m 的 *SPI*，通常取 $m=3$，$m=6$，$m=12$ 或 $m=24$ 等。先把日降水量处理为月降水资料，将 m 个月的月降水资料求和，得到 m 个月累积降水序列。选取某个月所有年份的累积降水序列，采用 Gamma 分布对其配线，配线完成后，计算累积降水的累积概率，再通过标准正态分布反函数转换为标准正态分布，所得结果即是 *SPI* 值。由于 *SPI* 基于标准正态分布，因此不同等级 *SPI* 干旱具有对应的理论发生概率，其等于特定干旱等级中 *SPI* 上下限值的标准正态分布累积概率之差。*SPI* 值对应的干旱等级以及发生概率见表 3-4。

表 3-4　　SPI 干旱等级及概率

SPI	干旱等级	发生概率	*SPI*	干旱等级	发生概率
(−1.0，0]	轻度干旱	0.341	(−2.0，−1.5]	重度干旱	0.044
(−1.5，−1.0]	中度干旱	0.092	≤2.0	极端干旱	0.023

不同时间尺度的 *SPI* 具有不同的物理意义。时间尺度较短的 *SPI* 能一定程度上反映短期土壤水分的变化，这对于农业生产是有重要意义的。时间尺度较长的 *SPI* 能反映较长时间的径流量变化情况，对于水库管理有重要作用。短期干旱会导致土壤表层水分缺失，这对于农业耕作具有重大的负面影响，农作物不能获取足够的水分，会引起农业干旱。此处计算时间尺度为 3 个月的标准降水指数，以此研究对农业生产有重要意义的短期干旱时空分布特征。

从 *SPI* 等级划分可以看出，干旱时期是指 $SPI<0$ 的时期。一场干旱的历时定义为 D，是 *SPI* 持续小于 0 的历时。其干旱强度 S 定义为

$$S = -\sum_{i=1}^{D} SPI_i \tag{3-1}$$

式中　SPI_i——i 时段的 *SPI* 值。

为了计算方便，把干旱强度 S 转换成正值。

采用 Mann-Kendall 趋势检验法检验 *SPI* 的变化趋势。Mann-Kendall 趋势检验法在水文气象领域得到广泛应用。世界气象组织建议使用 M-K 趋势检验法进行趋势分析。M-K 趋势检验法的具体步骤如下：

(1) 计算统计检验量 R 为

$$R = \sum_{i=1}^{n-1}\sum_{j=i+1}^{n} \mathrm{sgn}(x_j - x_i) \tag{3-2}$$

式中　x_i、x_j——观测值 X 中第 i 和第 j 个值，且 $i<j$；

n——样本容量。

其中 sgn 函数计算方法为

$$\mathrm{sgn}(x_j - x_i) = \begin{cases} 1, & x_j > x_i \\ 0, & x_j = x_i \\ -1, & x_j < x_i \end{cases} \tag{3-3}$$

(2) 当 $n>8$，统计检验量 R 概率分布接近正态分布，其方差 $var(R)$ 为

$$var(R) = \frac{n(n-1)(2n+5) - \sum_{i=1}^{n} t_i i(i-1)(2i+5)}{18} \tag{3-4}$$

式中　t_i——序列中出现 i 次的数据个数。

(3) 计算统计检验量 Z 为

$$Z=\begin{cases}\dfrac{S-1}{\sqrt{var(S)}},S>0\\ 0,\quad S=0\\ \dfrac{S+1}{\sqrt{var(S)}},S<0\end{cases} \tag{3-5}$$

当显著水平为5%，$Z>1.96$表示观测序列有显著上升趋势；$Z<-1.96$表示观测序列有显著下降趋势。

国内外许多文献研究了时间序列的自相关性对M-K检验结果的影响。Storch和Navarra建议在进行M-K检验之前对时间序列进行“预白化”（prewhiten）处理，以消除序列中的自相关性，减少自相关性对M-K检验结果的影响。

“预白化”方法如下：

设有时间序列为y_1、y_2、…、y_n，n为样本量。

首先计算滞后1的序列自相关系数c，如果：①$c<0.1$，此时间序列可以直接应用于M-K分析；②$c>0.1$，则序列须经“预白化”处理得到新的时间序列，即y_2-cy_1、y_3-cy_2、…、y_n-cy_{n-1}，然后将M-K用于处理以后的时间序列趋势分析。

3.3.2 *SPI*在新疆的适用性分析

*SPI*在具有较强的适用性，在全球不同地区得到广泛应用，*SPI*、中国*Z*指标、*Z*值这三个干旱指标在我国干旱分析研究中的效果显著。选取乌鲁木齐作为干旱气候区域的代表，分析这三个干旱指标在干旱地区的表现，分析结果表明*SPI*是定义和监测干旱的重要工具。为进一步了解*SPI*在新疆干旱分析中的效果，对乌鲁木齐区域1980—2009年的*SPI*与历史干旱受灾面积进行比较，如图3-6所示。乌鲁木齐区域包括乌鲁木齐和达坂城两个气象站。1991年的受灾面积最大，而两个站点的*SPI*值均达到极端干旱等级。对比其他时段的历史干旱资料，大部分情况下，在受灾面积有记录的年份，至少其中一个站点的*SPI*达到干旱标准。然而，需要注意的是*SPI*是气象干旱指标，与实际干旱情况在定义及概念上不同。在实际情况中，人们可通过人类活动抗旱减灾，降低干旱灾害造成的损失。但气象因素，特别是降水，仍然是导致干旱的主要原因。综上，*SPI*基本能反映出实际干旱情况。

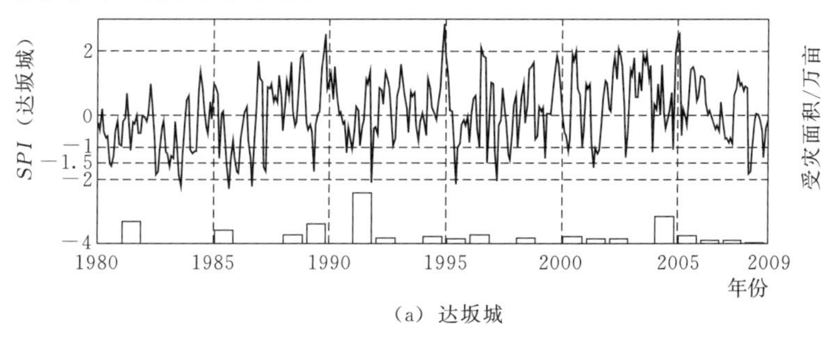

(a) 达坂城

图3-6（一） 乌鲁木齐区域*SPI*值（曲线）与历史干旱受灾面积（柱状图）比较

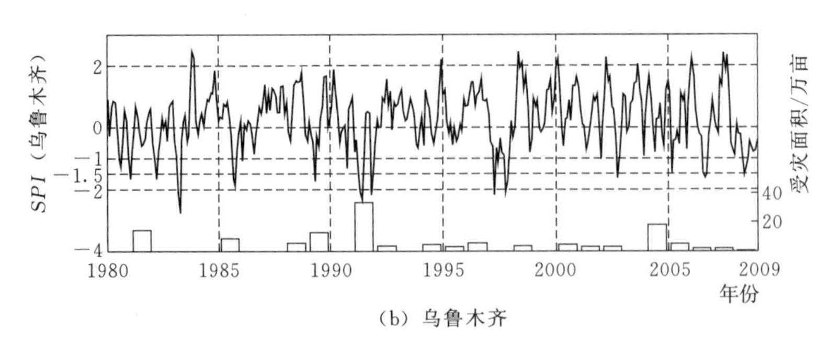

（b）乌鲁木齐

图3-6（二） 乌鲁木齐区域*SPI*值（曲线）与历史干旱受灾面积（柱状图）比较

3.4 新疆干旱灾害分布特征研究

3.4.1 新疆干旱时空分布特征

根据表3-4的*SPI*值划分干旱等级，计算3个月标准降水指数各个干旱等级实际发生概率，并分析其空间分布特征干旱发生概率空间分布图如图3-7所示。轻度干旱发生概率从新疆西北向东南逐渐增加，北疆大部分地区轻度干旱发生概率小于理论值0.341，而南疆地区和东疆地区更容易发生轻度干旱，如图3-7（a）所示。中度干旱、重度干旱和极端干旱发生概率则是从西北向东南逐渐减小如图3-7（b）～（d）所示。可以看出，天山是重要分界线，北疆地区和南疆地区干旱概率具有截然不同的特点。北疆地区发生轻度干旱的概率比理论频率低，但发生中度干旱、重度干旱和极端干旱的概率则高于理论频率。南疆地区相对于北疆更容易发生轻度干旱，而发生中度干旱或以上干旱灾害的频率比理论值要低。

*SPI*是以计算前期降水量为基础，将前期降水量与整个序列同期降水量进行比较，而得到的相应干旱情况，因此无论在干旱地区还是湿润地区，*SPI*的表现应该是相似的。但是在*SPI*应用中，干旱等级发生概率与理论值不同，并且具有明显的分布特征。Livada等基于*SPI*对希腊干旱情况进行分析，轻度干旱和中度干旱的发生频率从北到南、从西到东减少，而在高温时期降水量少的地方重度干旱频率最高。从图3-7可以看出，北疆地区发生轻度干旱的概率比理论频率低，但发生中度干旱、重度干旱和极端干旱的概率则高于理论频率，南疆则完全相反。北疆地区降水明显多于南疆地区，而且北疆地区最丰年降水比平年多约10%，最旱年比平年少约5%；南疆最丰年比平年多约2%，最旱年比平年少约3%。北疆地区降水多于南疆，发生中度干旱及以上的概率高于南疆。通过最丰年、最旱年和平年的降水量比较，可见南疆极端降水变化比北疆稳定，这也是导致以上结果的原因之一。

由以上分析可得新疆干旱空间分布特征：

北疆地区发生轻度干旱的概率比理论频率低，但发生中度干旱、重度干旱和极端干旱的概率则高于理论频率，南疆则完全相反。即北疆地区发生轻度干旱的概率比南疆低，发生中度干旱及以上的概率高于南疆。

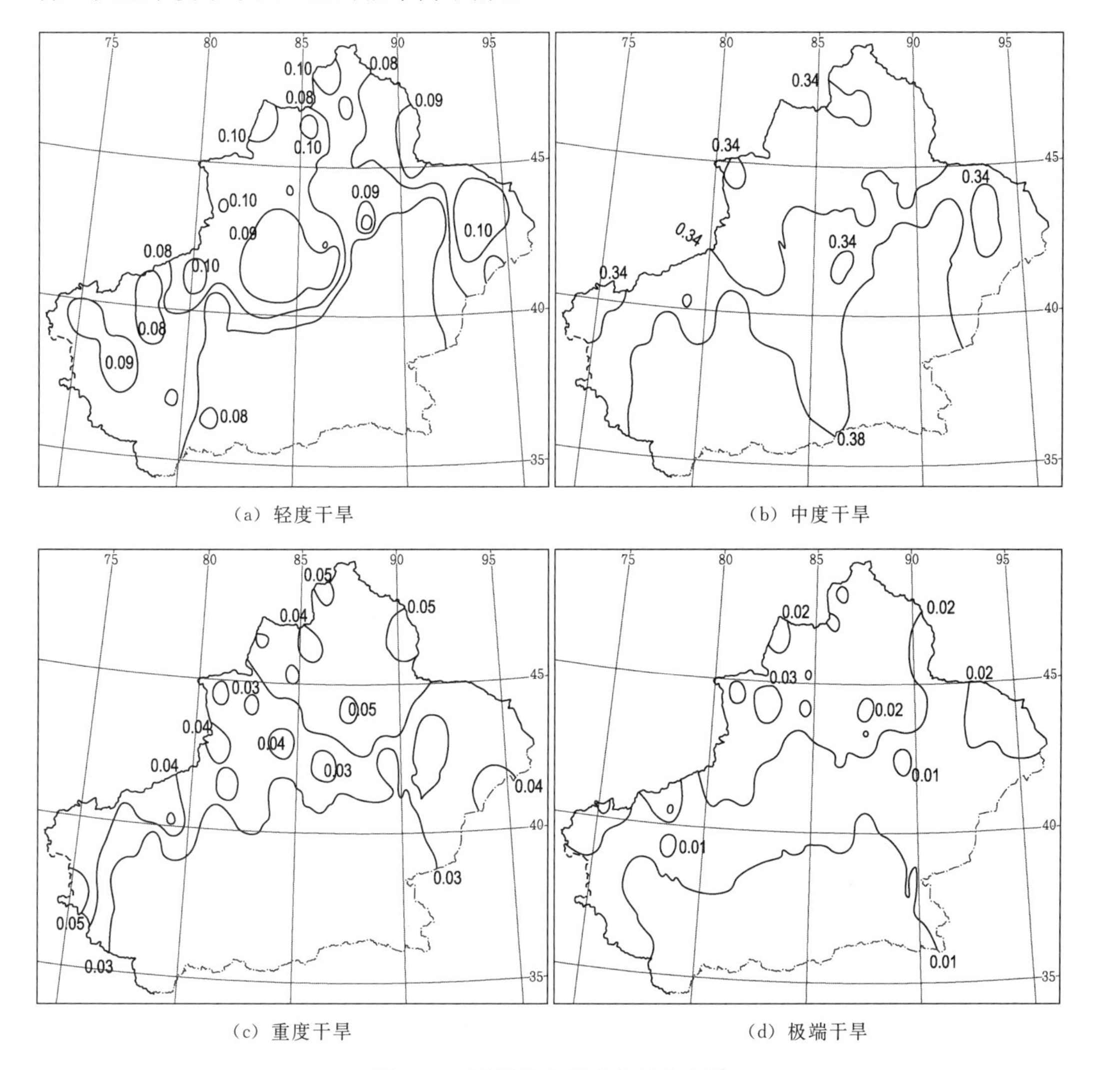

(a) 轻度干旱 (b) 中度干旱

(c) 重度干旱 (d) 极端干旱

图 3-7 干旱发生概率空间分布图

统计新疆各站点的干旱强度 S 和干旱历时 D，采用 M-K 法检验其变化趋势，并用反距离法对统计检验量 Z 插值。新疆干旱强度及干旱历时 M-K 法统计检验量 Z 分布图如图 3-8 所示。图 3-8（a）是干旱强度 S 统计检验量 Z 的空间分布图，整个新疆的干旱强度均有下降的趋势，大部分轻微下降，北疆地区、南疆北部地区显著下降，说明这部分地区干旱情况有所好转。东疆地区中部干旱强度显著上升，该区域干旱情况恶化。南疆西南部地区干旱强度有轻微的上升趋势。图 3-8（b）是干旱历史 D 统计检验量 Z 的空间分布图，新疆干旱历时有轻微下降趋势，其中北疆地区、天山西部及东疆地区东部干旱历时显著减少。东疆地区中部干旱历时出现显著上升趋势。南疆地区西南部干旱历时轻微上升，该区域与干旱强度轻微上升区域基本相同，该区域干旱情况可能有所恶化。

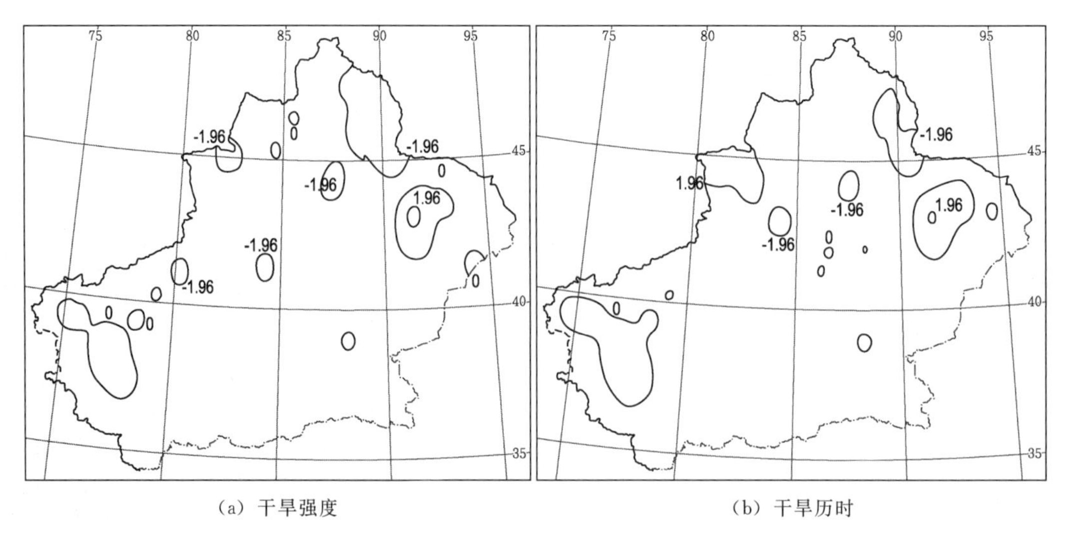

图 3-8 新疆干旱强度及干旱历时 M-K 法统计检验量 Z 分布图

3.4.2 新疆干旱灾害空间分布特征

用 M-K 趋势检验法检验各月 *SPI* 变化趋势，分析各月 *SPI* 趋势的空间分布规律，如图 3-9 所示。1 月 *SPI* 趋势变化区分十分明显，天山西部、北疆大部分地区都具有显著的上升趋势，干旱在这部分地区有减轻的趋势；*Z* 值在南疆地区均大于 0，有轻微的上升，但没有达到显著水平；而东疆部分地区的统计检验量 *Z* 小于 0，有轻微下降，也没有达到显著水平。2 月天山西部和南部、北疆部分地区显著上升，南疆地区有轻微上升，但没有达到显著水平，而东疆部分地区有轻微下降，也没有达到显著水平。3 月北疆地区和南疆地区大部分都有轻微上升，北疆西北部地区仍有显著上升，而天山北部部分地区出现轻微下降趋势；东疆部分地区依然显现出轻微下降的趋势，个别地区有显著上升趋势。4 月，东疆个别地区有显著上升趋势，但整个北疆地区和南疆地区都没有出现显著的趋势，天山西部、北疆部分地区、南疆东部和南部地区均有轻微下降趋势，对比 3 月，轻微下降的地区明显扩大。5 月与 4 月相似，但南疆地区轻微下降的范围南移。6 月的天山南部、北疆东北部和南疆东部个别地区出现显著的上升趋势，东疆部分地区仍然是轻微下降趋势。南疆北部和东部地区 7 月 *SPI* 开始出现显著上升趋势，其他地区轻微上升；天山西部个别地区也呈现显著上升，东疆中部地区出现显著下降趋势。8 月南疆干旱情况得到进一步改善，南疆除中部外，其他地区 *SPI* 均显著上升，而北疆西部 *SPI* 有轻微下降的趋势。9 月部分站点呈显著上升，北疆西部和东疆部分地区轻微下降，其他地方都轻微上升。新疆 10 月整体基本轻微上升，北疆西部地区仍然呈现轻微下降趋势。进入 11 月，新疆西部小部分地区出现显著上升，但南疆东部地区出现较大范围轻微下降趋势。12 月，新疆整体基本上轻微上升，北疆西北部、天山西部、南疆西部地区均有显著上升的趋势，而整个新疆轻微下降趋势的地区减少。

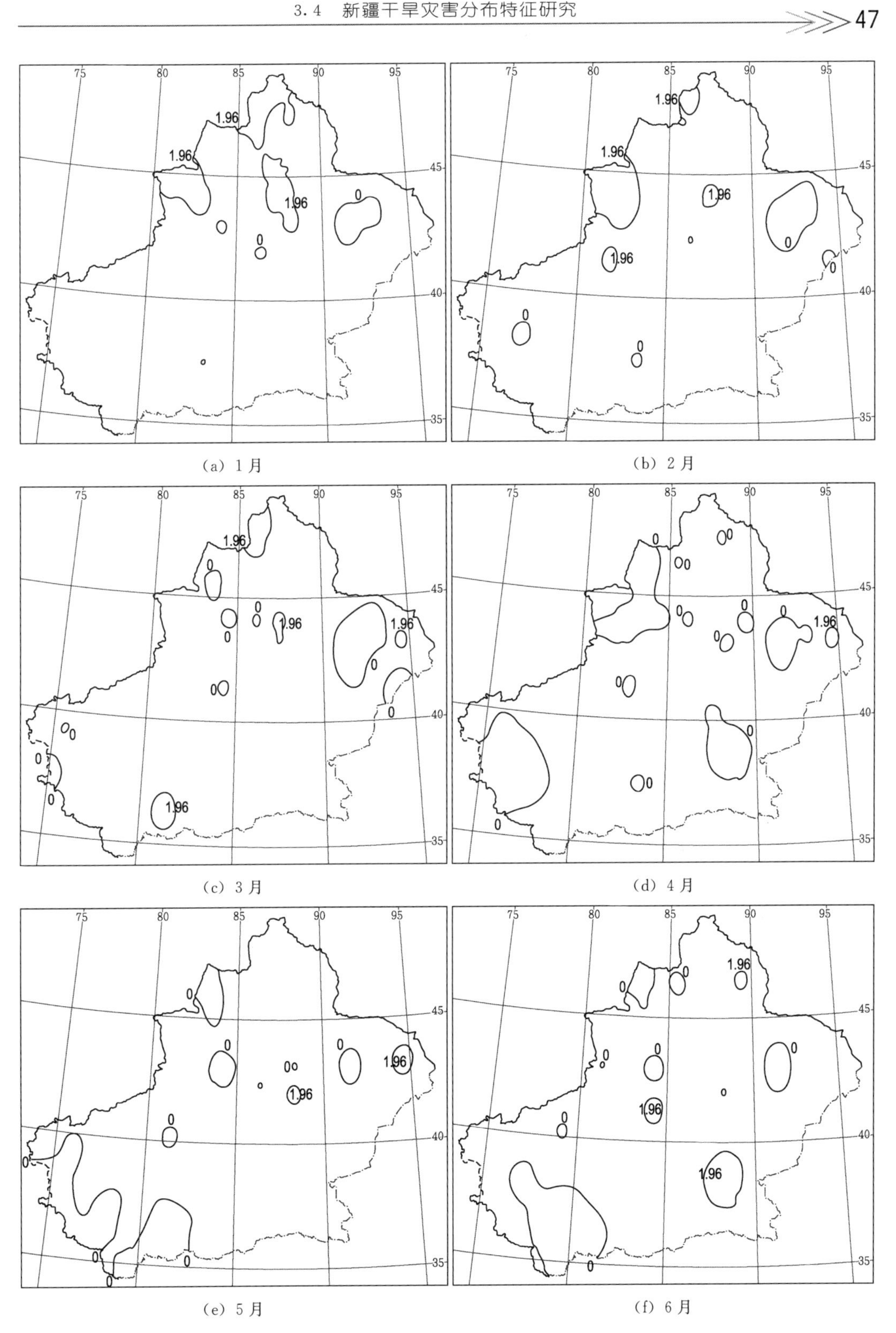

(a) 1月　(b) 2月

(c) 3月　(d) 4月

(e) 5月　(f) 6月

图 3-9（一） 各月 *SPI* 趋势的空间分布规律

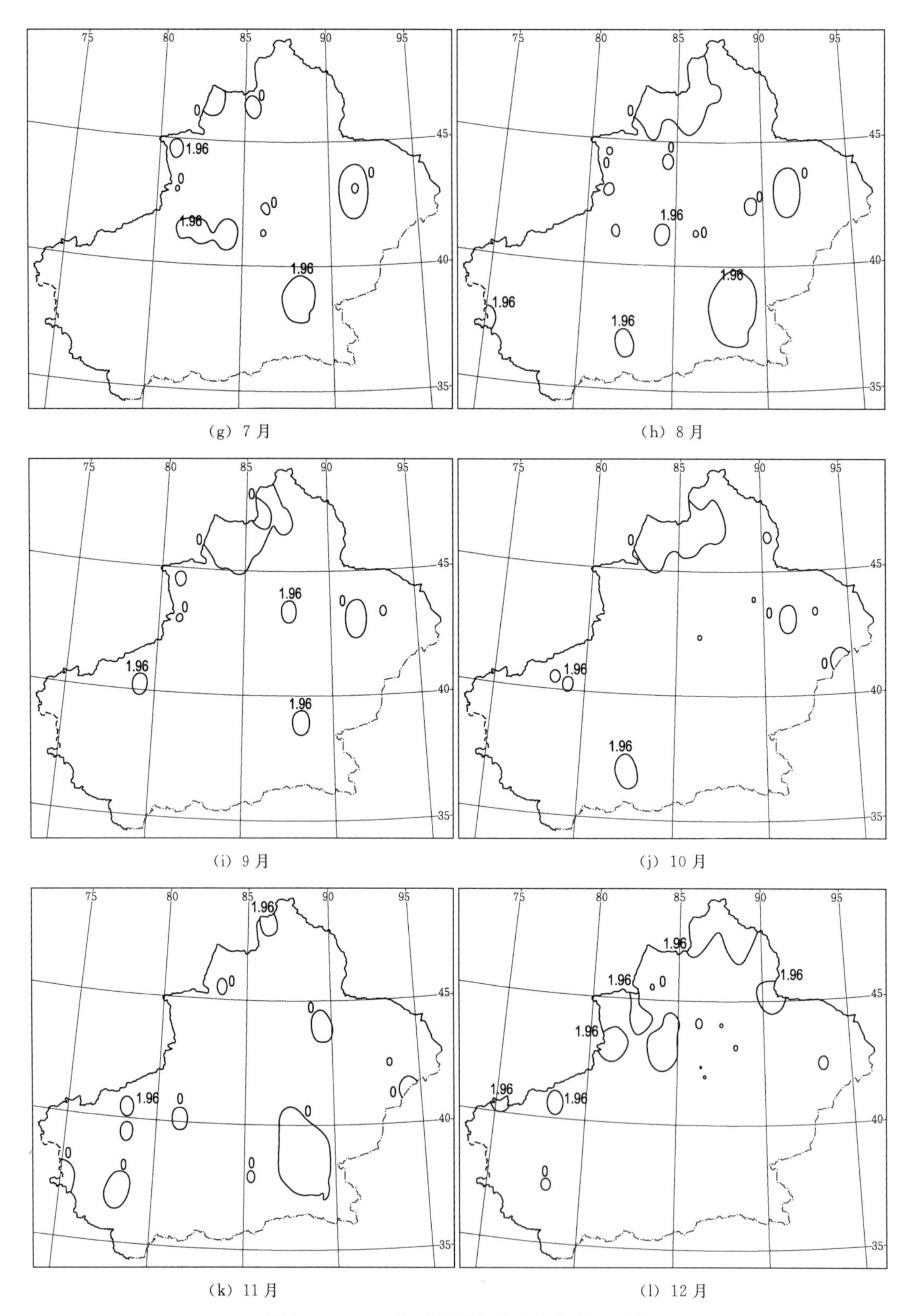

(g) 7 月　　(h) 8 月

(i) 9 月　　(j) 10 月

(k) 11 月　　(l) 12 月

图 3-9（二）　各月 *SPI* 趋势的空间分布规律

3.4.3 新疆干旱灾害总体变化趋势

SPI 是以计算前期降水量为基础，将前期降水量与整个序列同期降水量进行比较，而得到相应的干旱情况，因此无论在干旱地区还是湿润地区，*SPI* 的表现应该是相似的。但是在 *SPI* 应用中，干旱等级发生概率与理论值不同，并且具有明显的分布特征。Livada 等基于 *SPI* 对希腊干旱情况进行分析，轻度干旱和中度干旱的发生频率从北到南、从西到东减少，而在高温时期降水量少的地方重度干旱频率最高。Komuscu 对土耳其的干旱研究认为，湿润地区更容易发生短历时 *SPI* 中度以上的干旱。从图 3-7 可以看出，北疆发生轻度干旱的概率比理论频率低，但发生中度干旱、重度干旱和极端干旱的概率则高于理论频率，南疆则完全相反。这可能是由于北疆降水多于南疆，北疆较南疆湿润，与 Komuscu 的结果有一定的相似性，但更深层次的原因需要在未来的研究中继续分析。

从图 3-8 可见，整个新疆地区 *SPI* 均有增加的趋势，说明新疆地区干旱情况有所好转。张强等分析我国 590 个站点日降水资料后，认为我国西北地区有轻微的湿润趋势，冬季有变湿趋势，夏季有变干趋势。薛燕等通过对新疆 70 多个站点的气象资料分析计算，得出近 50 年来新疆年降水量、年平均气温总体呈上升趋势。李剑锋等分析新疆 53 个雨量站 1957—2009 年的日降水资料，认为新疆有湿润化趋势，1980 年后新疆发生洪涝的概率增大，发生干旱的概率减少。可见，*SPI* 变化趋势与降水量的变化趋势是一致的。

北疆春季（3—5 月）大部分地区 *SPI* 没有显著的变化趋势［图 3-9（c）～（e）］。3 月大部分地区有轻微升高，西北部显著上升，干旱情况应该有所改善；但 4—5 月，西北部山区出现了轻微下降，干旱情况有所恶化。进入夏季（6—8 月），除了局部地区具有显著上升趋势外，大部分地区都是轻微上升。值得注意的是，6 月、7 月北疆西部地区一直具有轻微的下降趋势，8 月，轻微下降区域迅速扩大，干旱情况可能恶化区域增大［图 3-9（f）～（h）］。到了秋季（9—11 月），北疆地区西部 9、10 月仍然延续进一步干旱的可能性。11 月，该区域大幅度减少，而且在北疆地区西北部出现显著上升趋势，北疆地区整体干旱情况开始改善［图 3-9（i）～（k）］。北疆地区冬季（12 月至次年 2 月）*SPI* 具有显著上升趋势，12 月干旱情况显著好转的区域在其西北部和天山北麓迅速扩大，1 月、2 月，北疆地区大部分地区和天山西北部 *SPI* 都显著增加［图 3-9（l）、（a）、（b）］。干旱情况各月的变化趋势与降水是一致的，冬季有变湿趋势，夏季有变旱趋势。可见，北疆地区干旱的改善主要集中在冬季，而对于农业比较重要的春夏秋季，北疆地区西部有更加干旱的可能。北疆地区的易旱季节主要是夏旱和春夏连旱，主要种植小麦、棉花等作物及园林，随着农业种植结构的大幅度调整，新疆林果业和棉花种植业面积明显增大，灌水时间相对集中在春夏季，春夏季农业需水量大幅度增加，但春夏季的 *SPI* 上升不显著，西部甚至轻微下降，这对于农业生产非常不利。

南疆地区春季（3—5 月）大部分地区具有轻微上升趋势，南部和东部 *SPI* 轻微下降［图3-9（c）～（e）］。4月开始有较大面积区域出现轻微下降，5月轻微下降趋势地区南移至西南部。进入夏季（6—8月），南疆地区*SPI*显著上升［图3-9（f）～（h）］。6月，南疆地区东南部仍然有较大区域有轻微下降趋势，但是南疆地区北部和东部地区*SPI*显著增加。7月，南部轻微下降区域消失，北部干旱情况显著改善的区域面积迅速扩大。8月，南部部分地区也呈现出显著增加趋势。到了秋季（9—11月），干旱的改善趋势逐渐消减［图3-9（i）～（k）］。9、10月，南疆地区大部分*SPI*轻微上升，个别地区显著上升，但显著上升区域面积大幅减少。到了11月，南疆地区开始出现轻微下降区域，而南疆地区西部仍然有显著增加趋势。南疆冬季（12月至次年2月）大部分地区*SPI*只有轻微上升趋势［图3-9（l）、（a）、（b）］。12月，西部仍然是显著增加趋势。1、2月，南疆地区基本上只呈现轻微上升趋势。可见，南疆地区干旱改善主要集中在夏季，而南疆地区南部春季干旱有恶化的可能。这与降水变化趋势是相似的，南疆地区以春夏增水最多，冬季不明显。南疆地区主要的易旱季节是春旱和春夏旱，干旱情况的改善对于南疆地区（南部除外）农业应该是有利的，然而随着农业结构调整，春夏农业需水也大幅度增加，这种干旱发展能否适应农业发展仍需要进行研究。

而东疆地区中部一年四季都有轻微下降趋势，7月甚至出现显著下降。东疆地区原本比较容易发生特大干旱，干旱变化趋势可能令东疆地区面临更大的考验。对比图3-8、图3-9，可发现干旱强度S和干旱历时D的时空变化特征和*SPI*的时空变化特征是基本一致的。各月*SPI*总体上呈上升趋势，因此干旱强度S有减轻的趋势，干旱历时D有缩短的趋势。从图3-9可以看出，北疆地区的干旱情况具有显著改善，实际上这种改善主要集中于冬季，而北疆地区西部在春夏秋季干旱有恶化的可能。南疆地区南部干旱强度和干旱历时有恶化的可能性。东疆地区中部干旱强度显著增加，干旱历时也显著变长。这与各月*SPI*变化趋势分析结果一致。

本节基于*SPI*分析新疆不同干旱等级发生概率空间分布，并采用Mann-Kendall趋势检验法检验不同月份*SPI*变化趋势、干旱强度和干旱历时变化趋势，采用反距离法插值分析其时空变化特征。根据以上分析可以看出：

（1）北疆地区发生轻度干旱的概率比理论频率低，但发生中度干旱、重度干旱和极端干旱的概率则高于理论频率，南疆地区则完全相反。即北疆地区发生轻度干旱的概率比南疆地区低，发生中度干旱及以上的概率高于南疆地区。

（2）从整个新疆来看，干旱情况有所好转，但不同地区干旱变化情况不同。总体上来看，北疆地区干旱情况有所改善，但北疆地区干旱的改善主要集中在冬季，而对于农业比较重要的春夏秋季，改善不显著，北疆地区西部则有更加干旱的可能，这对于农业生产非常不利。南疆地区干旱改善主要集中在夏季，而南疆地区南部春季干旱有恶化的可能。东疆地区中部一年四季干旱有轻微恶化的趋势，7月恶化最为明显。

（3）北疆地区干旱强度有下降趋势，干旱历时有缩短趋势，南疆地区南部干旱强度和干旱历时轻微上升。东疆地区中部干旱强度和干旱历时都显著增加。这与*SPI*的时空变化特征基本一致。

3.5 新疆季节性干旱特征研究

国内外很多学者对新疆的干旱进行相关分析，姜逢清等探讨了新疆洪旱灾害与大尺度气候强迫因子、气候变化的联系，分析发现20世纪80代年以来新疆洪旱灾害呈急剧扩大的态势；翟禄新等分别利用 *SPI* 和 Palmer 对西北地区各季进行分析，发现西北西部有逐渐变湿的趋势；辛渝等利用 EOF 和 REOF 等方法对新疆年降水量、四季降水量的空间特征、变化趋势以及突变时间等进行了对比诊断分析，并对新疆降水气候进行分区；普宗朝等采用新疆101个气象站逐月气候资料对新疆近48年干湿气候的年降水量、潜在蒸散发量和地表干燥度等要素进行时空变化特征分析，揭示了新疆各地年潜在蒸散量总体为减少趋势，其中南疆地区为递减倾向率高值区；张强等运用标准化降水指数探讨了新疆干旱时空分布，并对新疆的极端降水进行分析，发现北疆地区易发生中等及以上的干旱，南疆地区易发生轻度干旱。基于此，本章采用 *SPI* 为干旱指标，结合 REOF 对新疆四季的干旱时空特征进行深入分析研究，然后计算新疆不同区域不同季节的干旱时空分布规律，探讨各干旱气候分区的趋势分析，利用连续小波变化和交叉小波变化对塔河流域的年径流量、年降水量和年平均温度的周期变化以及相关显著周期进行研究，对于全面了解新疆全区不同季节的干旱时空分布规律、防旱抗旱等问题具有重要意义。

3.5.1 研究区域和数据

数据采用新疆52个地面气象站的1961—2008年逐月降水量资料，资料来源于国家气象信息中心，站点分布图如图3-10所示。缺失数据按照下述方法进行插补：1～2天缺失数据采用相邻数据的平均值进行插补；缺失数据时间较长的则以计算整个数据序列对应时期的平均值进行插补。新疆的历年旱灾受灾面积和成灾面积资料来源于《中国气象灾害大典（新疆卷）》《中国农业年鉴》《西北内陆河区水旱灾害》。

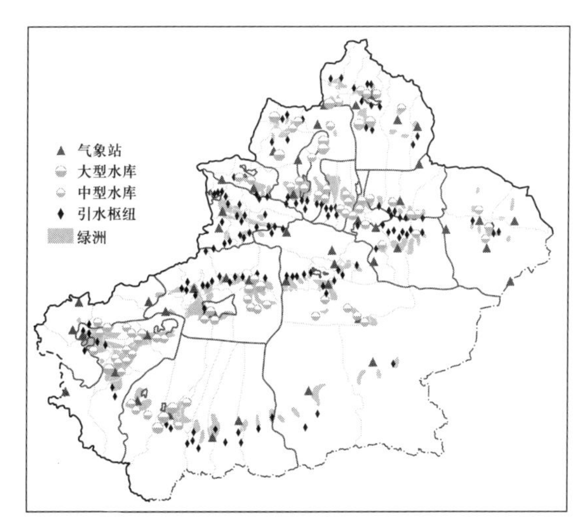

图3-10 新疆地区雨量站点分布图

3.5.2 研究方法

3.5.2.1 *SPI*

SPI 由 Mckee 等在1993年提出，从不同时间尺度评价干旱。由于 *SPI* 具有资料获取容易、计算简单、能够在不同地方进行干旱程度对比等优点，因而得到广泛应用。假

设计算时间序列的尺度为 m 个月的标准化降水指标（通常 m 取 1、3、6、12、24 等），先计算连续 m 个月的月降水总量，得到了一个连续 m 个月的累积降水时间序列。由于前一个月的降水会对下一个月的降水产生影响，年内各月份之间降水的自相关性会严重影响分布函数的拟合度，为了消除年内各月份之间的自相关性，Shih - Chieh 等提出分别计算不同年份相同月份的 SPI 值，然后整合起来得到整个序列的 SPI 值。

设 X 表示月降水时间序列，X_w 表示 w 时间尺度的累积月降水序列，其中 $w=1$，3，6，…，X_w^{mon} 表示某月份对应的时间尺度的累积月降水序列，其中 mon 表示月份，$mon=1$，2，3，…，12。例如 X_6^8 表示 6 个月时间尺度的 3—8 月的累积降水序列。则计算 SPI 的公式可以表示为

$$SPI_w^{mon} = \phi^{-1}[F(X_w^{mon})] \tag{3-6}$$

式中 F——Gamma 分布函数；

ϕ^{-1}——标准正态分布的反函数。

由于 SPI 基于标准正态分布，因此不同等级 SPI 干旱具有对应的理论发生概率，其等于特定干旱等级中 SPI 上下限值的标准正态分布累积概率之差。

3.5.2.2 旋转经验正交函数

旋转经验正交函数（rotated empirical orthogonal function，REOF）是在经验正交函数分析的基础上对特征向量进行极大方差正交旋转得到的，EOF 分离出要素的方差贡献率尽量集中在前几个特征向量上，其分离出的空间分布结构不能清晰地表示不同地理区域的特征，同时取样大小不同也会导致反映真实分布结构的相似度不同；旋转经验正交函数可以克服这些局限性，可以更好地反映不同区域的变化和相关分布状况。设气象场为 A_{ij} 可以表示为

$$A_{ij} = f(t,x)$$

式中 t——时间；

x——空间点的标号；

A_{ij}——第 j 次第 i 个空间点上气象要素的观测值，($i=1$，2，…，m；$j=1$，2，…，n)，其中，m 为时间序列的长度，n 为测站数。

观测资料矩阵 $\boldsymbol{A}_{m\times n}$ 表示为

$$\boldsymbol{A}_{m\times n} = \boldsymbol{V}_{m\times n}\boldsymbol{T}_{m\times n} \tag{3-7}$$

其中，$\boldsymbol{V}_{m\times n}$ 的每一列为矩阵 $\frac{1}{m}\boldsymbol{A}\boldsymbol{A}^{\mathrm{T}}$ 的归一化特征向量，$\boldsymbol{A}^{\mathrm{T}}$ 为 $\boldsymbol{A}$ 的转置矩阵，矩阵 $\boldsymbol{T}_{m\times n}$ 为特征向量的权重系数，将 $\boldsymbol{T}_{m\times n}$ 标准化，记为 $\boldsymbol{\Lambda}^{-2}\boldsymbol{T}$，其中 $\boldsymbol{\Lambda}$ 为 $\frac{1}{m}\boldsymbol{A}\boldsymbol{A}^{\mathrm{T}}$ 的特征值构成的对角阵。

记 $\boldsymbol{L} = \boldsymbol{V}\boldsymbol{\Lambda}^{-2}$，则

$$\boldsymbol{A} = \boldsymbol{V}\boldsymbol{\Lambda}^{-2}\boldsymbol{\Lambda}^{-2}\boldsymbol{T} = \boldsymbol{L}\boldsymbol{F} \tag{3-8}$$

式中 **L**——因子荷载阵；

F——因子阵。

按照方差极大正交转动原则将 **F**、**L** 进行转动，使得 **L** 中各列元素平方的方差之和达最大。若取前 P 个因子，则使 S 达最大。

$$S=\sum_{j=1}^{p}\left[\frac{1}{n}\sum_{i=1}^{n}\left(\frac{l_{ij}^2}{h_t^2}\right)^2\right]-\left(\frac{1}{n}\sum_{i=1}^{p}\frac{l_{ij}^2}{h_t^2}\right) \tag{3-9}$$

$$h_t^2=\sum_{j=1}^{p}l_{ij}^2$$

式中 l_{ij} ——矩阵 **A** 的元素。

3.5.2.3 Mann - Kendall（M - K）趋势检验法

M - K 法是用来评估水文气候要素时间序列趋势的检验方法，以适用范围广、受人为主观性影响小、定量化程度高而著称，其检验统计量公式为

$$S=\sum_{i=2}^{n}\sum_{j=1}^{i-1}\mathrm{sign}(X_i-X_j) \tag{3-10}$$

其中，sign() 为符号函数，当 X_i-X_j 小于、等于或者大于 0 时，sign(X_i-X_j) 分别为−1、0 和 1；M - K 统计量公式为

$$Z=\begin{cases}(S-1)/\sqrt{n(n-1)(2n+5)/18}, & S>0\\ 0, & S=0\\ (S+1)/\sqrt{n(n-1)(2n+5)/18}, & S<0\end{cases} \tag{3-11}$$

Z 为正值表示增加趋势，负值表示减少趋势。在 $|Z|\geqslant1.28$、$|Z|\geqslant1.96$、$|Z|\geqslant2.32$ 时分别通过了置信度 90%、95%、99%的显著检验。

当用 M - K 法来检测径流的变化时，设有一时间序列 x_1、x_2、x_3、…、x_n，构造一秩序列 m_i，m_i表示 $x_i>x_j(1\leqslant j\leqslant i)$ 的样本累积数。

定义 d_k 为

$$d_k=\sum_{i}^{k}m_i \quad (2\leqslant k\leqslant N) \tag{3-12}$$

d_k 均值以及方差定义为

$$E[d_k]=\frac{k(k-1)}{4} \tag{3-13}$$

$$var[d_k]=\frac{k(k-1)(2k+5)}{72} \quad (2\leqslant k\leqslant N) \tag{3-14}$$

在时间序列随机独立假定下，定义统计量为

$$UF_k=\frac{d_k-E[d_k]}{\sqrt{var[d_k]}} \quad (k=1,2,3,\cdots,n) \tag{3-15}$$

式（3 - 15）中，UF_k为标准正态分布，给定显著性水平 α_0，查正态分布表得到临界值 t_0，当 $UF_k>t_0$时，表明序列存在一个显著的增长或减少趋势，所有 UF_k将组成一条曲

线C1，通过信度检验可知其趋势是否显著。将时间序列 x 按逆序排列，把此方法引用到逆序排列中，再重复上述的计算过程，并使计算值乘以−1，得出 UBK，在M-K标准曲线图中用C2表示，当曲线C1超过信度线，即表示存在明显的变化趋势，若C1和C2的交点位于置信度区间，则此点可能是突变点的开始。

国内外的许多文献研究了时间序列的相关性对M-K检验结果的影响。在对5个水文站的水沙资料进行M-K检验之前，要检验水沙资料的相关性，公式为

$$\rho_m = \frac{cov(X_t, X_{t+m})}{var(X_t)} = \frac{\frac{1}{n-m}\sum_{t=1}^{n-m}(X_t - \overline{X})(X_{t+m} - \overline{X})}{\frac{1}{n-1}\sum_{t=1}^{n}(X_t - \overline{X})^2} \tag{3-16}$$

式中 X_t——待检验时间序列；

$\overline{X}$——检验序列的均值；

X_{t+m}——滞后 m 的等检验时间序列。

$-1<\rho_m<1$。如果 $m=0$，那么 $\rho_m=1$，对于独立的随机变量如果 $m\neq 0$，$\rho_m\approx 0$。

检验序列是否独立的置信区间的公式为

$$\frac{U}{L} = \frac{-1 \pm Z_{1-\alpha/2}\sqrt{n-2}}{n-1} \tag{3-17}$$

式中 U、L——序列最大值和最小值；

α——置信度，在本文中采用5%的置信度；

Z——在置信水平 α 下的正态分布临界值 n 被检验的时间序列的长度。

如果 ρ_m 值落在95%的置信区间内，说明序列相关性不显著，M-K对序列的检验影响不明显。Storch和Navarra建议在进行M-K检验之前对时间序列进行“预白化”处理。所有序列在进行M-K分析之前均需要预白化处理。

“预白化”方法如下：

设有时间序列 y_1、y_2、…、y_n，n 为样本量，首先计算滞后1的序列自相关系数 c，如果：①$c<0.1$，此时间序列可以直接应用于M-K分析；②$c>0.1$，则序列须经“预白化”处理得到新的时间序列，即 y_2-cy_1、y_3-cy_2、…、y_n-cy_{n-1}，然后将M-K用于以后的时间序列趋势分析。

3.5.2.4 Morlet连续小波变换、交叉小波与小波一致性分析

采用Morlet小波作为基小波分析塔河流域的年径流量、年降水量和年均温，湿季（4—9月）和干季（10月至次年3月）的年径流量、年降水量和年均温的周期变化特征，通过交叉小波变换和小波相干谱的分析，进一步揭示年径流量、年降水量和年均温的响应机制及反馈特征。小波变换作为一种强有力的时间序列分析工具而得以广泛运用，小波分析通过将时间序列分解到时—频空间而对时间序列的变化模式以及这些变化模式随时间的变化特征进行研究。小波分析较传统的Fourier分析在时间序列分析方面有其独特的优势，其优势在于小波分析在时域与频域两个方面均具有良好

的局部性质，能将信号分解成多尺度成分，并对各种不同尺度成分采用相应粗细的时—空域取同等步长，从而能够不断聚焦至所研究对象的任意微小细节。此处所用母小波函数为 Morlet 小波，函数均值为 0，且在时—频空间上具有很好的对称性。

假定要分析的时间序列为 $x_n(n=0, \cdots, N-1)$，δt 为时间间隔，$\psi_0(\eta)$ 为时间参数 η 的母小波函数，所用母小波函数为 Morlet 小波，Morlet 小波函数定义为

$$\psi_0(\eta) = \pi^{-1/4} e^{i\omega_o\eta} e^{-\eta^2/2} \tag{3-18}$$

式中 ω_o——频率，此处 $\omega_o=6$ 以满足相容性条件。

对于离散时间序列 x_n 的连续小波变换是将信号与某一尺度的子波 $\psi_0(\eta)$ 进行卷积运算而实现的，可以表示为

$$W_n(s) = \sum_{n'}^{N-1} x_{n'}\psi * \left[\frac{(n'-n)\delta t}{s}\right] \tag{3-19}$$

式中（*）表示复数共轭。在分析中引入影响锥概念（cone of influence，COI）以消除小波变换中的边界效应，因为小波变换在时间域上并非完全局域化。影响锥以外的小波能量递减为影响锥边界值的 e^{-2}，并不再有显著能量值。小波能量显著性地确定是假定所分析的信号在给定能量谱（P_k）条件下产生的平稳过程，许多地球物理量均有可被一阶自相关过程（auto regression i，ARI）模拟的红噪音特征。一阶自相关 α 的功率谱值为

$$P_k = \frac{1-\alpha^2}{|1-\alpha e^{-2i\pi k}|^2} \tag{3-20}$$

式中 k——Fourier 频率指数。

Torrence 和 Compo（1998）运用 Monte Carlo 模拟研究认为，在给定功率谱值（P_k）下，小波功率大于 p 的概率可表示为

$$D\left[\frac{|W_n^X(s)|^2}{\sigma_X^2} < p\right] = \frac{1}{2} p_k \chi_v^2(p) \tag{3-21}$$

当 $v=1$ 时为实数形式的小波；当 $v=2$ 时为复数形式的小波。

相位关系通过确定小波能量大于 95% 置信度水平区域中平均相位弧度值来确定。角度值（a_i，$i=1, \cdots, n$）的平均弧度值可表示为

$$\left.\begin{aligned} a_n &= \arg(X, Y) \\ X &= \sum_{i=1}^{n} \cos(a_i) \\ Y &= \sum_{i=1}^{n} \sin(a_i) \end{aligned}\right\} \tag{3-22}$$

交叉小波分析揭示了两时间序列拥有相同小波能量的区域。对于两时间序列的协方差，Torrence 和 Compo（1998）用小波变换 W_X 与 W_Y 定义了两时间序列的交叉谱为

$$W_{XY}(s,t) = W_X(s,t) W_Y^*(s,t) \tag{3-23}$$

式中（*）表示复数共轭。W_{XY} 的相位角描述了 X 与 Y 在时—频空间的相位关系，用

红噪音模型对其显著性进行统计检验。

对于两时间序列在时—频空间的一致性，Torrence 和 Webster（1999）给出了两时间序列小波一致性（wavelet coherency）分析的算法为

$$R_n^2(s)=\frac{|S[s^{-1}W_n^{XY}(s)]|^2}{S[s^{-1}|W_n^X(s)|^2]S[s^{-1}|W_n^Y(s)|^2]} \tag{3-24}$$

运用 Monte Carlo 模拟确定基于红噪音标准谱的小波一致性显著性检验（95%置信度水平）。在式（3-24）中，S 是函数按某一尺度进行平滑的计算过程，取经验系数为 0.6，算法为

$$S_{\text{time}}(W)|_s=[W_n(s)c_1^{\frac{-t^2}{2s^2}}]|_s \text{ 和 } S_{\text{time}}(W)|_s=[W_n(s)c_2\Pi(0.6s)]|_s \tag{3-25}$$

式中　c_1、c_2——标准化常数；

Π——直角函数。

3.5.3　新疆地区干旱季节性变化规律

对新疆不同季节的 $SPI3$ 进行 REOF 分析，不同季节前 6 个 PC 和 RPC 对总方差的贡献见表 3-5，North 研究指出，如果前后两个特征值误差范围有重叠，那么它们之间没有显著差别。新疆四季 $SPI3$ 的 EOF 分析特征值及 95%置信度误差范围如图 3-11 所示，春季、秋季和冬季第三特征值与第四特征值的误差范围相重叠，而夏季第四特征值

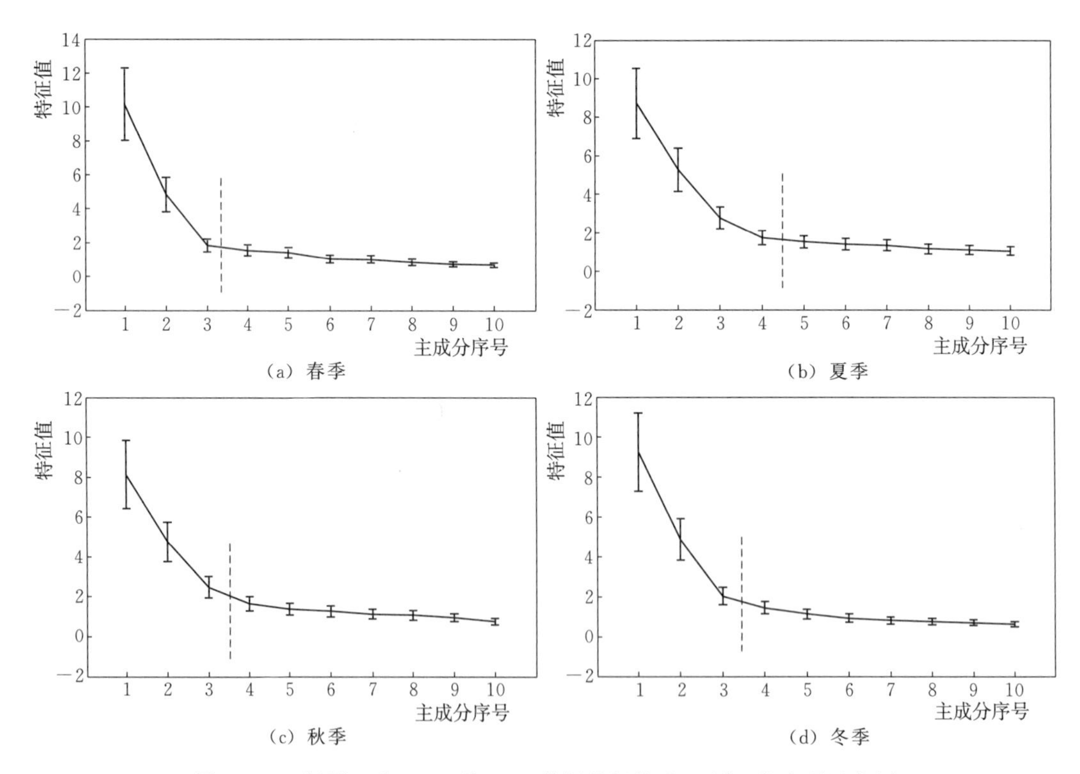

图 3-11　新疆四季 $SPI3$ 的 EOF 分析特征值及 95%置信度误差范围

与第五特征值的误差范围相重叠，因此春季、秋季和冬季采用前三个空间模态对应的特征向量进行分析，而夏季采用前四个空间模态对应的特征向量进行分析。

表 3-5　不同季节前 6 个 PC 和 RPC 对总方差的贡献率 %

季节	累积方差贡献率	主成分序号					
		1	2	3	4	5	6
春季	0.68	0.27	0.18	0.09	0.05	0.05	0.04
夏季	0.60	0.18	0.15	0.11	0.07	0.05	0.05
秋季	0.62	0.16	0.12	0.11	0.11	0.07	0.06
冬季	0.68	0.30	0.13	0.09	0.06	0.05	0.04

3.5.3.1 春季

新疆春季 REOF 前 3 个空间模态和相应的时间系数、M-K 统计值如图 3-12 所示。第一空间模态高值区位于天山以北的北疆地区，最大中心位于阿勒泰［图 3-12 (a)］。由图 3-12 (a) 可知，*SPI*3 在 1986 年之前呈减小趋势，1986 年之后呈增加趋势，增加和减小趋势不显著（均未超过 95%置信度检验），*SPI*3 时间系数的 5 年滑动平均曲线表明 1987 年以后 *SPI*3 呈增加趋势。*SPI*3 在 1962—1969 年和 1988—1991 年分别存在 2～3 年的显著周期变化（超过 95%的置信度水平，下文同）。春季旋转经验正文函数第一空间至第三空间模态的时间系数连续小波变换如图 3-13 所示。*SPI*3 在 1976—1987 年存在 6～8 年的显著长周期［图 3-13 (a)］。图 3-12 (b) 显示第二空间模态高值区位于天山以南南疆地区的中西部，最大中心为阿克苏河流域的阿合奇。*SPI*3 在 1962—1977 年、1993—2002 年呈减小趋势，*SPI*3 在 1978—1992 年和 2002 年以后呈增加趋势，*SPI*3 时间系数的 5 年滑动平均曲线显示在 1990—2001 年是湿润期，2002—2007 年是干旱期［图 3-12 (b)］。在 1994—1997 年、1997—2000 年存在 3 年、5～6 年的显著周期［图 3-13 (b)］。第三空间模态高值区位于新疆东南部地区，最大中心位于铁干里克和巴里塘。图 3-12 (c) 显示 *SPI*3 整体上呈波动增加趋势，*SPI*3 时间系数的 5 年滑动曲线整体呈波动增加趋势，特别是 1997 年以后 *SPI*3 增加趋势显著。*SPI*3 在 1986—1989 年存在 3 年左右的显著周期［图 3-13 (c)］。

3.5.3.2 夏季

新疆夏季 REOF 前 4 个空间模态和相应的时间系数、M-K 统计值如图 3-14 所示。夏季的第一、第二空间模态分布与春季的第一、第二空间模态分布基本一致［图 3-13 (a)、(b) 和图 3-14 (a)、(b)］，图 3-14 (a) 显示夏季第一空间模态高值区位于天山以北的北疆地区，最大中心位于精河，特征向量的“零值”界线基本与天山平行，突出了整个天山山脉对其两侧降水的不同影响作用。南疆地区特征向量是负值，这反映了南疆与北疆、东疆相反的干旱变化趋势。1973—1977 年 *SPI*3 呈减小趋势，其

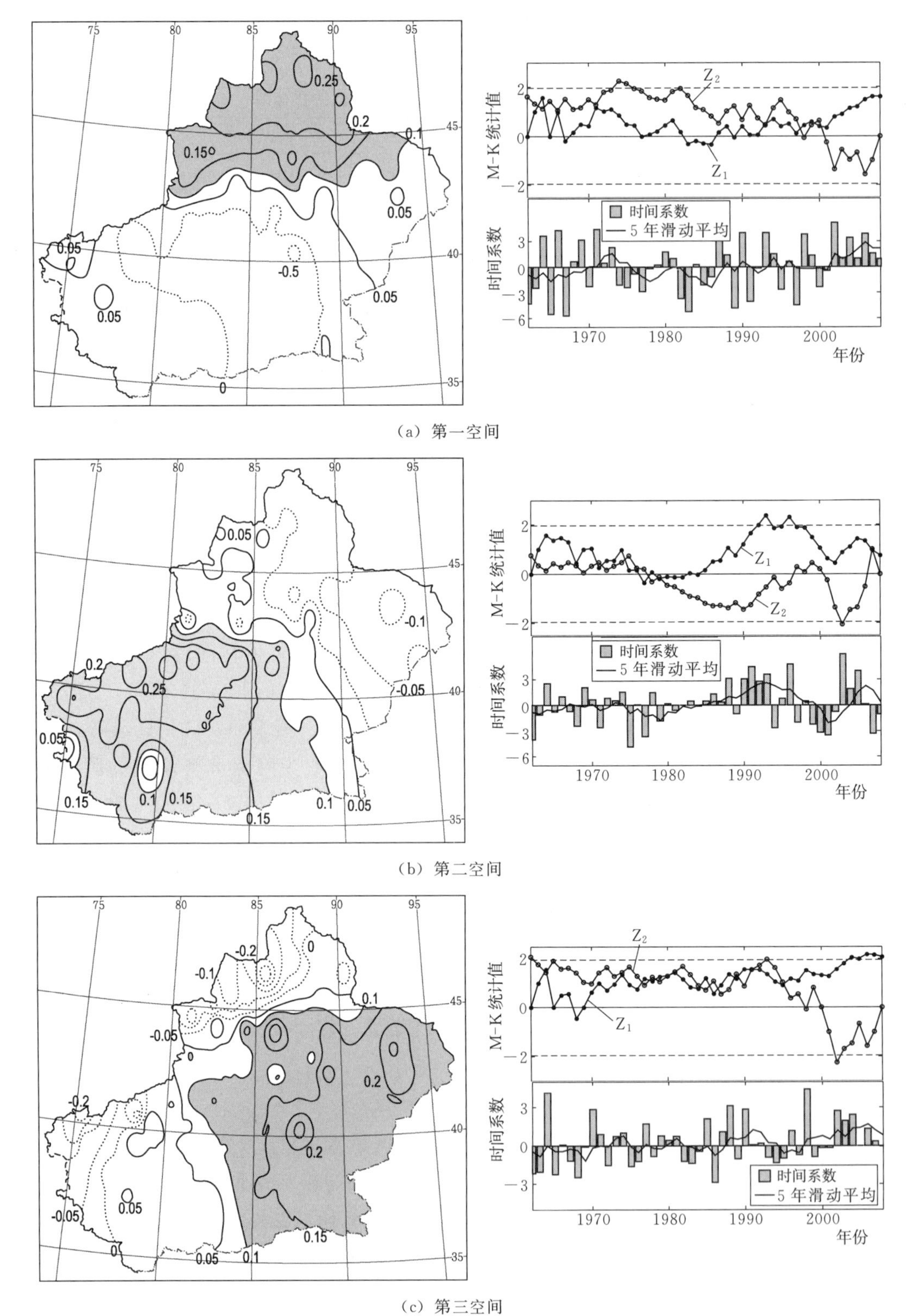

（a）第一空间

（b）第二空间

（c）第三空间

图 3-12　新疆春季 REOF 前 3 个空间模态和相应的时间系数、M-K 统计值

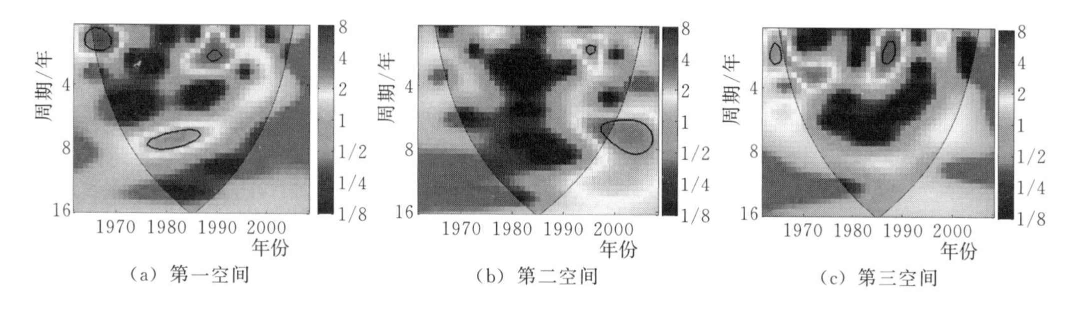

(a) 第一空间　　(b) 第二空间　　(c) 第三空间

图 3-13　春季旋转经验正交函数第一空间至第三空间模态的时间系数连续小波变换

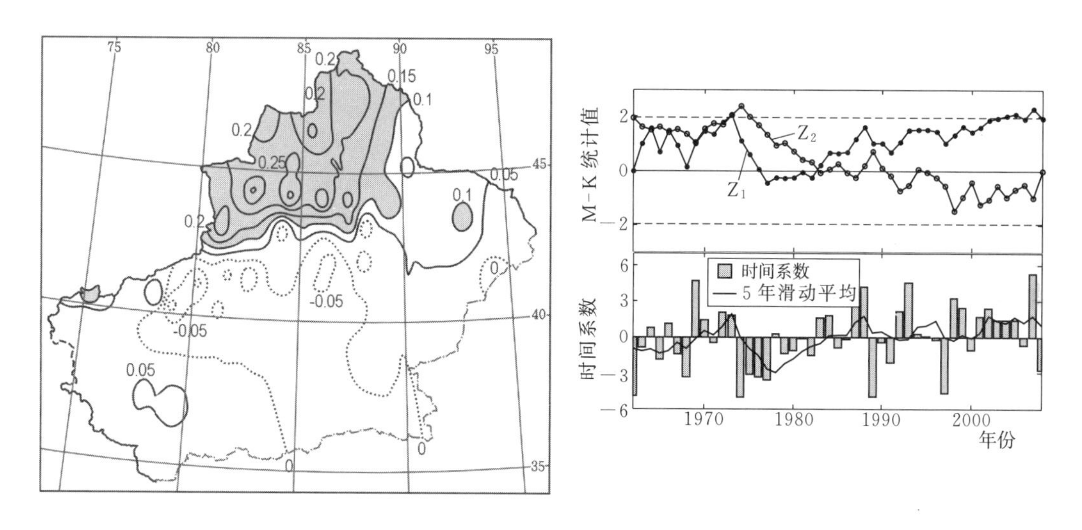

(a) 第一空间

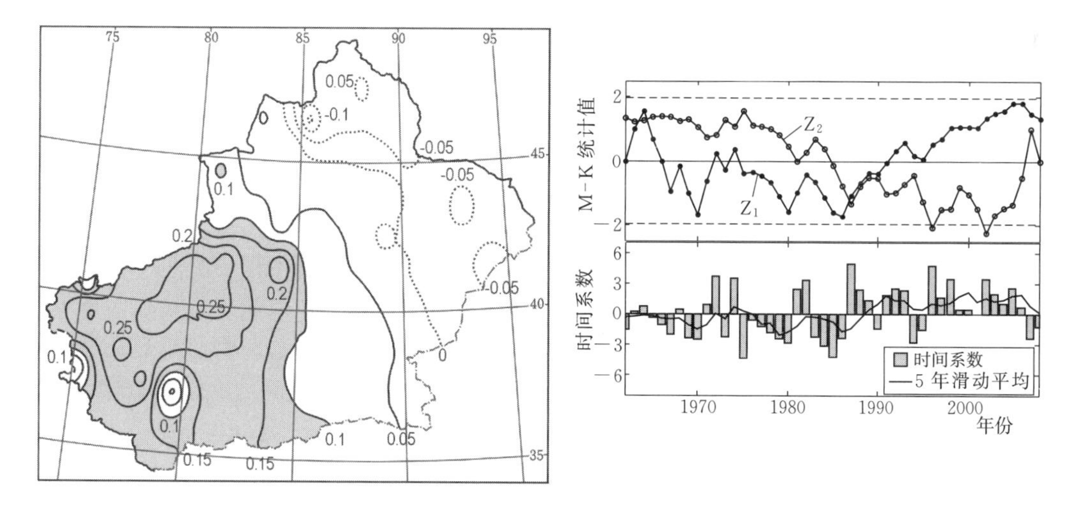

(b) 第二空间

图 3-14（一）　新疆夏季 REOF 前 4 个空间模态和相应的时间系数、M-K 统计值

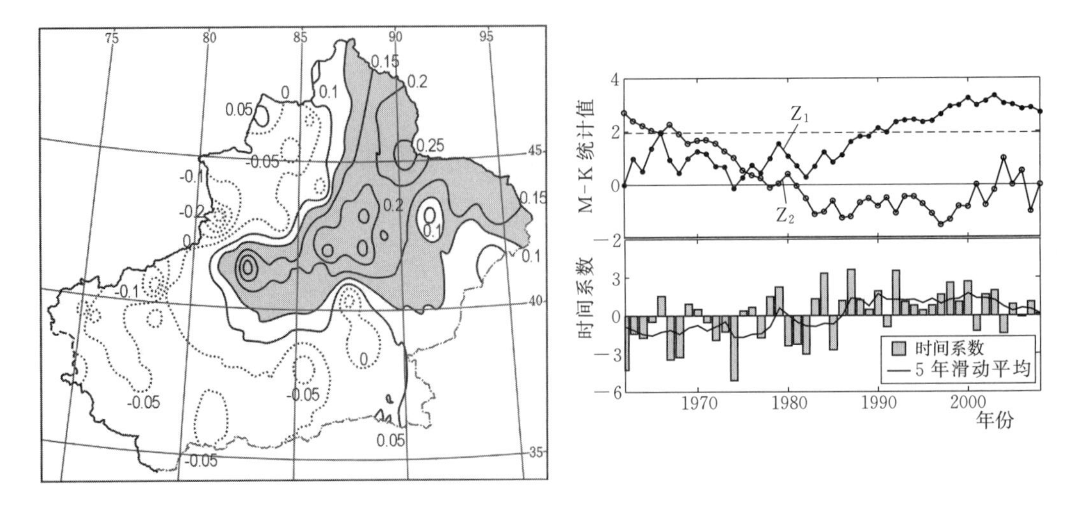

(c) 第三空间

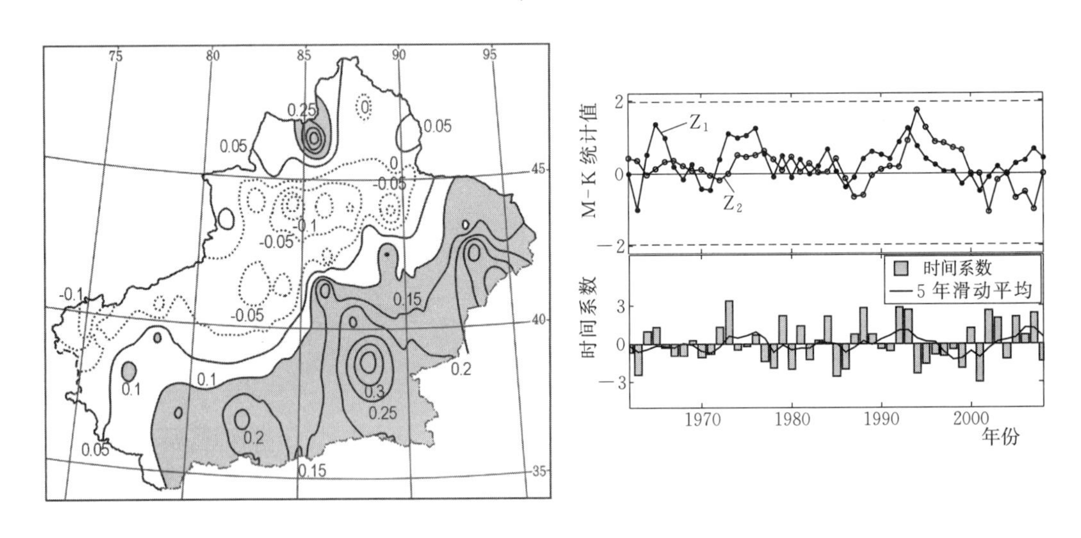

(d) 第四空间

图 3-14(二) 新疆夏季 REOF 前 4 个空间模态和相应的时间系数、M-K 统计值

他时间 $SPI3$ 呈增加趋势，$SPI3$ 时间系数的 5 年滑动曲线显示 1974—1982 年北疆地区是干旱期，1998—2007 年是湿润期或洪水期［图 3-14 (a)］。夏季旋转经验正交函数第一空间至第四空间模态的时间系数连续小波变换如图 3-15 所示。北疆地区 $SPI3$ 在 1968—1971 年、1990—1994 年存在 3 年、5～6 年的显著周期［图 3-15 (a)］。图 3-14 (b) 显示第二空间模态高值区位于天山以南南疆地区的中西部，最大中心为莎车，东天山南北以东的区域干旱变化趋势与南疆中西部相反。图 3-14 (b) 显示 $SPI3$ 在 1978—1984 年和 1994—2000 年呈减小趋势，有干旱化的趋势；在 1962—1977 年、1985—1994 年和 2000 年之后 $SPI3$ 呈增加趋势，$SPI3$ 时间系数的 5 年滑动平均曲线显示南疆的中西部地区在 2000 年后进入湿润期。该地区 $SPI3$ 在 1972—1977 年和 1980—

1996 年存在 2 年和 4～6 年的显著周期［图 3－15（b）］。新疆中部及东部是第三空间模态高值区，最大中心在北塔山［图 3－14（c）］。该区域的 *SPI*3 呈增加趋势，特别是 1990 年以后 *SPI*3 超过 95％的置信度检验，增加趋势显著，*SPI*3 时间系数的 5 年滑动平均曲线显示该地区从 1985 年以后为湿润期［图 3－14（c）］。该地区在 1980—1987 年存在 2～5 年的显著周期［图 3－15（c）］。图 3－15（d）显示新疆东南部地区是第四空间模态高值区，最大中心在若羌。该区域 *SPI*3 在 1965—1971 年、1976—1986 年和 1993—2001 年呈减小趋势，其他时间呈增加趋势，*SPI*3 时间系数的 5 年滑动曲线显示 1994—2001 年是干旱期［图 3－14（d）］。该区域 *SPI*3 在 1984—1995 年和 2001—2003 年存在 4～5 年和 2 年左右的显著周期［图 3－15（d）］。

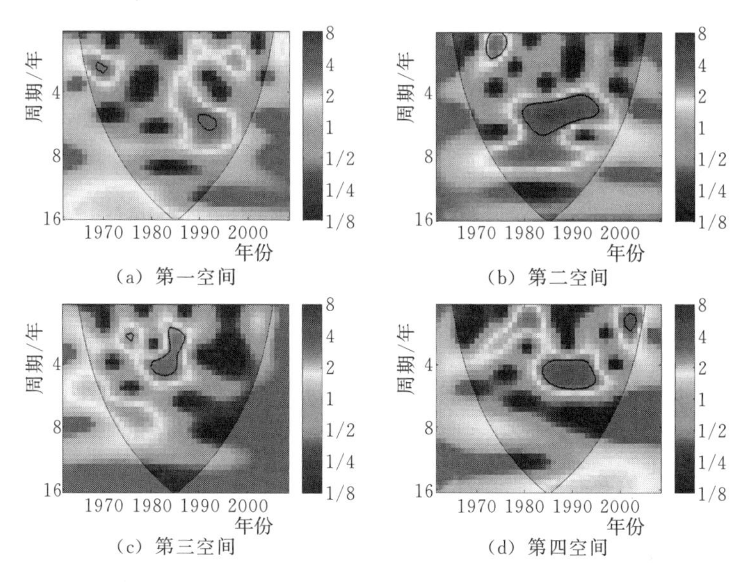

图 3－15 夏季旋转经验正交函数第一空间至第四空间模态的时间系数连续小波变换

3.5.3.3 秋季

新疆秋季 REOF 前 3 个空间模态和相应的时间系数、M－K 统计值如图 3－16 所示。由图 3－16（a）知，秋季第一空间模态高值区位于南疆地区的西南部，最大中心是乌恰。该区域 *SPI*3 在 1965 年之后呈增加趋势，趋势增加不显著，*SPI*3 时间系数的 5 年滑动平均曲线显示 1998—2008 年是湿润期［图 3－16（a）］。秋季旋转经验正交函数第一空间至第三空间模态的时间系数连续小波变换见图 3－17。该地区 *SPI*3 在 1963—1973 年、1973—1977 年和 1995—1998 年分别存在 3～5 年、2 年和 2～3 年的显著周期，在 1979—1990 年存在 5～6 年的显著长周期［图 3－17（a）］。第二空间模态的正值区域主要分布在北疆地区和东疆地区，高值区分布在北疆地区的东北部，最大中心是富蕴和青河。该区域 *SPI*3 在 1962—1970 年、1983—2008 年呈增加趋势，其中在 1968—1970 年 *SPI*3 增加显著，在其他时间 *SPI*3 呈减小趋势［图 3－16（b）］。*SPI*3 时间系数的 5 年滑动平均曲线显示该地区在 1973—1985 年是干旱期，在 1988—1996 年是湿

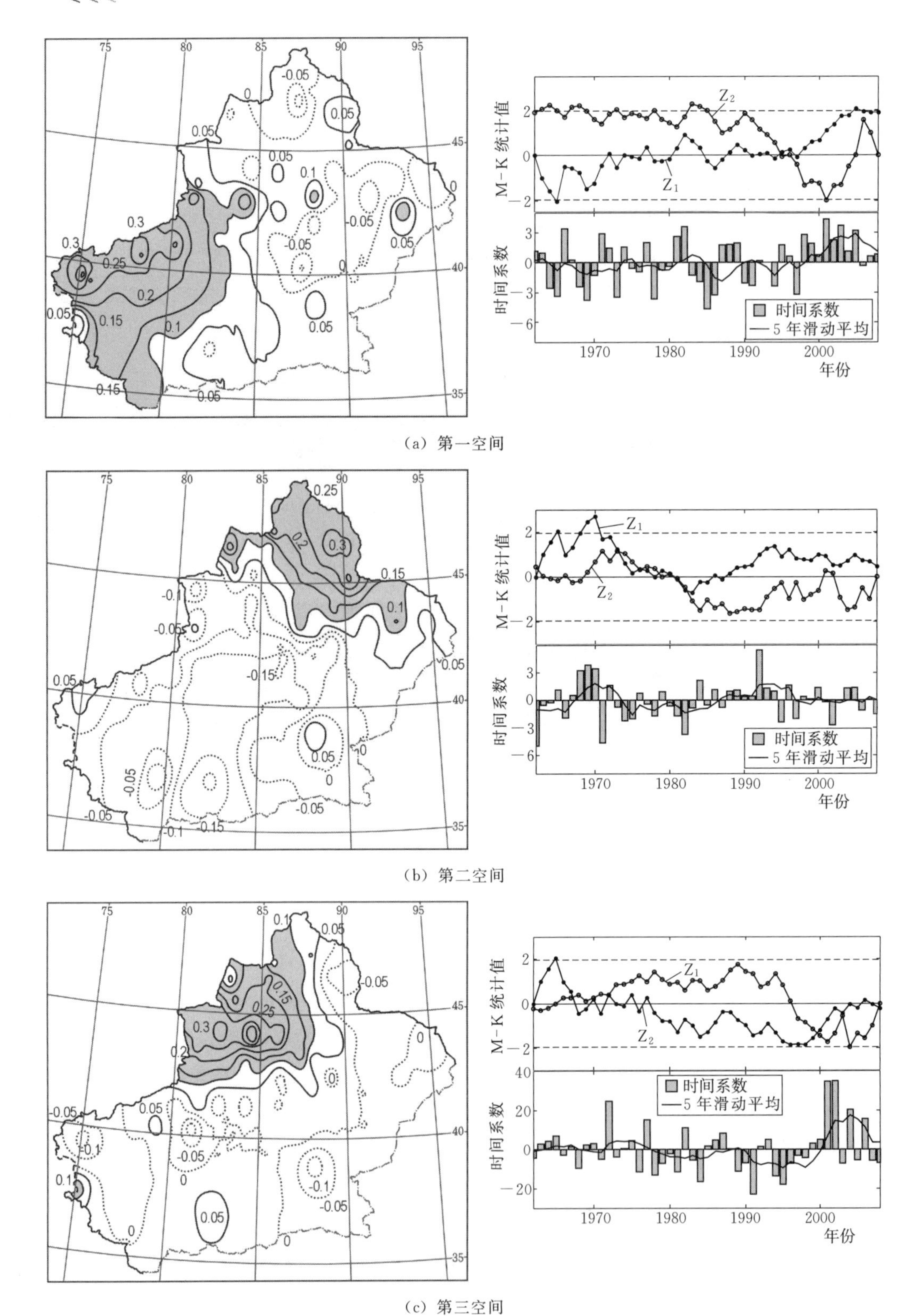

(a) 第一空间

(b) 第二空间

(c) 第三空间

图3-16 新疆秋季REOF前3个空间模态和相应的时间系数、M-K统计值

润期［图 3 - 16（b）］。该地区 *SPI*3 在 1968—1973 年和 1968—1971 年存在 3～4 年和 2 年的显著周期［图 3 - 17（b）］。图 3 - 17（c）显示第三空间模态高值区位于北疆地区的西北部，最大中心是乌苏。特征向量的"零值"分布于天山南侧并基本与天山平行，天山南北区域及北疆地区的特征向量为正值，其他区域为负值，这反映了北疆地区与东疆地区、南疆地区干旱相反的变化趋势。该区域 *SPI*3 在 1965—1998 年是减小趋势，*SPI*3 时间系数的 5 年滑动曲线在 1988—1998 年显示是干旱期。该地区在 1971—1974 年、1984—1999 年和 1996—2000 年分别存在 2～3 年、5～7 年和 2～3 年的显著周期［图 3 - 17（c）］。

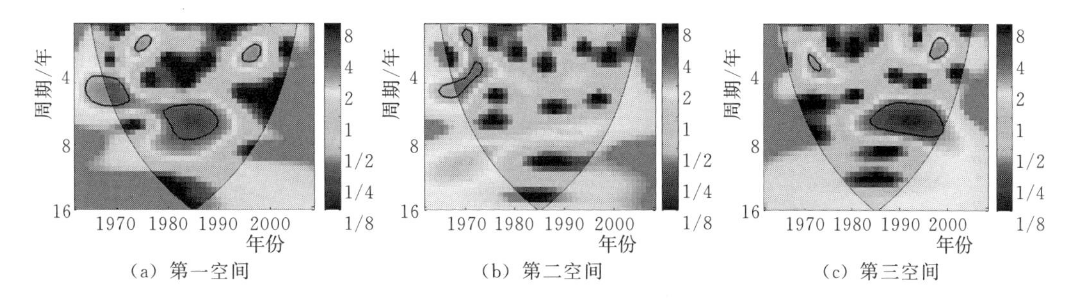

（a）第一空间　（b）第二空间　（c）第三空间

图 3 - 17　秋季旋转经验正交函数第一空间至第三空间模态的时间系数的连续小波变换

3.5.3.4　冬季

新疆冬季 REOF 前 3 个空间模态和相应的时间系数、M - K 统计值如图 3 - 18 所示。冬季的第一、第二空间模态分布与春季、夏季的第一、第二空间模态分布基本一致［图 3 - 12（a）、（b），图 3 - 14（a）、（b）和图 3 - 18（a）、（b）］，天山南北两侧、北疆地区和东疆地区的特征向量为正值，高值区分布在北疆地区，最大中心是北疆地区东北部的富蕴，南疆地区南部的干旱变化与北疆地区和东疆地区相反，北疆地区 *SPI*3 在 1985 年以前呈波动状态，在 1985 年以后呈增加趋势，特别是 1999 年以后增加趋势显著，表明该地区有趋向湿润或洪涝的趋势。*SPI*3 时间系数的 5 年滑动显示在 1985 年之前主要以干旱为主，在 1985 年以后进入湿润期［图 3 - 18（a）］。冬季旋转经验正交函数第一空间至第三空间模态的时间系数连续小波变换如图 3 - 19 所示。该地区在 1965—1969 年存在 2～3 年的显著周期变化［图 3 - 19（a）］。图 3 - 18（b）显示第二空间模态的分布与第一空间模态分布恰好相反，第二空间模态的特征向量高值区分布于南疆地区的中西部地区，最大中心是柯坪。该地区 *SPI*3 在 1962—1977 年、1985—1994 年和 2000—2008 年呈增加趋势，其他年份是减小的趋势。*SPI*3 时间系数的 5 年滑动曲线反映了在 *SPI*3 趋势减小的年份是干旱年。该地区在 1982—1991 年存在 13～16 年的显著长周期［图 3 - 19（b）］。第三空间模态的特征向量高值区分布在新疆中部和天山南北两侧，最大中心是库尔勒，新疆其他地区的特征向量主要以负值为主，该区域 *SPI*3 在 1965—1977 年和 2000—2008 年呈增加趋势，*SPI*3 时间系数的 5 年滑动平均曲线显示在 1962—1975 年和 1979—1985 年是干旱期，2001 年以后进入湿润期［图 3 - 18（c）］。该地区在 1989—2001 年存在 3～4 年的显著周期变化［图 3 - 19（c）］。

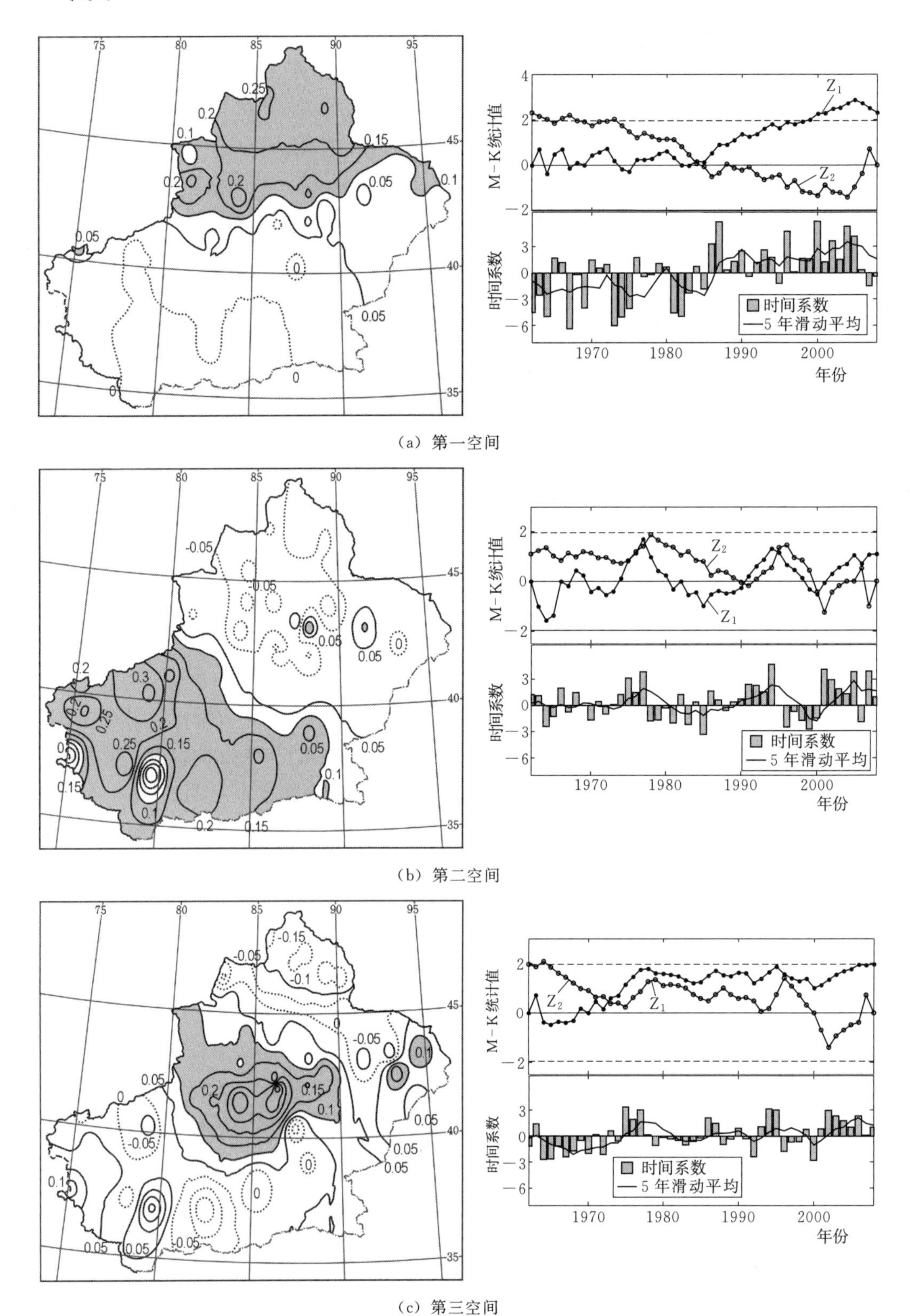

图 3-18　新疆冬季 REOF 前 3 个空间模态和相应的时间系数、M-K 统计值

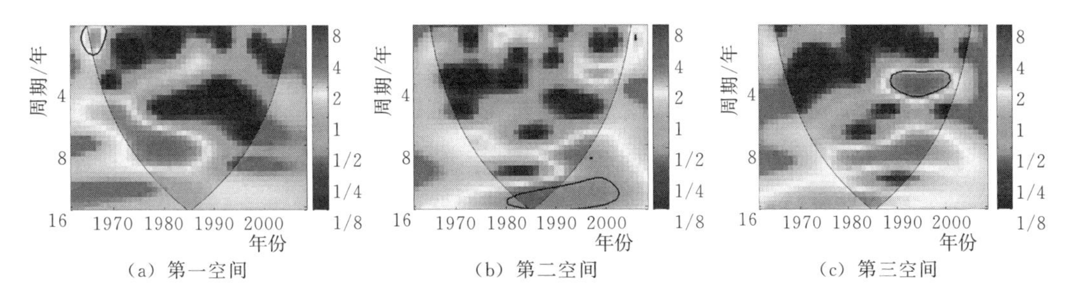

(a) 第一空间 (b) 第二空间 (c) 第三空间

图 3-19 冬季旋转经验正交函数第一空间至第三空间模态的时间系数连续小波变换

3.5.4 新疆干旱指数差异分析

从四季 *SPI*3 空间模态分布可以看出新疆独特的"三山夹两盆"的地形决定了四季干旱指数不仅有南疆地区、北疆地区、东疆地区差异还有南北疆地区的东西差异。另外，由新疆境内天山山脉及走向不同的山脉造成局域性变化特征，但干旱指数分区基本符合南疆地区、北疆地区和东疆地区区域划分。新疆全境和北疆地区、南疆地区、东疆地区受各等级干旱影响站点的百分比如图 3-20 所示，北疆地区、南疆地区和东疆地区受各等级干旱影响站点百分比 M-K 统计值见表 3-6。从图 3-20 和表 3-6 可知，春季北疆地区、南疆地区和东疆地区的不同等级干旱影响站点百分比均呈下降趋势，春季北疆地区极端干旱和东疆地区中度干旱影响站点百分比减小趋势超过 95%置信度检验，

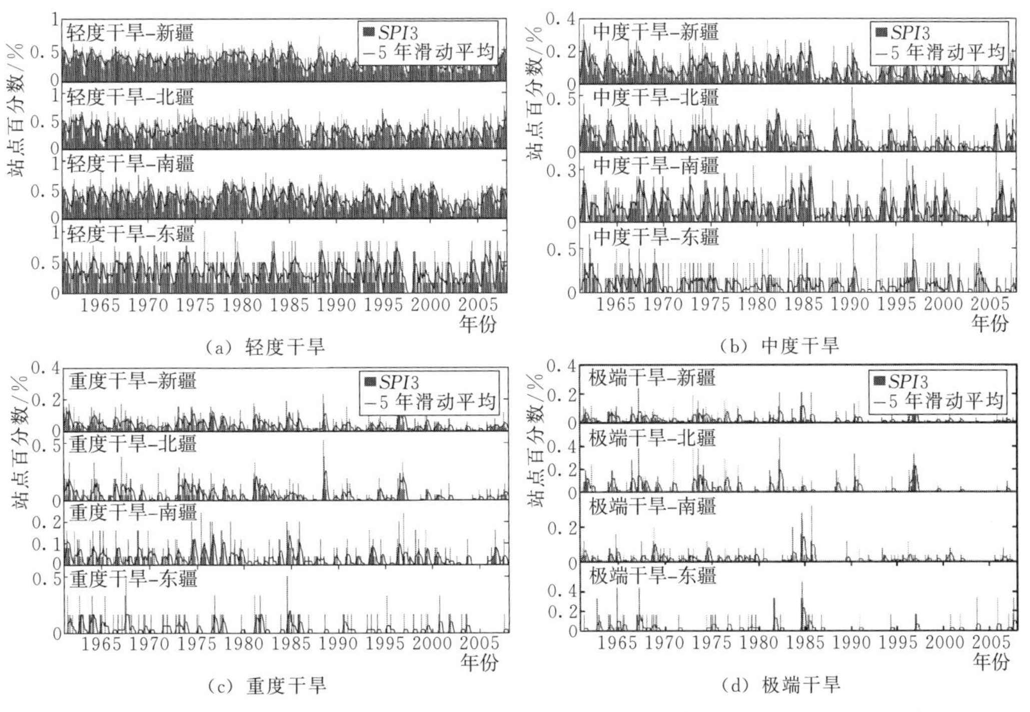

(a) 轻度干旱 (b) 中度干旱

(c) 重度干旱 (d) 极端干旱

图 3-20 新疆全境和北疆地区、南疆地区、东疆地区受各等级干旱影响站点的百分比

减小趋势显著，北疆地区春季极端干旱和东疆地区春季中度干旱影响范围减小，北疆地区春季各等级干旱影响范围减小趋势高于南疆地区和东疆地区，南疆地区干旱影响范围减小趋势不显著。夏季南疆地区中度干旱和东疆地区轻度干旱减小趋势显著，其他地区的不同干旱等级影响范围减小趋势不明显。秋季北疆地区轻度干旱和东疆中度干旱影响范围减小显著，秋季南疆地区各等级干旱影响范围减小趋势最不明显。冬季北疆地区的中度干旱和重度干旱影响范围减小最显著，其次显著的是南疆地区中度干旱和东疆地区的轻度、中度、重度干旱影响范围减小趋势，南疆地区各等级干旱影响范围减小趋势不显著。从区域上看，北疆地区和东疆地区干旱影响范围减小趋势明显，南疆地区干旱影响范围减小不明显；从季节来看，冬季是各干旱等级影响范围减小最明显的季节，其次是秋季，春季和夏季各等级干旱影响范围减小不明显。

表3-6　北疆地区、南疆地区和东疆地区受各等级干旱影响站点百分比M-K统计值

地区名称	干旱等级	春季	夏季	秋季	冬季
北疆	轻度干旱	−1.31	−1.17	−2.49**	−1.13
	中度干旱	−1.65	−1.58	−1.32	−3.98**
	重度干旱	−1.16	−1.12	−1.08	−3.35**
	极端干旱	−2.21*	−1.35	−0.91	−2.00
南疆	轻度干旱	−1.12	−1.23	0.57	−1.23
	中度干旱	−0.74	−2.77*	0.74	−2.77*
	重度干旱	−0.15	−0.89	−0.22	−0.89
	极端干旱	−0.58	−0.94	−0.60	−0.94
东疆	轻度干旱	−1.58	−2.15*	−1.34	−1.98*
	中度干旱	−2.25*	−1.49	−2.32**	−1.99*
	重度干旱	−0.08	−0.62	−1.73	−2.25*
	极端干旱	−0.05	0.00	−0.51	−1.33

注：右上角*表示线性趋势的显著性水平达0.05以上的M-K检验；**表示达0.01以上。

3.6　新疆基于*SPI*指数的干旱成因分析

表3-6是根据图3-20各季节分区代表气象站点*SPI*3的M-K统计值，春季各分区代表站干旱指数有增加趋势，即趋向于湿润，说明春季气象干旱有降低的趋势。春季分区与辛渝等分析春季降水量主要集中在天山西部、北疆地区北部、北疆地区沿天山一带以及北疆地区东部相一致。在四季中，春季各分区代表站趋势增加不显著（表3-6）。夏季全疆干旱指数呈增加趋势，其中第一、第三空间和第四空间模态分别通过了90%和95%的置信度检验，仅第二空间模态的南疆地区中部干旱指数增加缓慢。秋季各空间模态的干旱指数增加趋势明显小于夏季和冬季的。秋季降水量主要分布在天山南部、

天山西部以及北疆地区西部、西北部，其中又以北疆地区西北部降水量最多，因此秋季第三空间模态区干旱指数增加趋势通过了90%的置信度检验，增加趋势显著。冬季空间模态的干旱指数分别通过了95%的置信度检验，增加趋势最显著，这表明全疆冬季各区域均趋向于湿润，许多成果也证明了新疆冬季趋向于湿润。冬季富蕴增加趋势最显著，该区是新疆冬季降水量最多的区域，该区域冬季降水对新疆冬季降水量值的影响极大，该区也是新疆冬季主要的积雪稳定区域。各分区各季节代表站干旱指数变化趋势表明，夏季和冬季增加趋势显著，这与夏季和冬季的降水量呈增加趋势有关系。

新疆各分区代表站点 *SPI*3 趋势分析见表 3-7。从表 3-7 中可知，北疆地区西部及北疆沿天山空间模态代表站点的干旱指数均呈增加趋势，部分空间模态代表站点干旱指数增加趋势显著。这一地区水汽主要来自于，西面路径的大西洋水汽经西风环流越西部山区进入新疆而产生的降水，而部分水汽是由西北路径经阿拉山口狭口、塔城盆地缺口而产生的降水。除冬季外，南疆地区西部其他季节空间模态代表站点增加趋势没有其他区域明显，该区域是叶尔羌河流域、喀喇昆仑山北部山区及阿克苏源流区的异常敏感区，该区域降水水汽主要来源于西风气流经帕米尔高原、南天山进入南疆地区西部，还有一部分水汽来自印度洋西南气流带来的水汽。新疆各季节的大部分空间模态代表站点干旱指数呈增加趋势（即趋向于湿润），但是春季 3 个空间模态的 *SPI*3 增加趋势最不显著。

表 3-7　新疆各分区代表站点 *SPI*3 趋势分析

空间模态	春季		夏季		秋季		冬季	
	代表站点	M-K值	代表站点	M-K值	代表站点	M-K值	代表站点	M-K值
1	阿勒泰	1.04	精河	1.57*	乌恰	0.82	富蕴	1.81**
2	阿合奇	0.87	莎车	0.25	富蕴	1.05	柯坪	1.57**
3	铁干里克	1.17	北塔山	2.19**	乌苏	1.92*	库尔勒	1.19**
4			若羌	2.10**				

注： *SPI*3 变化趋势字右上角 * 表示线性趋势的显著性水平达 0.10 以上的 M-K 检验；** 表示达 0.05 以上。

新疆四季的各空间模态 *SPI*3 的 M-K 趋势图和 5 年滑动平均曲线表明 *SPI*3 呈波动增加趋势，不同季节增加趋势显著性不同，其中北疆地区夏季和冬季增加趋势最显著，新疆四季大部分的空间模态 *SPI*3 在 1987 年后呈波动增加趋势。1950—2007 年新疆旱灾成灾面积示意图如图 3-21 所示。从图 3-21 的旱灾成灾面积 5 年滑动平均曲线可以看到 1950—1968 年、1973—1978 年、1998—2007 年旱灾成灾呈增加趋势，特别是 2000 年以后新疆的旱灾成灾面积增加比较明显。新疆旱灾成灾面积最大的前十年分别是 2001 年、2006 年、2003 年、2007 年、1974 年、1991 年、2004 年、2005 年、1962 年和 1968 年，这些旱灾成灾面积大的年份也是新疆干旱比较严重的年份，比如 1962 年、1974 年、1991 年都是新疆的大旱年份。新疆各地市 1980—2008 年受旱面积、干旱损失（粮食、经济作物）和抗旱浇灌面积的 M-K 趋势图如图 3-22 所示。除喀什地区受旱面积减小，新疆其他各地区受旱面积均呈增加趋势，其中南疆地区的克孜勒苏柯尔

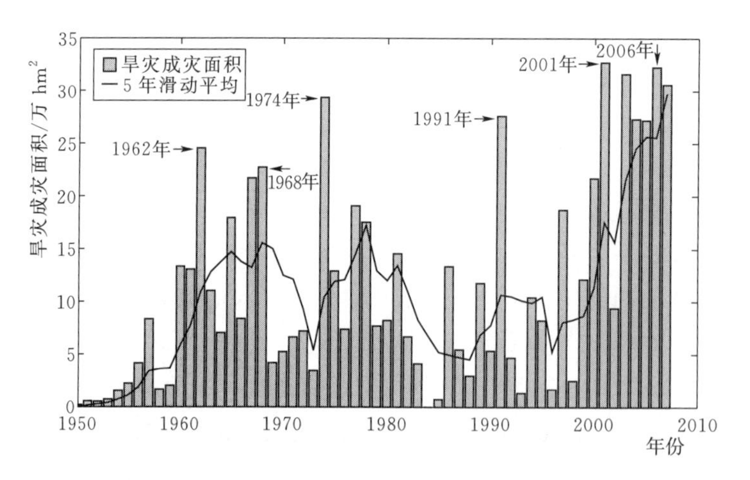

图 3-21　1950—2007 年新疆旱灾成灾面积示意图

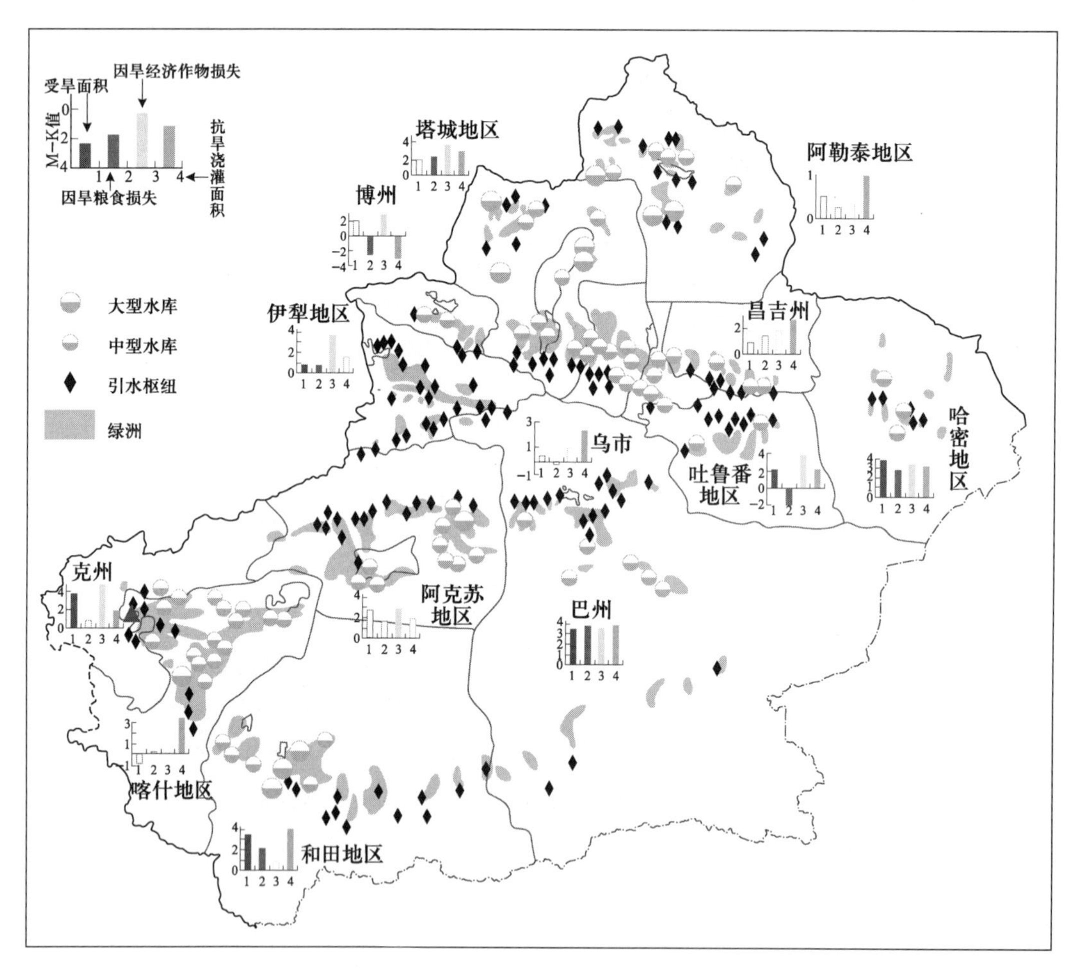

图 3-22　新疆各地市 1980—2008 年受旱面积、干旱损失（粮食、经济作物）和抗旱浇灌面积的 M-K 趋势图

克孜自治州（简称“克州”）、阿克苏地区、和田地区、巴音郭楞蒙古自治州（简称“巴州”）和东疆地区的哈密地区、吐鲁番地区受旱面积增加显著（超过95%的置信度检验）。吐鲁番地区、乌鲁木齐市和博尔塔拉蒙古自治州（简称“博州”）因旱粮食损失呈减小趋势，其中博州因旱粮食损失减小趋势显著。新疆其他地区的因旱粮食损失呈增加趋势，其中和田地区、巴州、哈密地区和塔城地区因旱粮食损失增加显著。因旱经济作物损失趋势显著增加的地市主要是克州、阿克苏地区、巴州、哈密地区、吐鲁番地区、博州、伊犁哈萨克自治州（简称“伊犁”）和塔城地区，其中和田地区、巴州、哈密地区和塔城地区是因旱粮食、经济作物损失增加显著的地区。抗旱浇灌面积反映一个地区和政府抗旱能力和抗旱投入，除博州以外的新疆其他地市抗旱灌溉面积呈增加趋势，仅阿克苏地区、阿勒泰地区、伊犁地区的抗旱灌溉面积增加趋势不显著。区域的旱灾受灾面积除了受降水量或者上游来水量影响外，还与当地的抗旱水平及抗旱设施等有关系。

据统计，喀什地区和阿勒泰地区水库总库容量最大，总库容量超过5亿m^3，水库数量分别是56座和55座；水库总库容量最小的是伊犁地区，总库容量低于0.5亿m^3，克州、博州、吐鲁番地区和哈密地区的总库容量较小，介于0.5亿m^3和1亿m^3之间，水库数量分别是12座、3座、15座和38座；其他地区的总库容量介于1亿m^3和5亿m^3之间。杜涛等对新疆耕地集约利用时空特征进行分析，发现耕地集约利用水平与各地州农业发展水平高度正相关，与各地州经济发展水平、农业人口人均耕地数量、农作物种植结构相关性不明显。高度集约区仅有吐鲁番地区1个，中度集约区有克州、巴州、博州3个地区，低度集约区有喀什、阿克苏、乌鲁木齐、昌吉、塔城、和田6个地区，不集约区有哈密、伊犁、阿勒泰3个地区。整体上北疆地区的受旱面积增加趋势不显著，受旱面积显著增加的区域主要分布在南疆地区和东疆地区，同处南疆的喀什地区是受旱面积唯一呈减小趋势的地区，这与喀什地区水库总库容量较大和抗旱灌溉面积显著增加有直接的关系。克州、巴州的耕地集约利用水平较高，但是克州水库总库容量较小，同时克州和巴州南部地区的引水工程非常少，这也是导致该地区受旱面积增加的原因。

从1978—2008年新疆耕地面积总体呈增加趋势，但人均耕地面积呈小幅减少趋势。近20年，新疆耕地总面积经历了“增加→急剧增加→缓慢增加”的变化过程，年均减少的耕地面积则表现出“减少→急剧减少”的趋势。但是新疆84个县（市）的耕地面积相对变化率存在明显的地区差异，耕地面积高速增长区主要包括克拉玛依市、奎屯市以及乌鲁木齐市，耕地面积较快增长区主要分布在巴州（除且末外）、哈密地区的哈密市、天山北坡广大地区（博尔塔拉蒙古自治州、乌苏市、阜康市、呼图壁县、奇台等）、塔城地区以及阿勒泰市。和田地区、巴州、哈密地区的受旱面积增加趋势明显，在以农业为主的县市中，巴州、塔城地区和哈密地区耕地面积增长最快，和田地区的耕地集约利用水平低，这些原因导致了和田地区、巴州、哈密地区和塔城地区是因旱粮食、经济作物损失增加显著的地区。

与同处东疆地区的吐鲁番地区相比，哈密地区总库容较小，引水枢纽较少，而且是耕地集约利用水平最低的地区之一，这些导致哈密地区的受旱面积、因旱粮食、经济作物损失增加趋势显著。部分地州的因旱经济损失增长趋势远远大于因旱粮食损失的增长趋势，主要是因为新疆正在积极建设国家优质棉花生产基地、粮食安全后备基地、特色林果基地和现代优质畜产品基地，粮棉生产的布局与优化推动区域农业种植结构的调整，1949—1978年的29年间，新疆粮食播种面积由86.89万hm^2增加至231.07万hm^2，棉花播种面积由3.34万hm^2增加到15.04万hm^2。1978年以后，粮食作物播种面积到2007年下降至137.90万hm^2，而棉花播种面积迅速上升到178.26万hm^2，占当年农作物总播种面积的40%。例如，博州2006年以来大力推进棉花、甜菜、粮油、枸杞、畜禽、冷水鱼六大主导产业的发展。尽管新建地区气候趋向于暖湿，但是各地区降水时空分布不均匀，抗旱能力、耕地集约利用水平、耕地面积增加率不同造成区域之间干旱分布不均匀，新疆地区的干旱情况仍不容乐观。

参考文献

[1] 张强，李剑锋，陈晓宏，等. 基于Copula函数的新疆极端降水概率时空变化特征[J]. 地理学报，2011，66(1)：3-12.

[2] 白云岗，木沙·如孜，雷晓云，等. 新疆干旱灾害的特征及其影响因素分析[J]. 人民黄河，2012，34(7)：61-63.

[3] 李剑锋，张强，陈晓宏，等. 新疆极端降水概率分布特征的时空演变规律[J]. 灾害学，2011，26(2)：11-17.

[4] 木沙·如孜，雷晓云，白云岗，等. 塔里木河流域旱灾发生规律[J]. 干旱区研究，2014，31(2)：274-278.

[5] 卢震林，白云岗，刘洪波. 塔河流域自然系统对干旱的生态响应[J]. 中国水土保持科学，2013，11：14-19.

[6] 慈晖，张强，张江辉，等. 1961—2010年新疆极端降水过程时空特征[J]. 地理研究，2014，33(10)：1881-1891.

[7] 慈晖，张强，张江辉，等. 1961—2010年新疆极端气温时空演变特征研究[J]. 中山大学学报(自然科学版)，2015，54(4)：129-138.

[8] 孙鹏，张强，刘剑宇，等. 新疆近半个世纪以来季节性干旱变化特征及其影响研究[J]. 地理科学，2014，34(11)：1377-1384.

[9] 梁立功. 新疆塔河流域气温、降水和径流变化特征[J]. 人民黄河，2014，36(8)：24-27.

[10] 翟禄新，冯起. 基于SPI的西北地区气候干湿变化[J]. 自然资源学报，2011，26(5)：847-857.

[11] 唐道来，徐利岗. 气候变化背景下新疆地区降水时空变化特征分析[J]. 水资源与水工程学报，2010，21(3)：73-79.

[12] 徐贵青，魏文寿. 新疆气候变化及其对生态环境的影响[J]. 干旱区地理，2004，27(1)：14-18.

[13] 辛渝，毛炜峄，李元鹏，等. 新疆不同季节降水气候分区及变化趋势[J]. 中国沙漠，2009，29(5)：948-959.

[14] 辛渝，陈洪武，李元鹏，等. 新疆北部高温日数的时空变化特征及多尺度突变分析[J]. 干旱区研究，2008，25(3)：438-446.

[15] 刘伟，姜逢清，李小兰. 新疆气候变化的适应能力时空演化特征[J]. 干旱区研究，2017，34(3)：531-539.

[16] 辛渝，张广兴，俞建蔚，等. 新疆博州地区气温的长期变化特征 [J]. 气象科学，2007，27 (6)：610－617.

[17] 范丽红，崔彦军，何清，等. 新疆石河子地区近40a来气候变化特征分析 [J]. 干旱区研究，2006，23 (2)：334－338.

[18] 杨余辉，魏文寿，杨青，等. 新疆三工河流域山地、平原区气候变化特征对比分析 [J]. 干旱区地理，2005，28 (4)：320－324.

[19] 王劲松，魏锋. 西北地区5—9月极端干期长度异常的气候特征 [J]. 中国沙漠，2007，27 (3)：514－519.

[20] 黄玉霞，李栋梁，王宝鉴，等. 西北地区近40年年降水异常的时空特征分析 [J]. 高原气象，2004，23 (2)：245－252.

[21] 范丽军，韦志刚，董文杰. 西北干旱区地气温差的时空特征分析 [J]. 高原气象，2004，23 (3)：360－367.

[22] 史玉光，孙照渤. 新疆大气可降水量的气候变化特征及其变化 [J]. 中国沙漠，2008，28 (3)：519－525.

[23] 薛燕，韩萍，冯国华. 半个世纪以来新疆降水和气温的变化趋势 [J]. 干旱区研究，2003，20 (2)：127－130.

[24] Genest C，Rivest L P. Statistical inference procedures for bivariate archimedean copulas [J]. American Statistical Association，1993，88 (423)：1034－1043.

[25] Salvadori G，Michele C. Frequency analysis via Copulas：Theoretical aspects and applications to hydrological events [J]. Water resource research，2004，40 (12)：1－17.

[26] IPCC. Climate Change 2013：The Physical Science Basis. Contribution of Working Group Ⅰ to the Fifth Assessment Report of the Intergovern－mental Panel on Climate Change [M]. Cambridge，United Kingdom and New York，NY，USA：Cambridge University Press，2013.

[27] Adger W N，Arnell N W，Tompkins E L. Successful adaptation to climate change across scales [J]. Global Environmental Change－Human and Policy Dimensions，2005，15 (2)：77－86.

[28] Adger W N，Dessai S，Goulden M，et al. Are there social limits to adaptation to climate change [J]. Climatic Change，2008，93 (34)：335－354.

[29] Adger W N，Nick Brooks，Graham Bentham，et al. New indicators of vulnerability and adaptive capacity [R]. Tyndall Centre for Climate Change Research Norwich，UK，2004：1－128.

[30] Engle N L. Adaptive capacity and its assessment [J]. Global Environmental Change－Human and Policy Dimensions，2011，21 (2)：647－656.

[31] Smit B，Wandel J. Adaptation，adaptive capacity and vulnerability [J]. Global Environmental Change－Human and Policy Dimensions，2006，16 (3)：282－292.

[32] IPCC. Climate Change 2014：Impacts，Adaptation，and Vulnerability. Part A. Global and Sectoral Aspects. Contribution of Working Group Ⅱ to the Fifth Assessment Report of the Intergovernmental Panel on Climate Change [M]. Cambridge，United Kingdom and New York，NY，USA：Cambridge University Press，2014.

第4章　新疆干旱灾害致灾因子特征

4.1　新疆降水时空变化特征

4.1.1　新疆平均降水时空变化特征

新疆地形复杂，在气候上属于典型的干旱半干旱地区，生态系统脆弱。新疆降水稀少，蒸发强烈，河流径流补给类型多样，来源与组成复杂。绝大多数地区的居民供水水源均为地下水资源。新疆农业是灌溉农业，没有灌溉就没有农业，因此新疆目前干旱主要发生在农业灌溉区。随着气候变暖、经济发展对水资源需求的不断增加，新疆普遍存在水资源过度开发利用的现象，水资源不足已成为制约新疆社会经济发展的主要瓶颈之一。

新疆降水的农业意义有三个方面：

（1）降水对农业供水的直接意义，分两种情况：

1）对北疆旱地农业有重要意义。北疆共有旱地16.67万hm^2，种植春麦、豌豆、油菜等作物，年降水量约400mm，不需灌溉。分布地均在低山带，天山北坡和伊犁谷地1200～1500m，西部最高达1700m；阿尔泰山南坡1000～1400m，塔成盆地1000～1500m。

2）北疆平原降水能供给作物用水的一部分。一次降水量达15mm时，能满足出苗或生长发育的需要；一次降水10mm可使旱情缓和。北疆一次降水达10～15mm的可能性是有的。北疆五个地点从小麦返青到成熟期（4—6月），降水量能满足小麦需水的程度分别是阿勒泰27%，塔城56%，伊犁45%，乌苏20%，乌鲁木齐29%。

（2）对河流的补给作用。新疆河流的补给来源主要来自山区降水和冰雪消融，山区夏季降水量占全年70%～90%，因为坡度大，汇流迅速，一次降水5～10mm，也能形成径流。7—8月高山冰雪融化，此时来水量更为集中。对新疆平原区来说，除北疆冬季积雪消融后有一定补给作用外，其他地区其他时间，降水对地下水补给意义甚微，因为平原区一次降水大于20mm的机会很少，不可能有较多的补给。

（3）冬季积雪有保温保墒作用。这种作用主要在北疆，北疆冬季降水量占全年25%～40%（50～100mm），积雪厚5～25cm，南疆平原无稳定积雪，中山带积雪仅3～5cm。因为积雪是不良导体，雪面与土壤间形成绝缘层，不易进行热力和气体交换，防止向土壤深处冻结，为冬麦越冬创造有利环境。积雪消融后供给土壤水分，并能补给河流和水库，对春播作物和冬麦返青有利。山区积雪消融较晚，北疆 4—6 月的河流水量，主要靠低山和中山带融雪补给。南疆河流 4—5 月的补给来源，大部来自中山带积雪消融。

研究分析数据为新疆地区 53 个雨量站 1957—2009 年逐日降水量、逐日最高、逐日最低气温资料，降水气温资料由国家气象信息中心提供。新疆站点分布图如图 4-1 所示。资料中存在少量缺测数据，对于缺测数据，采用以下方法进行插值：对于1～2天缺测数据，采用邻近天数的平均降水量进行插值；对连续缺测天数较长的情况，采用其他年份同样时期的平均降水量进行插值。

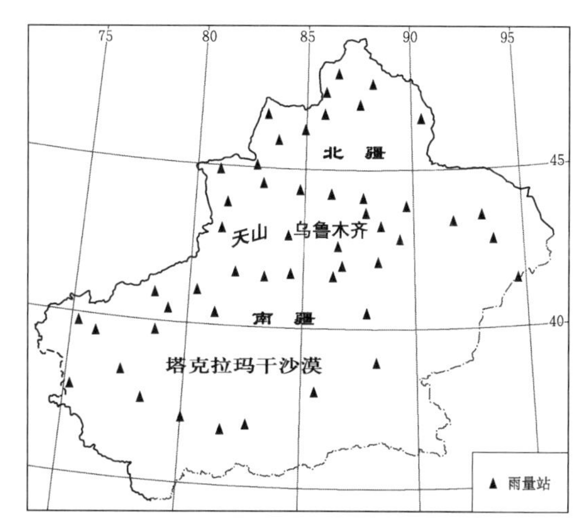

图 4-1 新疆站点分布图

新疆北疆地区、南疆地区、东疆地区站点资料见表 4-1～表 4-3。北疆地区 24 个站点，包括哈巴河、吉木乃福海等；南疆地区 24 个站点，包括阿克苏、库尔勒等；南疆地区 8 个站点，包括七角井、库米什等。采用 Mann-Kendall 等分析方法对降水的变化趋势以及降水的变差系数、偏度、峰度等进行分析，旨在判断新疆地区降水的时空分布特征以及新疆干湿情况的发生规律及其成因。

表 4-1 北疆地区站点资料

站点名	时间（年-月）	海拔/m	经度/(°)	纬度/(°)
哈巴河	1958-08	532.60	86.24	48.03
吉木乃	1961-08	984.10	85.52	47.26
福　海	1958-08	500.90	87.28	47.07
阿勒泰	1954-08	735.30	88.05	47.44
富　蕴	1962-08	807.50	89.31	46.59
塔　城	1954-08	534.90	83.00	46.44
和布克赛尔	1954-08	1291.60	85.43	46.47
青　河	1958-08	1218.20	90.23	46.40
阿拉山口	1957-08	336.10	82.34	45.11
托　里	1957-08	1077.80	83.36	45.56
克拉玛依	1957-08	449.50	84.51	45.37
北塔山	1958-08	1653.70	90.32	45.22
温　泉	1958-08	1357.80	81.01	44.58
精　河	1953-08	320.10	82.54	44.37

续表

站点名	时间（年-月）	海拔/m	经度/(°)	纬度/(°)
乌　苏	1954-08	478.70	84.40	44.26
石河子	1953-08	442.90	86.03	44.19
蔡家湖	1959-08	440.50	87.32	44.12
奇　台	1952-08	793.50	89.34	44.01
伊　宁	1952-08	662.50	81.20	43.57
昭　苏	1955-08	1851.00	81.08	43.09
乌鲁木齐	1951-08	935.00	87.39	43.47
巴仑台	1958-08	1739.00	86.18	42.44
达坂城	1957-08	1103.50	88.19	43.21
巴音布鲁克	1958-08	2458.00	84.09	43.02

表4-2　　南疆地区站点资料

站点名	时间（年-月）	海拔/m	经度/(°)	纬度/(°)
焉　耆	1952-08	1055.30	86.34	42.05
阿克苏	1954-08	1103.80	80.14	41.10
拜　城	1959-08	1229.20	81.54	41.47
轮　台	1959-08	976.10	84.15	41.47
库　车	1951-08	1081.90	82.58	41.43
库尔勒	1959-08	931.50	86.08	41.45
吐尔尕特	1959-08	3504.40	75.24	40.31
乌　恰	1956-08	2175.70	75.15	39.43
喀　什	1951-08	1289.40	75.59	39.28
阿合奇	1957-08	1984.90	78.27	40.56
巴　楚	1954-08	1116.50	78.34	39.48
柯　坪	1960-08	1161.80	79.03	40.30
阿拉尔	1959-08	1012.20	81.16	40.33
塔　中	1999-08	1099.30	83.40	39.00
铁干里克	1957-08	846.00	87.42	40.38
若　羌	1954-08	887.70	88.10	39.02
塔什库尔干	1957-08	3090.10	75.14	37.46
莎　车	1954-08	1231.20	77.16	38.26
皮　山	1959-08	1375.40	78.17	37.37
和　田	1954-08	1375.00	79.56	37.08
民　丰	1957-08	1409.50	82.43	37.04

续表

站点名	时间（年-月）	海拔/m	经度/(°)	纬度/(°)
安德河	1960－98	1262.80	83.39	37.56
且　末	1954－08	1247.20	85.33	38.09
于　田	1956－08	1422.00	81.39	36.51

表 4－3　　东疆地区站点资料

站点名	时间（年-月）	海拔/m	经度/(°)	纬度/(°)
七角井	1953－08	721.40	91.44	43.13
库米什	1959－08	922.40	88.13	42.14
吐鲁番	1952－08	34.50	89.12	42.56
巴里塘	1957－08	1677.20	93.03	43.36
淖毛湖	1903－08	479.00	95.08	43.46
伊　吾	1959－08（缺测 03、04、05、06）	1728.60	94.42	43.16
哈　密	1951－08	737.20	93.31	42.49
红柳河	1953－08	1573.80	94.40	41.32

4.1.2　新疆降水年内、年际变化特征

干旱的最重要特征是降水稀少。降水量的多少是衡量一个地区是否发生干旱的重要指标之一。新疆地区 58 年（1951—2008 年）平均降水量为 128.9mm，最大降水量为 179.5mm，出现在 1958 年，最少降水量为 86.5mm，出现在 1951 年。最大降水量为多年降水量平均值的 1.39 倍，最小降水量为多年降水量平均值的 67.1%。年降水量超过平均降水量有 25 年，年降水量低于平均降水量的有 33 年。新疆多年平均降水量如图 4－2 所示。

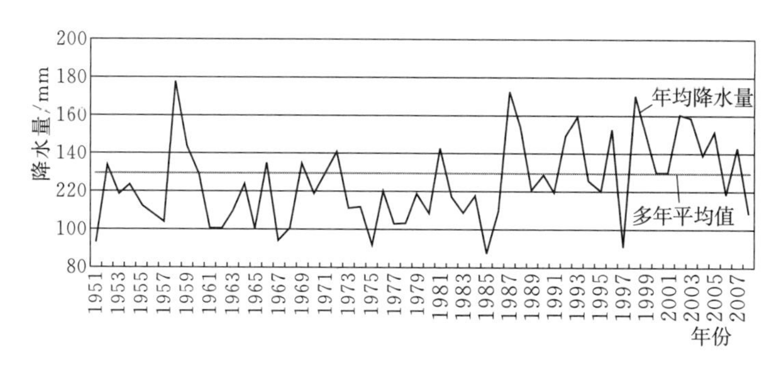

图 4－2　新疆多年平均降水量

1951—1986 年，新疆降水量大于降水量平均值 128.9mm 的有 6 年，占 23.1%，低于平均值的有 20 年。而 1987—2008 年的情况与 1951—1986 年的情况恰恰相反，大于平均值的有 13 年，占 59.1%，而低于平均值的只有 9 年。

从另外一个角度来看，1951—1986年中，连续高于平均值的年份不会超过两年，而在1986年之后，连续高于平均值的年份却在不断增加。特别是在20世纪90年代以后，这种情况更为明显，连续3年甚至7年的降水量均高于平均值。总体看来，1951—1986年降水量偏少，而1987—2008年降水量则表现为偏多。

北疆地区平均降水量为202.2mm，年最大降水量为281.1mm，出现在1958年，年最小降水量为136.8mm，出现在1974年；南疆地区平均降水量为74.1mm，年最大降水量为121.1mm，出现在1996年，年最小降水量为32.5mm，出现在1956年；东疆地区平均降水量为68.3mm，年最大降水量为117.3mm，出现在1998年，年最小降水量为31.5mm，出现在1956年。

20世纪70年代末大气环流发生显著突变，我国北方荒漠区降水的丰枯情势在这一时期也随之发生巨大变化。70年代以前，东亚夏季风较强为河套及内蒙古地区带来丰富降水，新疆地区受西风气流控制降水相对偏少；80年代以来，东西伯利亚的东北风增强，东亚夏季风强度偏弱并急速南退，内蒙古地区降水持续偏少；西北地区中西部（河西、新疆地区）南风逐渐增强，北冰洋的冷空气形成纬向环流沿河西走廊侵入新疆，有所增强的西风环流也为新疆带来部分降水，在多重环流影响下新疆及河西地区西部降水逐渐增加。

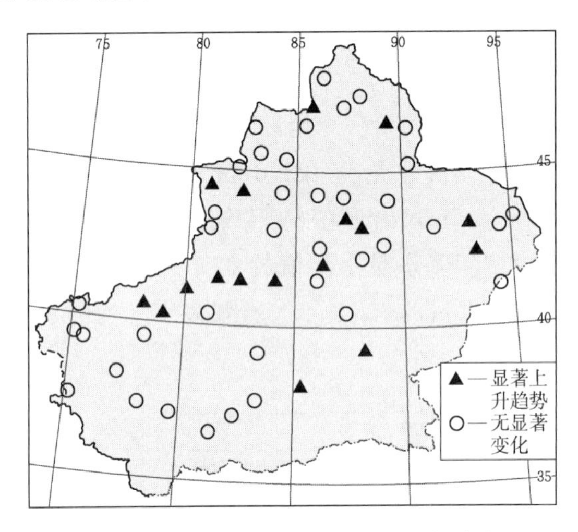

图4-3　新疆年降水量的M-K趋势分布图

新疆年降水量的M-K趋势分布图如图4-3所示，可以看出，绝大部分站点的年降水量并未表现出显著的变化趋势，只有位于阿尔泰山南麓的吉木乃、富蕴，天山北麓的温泉、精河，天山中段的达坂城、焉耆、乌鲁木齐，天山南麓的轮台、库车、拜城、阿克苏、阿合奇、柯坪，天山东段的巴里塘、哈密以及东昆仑山北支阿尔金山北麓的且末、若羌的年降水量呈现上升趋势（通过置信度5%的显著性检验）。可见年降水量呈显著上升趋势的绝大部分站点都分布在山区附近。这说明天山附近近年来降水量增加的主要原因是由于该地区内部的水循环量增加和水循环速率提高。近些年来，施雅风等提出1987年以来西北地区的气候从暖干向暖湿转变；薛燕等指出近50年来新疆年降水量为增加趋势。

新疆北疆地区、南疆地区、东疆地区降水年际变化特征参数表见表4-4～表4-6。由表4-4～表4-6可以看出，北疆地区各站点（除哈巴河外）的降水量系列均呈现正偏的特征（偏度>0），南疆地区各站点（除塔什库尔干外）降水量系列呈现正偏特征，东疆地区各站点（除巴里塘外）降水量系列呈现正偏特征；最大年降水量与最小年降水量之比为极值比，北疆地区极值比最小，南疆地区和东疆地区的极值比则较大；最大年降水量与最小年降水量之差为极差，普遍来讲，北疆地区极差最大，而南疆地区和东疆地区极差则较小；其中北疆地区和布克赛尔峰度为1.30，南疆地区阿克苏峰度为1.76，库车峰度为4.65，若羌峰度为6.10，民丰峰度为2.28，安德河峰度为7.67，东疆地区七角井峰度为1.05，淖毛湖峰度为3.73，降水量系列呈现尖峰型数据分布特征，降水量多集中在多年平均值附近；北疆地区阿勒泰、塔城峰度为－0.50，乌鲁木齐峰度为－0.56，南疆地区拜城峰度为－0.50，阿合奇峰度为－0.45，降水量系列呈现平顶峰型数据分布特征，相对来说年降水量分布的比较离散。

表4-4 新疆北疆地区降水年际变化特征参数表

地名	平均值/mm	标准差	变异系数	最小值/mm	中位数/mm	最大值/mm	极值比	极差	偏度	峰度
哈巴河	185.47	48.81	0.27	90.10	190.80	295.10	3.28	205.00	0.13	−0.70
吉木乃	206.25	53.04	0.26	109.80	205.55	363.50	3.31	253.70	0.64	0.72
福　海	122.58	37.13	0.31	42.30	121.90	215.00	5.08	172.70	0.31	0.00
阿勒泰	195.49	54.14	0.28	76.40	195.20	310.40	4.06	234.00	0.02	−0.50
富　蕴	185.93	55.10	0.30	83.40	178.60	309.30	3.71	225.90	0.26	−0.38
塔　城	287.45	71.25	0.25	153.30	264.60	465.70	3.04	312.40	0.40	−0.50
和布克赛尔	144.66	46.93	0.33	69.50	141.40	285.40	4.11	215.90	0.90	1.30
青　河	173.91	48.97	0.28	75.40	169.10	270.80	3.59	195.40	0.25	−0.72
阿拉山口	111.22	38.85	0.35	32.10	104.60	198.60	6.19	166.50	0.29	−0.65
托　里	245.15	65.26	0.27	92.90	235.65	420.80	4.53	327.90	0.41	0.24
克拉玛依	112.64	40.52	0.36	37.50	104.00	227.30	6.06	189.80	0.58	−0.15
北塔山	176.11	51.71	0.30	82.80	167.30	286.70	3.46	203.90	0.36	−0.35
温　泉	232.52	63.34	0.28	77.80	225.50	394.30	5.07	316.50	0.43	0.27
精　河	102.08	30.87	0.31	28.50	100.75	164.40	5.77	135.90	0.14	−0.34
乌　苏	168.73	51.53	0.31	71.40	165.60	304.40	4.26	233.00	0.45	−0.24
石河子	210.07	50.35	0.24	124.90	208.95	339.70	2.72	214.80	0.48	−0.14
蔡家湖	141.11	34.31	0.25	70.80	136.00	239.00	3.38	168.20	0.59	0.23
奇　台	187.22	49.42	0.27	89.70	182.60	325.50	3.63	235.80	0.80	0.57
伊　宁	274.32	78.52	0.29	137.60	269.90	496.30	3.61	358.70	0.75	0.63
昭　苏	503.01	87.38	0.18	332.50	498.15	676.00	2.03	343.50	0.01	−0.85
乌鲁木齐	265.57	73.11	0.28	131.30	257.85	419.50	3.19	288.20	0.18	−0.56
巴仑台	210.24	60.16	0.29	72.30	212.30	350.70	4.85	278.40	0.28	−0.21
达坂城	71.78	32.11	0.45	22.40	66.70	151.30	6.75	128.90	0.34	−0.76
巴音布鲁克	269.82	47.43	0.18	191.60	262.50	406.60	2.12	215.00	0.84	0.37

表 4-5　　新疆南疆地区降水年际变化特征参数表

地名	平均值/mm	标准差	变异系数	最小值/mm	中位数/mm	最大值/mm	极值比	极差	偏度	峰度
焉　耆	75.62	29.44	0.39	16.20	71.10	142.10	8.77	125.90	0.34	−0.37
阿克苏	70.91	32.29	0.46	18.70	69.90	186.20	9.96	167.50	0.96	1.76
拜　城	117.54	40.17	0.35	50.50	108.85	217.50	4.31	167.00	0.34	−0.50
轮　台	65.86	29.82	0.46	16.70	60.30	135.00	8.08	118.30	0.62	−0.25
库　车	70.86	28.73	0.41	33.60	68.85	194.70	5.79	161.10	1.56	4.65
库尔勒	55.92	21.86	0.39	20.60	53.00	117.60	5.71	97.00	0.67	0.16
吐尔尕特	243.30	56.73	0.24	139.00	248.55	428.90	3.09	289.90	0.48	0.77
乌　恰	174.79	64.80	0.37	48.30	176.20	326.40	6.76	278.10	0.31	−0.37
喀　什	64.96	31.51	0.49	16.20	60.70	158.60	9.79	142.40	0.83	0.66
阿合奇	210.13	69.13	0.33	89.10	198.90	359.00	4.03	269.90	0.60	−0.45
巴　楚	55.04	32.13	0.59	8.60	50.50	137.00	15.93	128.40	0.60	−0.35
柯　坪	92.44	40.36	0.44	19.30	88.40	199.80	10.35	180.50	0.58	0.11
阿拉尔	47.96	22.78	0.48	7.00	48.30	91.90	13.13	84.90	0.29	−0.87
塔　中	26.72	11.41	0.45	9.80	25.75	46.30	4.72	36.50	0.38	−0.95
铁干里克	34.53	18.70	0.55	3.40	32.15	75.70	22.26	72.30	0.51	−0.58
若　羌	27.40	22.22	0.82	3.90	20.80	117.00	30.00	113.10	2.22	6.10
塔什库尔干	73.42	24.76	0.34	20.10	75.55	125.40	6.24	105.30	−0.28	−0.52
莎　车	52.01	35.24	0.68	10.10	45.50	153.70	15.22	143.60	1.21	0.98
皮　山	52.01	28.30	0.55	13.90	48.80	137.40	9.88	123.50	0.82	0.27
和　田	38.02	22.03	0.58	3.40	32.60	100.90	29.68	97.50	1.14	0.91
民　丰	36.70	23.45	0.65	4.80	29.90	114.70	23.90	109.90	1.43	2.28
安德河	23.74	18.52	0.79	4.00	18.30	103.40	25.85	99.40	2.32	7.67
且　末	23.11	13.88	0.61	1.90	20.50	54.90	28.89	53.00	0.50	−0.64
于　田	48.24	27.32	0.57	6.20	44.00	114.80	18.52	108.60	0.46	−0.41

表 4-6　　新疆东疆地区降水年际变化特征参数表

地名	平均值/mm	标准差	变异系数	最小值/mm	中位数/mm	最大值/mm	极值比	极差	偏度	峰度
七角井	35.81	18.32	0.52	4.80	33.50	99.10	20.65	94.30	0.90	1.05
库米什	54.41	21.76	0.40	14.50	50.80	108.2	7.46	93.70	0.52	−0.22
吐鲁番	16.15	9.79	0.61	2.90	12.80	48.40	16.69	45.50	0.93	0.61
巴里塘	216.81	45.48	0.21	121.40	218.00	342.4	2.82	221.00	−0.03	0.21
淖毛湖	27.98	15.85	0.62	12.90	22.80	61.30	4.75	48.40	1.84	3.73
伊　吾	98.00	34.64	0.36	35.10	90.15	196.7	5.60	161.6	0.59	0.12
哈　密	38.47	16.80	0.44	9.20	35.10	71.70	7.79	62.50	0.27	−0.92
红柳河	50.78	22.81	0.45	16.90	42.50	122.3	7.24	105.4	1.05	0.83

新疆资料站点年际降水量变异系数分布图如图 4－4 所示，从图 4－4 中可以看出，北疆地区的变异系数最小，而南疆和东疆地区的变异系数会更大一些，变异系数 C_v 呈现出：南疆地区＞东疆地区＞北疆地区。这说明天山北麓降水量的年际变化稳定，而南疆地区和东疆地区降水量的年际变化更为剧烈。新疆降水量的年际变化程度与降水量的多少呈现出相反的趋势，即年际变化程度北疆地区小，南疆地区大，迎风坡小，背风坡大，山区小，盆地平原大；而降水量北疆地区大，南疆地区小，迎风坡大，背风坡小，山区大，盆地平原小。新疆河流径流量分布也是北部与西部多，东部与南部少。因此综合起来，新疆的水资源也是西北分布多，东南分布少。

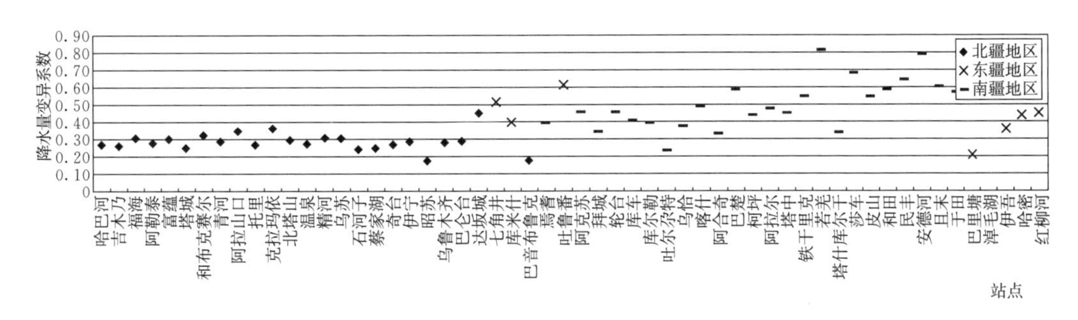

图 4－4　新疆资料站点年际降水量变异系数分布图

但是变异系数 C_v 的衡量方法也有一定的缺点和局限性，如对干旱地区计算数值会偏大。着重分析山区降水的变化会尽量避免这些局限性，山区降水量大，C_v 值就能在一定程度上客观地反映降水变化的稳定或剧烈程度。由表 4－6 可知，新疆山区年际降水量的变异系数 C_v 明显小于平原盆地，证明新疆山区水资源是比较丰富的，而且年际变化的稳定度高，对农牧业有很大的好处，对源于山区降水的新疆地表水资源的稳定起着至关重要的作用。

4.1.3　新疆降水季节变化

新疆春季降水量 M－K 趋势分布图如图 4－5 所示，可以看出，绝大部分站点的年降水量并未表现出显著的变化趋势，只有位于天山东段的库米什、哈密以及昆仑山—阿尔金山脉北麓且末的春季降水量呈现上升趋势（通过置信度 5％的显著性检验）。

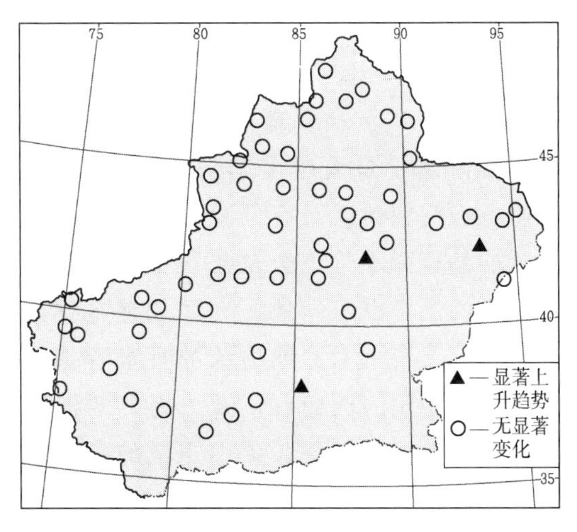

图 4－5　新疆春季降水量 M－K 趋势分布图

新疆夏季降水量 M－K 趋势分布图如图 4－6 所示，可以看出，绝大部分站点的年降水量并未表现出显著的变化趋势，只有位于天山北麓的精

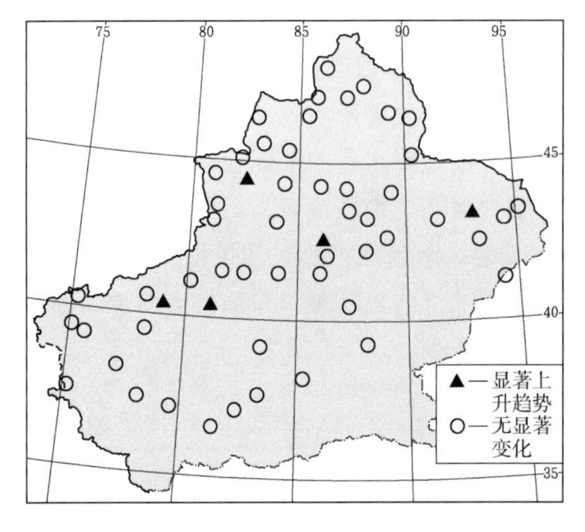

图4-6 新疆夏季降水量M-K趋势分布图

河，天山中段的巴仑台以及天山南麓的阿拉尔、柯坪，天山东段的巴里塘夏季降水量呈现上升趋势（通过置信度5%的显著性检验）。

新疆处于我国西北地区，纬度较高，特别是降水相对较多的天山以北地区，纬度基本高于42°N，对新疆夏季降水有重要影响。

新疆夏季降水量M-K趋势分布图如图4-7所示，可以看出，绝大部分站点的年降水量并未表现出显著的变化趋势，只有位于阿拉山口附近的托里，天山中段的达坂城，天山南麓的柯坪，以及昆仑山北麓的皮山、和田秋季降水量呈现上升趋势（通过置信度5%的显著性检验）。

新疆冬季降水量M-K趋势分布图如图4-8所示，可以看出，绝大部分站点的年降水量并未表现出显著的变化趋势，只有位于阿尔泰山南麓的吉木乃、哈巴河、富蕴，天山南麓的库车、拜城，天山中段的石河子、蔡家湖、乌鲁木齐，天山北麓的温泉、精河、阿拉山口、克拉玛依以及天山南麓的拜城、库车秋季降水量呈现上升趋势（通过置信度5%的显著性检验）。

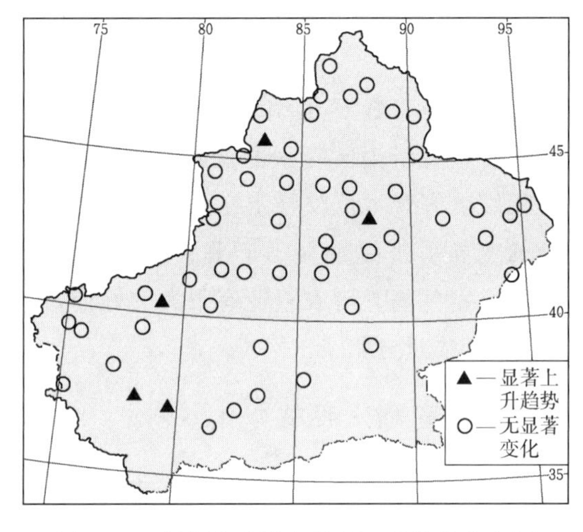

图4-7 新疆秋季降水量M-K趋势分布图

总的来看，新疆北疆地区和东疆地区出现降水量显著增多趋势的站点数较多，而南疆地区只有部分站点的降水量呈现出显著上升的趋势。可以看出，山区附近的站点降水量更容易出现上升的趋势，随着四季的变化，新疆降水量呈显著上升变化的趋势由东南地区向西北地区逐渐移动，位于天山东段的哈密，天山中段的库米什以及塔里木盆地边缘的且末春季降水量呈现显著上升趋势；天山东段的巴里塘，天山中段的巴仑台，天山南麓的柯坪、阿拉尔以及天山北麓的精河夏季降水量呈现出显著上升趋势；天山中段的乌鲁木齐，天山南麓的柯坪，昆仑山北麓的皮山、和田以及天山北麓的阿拉山口秋季降水量呈现显著上升趋势；天山南麓的柯坪、库车以及天山中段的乌鲁木齐、蔡家湖、石河子，天山北麓的温泉、阿拉山口、托里、精河以及阿尔泰山南麓的哈巴河、吉木乃、富蕴冬季降水量呈现显著上升趋势。年内的丰水期是夏季，枯水期是冬季。

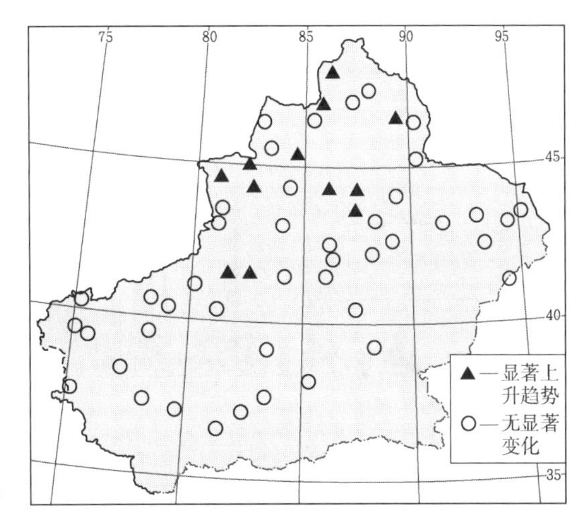

图 4-8 新疆冬季降水量 M-K 趋势分布图

4.1.4 新疆降水年内分配变化

新疆北疆地区、南疆地区、东疆地区降水的年内分布如图 4-9～图 4-11所示，可以看出，新疆北疆地区、南疆地区、东疆地区降水的年内季节分配十分集中，主要集中在 4—10 月，北疆地区 4—10 月降水量在全年降水量中所占的比重达到 77.5%，7 月降水达到一年中的最大值，占全年降水量的 16.4%，2 月降水达到一年中的最小值，占全年降水量的 3.3%；南疆地区 4—10 月降水量在全年降水量中所占的比重达到 86.6%，7 月降水达到一年中的最大值，占全年降水量的 19.4%，11 月降水达到一年中的最小值，占全年降水量的 1.7%；东疆地区 4—10 月降水量在全年降水量中所占的比重达到 87.8%，7 月降水达到一年中的最大值，占全年降水的 24%，2 月降水达到一年中的最小值，占全年降水的 1.5%。可以得出，新疆降水年内分配不均匀，春季（3—5 月）降雨量占全年降雨量的 24.61%，夏季（6—8 月）降雨量占全年降雨量的 45.91%，秋季（9—11 月）降雨量占全年降雨量的 19.39%，冬季（12 至次年 2 月）降雨量占全年降水量的 10.08%，一般为春季、夏季降水量分配多，秋季、冬季降水量分配少。

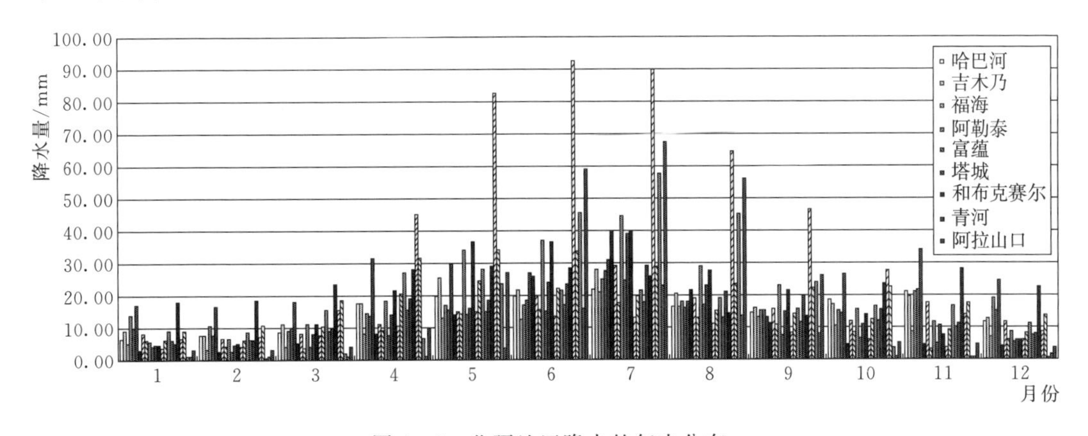

图 4-9 北疆地区降水的年内分布

根据统计资料，将 5—9 月作为一个降水时段来进行考虑，以分析在汛期的降水情况。新疆 5—9 月平均降水量如图 4-12 所示。

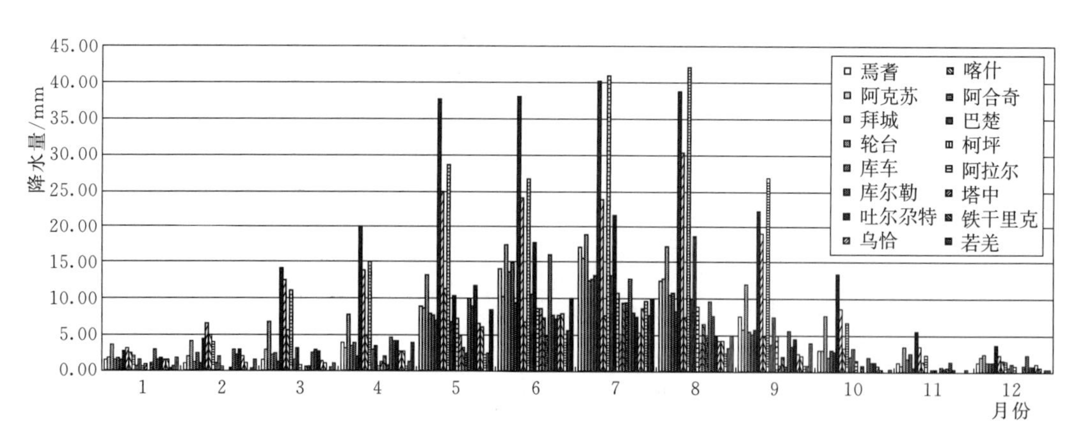

图 4-10　南疆地区降水的年内分布

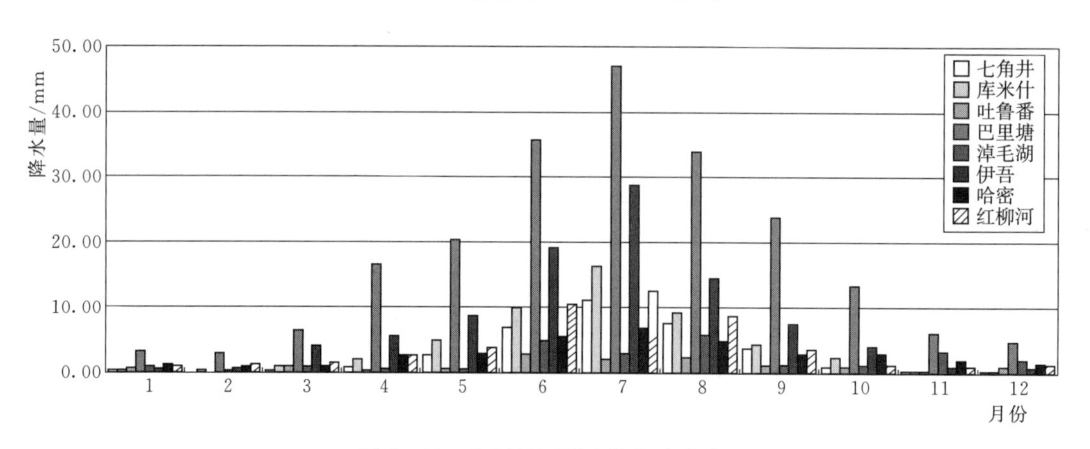

图 4-11　东疆地区降水的年内分布

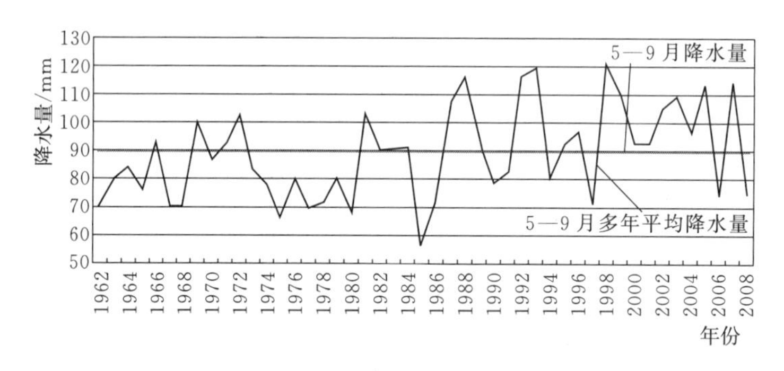

图 4-12　新疆 5—9 月平均降水量

从图 4-12 可以清晰地看到，1998 年 5—9 月平均降水量达到最大历史峰值。以 1998 年为界，前 36 年中，高于平均值（89.2mm）的年份有 16 年，占 44.4%。低于平均值的共有 20 年。降水量在上下波动中有逐步上升的趋势，1998 年达到最高值。后 11 年中，高于平均值的达到 9 年，占 81.8%。而低于平均值的只有 2 年。从 1962—2008 年的 47 年中，降水量在波动中呈明显的上升趋势。降水量的演变趋势与年际变化趋势相同。

4.1.5 新疆降水空间分布特征

新疆东离太平洋 2500～4000km，来自太平洋的东南季风，受到秦岭、大兴安岭、黄土高原东部、祁连山及青藏高原东部的节节阻截，偶尔到达新疆已是强弩之末，仅有微量降雨；南距印度洋 1700～3400km，喜马拉雅山和平均高度达 4000m 的青藏高原阻挡了来自印度洋高度只有 3500m 的西南季风，将含有丰富水汽的西南季节风拒在西藏之南；北到北冰洋 2800～4500km，北方气流虽可越过较低的阿尔泰山到达新疆，但来自北冰洋的是干冷气流，水分含量少，仅在天山以北产生少量降雨；西距大西洋 6000～7500km，距离虽遥远，但新疆地处北半球中纬度地区，处于盛行西风带，对流层上部的西风气流终年可以通过新疆上空，可从大西洋带来一定水气，遇到高山阻挡时，可形成一定降雨，因此新疆四周高山环绕，东亚季风、西南季风、北冰洋气流均不能到达，只有大西洋气流可以通过西部几个缺口到达。由中纬度西风环流补给的水汽，是新疆降水的主要来源。

新疆地势呈南高北低，难以接受东南或西南季风影响，而来自北冰洋、蒙古—西伯利亚的高压寒流，则对本区有较明显的影响，以致本区光热充足，降水稀少，蒸发强烈，风大沙多。受到水汽来源和地形的影响，降水的地区分布也不均匀，悬殊较大。新疆降水量等值线图如图 4-13 所示。可以看出，北疆地区降水量明显大于南疆地区和东疆地区，而且西北地区大于东南地区。

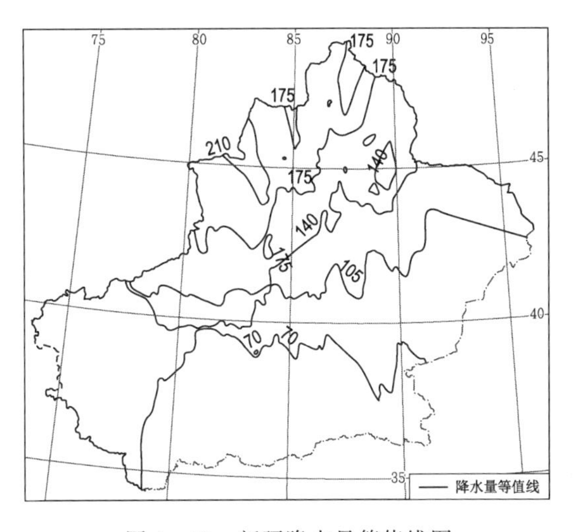

图 4-13 新疆降水量等值线图

新疆北疆地区、南疆地区、东疆地区各站点年降水量如图 4-14～图4-16所示，北疆地区的降水量远远高于南疆地区和东疆地区，除了北疆地区的达坂城之外，北疆地区其他站点的年降水量均在 100mm 以上，而且其中有 9 个站点的年降水量在 200mm 以上；南疆地区和东疆地区降水量相对较少，南疆地区只有 4 个站点的年降水量大于 100mm，年降水量在 50～100mm 范围的有 12 个站点，还有 8 个站点（主要分布在塔里木盆地，塔克拉玛干沙漠边缘的塔中、铁干里克、若羌、和田、民丰、安德河、且末、于田）的年降水量小于 50mm；东疆地区除了巴里塘年降水量较多，吐鲁番年降水量稀少之外，其他站点的年降水量均为几十毫米。

东疆地区年降水量最大的地区出现在巴里塘，为 216.8mm；年降水量最小的地区出现在吐鲁番，为 16.2mm。位于东疆地区的吐鲁番为新疆降水量最少的地区。由于干旱区东部的水汽来源于东部的东南和西南季风，而西部则由大西洋及北冰洋水

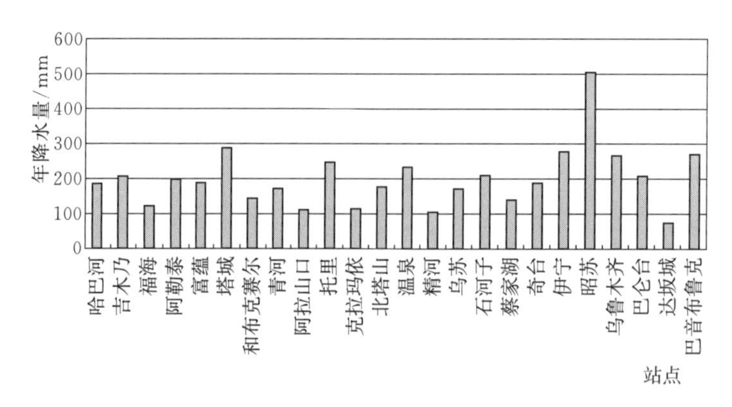

图 4－14　北疆地区各站点年降水量

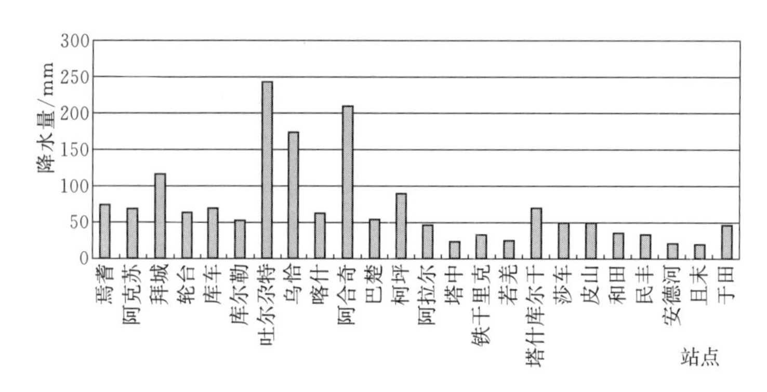

图 4－15　南疆地区各站点年降水量

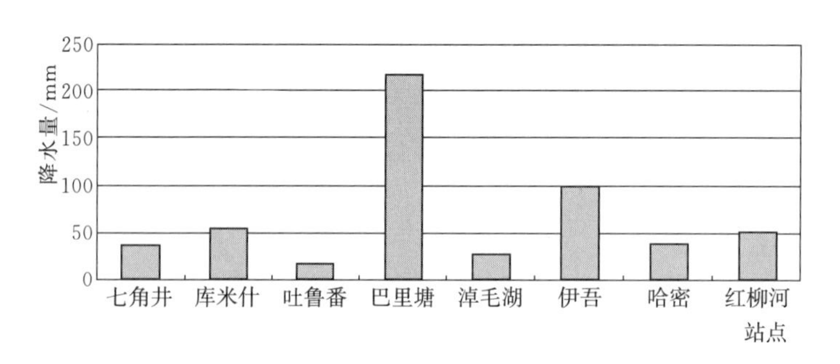

图 4－16　东疆地区各站点年降水量

汽供给。因此，新疆的伊吾淖毛湖盆地、吐鲁番盆地、且末、若羌地区降水量非常稀少。吐鲁番盆地从西方来的水汽经长途输送到达本区上空后，已成干冷气流，由于下沉增温作用，不能形成较多降水；北方来的夹带水汽的气流，翻越天山进入盆地后，水汽所剩无几，又受到盆地上升的热空气影响，也很难形成降水。因此，盆地的降水来源十分稀少。

新疆是“三山夹两盆”的特殊地形，三大山脉山势巍峨、山体宽广，山脊至盆地边缘的平原高低悬殊，北部阿尔泰山相差 2000～3000m 甚至更多，南部昆仑山相差 5000～6000m 及以上，中部的天山山脉介于其间。高大的山脉为拦截深入内陆的空中水汽创造了有利的条件，拦截和抬升作用使山区形成远大于平原的降水量，宽广的山区汇集了大量的降水形成众多的河流。并且，随着海拔的升高，气温降低，蒸发减少，特别是5000m以上的高山地区，常年气温处于0℃以下，为永久冻土带，降雪得以长期积聚，形成永久积雪和冰川。对于塔里木盆地，大范围的气流活动几乎不能进入，局地气流表现出山风优势。冬季准噶尔盆地常被冷空气占据，形成深厚逆温，风速甚低；夏季两大盆地对流旺盛，空气不稳定，有利于污染物的扩散。由于阿尔泰山、天山、昆仑山等山体对气流的阻载与抬升作用，使新疆广大山区的降水丰沛，形成了一个发育良好的内陆水循环子系统，故有“干旱区中的湿岛”之称。

新疆降水的空间分布主要呈现出以下几个方面的特点。

1. 新疆北疆地区的降水量明显多于南疆地区和东疆地区

新疆北疆地区土地面积约45万km^2，年平均降水量为1150亿m^3，即每1km^2降水约26万m^3。南疆地区土地面积约120万km^2，年平均降水量1275亿m^3，即每1km^2降水约45万m^3，北疆地区年降水量最大的地区出现在昭苏，为503mm；年降水量最小的地区出现在达坂城，为71.8mm。南疆地区年降水量最大的地区出现在吐尔尕特，为243.3mm；年降水量最小的地区出现在且末，为23.1mm。位于北疆地区的昭苏为新疆年降水量最多的地区。北疆地区降水比南疆和东疆的降水多几乎1.5倍，突出说明南疆地区封闭的地形造成了北疆地区降水量明显高于南疆降水量的情况，且两地区降水年际变化有明显的差异。

北疆地区降水量多于南疆地区降水量的原因是准噶尔盆地西部山势较低，且有几个缺口，西风气流容易进入。而塔里木盆地西边有高峻的天山南支和帕米尔高原，西风气流进入塔里木盆地时，大部水分已降落在迎风的西坡。而进入准噶尔盆地的西风气流，因受天山山脉的阻挡，水分已大部分降落于迎风的北坡。因此，进入塔里木盆地的西风气流，不论是盆地边缘或周围山地，都比准噶尔盆地边缘及周围山地少得多。

2. 新疆山区降水量多于平原降水量

新疆平原地区的降水量主要在200mm以下，而山区的降水量主要集中在200mm以上，如天山北麓的伊宁、温泉，阿尔泰山南麓的富蕴、青河，天山中段的巴音布鲁克，天山山脉南麓的阿合奇、吐尔尕特以及天山山脉东段的巴里塘，降水量相较其他站点来说都比较丰沛。

新疆山区面积约36万km^2，年降水约达到2000亿m^3，约占全疆降水总量的82%，而面积仅占到全疆的22%。因此新疆降水主要集中在山区是新疆突出的特点，新疆的工农业生产及生活用水基本依靠山区降水维持，平原降水利用效益极低，南疆有些地区的微少降水往往造成土地板结反而对农业生产不利。

水文现象是各种自然地理因素相互作用的产物。山区的多年平均降水量随着高程而增加，但是，关于我国干旱区山地最高降水带的问题，目前尚有不同的见解。

一种认为存在着最高降水带，其高度大致与林带的上限相同。理由是根据已有少量的实测资料证明了这种现象，与自然地带也较一致。我国已研究的如峨眉山及喜马拉雅山等均有最高降水带，并且出现过次高降水带。

另一种主张不论山地的高程，年降水量总是随高度而增加。证据是部分山地的短期实测点和根据冰川年层所确定的年降水量资料，各地区的具体情况很复杂，在目前缺乏较长期有代表性的梯度观测资料前，尚难形成结论。

我国干旱区水资源显著的垂直地带性规律，对水资源利用有着巨大的影响。从地下水资源的观点出发，同样存在着垂直地带性规律。山区是地下水的补给带。地下水在出山口前补给河川径流。尤其像天山、昆仑山，大部分是由不易透水的中新代岩层组成，地下水犹如遇到了隔水的障壁，大量注入河川。而在河流出山口后，河川径流通过河道、各级渠道及田间渗漏补给了地下水。在扇缘地区地下水又溢出成为泉水。泉水溢出是地下水排泄的一种方式，这就是溢出带。

3. 新疆西部降水量多于东部降水量

准噶尔盆地西部的温泉、塔城等站点的降水量大于准噶尔盆地东部奇台的年降水量，但是在准噶尔盆地东部，接近阿尔泰山的山区降水量比较大，塔里木盆地西部的莎车年降水量为52mm，皮山年降水量为52mm，和田年降水量为38mm，而塔里木盆地东部的若羌年降水量为27.4mm，且末年降水量为23.11mm，由此看出，新疆地区西部年降水量多于东部年降水量。

4. 新疆迎风坡降水量多于背风坡降水量

天山北侧是准噶尔盆地，阿尔泰山脉对北冰洋的气流阻挡作用较强，风主要从伊利河谷进入，因此天山北侧是迎风坡。由中纬度西风环流带来的水汽是新疆降水的主要来源。迎风坡的托里年降水量为245mm，昭苏年降水量为503mm，而背风坡的克拉玛依年降水量为112.6mm，和布克赛尔年降水量为144.6mm，拜城年降水量为117.5mm，新疆迎风坡降水量比背风坡降水量多。

4.2 新疆最长干期天数变化

在整个时间序列中，某相邻两次降水之间无降水的时间叫做干期，该时间序列出现的最长干期天数可以作为评判该地区干湿情况的指标。

新疆的北疆、南疆、东疆地区各站点最长干期天数如图4-17～图4-19所示，总体来说，新疆北疆地区的最长干期天数明显小于南疆、东疆地区的最长干期天数。这也进一步论证了北疆降水量大于南疆和东疆地区的事实。北疆地区最长干期天数最大值出现在巴仑台，为231天，最长干期天数最小值出现在托里，为30天；南疆地区最长干期天数最大值出现在位于塔里木盆地的塔中，为317天，将近一年，最长干期天数最小值出现在吐尔尕特，为54天；东疆地区最长干期天数最大值出现在吐鲁番，为299天，可见干旱程度之强，最长干期天数最小值出现在巴里塘，为57天。

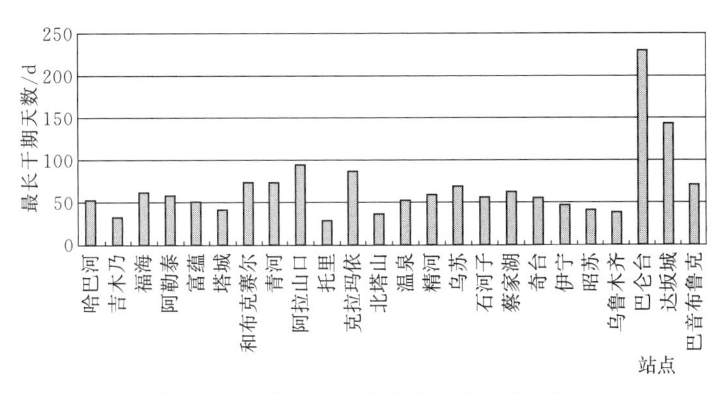

图 4-17 北疆地区各站点最长干期天数

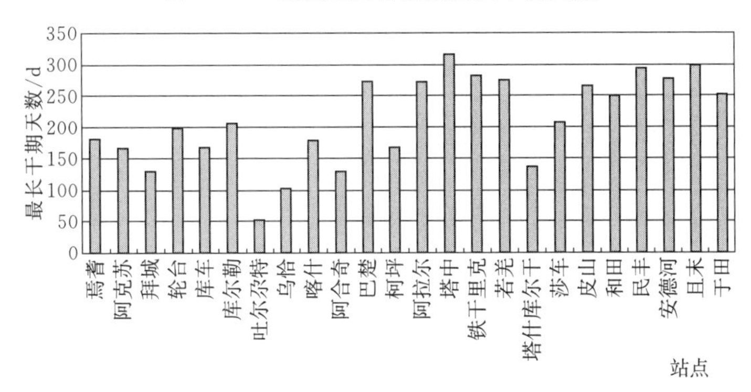

图 4-18 南疆地区各站点最长干期天数

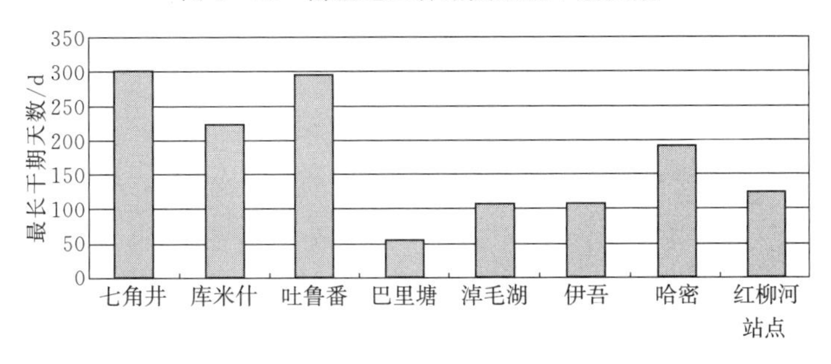

图 4-19 东疆地区各站点最长干期天数

4.3 新疆极端降水研究

当前全球变暖，水循环加剧，世界许多国家和地区发生极端水文气象事件的概率增加，洪水、干旱、台风等极值事件频发，灾害损失加剧。这与降水特别是极端降水事件时空分布发生变异有着密切的关系。因而，研究降水，特别是极端降水概率变化的时空演变特征及其变化规律，对于科学理解洪旱灾害时空变化、减少灾害损失具有重要意义，同时也为进行科学水资源管理提供科学依据。

描述极端降水的降水指标较多，如极端降水发生天数，极端降水总量以及极端降水强度等，而传统的单变量分布只能描述单一降水指标的概率变化特征，了解多变量的联合分布，对于了解极端降水的综合统计特征有重要意义。关于多变量分布研究，可以用Box-Cox转换把两变量正态化，然后用两变量正态模型描述降水特征量联合分布，但是以往的研究均需对随机变量进行一些假设，因而类似研究具有一定局限性。而Copula函数能避免以上研究方法的局限性，因而在水文气象研究领域中逐步获得应用，但是，目前Copula函数在水文气象领域中的应用仍处于初级阶段。

对于新疆地区降水极值的分析已有一些研究，张强等分析我国590个站点日降水资料后，认为我国西北地区有轻微的湿润趋势。李雪梅等利用新疆55个雨量站1961—2008年日降水数据分析了新疆降水集中度的变化趋势以及周期特征，认为南疆地区降水集中度大于北疆地区，同时，新疆降水集中度变化存在2～5年周期。薛燕等通过对新疆70多个站点的气象资料分析计算，得出近50年来新疆年降水量、年平均气温总体呈上升趋势，年降水增幅的强弱在地区分布上各有差异、南疆地区一致性较好，北疆地区较差。施雅风等预估在2030年左右，西北干旱区降水与蒸发都有相当量的增加，河川径流变率加大。任国玉等分析1951—1996年地面气象记录资料，认为我国西北大部分、东北北部、西南西部、长江下游和江南地区，在20世纪60年代以来年降水量都呈增长趋势。

以往对新疆的降水研究集中在年降水量、降水强度以及降水集中度等单降水变量分析。而研究极端降水多变量联合分布特征，对极端降水、洪旱灾害的形成预测及水资源管理有重要作用。以往的研究在这个方面较少涉及。基于此，本节分析新疆日降水量数据，研究极端降水单变量极值概率分布空间变化特征、极端降水二维联合分布概率分布空间变化特征。一段时期的降水短缺影响地表水补给情况。地表水、地下水流量减少，水库和湖泊水位降低，将导致水文干旱，水文干旱在降水短缺结束后仍会持续一段时间。降水过多可能导致水文洪水。不同降水指标极值相遇概率代表不同降水情况的概率特征，代表不同水文情况的概率特征。例如，极端强降水和极端弱降水相遇概率代表降水过多和降水短缺同时发生的概率，这在一定程度上代表水文洪旱相遇概率。

4.3.1 数据与分析方法

分析数据为新疆53个雨量站1957—2009年逐日降水量资料。研究中定义了8个极端降水指标，这些指标在降水极值研究中已有广泛应用，并被世界气象组织、气候学委员会和气候变化与预测研究计划推荐。定义降水指标为：有降水天数为日降水量$P \geqslant 1$mm的天数；无降水天数为降水量$P<1$mm的天数；NW为各测站每年有降水天数；D_{75}为每年日降水量大于降水日序列75%分位数的日数；P_{75}为每年日降水量大于降水日序列75%分位数的总降水量；I_{75}为每年日降水量大于降水日序列75%分位数的日平均降水量，即$I_{75}=P_{75}/D_{75}$，此处定义为强降水强度；CDD为年最长连续无降水日数；D_{25}为每年日降水量小于降水日序列25%分位数的日数；P_{25}为每年日降水量小于降水日序列25%分位数的总降水量；I_{25}为每年日降水量小于降水日序列25%分位数的日平均降水量，即$I_{25}=$

P_{25}/D_{25}，研究中定义为弱降水强度。降水指标 NW、D_{75}、P_{75}、I_{75} 主要说明极端强降水变化情况；CDD、D_{25}、P_{25}、I_{25} 主要用于研究极端弱降水的变化情况。

近年来随着新疆经济的发展，新疆发生旱灾情况严重，受灾程度增加，然而新疆降水呈现显著的增加趋势。造成新疆洪旱灾害增多的原因除了全球变暖外，人类活动加剧导致生态环境退化、绿洲无限度扩张致使临灾区域扩大也是新疆洪旱灾害增多的原因。如果选取非常极端的阈值，则会出现没有发生极端降水，但干旱灾害严重的情况，因此选取 75%及 25%作为降水指标的计算阈值。具体采用的降水指标见表 4-7。

表 4-7　采用的降水指标

降水指标	指标含义	单位
NW	每年降水量 $P\geqslant 1$mm 的总日数	d
D_{75}	降水量大于降水序列 75%分位数的总日数	d
P_{75}	降水量大于降水序列 75%分位数的总降水量	mm
I_{75}	降水量大于降水序列 75%分位数的日平均降水量	mm/d
CDD	年最长连续无降水日数	d
D_{25}	降水量小于降水序列 25%分位数的总日数	d
P_{25}	降水量小于降水序列 25%分位数的总降水量	mm
I_{25}	降水量小于降水序列 25%分位数的日平均降水量	mm/d

本章采用降水指标边缘分布研究的方法开展对新疆的极端降水研究，建立联合分布首先需要确定每个降水指标的边缘分布函数，降水指标按数理性质可分为离散型和连续型，离散型指标包括 NW、D_{75}、CDD、D_{25}，连续性指标包括 P_{75}、I_{75}、P_{25}、I_{25}。研究者对降水变量概率分布进行了研究。离散变量概率分布函数有 0～1 分布、二项分布、泊松分布、几何分布、负二项分布等。根据实际降水特征，本节采用二项分布、泊松分布、几何分布和负二项分布进行 NW、D_{75}、CDD、D_{25} 的边缘分布分析。连续变量概率分布函数较多，此处采用以下 6 种在气象和水文领域中应用较为广泛的概率分布函数进行分析：广义极值分布（generalized extreme value distribution，GEVD）、广义帕累托分布（generalized pareto distribution，GPD）、PIII 分布、对数正态分布、Wakeby 分布、指数分布。采用矩法对离散概率分布函数进行参数估计，使用线形矩方法对连续概率分布函数进行参数估计。最后使用 Kolmogorov-Smirnov（K-S）方法的统计量 D 对各降水指标进行拟合优度检验，确定最适概率分布函数。

Copula 函数可以用不同边缘分布的变量来构造联合分布。以二维随机变量为例，假设二维随机变量 X 和 Y，它们的边缘分布函数是 $F(x)=P[X\leqslant x]$ 和 $G(y)=P[Y\leqslant y]$，则它们的联合分布为 $H(x,y)=P[X\leqslant x,Y\leqslant y]$。则存在 Copula 函数使得

$$H(x,y)=C[F(x),G(y)] \tag{4-1}$$

Copula 函数本质上是边缘分布为 $F(x)$ 和 $G(y)$ 的随机变量 X、Y 的二元联合分布函数。同理 Copula 可推广至二维以上的多维联合分布。

设样本容量为 n 的随机变量 X 和 Y 联合实测值为 $\{(x_k, y_k)\}_{k=1}^{n}$，则经验 Copula C_e 为

$$C_e\left(\frac{i}{n},\frac{j}{n}\right)=\frac{n_{i,j}}{n},\quad 1\leqslant i\leqslant n, 1\leqslant j\leqslant n \tag{4-2}$$

式中 $n_{i,j}$——$x_{(k)}\leqslant x_{(i)}$，$y_{(k)}\leqslant y_{(j)}$ 的联合实测值个数；

$x_{(i)}$——x 由小到大排列后第 i 个值；

$y_{(j)}$——y 由小到大排列后第 j 个值。

采用的 Copula 函数主要有 Gumbel - Hougaard Copula，Clayton Copula，Frank Copula 和 Gauss Copula。其中 Gumbel - Hougaard Copula，Clayton Copula，Frank Copula 属于 Archimedean Copulas。对于每一种 Archimedean Copula，都是由不同的生成元 φ 构成的，且有一个参数 θ 隐含在 φ 中。Gauss Copula 是 Elliptical Copulas 的一种，线形相关参数 ρ 是 Gauss Copula 的重要参数。

Copula 函数拟合优度的检验依据 Akaike information criterion（AIC 准则法）准则进行，该准则是由 Akaike 提出的。AIC 包括函数拟合的偏差和参数数量带来的不可靠性两个部分。AIC 的计算过程为

$$AIC=n\log(RSS/n)+2m \tag{4-3}$$

式中 n——样本个数；

m——参数个数；

RSS——残差平方和。

AIC 值越小，说明函数拟合程度越好。

下一步对 Copula 的函数进行非参数估计，Genest 和 Rivest 提出了 Copula 函数的非参数估计方法。根据该非参数估计方法计算 Copula 函数。

估算随机样本的 Kendall 系数 τ 为

$$\tau=\frac{\sum_{i<j} sign[(x_i-x_j)(y_i-y_j)]}{\frac{n(n-1)}{2}}\quad i、j=1,2,\cdots,n \tag{4-4}$$

式中 n——随机样本的观测值个数。

如果 $x_i\leqslant x_j$ 且 $y_i\leqslant y_j$，则 $sign=1$，否则 $sign=-1$。

对于 Gumbel - Hougaard Copula，Clayton Copula，Frank Copula，根据 Kendall 系数 τ 与 Archimedean Copula 生成元参数 θ 的关系式计算 θ。对于 Guass Copula，则根据 Kendal 系数 τ 与线形相关参数 ρ 的关系计算 ρ。

由 θ、ρ 得到各种类型的 Copula 函数。

判断最合适的 Copula 类型。

找到最适合的 Copula 类型后，即可进行两变量重现期分析，Salvador 等对两变量重现期进行了分析。对于降水变量 X 和 Y，边缘分布分别是 $F_x(x)$ 和 $F_y(y)$，$F(x, y)$ 是其联合分布。其中，4 种重现期为

$$T_{\{X>x,Y>y\}}=\frac{1}{P(X>x,Y>y)}=\frac{1}{1-F_x(x)-F_y(y)+F(x,y)} \tag{4-5}$$

$$T_{\{X>x \text{ or } Y>y\}}=\frac{1}{P(X>x \text{ or } Y>y)}=\frac{1}{1-F(x,y)} \tag{4-6}$$

$$T_{\{X>x,Y\leqslant y\}}=\frac{1}{P(X>x,Y\leqslant y)}=\frac{1}{F_y(y)-F(x,y)} \tag{4-7}$$

$$T_{\{X>x \text{ or } Y\leqslant y\}}=\frac{1}{P(X>x \text{ or } Y\leqslant y)}=\frac{1}{1-F_x(x)+F(x,y)} \tag{4-8}$$

$T_{\{X>x,Y>y\}}$表示降水变量 X 和 Y 都超过特定值的重现期；$T_{\{X>x \text{ or } Y>y\}}$表示降水变量 X 或 Y 超过特定值的重现期；$T_{\{X>x,Y\leqslant y\}}$表示降水变量 X 超过特定值，并且降水变量 Y 不超过特定值的重现期；$T_{\{X>x \text{ or } Y\leqslant y\}}$表示降水变量 X 超过特定值，或者降水变量 Y 不超过特定值的重现期。

分析 NW 与 CDD，D_{75}与 D_{25}，P_{75}与 I_{75}，P_{75}与 P_{25}，I_{75}与 I_{25}，D_{25}与 P_{25}共 6 个二维联合分布的重现期。$T_{\{NW,CDD:X>x,Y>y\}}$是降水天数 NW 大于某特定值并且最大连续无降水天数 CDD 大于某特定值的重现期。其他表达式具有相似的意义。$T_{\{P_{75},I_{75}:X>x,Y>y\}}$、$T_{\{P_{75},I_{75}:X>x \text{ or } Y>y\}}$ 对研究降水总量大且（或）降水强度高的极端强降水概率特征有重要意义；$T_{\{D_{25},P_{75}:X>x,Y\leqslant y\}}$、$T_{\{D_{25},P_{75}:X>x \text{ or } Y\leqslant y\}}$ 对研究极端弱降水天数长且（或）降水总量少的极端弱降水概率特征有重要意义。其他联合分布重现期从不同角度反映极端强弱降水同时发生、极端强或极端弱降水发生的概率特征。设定各特定值是各降水指标 10 年一遇值。此处 P_{25}、I_{25}为 10 年一遇值的意义与其他指标不同，其他指标 10 年一遇是指大于某值的重现期为 10 年，而 P_{25}、I_{25}是用于考察极端弱降水指标，指标数值越小，降水程度越弱，其 10 年一遇的意义是 P_{25}、I_{25}小于某值的重现周期为 10 年。此处所分析的降水指标均是 10 年一遇的量值，下文中不再做特别说明。

4.3.2 极端降水空间分布特征

构建联合分布需要确定边缘分布模型，但目前对于相关的降水指标边缘分布模型尚无统一标准。为了进一步了解单降水指标的极端降水概率特征与基于 Copula 建立的两降水指标联合极端降水概率特征的关系，采用概率统计方法确定边缘分布，拟合各降水指标 10 年一遇值，并对其进行空间分析。

采用矩法估计离散型概率分布参数，线性矩法估计连续型概率分布，95%置信水平 K-S 法计算各站点的最优概率分布函数，如果某站点求出的最优概率分布函数不能满足 95%置信水平，则在该项指标空间分析中忽略该站点，根据最优概率分布函数计算各降水指标的 10 年一遇值。新疆降水指标 10 年一遇空间分布图如图 4-20 所示。图 4-20（a)是 NW 值空间分布图，天山是新疆 NW 值分界线，且南疆地区比北疆地区小，在南疆地区中部的塔克拉玛干沙漠达到最小值，在天山西部达到最大值。从图 4-20（b）可以看出，CDD 值也是以天山为分界线，南疆地区最大连续无降水天数比北疆地区大，在南疆地区东南达到最大值，北疆地区大概为 40～60 天。D_{75}值分布特征与 NW 相似，如图 4-20（c）所示，天山以南大部分地区只有 20 天以下，南疆西南部

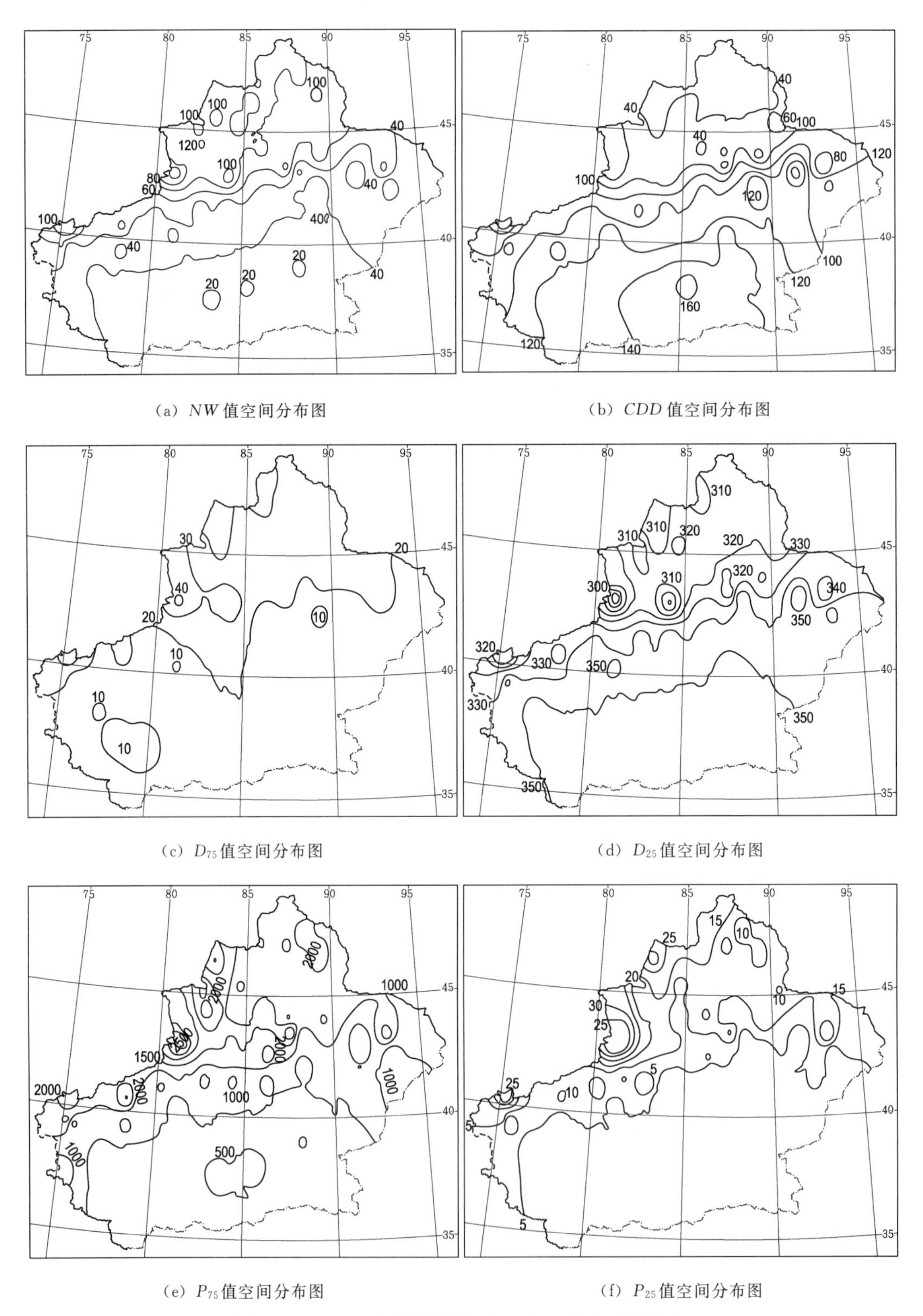

(a) *NW*值空间分布图

(b) *CDD*值空间分布图

(c) D_{75}值空间分布图

(d) D_{25}值空间分布图

(e) P_{75}值空间分布图

(f) P_{25}值空间分布图

图4-20（一） 新疆降水指标10年一遇空间分布图

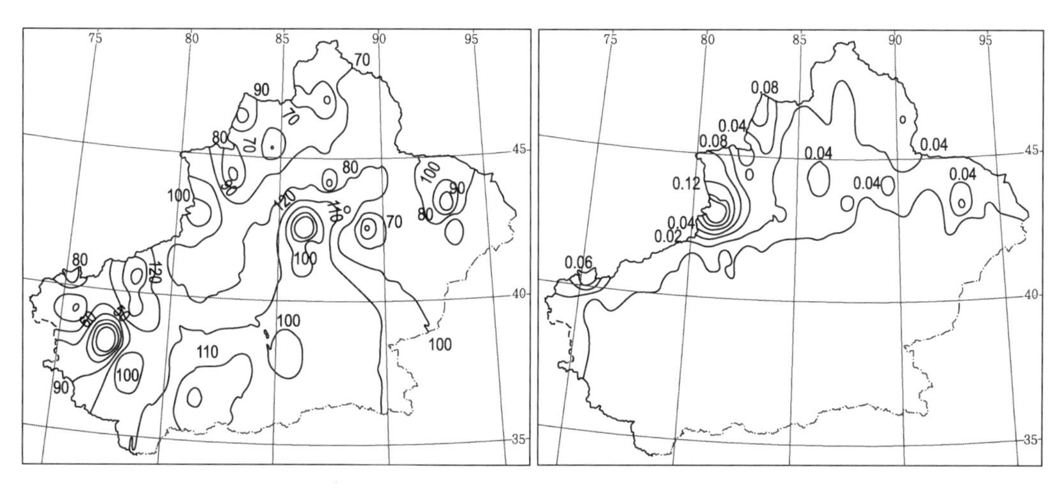

（g）I_{75}值空间分布图　　（h）I_{25}值空间分布图

图 4-20（二） 新疆降水指标 10 年一遇空间分布图

10 天以下，而天山以北地区在 20 天以上，天山西部及南疆地区最西部 D_{75} 值较高，达到 30 天以上。图 4-20（d）显示，南疆地区 D_{25} 值比北疆大，均达到 340 天以上，北疆地区大部分只有 320 天以下。

图 4-20（e）是 P_{75} 值空间分布图，该值南疆地区中南部最小，在 1000mm 以下，新疆西部较大，天山西部达到最大值。图 4-20（f）是 P_{25} 值空间分布图，需要注意的是 P_{25}、I_{25} 值意义与以上指标量值不同，以上指标量值是指标大于某值的重现期是 10 年，而 P_{25} 与 I_{25} 主要用于表征干旱情况的指标，其 10 年一遇的意义是 P_{25}、I_{25} 小于某值的重现期是 10 年。P_{25} 值同样以天山为分界线，南疆大部分地区只有 10mm 下，南疆南部及东部甚至只有 5mm 以下，而天山以北较大，达到 15mm 以上，在天山西部达到最大值。南疆地区 I_{75} 值较大，南疆地区南部及东部达到最大值 100mm/d 以上，如图 4-20（g）所示，北疆与南疆地区相比较小。I_{25} 值空间分布图如图 4-20（h）所示，南疆地区小于 0.02mm/d，其他地区均在 0.02mm/d 以上，北疆地区比南疆地区大。

采用 95%置信度水平 K-S 法确定各站点的最优概率分布函数作为边缘分布 $F(x)$ 和 $F(y)$，运用 Copula 函数的非参数估计方法构建 Copula，采用的 Copula 类型包括有 Clayton Copulas、Frank Copulas、Gumbel Copulas、Gauss Copula，用 AIC 准则法选择最适合 Copula 类型的 $C(u, v)$。由 $u=F(x)$ 和 $v=F(y)$ 可计算出两降水指标的联合分布 $F(x, y)=C[F(x), G(y)]$，即可求得相应的重现期。

选取各降水指标特定值为 10 年一遇值，计算新疆所有站点的 NW 与 CDD，D_{75} 与 D_{25}，P_{75} 与 I_{75}，P_{75} 与 P_{25}，I_{75} 与 I_{25}，D_{25} 与 P_{25} 联合分布重现期。新疆降水指标联合分布重现期空间分布图如图 4-21 所示。图 4-21（a）是 $T_{\{NW,CDD:X>x,Y>y\}}$ 空间分布图，从图4-21（a）可以看出，从较为湿润的天山至干旱的南疆地区南部 $T_{\{NW,CDD:X>x,Y>y\}}$ 逐渐增加，天山及其南部 $T_{\{NW,CDD:X>x,Y>y\}}$ 较短，其 $T_{\{NW,CDD:X>x,Y>y\}}<500$ 年，其他地区 $T_{\{NW,CDD:X>x,Y>y\}}$ 较长，在南疆地区 $T_{\{NW,CDD:X>x,Y>y\}}$ 达到极大值，北疆地区北部

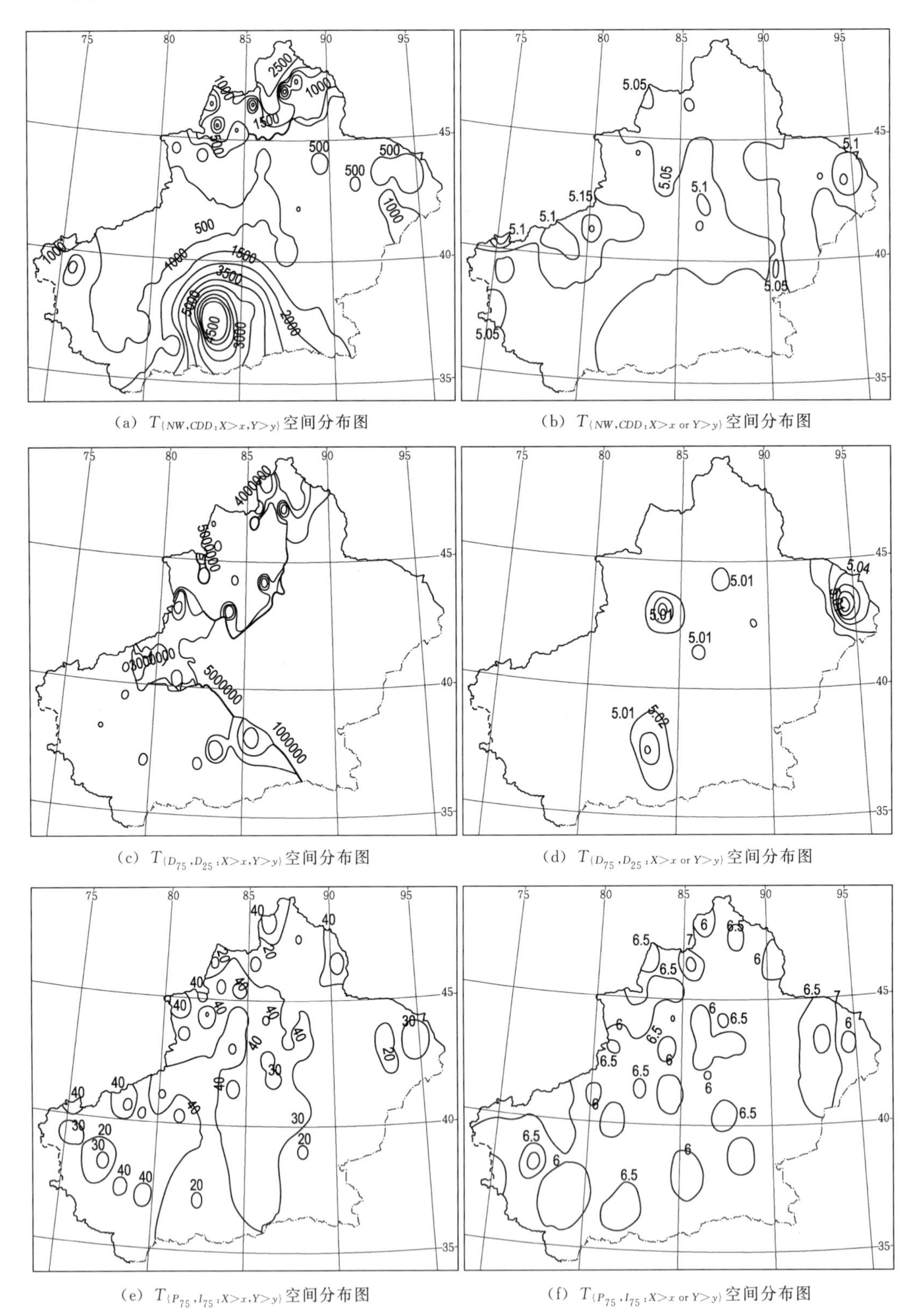

(a) $T_{\{NW,CDD:X>x,Y>y\}}$空间分布图　　(b) $T_{\{NW,CDD:X>x \text{ or } Y>y\}}$空间分布图

(c) $T_{\{D_{75},D_{25}:X>x,Y>y\}}$空间分布图　　(d) $T_{\{D_{75},D_{25}:X>x \text{ or } Y>y\}}$空间分布图

(e) $T_{\{P_{75},I_{75}:X>x,Y>y\}}$空间分布图　　(f) $T_{\{P_{75},I_{75}:X>x \text{ or } Y>y\}}$空间分布图

图 4-21（一）　新疆降水指标联合分布重现期空间分布图（单位：年）

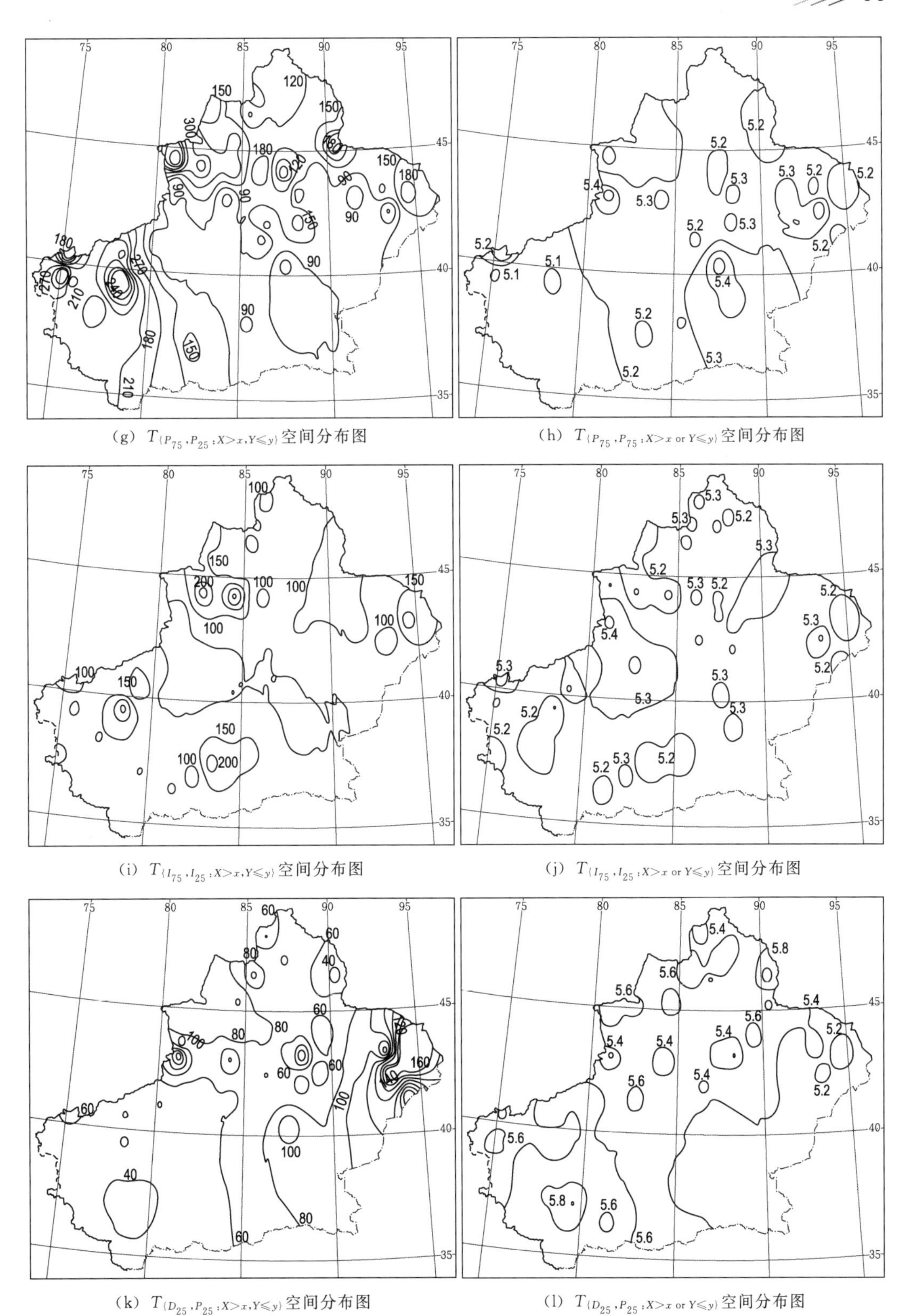

(g) $T_{\{P_{75},P_{25}:X>x,Y\leqslant y\}}$空间分布图

(h) $T_{\{P_{75},P_{75}:X>x\ \mathrm{or}\ Y\leqslant y\}}$空间分布图

(i) $T_{\{I_{75},I_{25}:X>x,Y\leqslant y\}}$空间分布图

(j) $T_{\{I_{75},I_{25}:X>x\ \mathrm{or}\ Y\leqslant y\}}$空间分布图

(k) $T_{\{D_{25},P_{25}:X>x,Y\leqslant y\}}$空间分布图

(l) $T_{\{D_{25},P_{25}:X>x\ \mathrm{or}\ Y\leqslant y\}}$空间分布图

图 4-21（二） 新疆降水指标联合分布重现期空间分布图（单位：年）

$T_{\{NW,CDD:X>x,Y>y\}}$也较长，说明这些地区降水日数超过10年一遇且最长连续无降水日数超过10年一遇同时发生概率较低，而天山南部及以南地区$T_{\{NW,CDD:X>x,Y>y\}}$较短，则说明NW与CDD同时发生的可能性较大。$T_{\{D_{75},D_{25}:X>x,Y>y\}}$在不同地区差异情况较大，如图4－21（c）所示，$T_{\{D_{75},D_{25}:X>x,Y>y\}}$普遍较大，$D_{75}$及$D_{25}$同时超过10年一遇值的概率极低，甚至可以说不可能同时超过10年一遇值。图4－21（e）是$T_{\{P_{75},I_{75}:X>x,Y>y\}}$空间分布图，$T_{\{P_{75},I_{75}:X>x,Y>y\}}$是$P_{75}$及$I_{75}$同时超过10年一遇的重现期，该类型极端强降水的降水量大且降水强度高，容易造成洪水灾害，新疆大部分地区发生这种极端降水的重现期在20～40年，天山、新疆西南部等山区相对其他地区重现期较高，较不容易发生这种极端强降水。图4－21（g）是$T_{\{P_{75},P_{25}:X>x,Y\leqslant y\}}$空间分布图，$T_{\{P_{75},P_{25}:X>x,Y\leqslant y\}}$是$P_{75}$超过10年一遇值且$P_{25}$小于10年一遇值的重现期，从降水总量角度研究极端强弱降水同时发生的频率特征，新疆东南部重现期达到极小值，在90年以下，天山西部重现期达到极大值在330年以上。$T_{\{I_{75},I_{25}:X>x,Y\leqslant y\}}$指$I_{75}$超过10年一遇值且$I_{25}$小于10年一遇值重现期，从降水强度角度研究极端降水，大部分地区该重现期为100～150年，如图4－21（i）所示，呈现出天山南部较小，向南北两端逐渐变大的特征。$T_{\{D_{25},P_{25}:X>x,Y\leqslant y\}}$空间分布如图4－21（k）所示，$T_{\{D_{25},P_{25}:X>x,Y\leqslant y\}}$指极端弱降水天数长且降水总量小的极端弱降水，对研究干旱有重要意义，南疆地区重现期比北疆小，新疆东部地区达到极大值，大部分地区为40～100。

图4－21（b）、（d）、（f）分别是NW与CDD、D_{75}与D_{25}、P_{75}与I_{75}的$T_{\{X>x \text{ or } Y>y\}}$，图4－21（h）、（i）、（j）分别是$P_{75}$与$P_{25}$、$I_{75}$与$I_{25}$、$D_{25}$与$P_{25}$的$T_{\{X>x \text{ or } Y\leqslant y\}}$。整个新疆各降水指标的$T_{\{X>x \text{ or } Y>y\}}$和$T_{\{X>x \text{ or } Y\leqslant y\}}$均处于5～7年，无特别的空间变化特征。

从极端降水空间分布可以看出，北疆地区比南疆地区湿润，北疆地区更容易发生极端强降水，南疆地区更容易发生极端弱降水，山区比平原湿润。洪旱发生概率与地形有关。天山是洪旱发生的分界线，山区发生洪旱灾害的概率比平原小。北疆地区比南疆地区更容易发生洪涝，而天山及新疆西南部等山区相对不容易发生洪涝；北疆地区发生干旱的可能性比南疆小，而新疆东部发生干旱的可能性最小。

由以上分析可得极端降水的空间变化规律：

（1）北疆地区比南疆地区湿润，北疆地区更容易发生极端强降水，南疆地区更容易发生极端弱降水，山区比平原湿润。张英等通过分析得到新疆降水存在以下特点：北疆地区多于南疆地区、山区多于平原、西部多于东部、迎风坡多于背风坡，天山是气候区的分界线。新疆强降水极值分布特征是：北疆地区大于南疆地区、山区大于平原、西部大于东部、迎风坡大于背风坡。弱降水极值分布也支持以上结论。$T_{\{P_{75},I_{75}:X>x,Y>y\}}$也说明北疆地区更容易发生降水量大且降水强度高的极端强降水；$T_{\{D_{25},P_{25}:X>x,Y\leqslant y\}}$说明北疆地区更加不容易发生弱降水天数长且降水总量小的极端弱降水，南疆地区大部分该重现期在60年以下，北疆有一半地区在60年以上。从10年一遇值空间分布特征可以看出，采用概率统计方法确定各降水指标边缘分布是具有一定的合理性的。

(2) 同一年内发生极端强降水和极端弱降水的概率分布特征较复杂，但空间分布有明显的地形特征。从 $T_{\{NW,CDD:X>x,Y>y\}}$ 来看，山区比平原更容易发生；从 $T_{\{P_{75},P_{25}:X>x,Y\leqslant y\}}$ 来看，平原比山区更容易发生，在天山西部达到最大值300年以上，平原地区一般在180年以下；从 $T_{\{I_{75},I_{25}:X>x,Y\leqslant y\}}$ 来看，天山南坡比其他地区更容易发生，在100年以下。因此，构建二维联合分布进行空间分析，对于分析地形对降水的影响及洪旱形成机制有重要参考价值。

(3) 洪旱发生概率与地形有关。天山是洪旱发生的分界线，山区发生洪旱灾害的概率比平原小。北疆地区比南疆地区更容易发生洪，而天山及新疆西南部等山区相对不容易发生洪；北疆地区发生旱的可能性比南疆小，而新疆东部发生旱的可能性最小。

4.3.3 极端降水突变特征

在全球变暖的背景下，1980年后，新疆及周边人类活动影响迅速加剧，经济飞速发展，给当地气候造成一定影响。唐道来等用小波变换的方法分析新疆地区的降水周期变化，认为1988年是丰枯突变点之一。徐贵青等分析新疆气候资料发现，1980年是气温的重要突变点，而降水变化较为复杂，同时20世纪80年代是沙尘暴发生日数的突变时段。可见20世纪80年代是新疆气候变化的重要时段，分析1980年前后各降水指标的10年一遇变化情况，对1980年前后序列分别采用K-S法求出最适合概率分布，然后根据最适合概率分布分别计算1980年前后10年一遇的指标值。降水指标10年一遇值的变化幅度公式为

降水指标10年一遇值变化幅值＝（1980年后降水指标10年一遇值－1980年前降水指标10年一遇值)/1980年前降水指标10年一遇值

该值大于0，说明1980年后降水指标增加；小于0，说明1980年后降水指标减少。

采用概率统计方法确定1980年前后各降水指标10年一遇值，然后计算其变化幅度。采用矩法估计离散型概率分布参数，线性矩法估计连续型概率分布，95%置信水平K-S法计算各站点的最优概率分布函数，如果某站点求出的最优概率分布函数不能满足95%置信水平，则在该项指标空间分析中忽略该站点，根据最优概率分布函数计算各降水指标的10年一遇值。

1980年后各降水指标10年一遇变化情况如图4-22所示。图4-22（a）是10年一遇 NW 变化幅度空间变化图，新疆东北部地区10年一遇降水日数减少，但减少幅度不大，基本在10%以内，北疆其他地方降水日数增加，但增加幅度比南疆小。整体来说，新疆大部分地区10年一遇 NW 都增加。图4-22（b）是10年一遇 CDD 变化幅度的空间变化，南疆地区南部有所增加，南疆地区中部至北疆地区西部均减小，新疆最东部也有所减少，北疆其他地区增加幅度在20%以下，整体来说，新疆中部 CDD 减少，

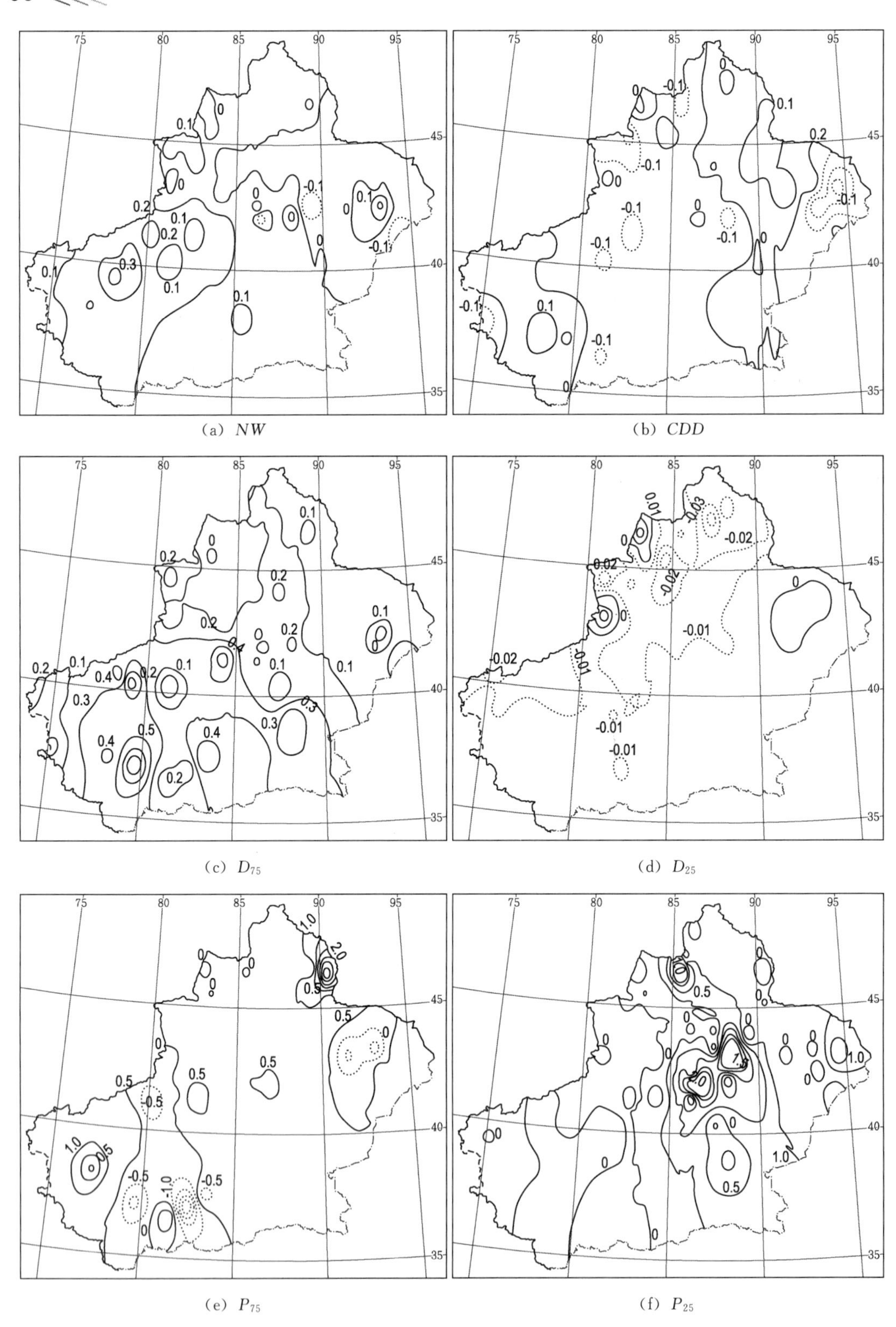

(a) *NW*　　(b) *CDD*

(c) D_{75}　　(d) D_{25}

(e) P_{75}　　(f) P_{25}

图4-22（一）　降水指标10年一遇值变化情况（实线表示增加，虚线表示减少）

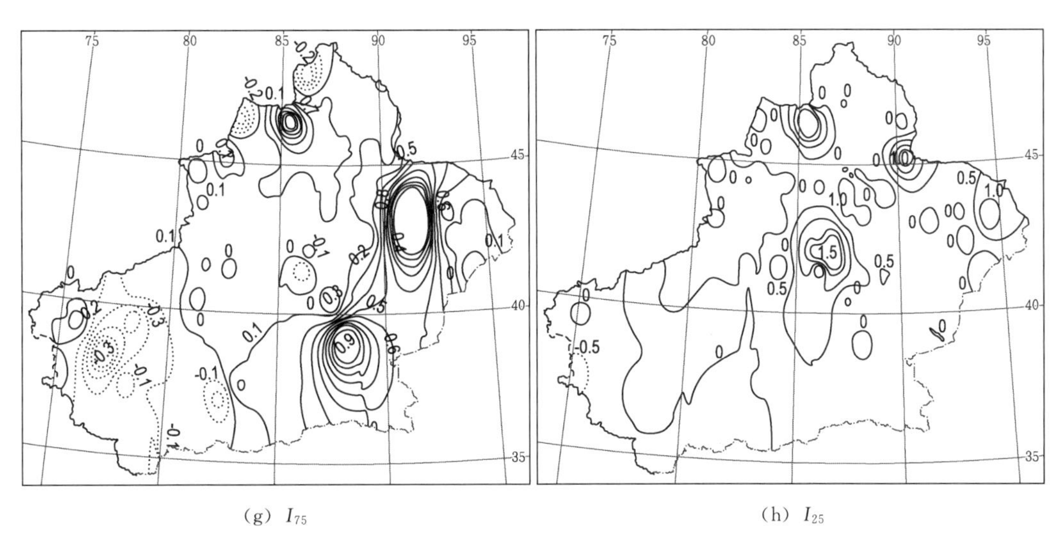

(g) I_{75}　　　　(h) I_{25}

图 4-22（二） 降水指标 10 年一遇值变化情况（实线表示增加，虚线表示减少）

东北部及西南部增加。

整个地区 10 年一遇 D_{75} 增加，如图 4-22（c）所示，从北往南增加幅度逐渐增大，北疆地区增加幅度小于南疆地区。图 4-22（d）是 10 年一遇 D_{25} 变化情况，与图 4-22（c）相比，该值变化幅度较小，大部分地区 D_{25} 减少幅度在 2%以内，北疆地区北部减少幅度相对较大，达到 2%以上，北疆地区减少幅度大于南疆地区。

图 4-22（e）是 P_{75} 10 年一遇变化情况，变化幅度相对其他指标较大，南疆地区中南部及新疆东部地区减少，其他地区均有所增加。P_{25} 10 年一遇值变化情况如图 4-22（f）所示，北疆地区增加幅度比南疆地区大，天山东部东坡增加幅度比天山中西部的西坡大，天山西部甚至减小。

图 4-22（g）是 I_{75} 10 年一遇变化情况，南疆西南地区减少，其他地区增加，北疆地区增加幅度比南疆大，在新疆东部地区增加幅度最大。I_{25} 10 年一遇变化情况如图 4-22（h）所示，其变化情况与图 4-22（f）非常相似，北疆地区增加幅度比南疆地区大，天山东部东坡增加幅度比天山中西部的西坡大，天山西部甚至减小，南疆地区最南部也有所减小。

由以上分析可以得到极端降水的变化规律：新疆有湿润的趋势，北疆地区湿润的趋势比南疆地区强。1980 年后各降水指标 10 年一遇值变化，极端强降水和极端弱降水的增加及二维联合分布的重现期变化，都表明新疆逐渐变得湿润，这与主流观点是一致的。张强分析 1960—2005 年我国 590 个站点的日降水资料，认为我国西北有轻微湿润的趋势。从北疆地区和南疆地区的对比中发现，南疆地区的降水天数及极端强降水天数增加幅度大于北疆地区，但南疆地区干旱地区极端强降水总量及强度均有所较小，而北疆地区有所增加。

降水指标 10 年一遇值发生变化，由降水指标构成的二维联合分布重现期也会发生变化。

采用95%置信度水平K-S法确定1980年前后各站点的最优概率分布函数作为边缘分布 $F(x)$ 和 $F(y)$，运用Copula函数的非参数估计方法构建Copula，用 AIC 准则法选择最适合Copula类型 $C(u, y)$。由 $u=F(x)$ 和 $v=F(y)$ 可计算出两降水指标的联合分布 $F(x, y)=C[F(x), G(y)]$，即可求得相应的重现期。

此处探讨1980年前后各降水指标特定值为10年一遇值时，两降水指标的重现期变化情况，从不同角度研究极端强弱降水概率特征的变化情况。两降水指标重现期变化幅度公式为

重现期变化幅度=（1980年后重现期－1980年前重现期）/1980年前重现期

该值大于0，说明重现期增加；该值小于0，说明重现期减少。

降水指标联合分布重现期变化情况如图4-23所示。实线表示增加，虚线表示减少。图4-23（a）是 $T_{\{NW,CDD:X>x,Y>y\}}$ 变化示意图，新疆地区 $T_{\{NW,CDD:X>x,Y>y\}}$ 总体呈现增加趋势，北疆地区及新疆东部增加幅度在10倍以下，部分站点减少，南疆地区增加幅度甚至达到40倍以上。图4-23（b）是 $T_{\{D_{75},D_{25}:X>x,Y>y\}}$ 变化幅度示意图，与 $T_{\{NW,CDD:X>x,Y>y\}}$ 一样，重现期总体增加，相对其他地区，南疆地区中部及南部增加幅度不大，甚至某些站点呈现下降趋势。$T_{\{NW,CDD:X>x,Y>y\}}$ 及 $T_{\{D_{75},D_{25}:X>x,Y>y\}}$ 的变化情况说明从降水天数及极端降水天数角度来看，在1980年以后同一年内发生极端强降水和极端弱降水的频率降低。尽管 $T_{\{NW,CDD:X>x,Y>y\}}$ 变化幅度值非常大，但对这两种极端降水时空变化的分析还是具有一定意义的。图4-23（c）所示为 $T_{\{P_{75},I_{75}:X>x,Y>y\}}$ 变化情况，重现期普遍呈减少趋势，新疆西南部及北部减少幅度最大，说明新疆发生这种降水量大且降水强度大的极端强降水频率在1980年以后是增加的。

图4-23（d）是 $T_{\{P_{75},P_{25}:X>x,Y\leqslant y\}}$ 变化示意图，新疆的中部、南疆地区西部、北疆地区东部及北部重现期增加，天山西部与南疆地区北部重现期减少。这说明在1980年以后这种同一年内极端强降水量大且极端弱降水量小的极端降水情况在新疆的中部、南疆地区西部、北疆地区东部及北部出现的可能性减少，而在其他地区可能性增加。$T_{\{I_{75},I_{25}:X>x,Y\leqslant y\}}$ 变化情况如图4-23（e）所示，总体上该值增加，与 $T_{\{P_{75},P_{25}:X>x,Y\leqslant y\}}$ 相似，新疆的中部、南疆地区西部、北疆地区东部及北部重现期增加程度最大，而其他地区增幅相对较小，天山西部甚至减少。这说明在1980年以后同一年内极端强降水强度大且极端弱降水强度小的降水情况出现的可能性减少。新疆大部分地区 $T_{\{D_{25},P_{25}:X>x,Y\leqslant y\}}$ 增加，如图4-23（f）所示，新疆东部增加幅度最大，南疆地区西部重现期有所减少。该重现期变化情况说明1980年后新疆大部分地区，特别是新疆东部发生这种极端弱降水天数长且降水量极小的极端弱降水情况的频率减少，但南疆地区西部发生的频率增加。

由以上分析可得极端降水变化规律：

（1）新疆有湿润的趋势，北疆地区湿润的趋势比南疆地区强。1980年后各降水指标10年一遇值变化，极端强降水和极端弱降水的增加及二维联合分布的重现期的变化，都表明新疆地区逐渐变得湿润，这与主流观点一致。张强分析1960—2005年我国590个站点的日降水资料，认为我国西北有轻微湿润的趋势。从北疆地区和南疆地区的对比

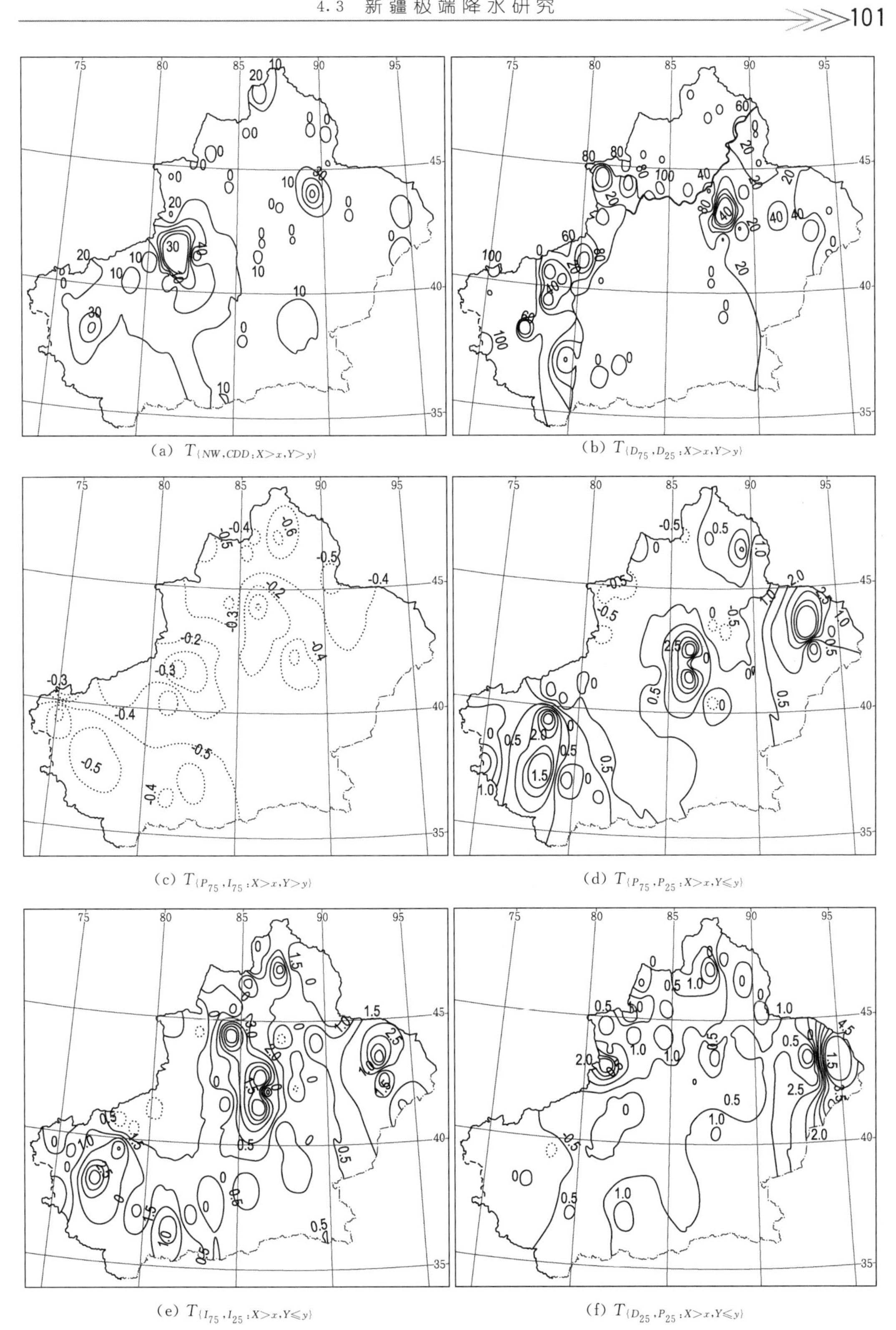

(a) $T_{\{NW,CDD;X>x,Y>y\}}$　(b) $T_{\{D_{75},D_{25};X>x,Y>y\}}$

(c) $T_{\{P_{75},I_{75};X>x,Y>y\}}$　(d) $T_{\{P_{75},P_{25};X>x,Y\leqslant y\}}$

(e) $T_{\{I_{75},I_{25};X>x,Y\leqslant y\}}$　(f) $T_{\{D_{25},P_{25};X>x,Y\leqslant y\}}$

图 4-23　降水指标联合分布重现期变化情况

中发现，南疆地区的降水天数及极端强降水天数增加幅度大于北疆地区，但南疆地区干旱地区极端强降水总量及强度均有所较小，而北疆地区有所增加。单降水指标空间变化复杂，很难从中看出南北疆地区降水的变化规律。采用两降水指标联合分布可以看出，1980年以后 $T_{\{P_{75},I_{25}:X>x,Y>y\}}$ 减小，南北疆地区减少情况相近，说明南北疆地区发生降水量大且降水强度高的极端强降水概率增加；$T_{\{D_{25},P_{25}:X>x,Y\leqslant y\}}$ 增加，南疆地区增加幅度小于北疆地区，说明南北疆地区发生极端弱降水天数长且极端弱降水量小的极端弱降水概率减少，南疆地区减少程度不如北疆地区，这可以在一定程度上说明新疆有逐渐湿润的趋势，且北疆地区湿润的趋势比南疆地区强。

（2）1980年后极端强弱降水同年发生的概率从不同角度看有不同的变化特征。从 $T_{\{NW,CDD:X>x,Y>y\}}$、$T_{\{D_{75},D_{25}:X>x,Y>y\}}$ 角度来看，新疆极端强弱降水同时出现的概率减小。从 $T_{\{P_{75},P_{25}:X>x,Y\leqslant y\}}$、$T_{\{I_{75},I_{25}:X>x,Y\leqslant y\}}$ 来看，新疆的中部、南疆地区西部、北疆地区东部及北部极端强弱降水同时出现的可能性减小，而天山西部与南疆地区北部的可能性增加。

（3）从 $T_{\{P_{75},I_{75}:X>x,Y>y\}}$ 时空变化情况可以看出，整个新疆，特别是新疆西南部及北部发生涝的概率增大。从 $T_{\{D_{25},P_{25}:X>x,Y\leqslant y\}}$ 时空变化情况可以看出，新疆大部分地区发生干旱的概率减少，但南疆西部地区发生干旱的概率增大。

4.4 新疆最大连续降水事件时空概率特征

气候变化导致水文循环的剧烈改变，从而极大地改变了一系列气象水文过程，表现在降水、蒸发、地表径流、地下径流等过程的时空分布变化。近年来，如洪水、干旱、台风等极端水文气象事件频现，这些灾害所造成的损失不断增加，使得人们更加关注气候变化中极端降水的变化。因此，研究极端降水事件的时空变化规律，有助于科学理解极端灾害的时空分布，对减少灾害损失具有重要意义。

以往已经对全球极端降水进行了大量的研究，对我国1951—1995年的极端降水进行分析，得出我国降水天数显著减少，而降水强度有显著增加趋势。Kunkel等得出美国极端降水有上升趋势。澳大利亚西部观测到极端降水有减少趋势。

新疆位于亚欧大陆中部，地形复杂，是干旱半干旱地区。对于新疆的降水情况已有一些研究，薛燕对新疆70多个站点的降水资料进行研究，认为近50年来新疆年降水量总体上升，南疆地区年降水增幅强弱一致性好，北疆地区差。张强等基于Copula对新疆极端降水概率时空分布特征进行分析，认为北疆地区容易发生极端强降水，南疆地区容易发生极端弱降水；山区容易发生长历时强弱降水同现；平原容易同时发生从降水总量定义的极端强降水和极端弱降水。李剑锋等对新疆极端降水概率分布特征的时空演变进行分析，认为新疆有湿润化趋势，北疆地区湿润化趋势比南疆地区显著，1980年后新疆发生涝灾的概率增大，发生旱灾的概率减少。

先前的研究主要利用降水百分率来定义极端降水事件。最近，Zolina等应用连续湿润天数的历时及其降水强度来研究欧洲极端降水，得出连续湿润天数有变长的趋势，其对应的降水强度增加。事实上，最大连续降水天数也是极端降水的重要一方面，某时期内持续时间最长的降水对当地的洪涝灾害形成有重要影响，但类似从历时入手对新疆极端降水的研究较少。基于此，以反映最大连续降水天数的极端降水指标为基础，从年以及夏、冬季节角度来估计发生最大连续降水天数事件的历时、降水量、对相应时期总降水量的贡献率和降水强度的时空变化特征。

根据由国家气象信息中心提供的新疆 51 个站点 1960—2005 年逐日降水资料进行分析。资料中，12 个站点存在缺测数据，其中 2 个站点缺测率大约 1%，其余站点均小于 1%。一个季度内缺测天数的平均频率分布如图 4-24 所示，缺测数据是 1 天的频率大约 47%，有一定频率出现整个月的数据缺失。不考虑整月缺失情况下的连续缺测天数频率分布如图 4-25 所示，连续 1 天缺测的频率大约 71%，连续 3 天、6 天、8 天的频率出现频率小于 10%，其他连续缺测天数情况没有出现。对于 1～2 天的缺测数据，采用邻近天数的平均降水量进行插值；对连续缺测天数较长的情况，采用其他年份同样时期的平均降水量进行插值。

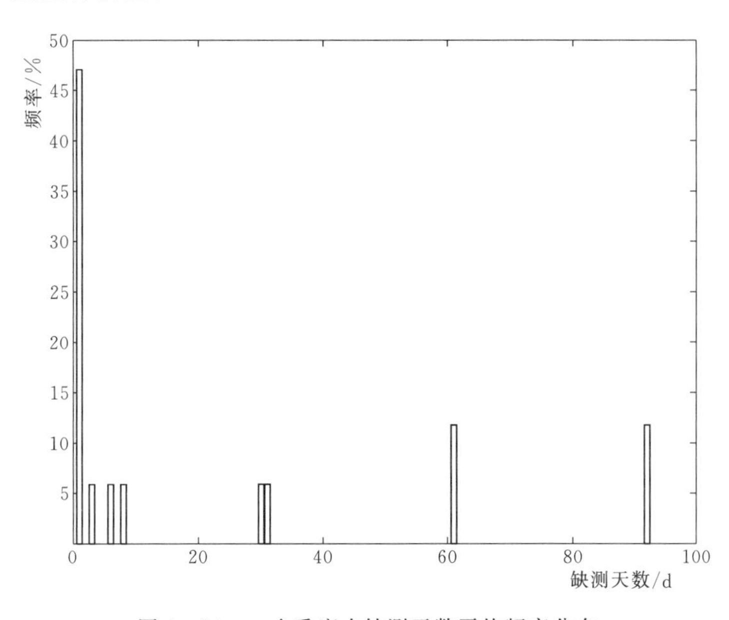

图 4-24 一个季度内缺测天数平均频率分布

研究中定义 15 个降水指标：①年以及夏、冬季节中有降水天数的总降水量，分别为 *ATP*、*STP* 和 *WTP*，有降水天数是指日降水量 $P \geqslant 1\text{mm}$ 的天数；②年以及夏、冬季节中最大连续降水天数（*AD*、*SD*、*WD*），也就是有降水天数持续时间最长的天数。在某一时期中，可能出现几次具有最大连续降水天数的降水事件，研究中只考虑降水量最大的那次降水事件；③年以及夏、冬季节中最大连续降水事件的总降水量（*AP*、*SP*、*WP*）；④年以及夏、冬季节中最大连续降水事件降水量占对应时期有降水天数的总降水量百分率（*AF*、*SF*、*WF*）；⑤年以及夏、冬季节中最大连续降水事件的平均雨强（*AI*、*SI*、*WI*）。以上降水指标的详细信息见表 4-8。

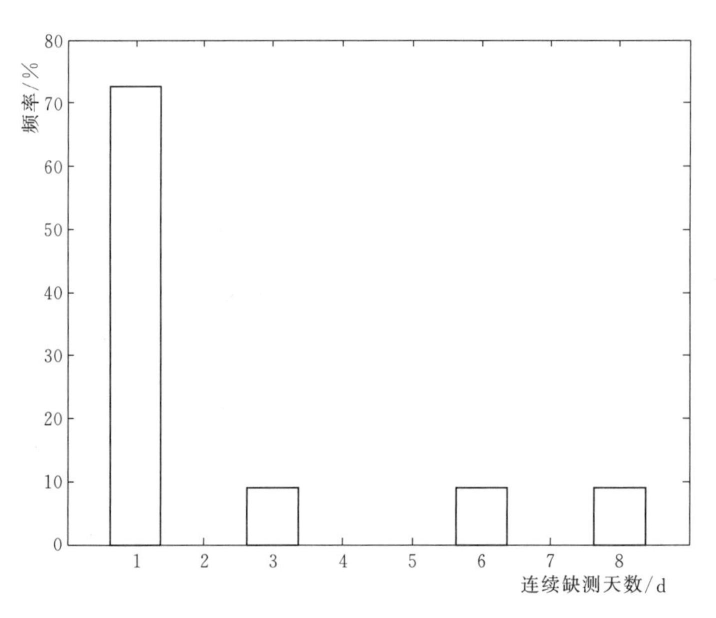

图 4-25 连续缺测天数频率分布

表 4-8 **降水指标详细信息**

时段	指标	指标定义	单位
年	*ATP*	一年中有降水天数的总降水量，有降水天数指日降水量 $P\geqslant 1$mm 的天数	mm
	AD	一年中有降水天数持续时间最长天数，当在同一时期出现几次具有最大连续降水天数的降水事件，只考虑降水量最大的那次降水事件	d
	AP	*AD* 的总降水量	mm
	AF	最大连续降水事件对一年总降水量的贡献率，即 *AP* 占 *ATP* 的百分率（$AF=AP/ATP$）	%
	AI	*AD* 的平均降水强度（$AI=AP/AD$）	mm/d
夏	*STP*	夏季有降水天数的总降水量	mm
	SD	夏季有降水天数持续时间最长的天数	d
	SP	*SD* 的总降水量	mm
	SF	*SP* 占 *STP* 的百分率（$SF=SP/STP$）	%
	SI	*SD* 的平均降水强度（$SI=SP/SD$）	mm/d
冬	*WTP*	冬季有降水天数的总降水量	mm
	WD	冬季有降水天数持续时间最长天数	d
	WP	*WD* 的总降水量	mm
	WF	*WP* 占 *WTP* 的百分率（$WF=WP/WTP$）	%
	WI	*WD* 的平均降水强度（$WI=WP/WD$）	mm/d

本节采用改进 M-K 检验进行趋势分析。未改进的 M-K 检验是在全球范围内得到广泛应用的非参数检验方法。然而，水文气象序列存在自相关性，这种自相关性对 M-K 检验结果造成影响。为了克服这个问题，Hamed 和 Rao 考虑序列中不

同延时的自相关性并提出 M－K 检验。目前 M－K 方法已经在水文气象分析中得到应用，其结果具有稳健性。同时，采用线形分析计算各降水指标的变化率，其显著性通过 F 检验来检验。M－K 检验和 F 检验均在 5%置信水平下进行趋势的显著性检验。

在随机情况下，对于一个区域，有可能出现一定数量具有显著趋势的站点，而实际上该区域趋势可能没有显著性。因此，在区域内检验出显著趋势站点并不表明该区域具有显著趋势。因此必须进行区域的显著性检验。用 N 表示实际检测出有显著趋势的站点数目。将新疆所有站点的降水序列同时打乱，形成新的时间序列，然后对打乱后的序列进行显著性检验。重复以上步骤 1000 次。随机模拟中具有显著趋势的站点数大于 N 的频率即为区域显著性水平 p。

4.4.1 有降水天数总降水量的时空变化特征

ATP、*STP*、*WTP* 的 M－K 趋势结果和变化率如图 4－26 所示。图 4－26（a）是 *ATP* 的 M－K 检验结果。新疆大部分区域具有上升趋势。除了新疆西南部站点是不显著上升外，其他区域均具有明显的显著上升趋势特征。大部分站点 *ATP* 变化率是每 10 年 0～10mm；新疆西部的上升率比中东部大，某些站点达到每 10 年 20～30mm；最大增加率出现在天山东部，达到每 10 年 30～40mm，如图 4－26（d）所示。可见，从年角度来看，新疆大部分地区具有湿润的趋势，西部变化幅度比中东部大。

同样，大部分 *STP* 具有上升趋势，如图 4－26（b）所示。显著上升趋势主要分布在南疆地区西部以及天山东部。*STP* 变化率如图 4－26（e）所示，大部分地区的变化率为每 10 年 0～5mm；南疆西部、天山东西地区变化率较大，部分达到每 10 年 10～15mm；最大变化率出现在天山东部，每 10 年 15～20mm；小部分地区的 *STP* 有所减少，变化率为每 10 年－5～0mm。夏季降水量增加，南疆地区西部、天山东部增加较多。

北疆地区及天山地区 *WTP* 显著上升；南疆地区北部有上升趋势，但不显著，其南部则是不显著的下降趋势，如图 4－26（c）所示。北疆地区 *WTP* 增加率相对较大，部分站点达到每 10 年 4～8mm，大部分站点每 10 年 0～2mm；南疆地区北部 *WTP* 仍然有一定的增加，都是每 10 年 0～2mm，而南部则出现下降趋势，变化率为每 10 年－2～0mm，如图 4－26（f）所示。计算结果表明，冬季北疆地区以及天山降水有显著增加的趋势；南疆地区趋势不显著，但其北部有湿润趋势，南部有降水减少趋势。

4.4.2 最大连续降水天数时空变化

统计新疆 51 个站点最大连续降水天数序列，求出不同最大连续降水天数的发生频率，新疆 *AD*、*SD*、*WD* 频率分布如图 4－27 所示。频率最高的年最大连续降水天数是 2 天，达到 35%；频率次高的是 3 天，达到 30%；年内最大连续降水天数超过 9 天的频率非常低。对于夏季最大连续降水天数，发生频率最高的也是 2 天，接近 40%；频率次高的是 1 天，达到 25%；同样 *SD*>9 天的发生频率非常低。发生频率最高的是

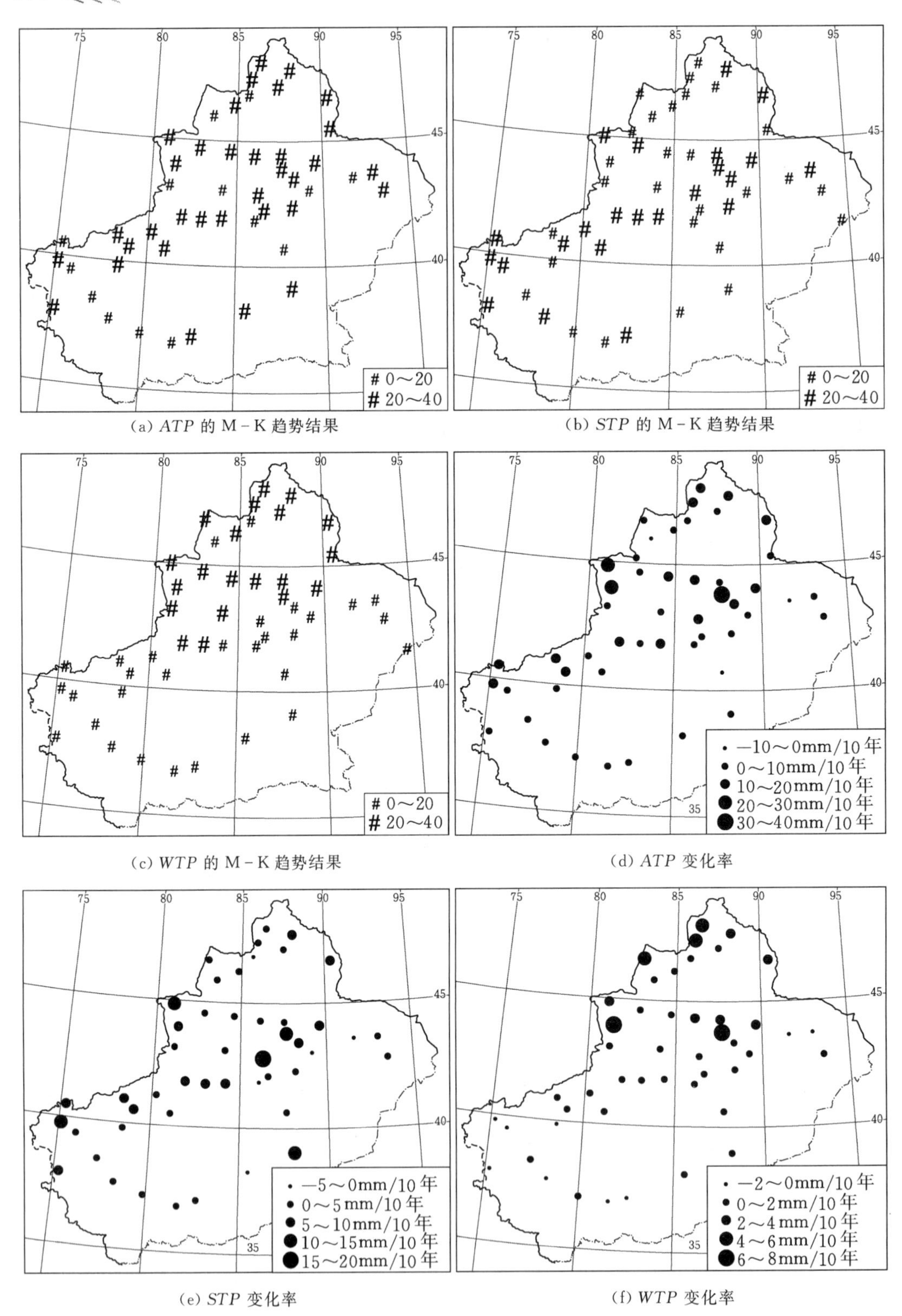

(a) *ATP* 的 M-K 趋势结果　(b) *STP* 的 M-K 趋势结果

(c) *WTP* 的 M-K 趋势结果　(d) *ATP* 变化率

(e) *STP* 变化率　(f) *WTP* 变化率

图 4-26 *ATP*、*STP*、*WTP* 的 M-K 趋势结果和变化率

WD=1天，超过35%；冬季也有很大频率不产生降水，称其为最大连续降水天数为0天，从图4-27可以看出，WD=0天的频率是第二高，超过25%；在计算资料中，从来没有发生过冬季最大连续降水天数超过8天的降水事件。综上，年内及夏季最容易发生持续时间为2天的降水，而冬季最容易发生持续时间只有1天的降水。

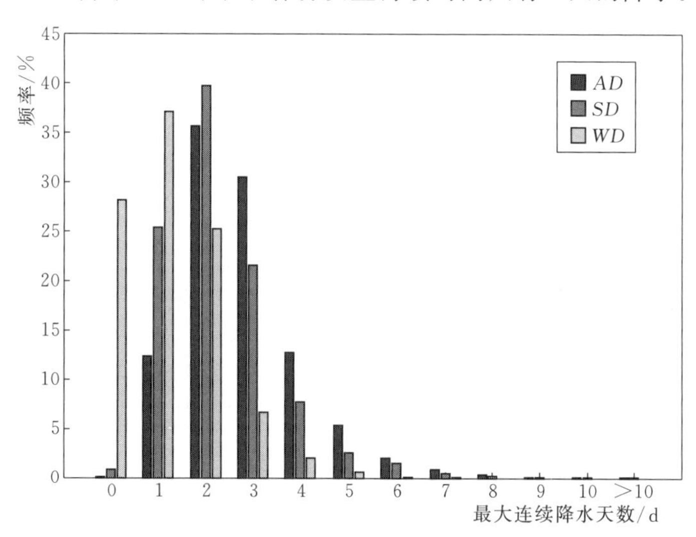

图4-27 新疆AD、SD、WD频率分布

图4-27是不同历时AD、SD、WD标准化后序列随时间的变化情况。以AD为例，先统计年内最大连续降水天数不同历时的频率分布，该统计考虑所有站点，求得不同历时、不同年份的频率；对于某一历时，得到其频率随年份变化序列X，然后求标准化序列Z为

$$Z=\frac{X-\overline{X}}{\mathrm{Std}(X)} \tag{4-9}$$

式中 $\overline{X}$——X的平均值；

$\mathrm{Std}(X)$——X的标准差。

用滑动平均法求5年的Z值，得到新疆最大连续降水天数标准化序列随时间演变情况，如图4-28所示。

从图4-28（a）可以看出，AD=0～3天，从1987年后发生频率减少，但AD=3～8天的发生频率增加明显，说明最大连续降水时间有趋向变长的趋势。SD有相似的变化特征，如图4-28（b）所示，SD=0～2天，从1987年频率减少，但SD=3～8天有所增加。最大连续降水天数的范围是WD=0～7天，1987年后，WD=0～1天发生频率较少，而WD>2天频率则增加，如图4-28（c）所示。以上三个最大连续降水天数指标的变化特征具有一定的相似性：近十几年，短历时的最大连续降水天数发生频率较低，而长历时的频率较高，说明最大连续降水天数有增加并趋向极端的趋势。

AD、SD、WD的M-K趋势结果和变化率如图4-29所示。图4-29（a）是AD的M-K趋势分析结果，在北疆北部、天山东部以及南疆西部有显著上升的站点，而

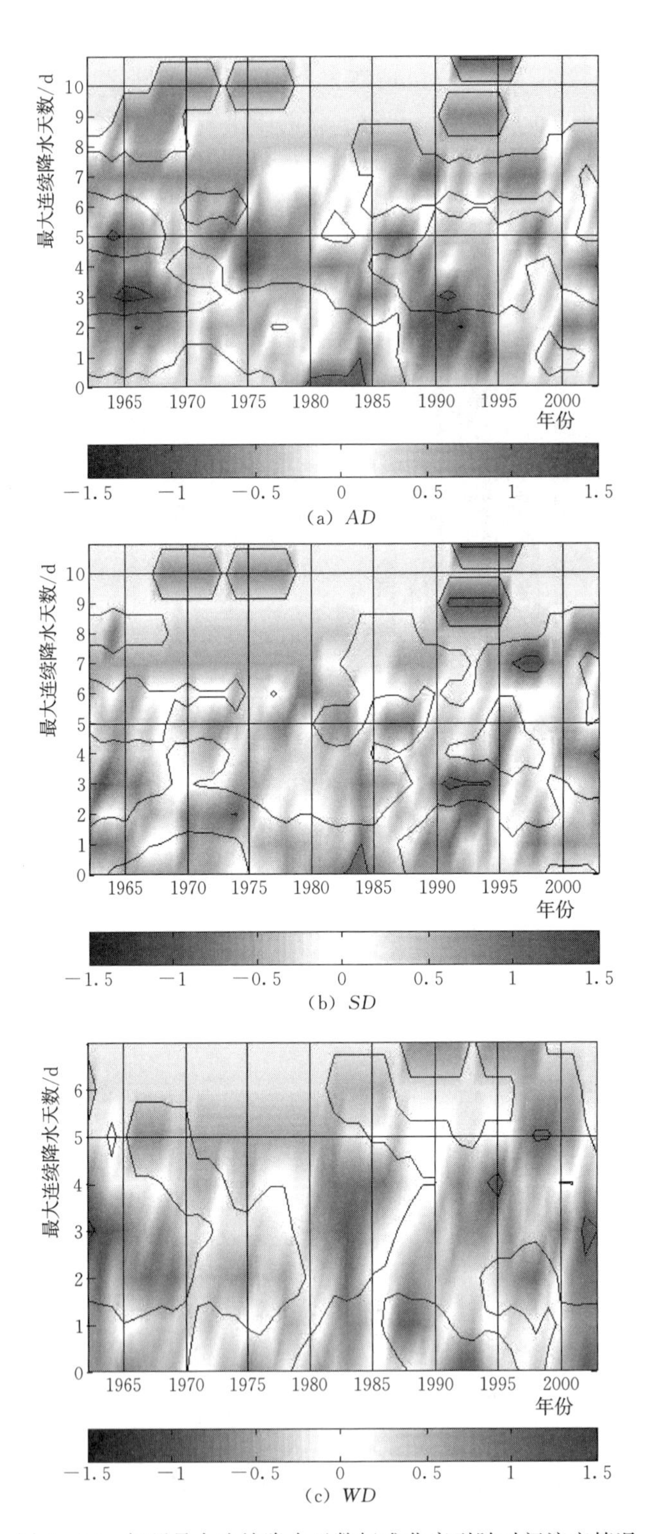

(a) *AD*

(b) *SD*

(c) *WD*

图4-28 新疆最大连续降水天数标准化序列随时间演变情况

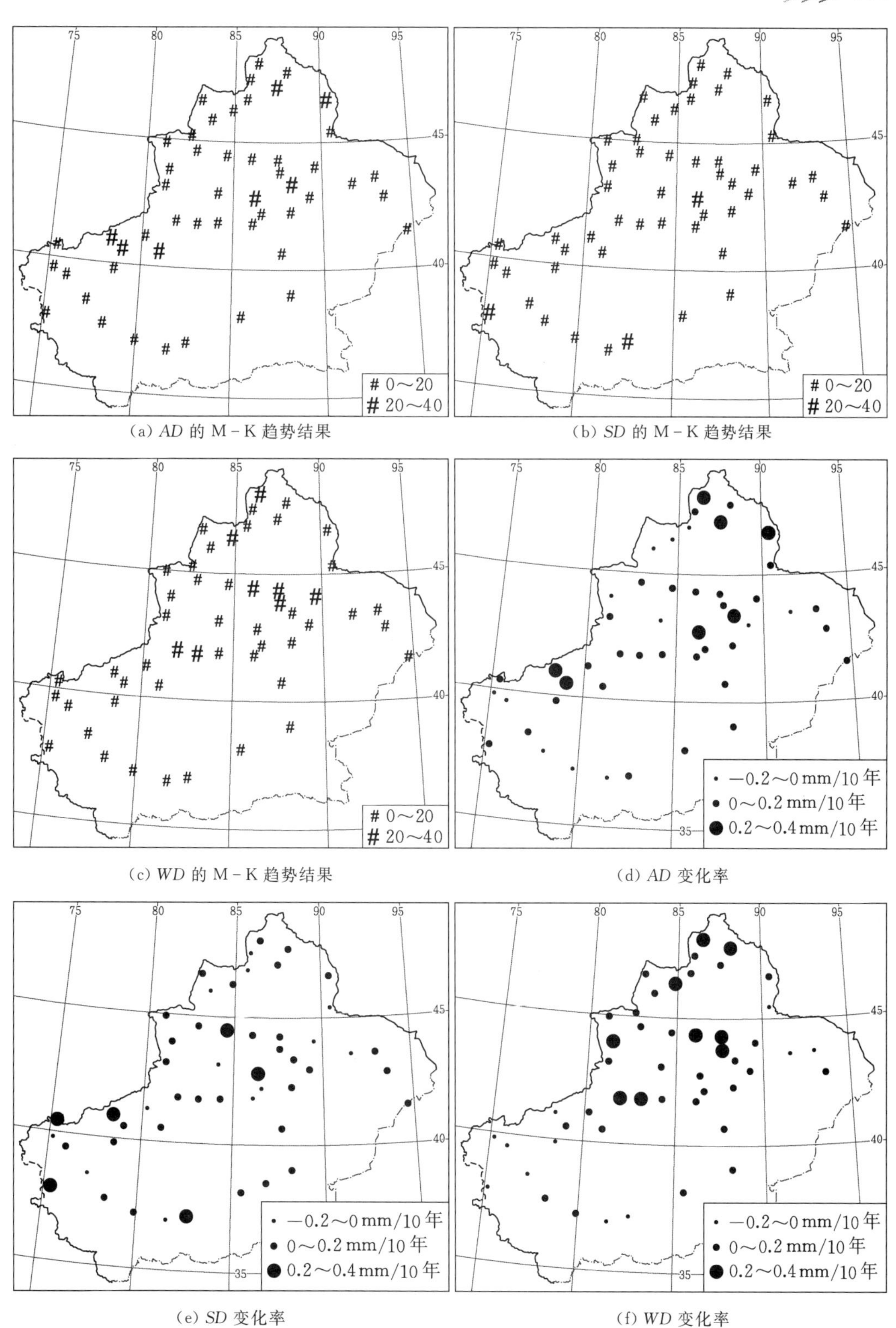

(a) *AD* 的 M－K 趋势结果

(b) *SD* 的 M－K 趋势结果

(c) *WD* 的 M－K 趋势结果

(d) *AD* 变化率

(e) *SD* 变化率

(f) *WD* 变化率

图 4－29 *AD*、*SD*、*WD* 的 M－K 趋势结果和变化率

全疆没有显著下降站点；另外还有更多站点没有显著趋势，其中大部分是不显著上升。北疆北部、天山东部以及南疆西部 *AD* 增长率相对较大，如图 4-29（d）所示，达到每 10 年增长 0.2～0.4 天，而大部分地区增长率是每 10 年增加 0～0.2 天，部分地区 *AD* 有所下降，下降幅度为每 10 年减少 0～0.2 天。

SD 的变化趋势不十分明显，只有 3 个站点具有显著上升趋势，分别在天山东部以及南疆南部，而不显著站点分布没有明显的区域特征，如图 4-29（b）所示。图 4-29（e）是 *SD* 的变化率，天山部分地区以及南疆地区西南部增长率较大，每 10 年增加 0.2～0.4 天；其他站点是每 10 年增加 0～0.2 天，部分站点 *SD* 有所下降，每 10 年减少 0～0.2 天。

北疆地区以及天山南部站点 *WD* 有显著上升趋势，全疆没有显著下降的趋势；北疆地区以及天山的部分站点有不显著增加趋势，而不显著下降趋势集中在新疆东部以及南部，如图 4-29（c）所示。北疆地区和天山南部 *WD* 增加率较大，每 10 年增加 0.2～0.4 天；其他大部分地区的增长率是每 10 年增加 0～0.2 天；新疆东部以及南部部分站点 *WD* 下降每 10 年为－0.2～0 天。

4.4.3 最大连续降水天数降水量的时空变化特征

最大连续降水天数发生时空变化，其降水特征也有可能发生变化。为此，本节讨论最大连续降水天数降水量的时空变化特征。

AP、*SP*、*WP* 的 M-K 趋势结果和变化率如图 4-30 所示。新疆年最大连续降水天数产生的降水量总体来说是上升趋势，如图 4-30（a）所示，北疆地区、天山南部、新疆东部、南疆地区西南部都有降水量显著增加趋势，而天山东南方有两个站点呈现显著减少趋势；没有显著趋势的站点也以上升居多。图 4-30（d）是 *AP* 变化率，北疆地区、天山以及新疆东部变化幅度较大，部分达到 2～3mm；天山东部以及南疆地区南部 *AP* 有下降，大部分的下降率是每 10 年－1～0mm，部分站点下降率达到每 10 年－2～－1mm。

全疆大部分地区 *SP* 有上升趋势，其中有显著增加趋势的站点主要集中在南疆地区，天山东部也有部分站点有显著上升趋势，全疆只有 2 个站点有显著下降趋势，如图 4-30（b）所示。图 4-30（e）是 *SP* 的变化率，大部分 *SP* 都是上升趋势，这与 M-K 结果一致。尽管有显著上升趋势的站点大部分集中在南疆地区，但其增加率相对北疆地区较少。北疆地区个别站点增长率达到每 10 年 4～6mm。在天山周边某些站点 *SP* 下降，下降率主要为每 10 年－2～0mm。

图 4-30（c）是 *WP* 的变化趋势，同样，全疆 *WP* 总体增加，但显著增加的站点主要分布于北疆地区和天山。南疆地区大部分站点没有显著趋势，其北部是不显著上升区域，而南部开始出现不显著下降趋势。*WP* 线性变化率与 M-K 趋势分析结果一致，全疆 *WP* 增加，其中北疆地区增加率最大，部分站点达到每 10 年 1～3mm，如图4-30（f）所示。大部分地区增加率为每 10 年 0～1mm，新疆南部 *WP* 下降率为每 10 年－1～0mm。

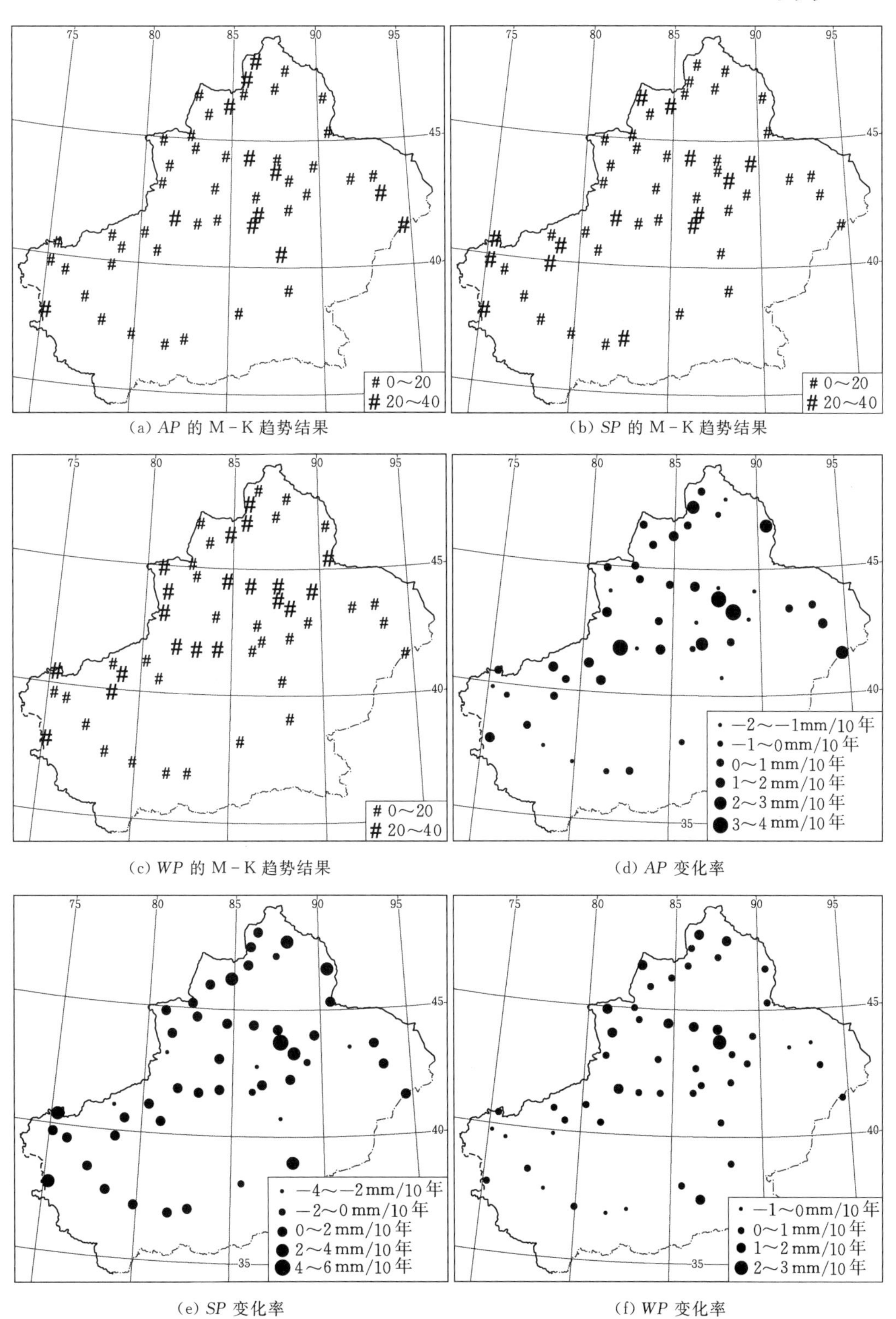

(a) *AP* 的 M-K 趋势结果

(b) *SP* 的 M-K 趋势结果

(c) *WP* 的 M-K 趋势结果

(d) *AP* 变化率

(e) *SP* 变化率

(f) *WP* 变化率

图 4-30 *AP*、*SP*、*WP* 的 M-K 趋势结果和变化率

4.4.4 最大连续降水天数贡献率的时空变化

最大连续降水天数产生的降水量占对应时期总降水量的百分率称为贡献率。对于不同的最大连续降水历时，求出全疆区域内所有站点该历时的贡献率平均值。不同最大连续降水天数的平均贡献率 *AF*、*SF*、*WF* 如图 4-31 所示。

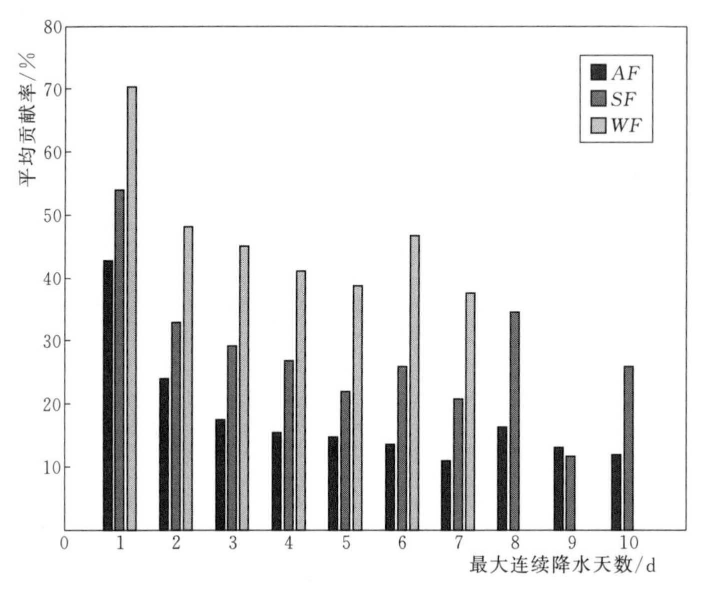

图 4-31 不同最大连续降水天数的平均贡献率 *AF*、*SF*、*WF*

对于年最大连续降水天数事件的平均 *AF*，1 天历时最大，超过 40%，2 天次之，随着历时的增加，其平均贡献率减少，8 天 *AF* 突然增大，其平均 *AF* 超过 15%，随后 9 天、10 天的平均 *AF* 递减。最大平均 *SF* 的历时是 1 天，超过 50%，次之是 8 天，总体来说，随着历时的增加，其平均贡献率越少。最大平均 *WF* 的历时同样是 1 天，其平均 *WF* 非常高，达到 70%，6 天次之。综上，在新疆地区，平均贡献率随最大连续降水天数的增大而减小。

按照图 4-27 的计算方法计算贡献率随时间的变化，新疆最大连续降水天数贡献率标准化序列随时间演变情况如图 4-32 所示。

从图 4-32（a）可以看出，1980 年前 1～6 天的最大连续降水天数具有较高的 *AF*，而 6 天以上 *AF* 较低。1980 年后较短历时的 *AF* 变得较低，虽然 1990—1998 年某部分短历时 *AF* 有所增加，但随后又变得较少；而长历时的最大连续降水天数（6～9 天）*AF* 增大。*SF* 具有相似的变化特征，1980 年前 1～6 天有较高 *SF*，6～9 天平均贡献率较低；1980 年后，较短历时贡献率先减少后增加，较长历时贡献率较大，如图 4-32（b）所示。1995 年以来，各历时的 *WD* 均较往年要高，如图 4-32（c）所示。全年和夏季的长历时平均贡献率上升，短历时下降；冬季所有历时平均贡献率都上升。

AF、*SF*、*WF* 的 M-K 趋势结果和变化率如图 4-33 所示。图 4-33（a）是 *AF* 的 M-K 趋势检验结果，全疆大部分站点呈下降趋势，显著下降站点主要分布在北疆

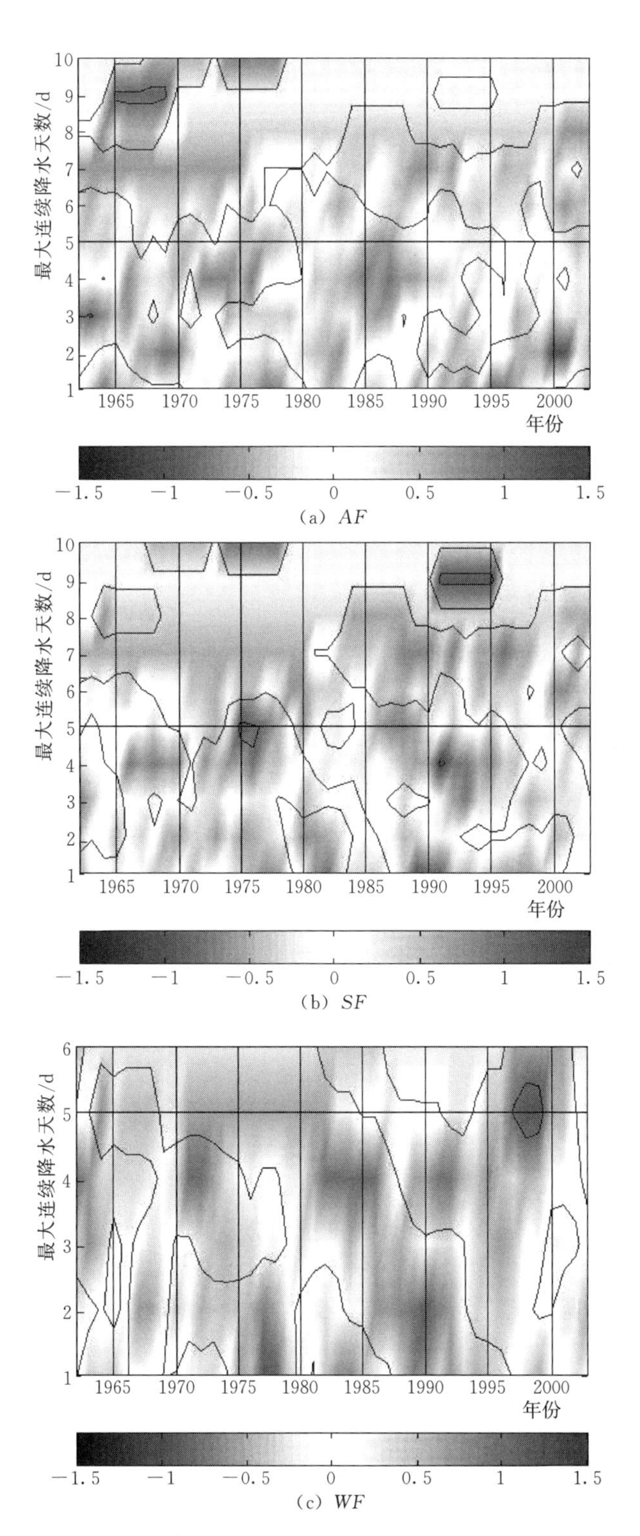

图 4-32 新疆最大连续降水天数贡献率标准化序列随时间演变情况

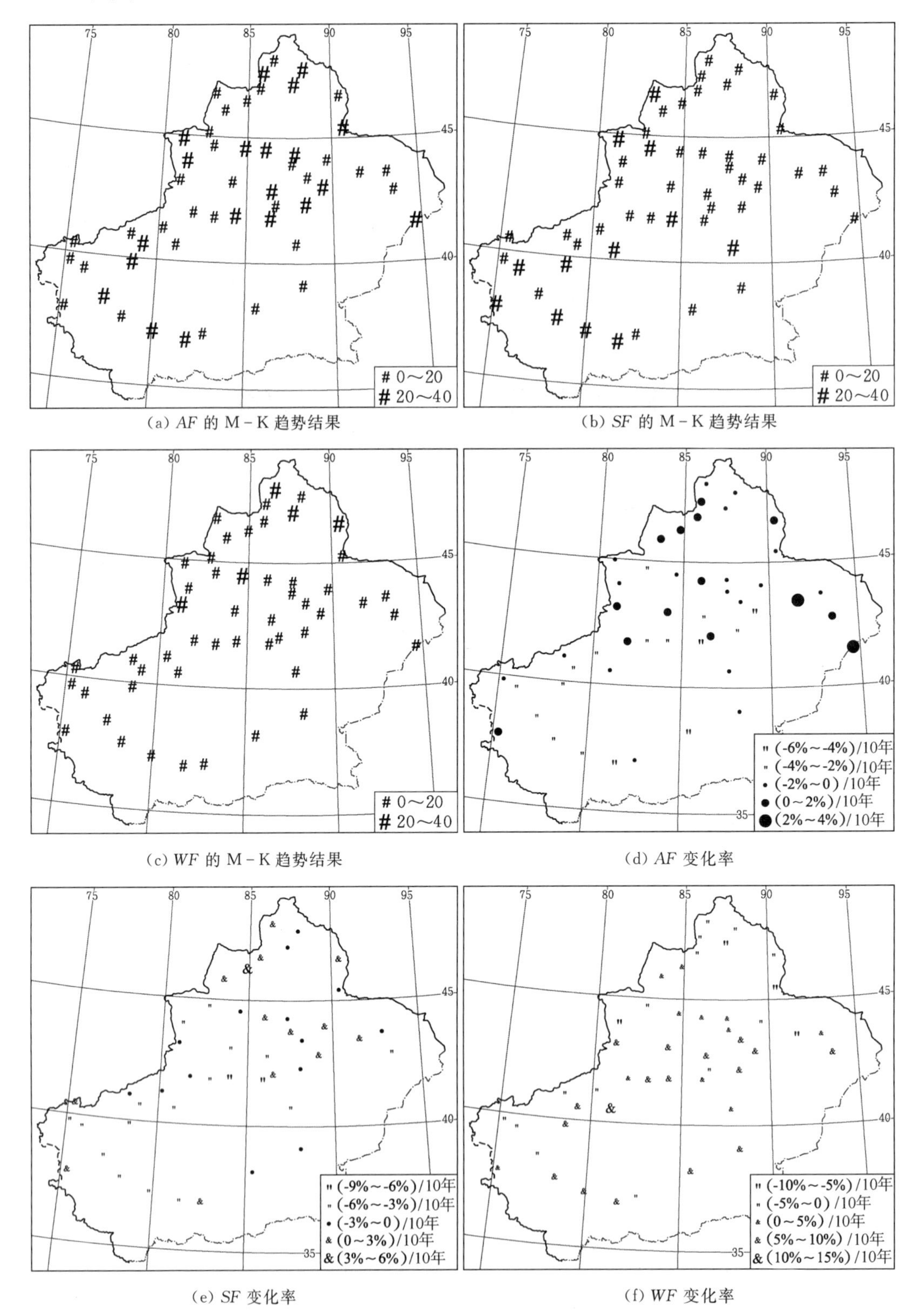

(a) *AF* 的 M-K 趋势结果　(b) *SF* 的 M-K 趋势结果

(c) *WF* 的 M-K 趋势结果　(d) *AF* 变化率

(e) *SF* 变化率　(f) *WF* 变化率

图4-33　*AF*、*SF*、*WF* 的 M-K 趋势结果和变化率

地区、天山周边以及南疆西南部，北疆地区中部和新疆东部有 3 个站点具有显著上升趋势，不显著上升趋势集中在北疆西部。南疆地区以及天山东部的下降率比北疆地区要大，大部分站点下降率是每 10 年下降 2%～4%，个别站点达到每 10 年下降 4%～6%，如图 4-33（d）所示。

全疆 *SF* 总体下降，显著下降地区主要集中在南疆地区以及天山北部，南疆地区其他站点都是不显著下降，而北疆地区大部分站点是不显著上升趋势，如图 4-33（b）所示。从图 4-33（e）看出，南疆地区 *SF* 下降率一般在每 10 年下降 3%～6%，南疆地区北部一个站点达到最大值，达到每 10 年下降 6%～9%。北疆地区部分站点 *SF* 每 10 年上升 0～3%。

北疆地区北部 *WF* 显著下降，北疆地区南部以及天山西部有两个站点显著上升，如图 4-33（c）所示。有不显著下降趋势的站点沿着新疆西部以及北部分布，其余地区具有不显著上升趋势。新疆西部站点的下降率为每 10 年下降 0～5%，新疆北部部分站点的 *WF* 下降率达到每 10 年下降 5%～10%，如图 4-33（f）所示。其他站点 *WF* 上升，上升率为每 10 年 0～5%，天山附近上升率较大，达到每 10 年 5%～10%。

4.4.5 最大连续降水天数降水强度的时空变化

本部分研究不同历时的最大连续降水天数在全疆的平均降水强度，不同最大连续降水天数的平均降水强度 *AI*、*SI*、*WI* 如图 4-34 所示。历时 1 天的最大连续降水天数有最大 *AI*，约达到 9mm/d，2 天次之。总体而言，随着历时的增加，*AI* 有下降趋势，但 8 天、10 天 *AI* 较高。不同历时平均 *SI* 与 *AI* 相似，1 天最大连续降水天数有最大 *SI*，超过 8mm/d，9 天、10 天平均 *SI* 与平均 *AI* 接近。而 *WI* 却有截然不同的分布情况，最大 *WI* 发生在 7 天，超过

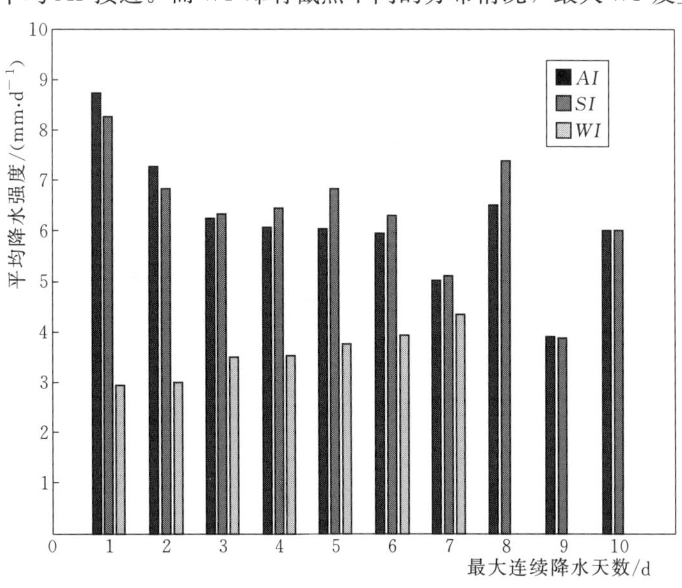

图 4-34 不同最大连续降水天数的平均降水强度 *AI*、*SI*、*WI*

4mm/d，6天次之，WI 随着历时的增大而增大。8天之后则无连续降水。

按照上文的方法研究降水强度随时间变化的关系。新疆最大连续降水天数降水强度标准化序列随时间演变情况如图4-35所示。图4-35（a）是 *AI* 随时间变化情况，可以

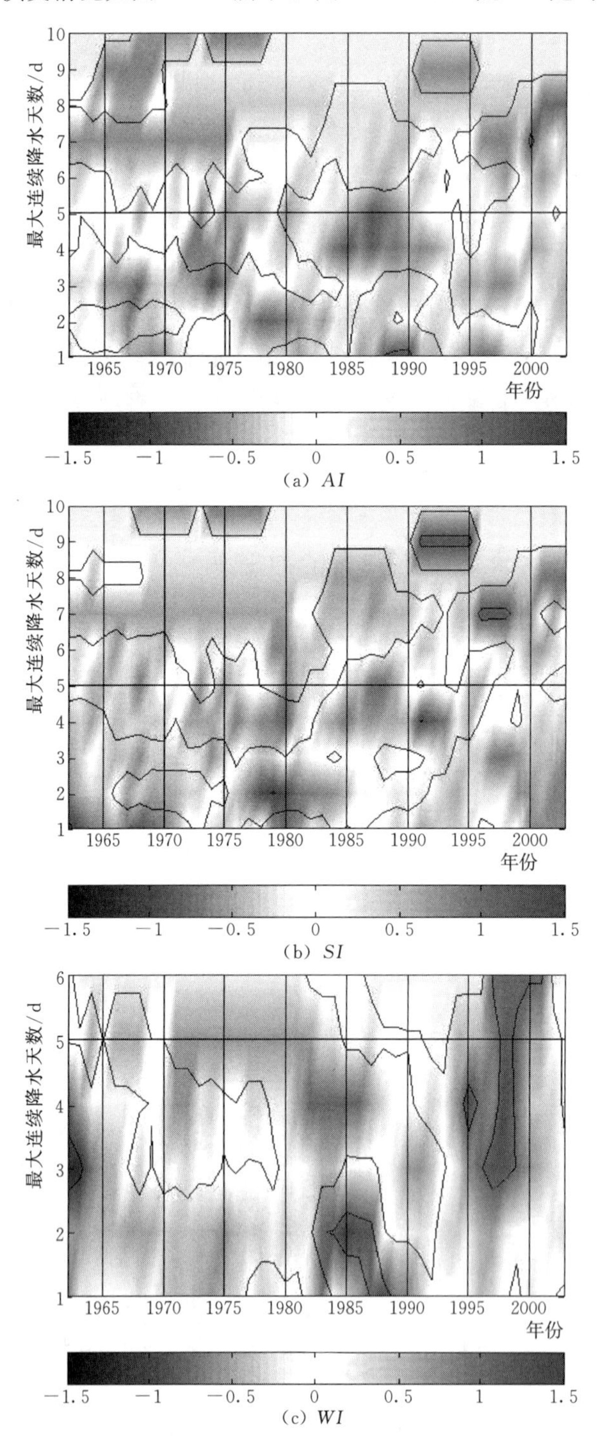

图4-35 新疆最大连续降水天数降水强度标准化序列随时间演变情况

看出，1995年后，1～9天的年最大连续降水天数 *AI* 增大。1990年前短历时 *SI* 较低，1990年开始，短历时 *SI* 较高；长历时 *SI* 则从1983年后保持较高值，如图4－35（b）所示。同样，1990年后，1～6天历时的 *WI* 值均比往年高。从不同历时的 *AI*、*SI*、*WI* 随时间变化情况来看，不同时期各历时的降水强度均增强。

AI、*SI*、*WI* 的M－K趋势结果和变化率如图4－36所示。北疆地区西部 *AI* 上升，其中两个站点有显著上升趋势，北疆地区中东部 *AI* 普遍下降，但大部分站点没有显著趋势，如图4－36（a）所示。天山附近趋势比较复杂，东部部分站点显著下降，也有部分站点有显著上升趋势。图4－36（d）是 *AI* 每10年的变化率，北疆地区中部下降率一般是每10年下降1～0mm/d，西部及东部增加率是每10年增加0～1mm/d。天山及南疆地区都是上升和下降站点各半，其中天山东部下降率最大，达到每10年下降2～3mm/d。

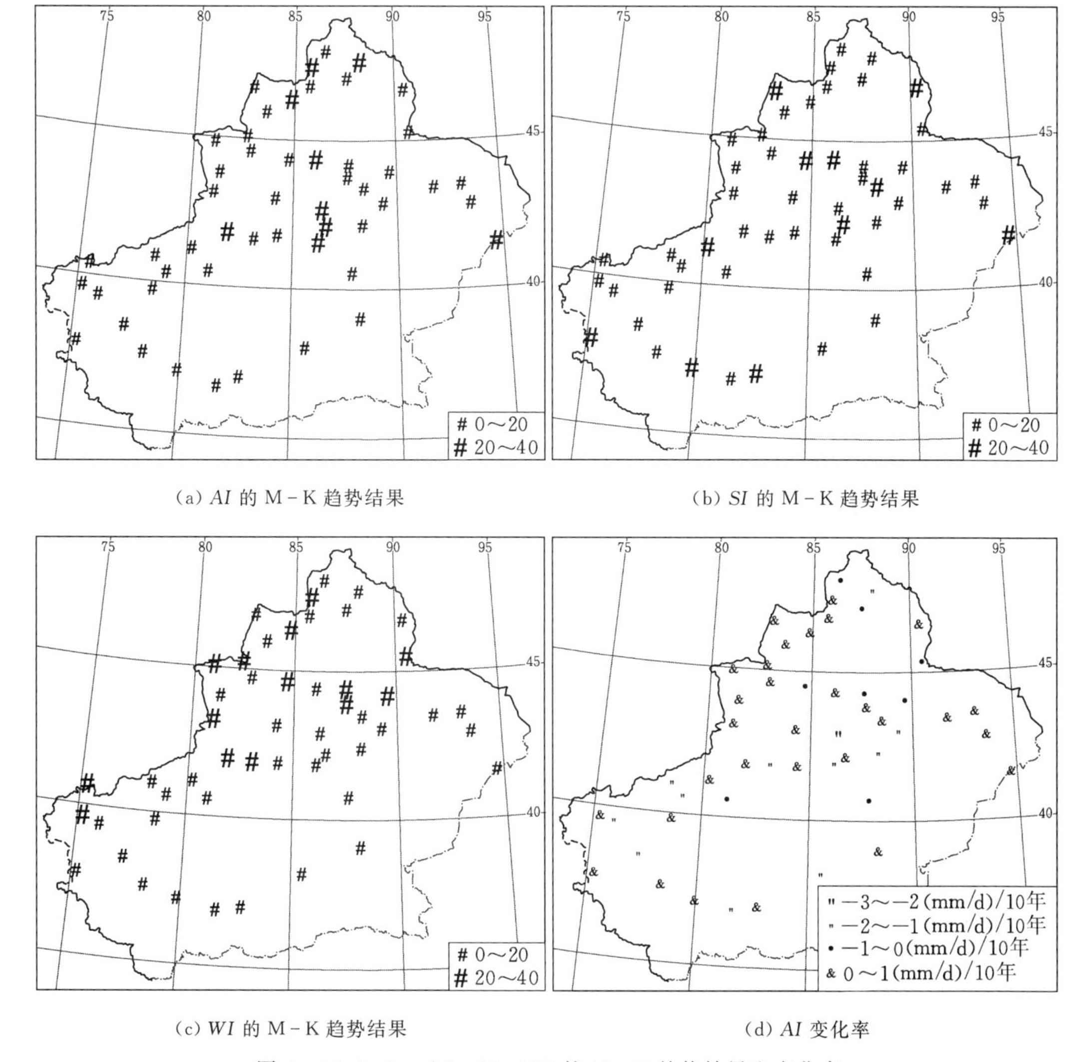

(a) *AI* 的M－K趋势结果

(b) *SI* 的M－K趋势结果

(c) *WI* 的M－K趋势结果

(d) *AI* 变化率

图4－36（一） *AI*、*SI*、*WI* 的M－K趋势结果和变化率

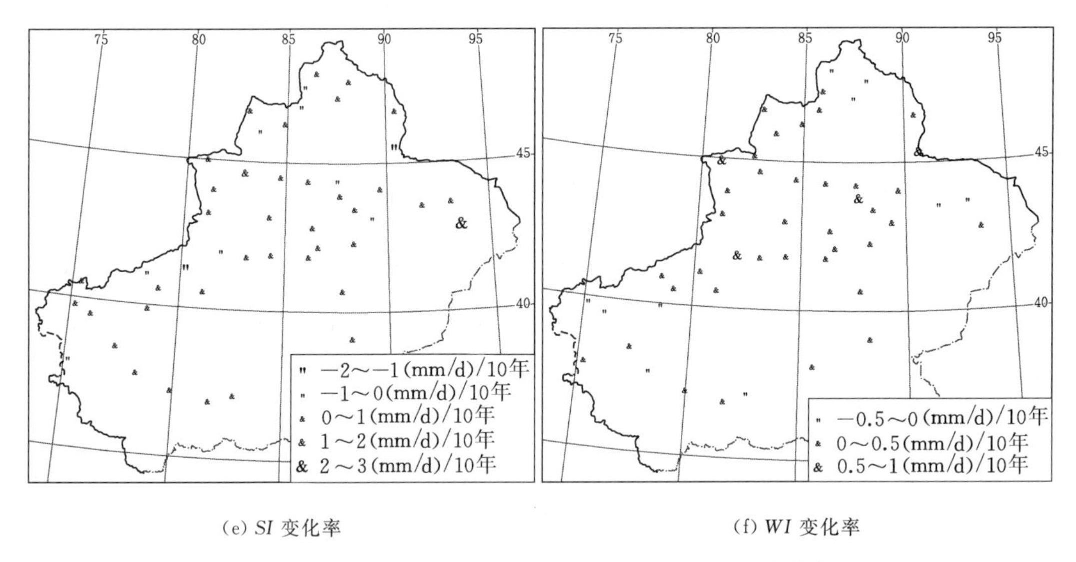

(e) *SI* 变化率　　(f) *WI* 变化率

图 4-36（二） *AI*、*SI*、*WI* 的 M-K 趋势结果和变化率

北疆地区大部分 *SI* 具有上升趋势，中东部站点显著上升，西部有显著下降趋势的站点，如图 4-36（b）所示。天山及南疆地区 *SI* 均有上升趋势，其中显著上升站点集中分布在天山及南疆地区南部。全疆大部分地区的上升率都是每 10 年 0～1mm/d，东部上升率最大，每 10 年上升 2～3mm/d；有少部分站点的下降率是每 10 年下降 1～2mm/d，如图 4-36（e）所示。

WI 变化趋势有较为明显的区域特征，北疆地区、天山和南疆地区北部有显著的上升趋势，南疆地区南部呈下降趋势，如图 4-36（c）所示。大部分地区变化率是每 10 年 0～0.5mm/d，天山周边部分地区上升率较高，是每 10 年 0.5～1mm/d，如图 4-36（f）所示。有下降趋势的站点其下降率都是每 10 年－0.5～0mm/d。

4.4.6 区域显著性检验

应用区域显著性检验来检验以上指标变化趋势在新疆的显著性。上文已描绘基于 MMK 趋势检验的显著性结果，所以采用基于 F 检验的线性计算来分析各个指标的区域显著性，检验结果见表 4-9。绝大部分指标区域显著程度超过 90%，说明这些指标在新疆具有显著趋势。*SD*、*SF* 的区域显著程度分别是 87%、88%，虽然没有达到 90%，但非常接近。区域显著程度最低的指标是 *SI*，只有 77%，但对其在新疆的空间分布研究仍然具有意义。需要注意的是采用 F 检验进行显著性检验的结果与采用 MMK 趋势的显著性结果不一定一致，但是这两种方法计算出来的趋势基本一致。

研究新疆地区最大连续降水天数事件历时、降水量、贡献率以及降水强度的分布情况和时空变化特征，可得到如下结论：

表 4-9 区域显著性检验结果

指 标	显著上升站点数/个	显著下降站点数/个	区域显著性/%
ATP	25	0	99
STP	16	0	99
WTP	16	1	99
AD	8	0	99
SD	4	0	87
WD	14	1	99
AP	4	1	95
SP	5	0	95
WP	15	1	99
AF	0	9	99
SF	1	3	88
WF	3	3	97
AI	1	3	90
SI	2	1	77
WI	8	1	99

(1) 全年与夏季角度的分布特征相似，最容易发生 2 天历时的最大连续降水天数；1 天最大连续降水天数的平均贡献率最高，随着历时的增加，平均贡献率减少；1 天最大连续降水天数的降水强度最大，降水强度随着历时增加而减少。冬季容易发生 1 天的最大连续降水天数，次之是整个冬季不降水；1 天最大连续降水天数的平均贡献率最高，随着历时的增加，平均贡献率减少；7 天最大连续降水天数的降水强度最大，降水强度随着历时增加而增加。

(2) 大约在 1985 年前短历时最大连续降水天数事件发生频率较高，但长历时发生频率较低；1985 年后短历时频率降低，而长历时频率增高。从全年角度来看，最大连续降水天数事件降水量对年降水量的贡献率具有相似的变化特征，1980 年前短历时贡献率较高，长历时贡献率较低，1980 年后长历时贡献率增高，而短历时贡献率降低。对于夏季和冬季，1980 年后所有历时贡献率先减少，1995 年后，贡献率又上升。全年、夏季和冬季所有历时的降水强度 1995 年后增大。从最大连续降水天数时间的不同特性来看，其历时有变长趋势，而贡献率先降低后上升，降水强度增大，因此新疆降水有向极端变化的趋势。

(3) 从全年角度看，新疆有变湿润的趋势，年总降水量增加，最大连续降水天数变长，贡献率减少，降水强度增加。这与之前的研究结果一致。南疆地区在夏季的湿润趋势比北疆地区明显。北疆地区在冬季的湿润趋势比南疆地区显著。

4.5　新疆气温变化特征

4.5.1　新疆气温的地理分布

一个地区的气温同降水量一样，也会影响该地区的干湿程度，它会通过影响水分的蒸发量来影响该地的干湿状况。新疆 59 年（1951—2008 年）的平均温度为 7.31℃。新疆多年平均气温如图 4－37 所示。新疆最高气温为 8.8℃，出现在 2007 年，最低气温为 5.83℃，出现在 1969 年，两者相差 2.97℃。年降水量低于平均温度（7.31℃）的年份出现了 23 年（绝大部分出现在 1984 年以前），气温大于平均气温（7.31℃）的年份出现了 35 年（绝大部分出现在 1984 年之后）。

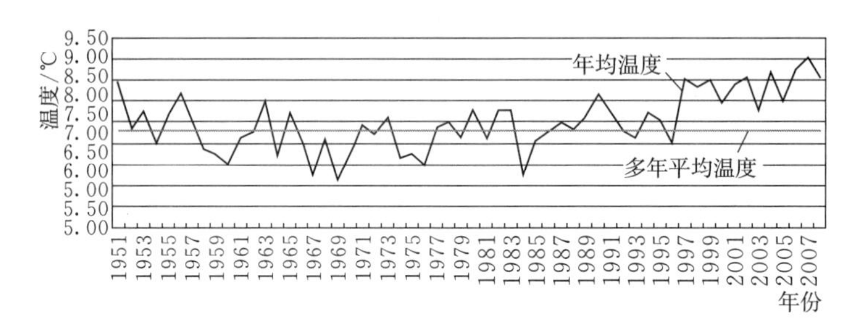

图 4－37　新疆多年平均气温

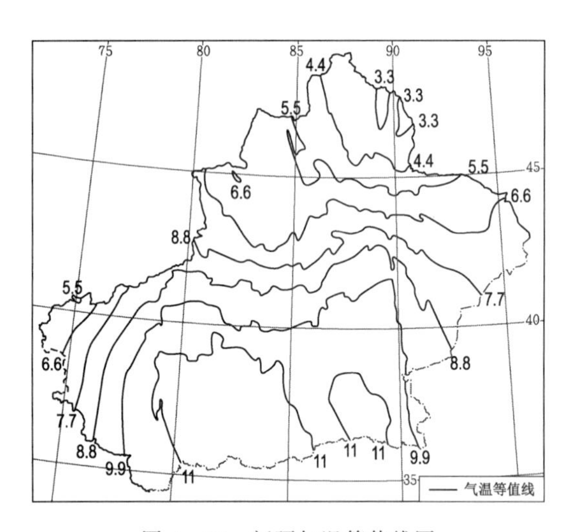

图 4－38　新疆气温等值线图

北疆地区平均温度为 5℃，最高温度为 6.65℃，出现在 2007 年，最低温度为 3.03℃，出现在 1969 年；南疆地区平均温度为 9.43℃，最高温度为 10.66℃，出现在 2007 年，最低温度为 8.18℃，出现在 1967 年；东疆地区平均温度为 8.06℃，最高温度为 10.2℃，出现在 2006 年，最低温度为 6.36℃，出现在 1984 年。新疆气温等值线图如图 4－38 所示，结合图 4－38 可以看出北疆地区气温明显低于南疆地区和东疆地区。

北疆地区各站点年均气温如图 4－39 所示。可以看出，北疆地区气温最高的地区出现在伊宁，为 8.73℃；气温最低的地区出现在巴音布鲁克，为－4.5℃，新疆北部富蕴地区的极端最低日温度出现在 1966 年 12 月 19 日，为－43.6℃，是整个新疆最冷的地区之一，是我国第二寒冷区。

南疆地区各站点年均气温如图 4－40 所示。可以看出，南疆地区气温最高的地区出现在皮山，为 12.01℃；气温最低的地区出现在吐尔尕特，为−3.47℃，是整个新疆多年均温最低的地区。

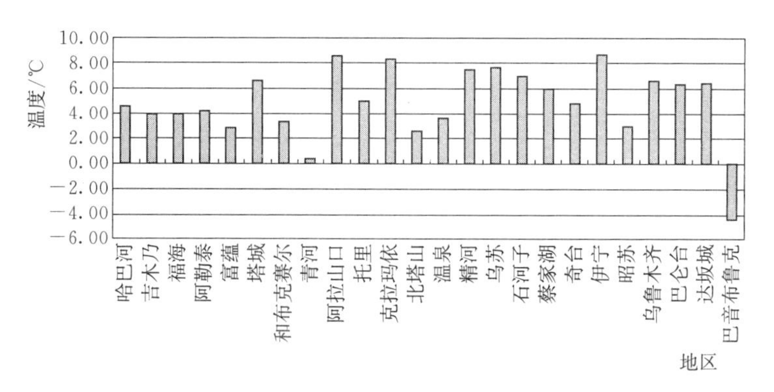

图 4-39 北疆地区各站点年均气温

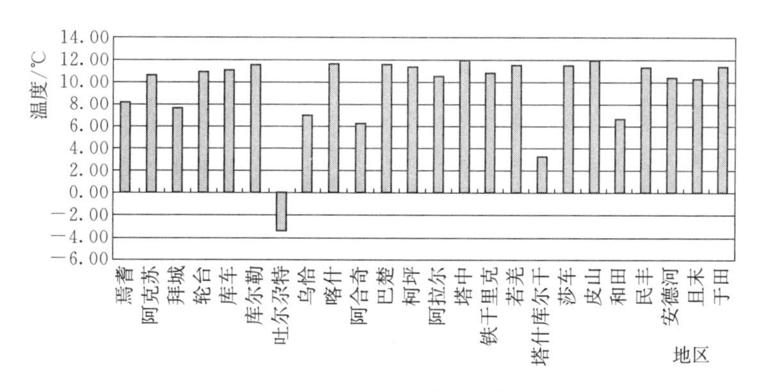

图 4-40 南疆地区各站点年均气温

东疆地区各站点年均气温如图 4-41 所示。可以看出，东疆地区气温最高的地区出现在吐鲁番，为 14.29℃，是整个新疆地区多年均温最高的地区；气温最低的地区出现在巴里塘，为 1.74℃。吐鲁番地区的极端最高日温度出现在 1956 年 7 月 24 日，为 40.9℃，是全疆温度最高的地区，闻名遐迩的吐鲁番也是我国的高温区。

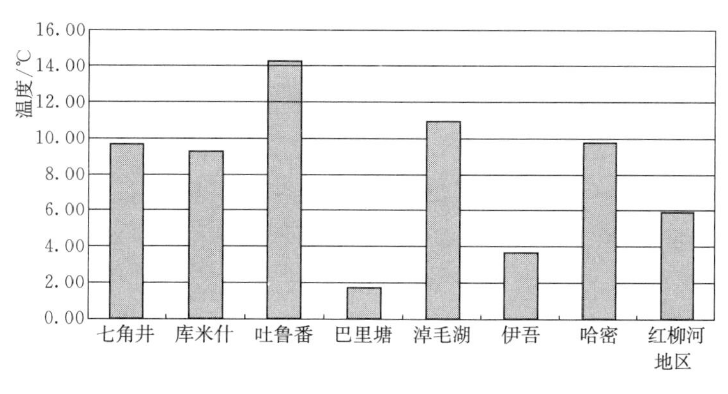

图 4-41 东疆地区各站点年均气温

新疆资料站点年际气温变异系数 C_v 分布图如图 4-42 所示，从图 4-42 中可以看出，北疆地区的变异系数最大，而南疆地区和东疆地区的变异系数相对小一些，呈现出变异系数 C_v：北疆地区＞东疆地区＞南疆地区。说明天山南麓气温的年际变化稳定，而北疆地区和东疆地区降水量的年际变化更为剧烈。

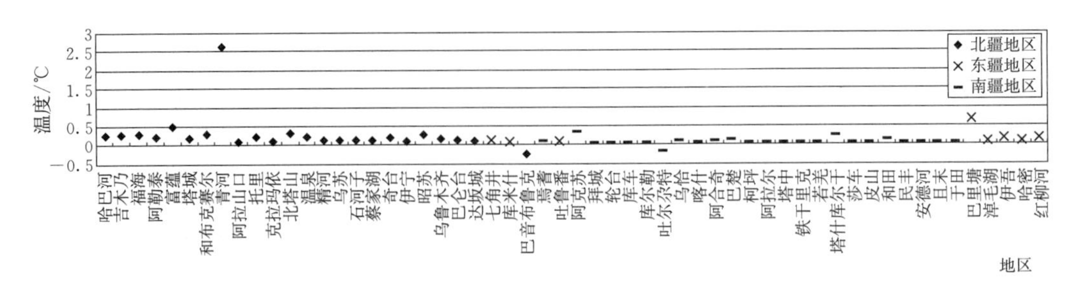

图 4-42　新疆资料站点年际气温变异系数分布图

4.5.2　新疆高温日数与低温日数

定义日最高温度不小于 35℃为高温日，新疆高温日数的 M-K 趋势分布如图 4-43 所示，可以看出，绝大部分站点气温大于 35℃发生的日数呈现显著上升趋势，只有位于天山南麓的库车站点，高温日数的变化趋势呈现显著的下降趋势；而位于北疆地区的阿勒泰、和布克赛尔、青河、北塔山、温泉、奇台、昭苏、乌鲁木齐、巴仑台、达坂城、巴音布鲁克，南疆地区的焉耆、吐尔尕特、乌恰、喀什、阿合奇、阿拉尔、塔什库尔干、莎车、安德河、于田以及东疆地区的巴里塘、伊吾、哈密，其高温日数并未呈现显著的变化。

定义日最低温度不大于 0℃为低温日，新疆低温日数的 M-K 趋势分布如图 4-44 所示，可以看出，绝大部分站点不大于 0℃的低温日数呈现显著下降趋势，只有位于南疆地区塔里木盆地的阿拉尔、塔中、于田以及位于东疆地区的淖毛湖，不大于 0℃的低温日数呈现显著上升趋势；而其他位于新疆北部的吉木乃、福海、富蕴、阿拉山口、克拉玛依、北塔山、温泉、蔡家湖、巴仑台、达坂城、巴音布鲁克，南疆的拜城、轮台、库车、库尔勒、吐尔尕特、阿合奇、柯坪、铁干里克、若羌、塔什库尔干、皮山，以及东疆的伊吾和库米什，不大于 0℃的低温日数未呈现显著的变化趋势。只有南疆地区和东疆地区的个别站点为特殊情况，其他站点的低温日数变化均呈现显著下降趋势，与高温日数变化的显著上升趋势表现一致，也与全球变暖的趋势一致。

本研究使用的 1960—2008 年日温度资料具有较长的时间序列，故选取第 99 个百分位作为极端高温事件的阈值。具体定义如下：将新疆各站点 1960—2008 年的多年日最高温的温度资料按升序排列，得到第 99 个百分位所对应的温度，将其作为极端高温事件的上阈值。若当日温度大于极端高温事件的临界阈值，则判断发生了一次极端高温事件。

新疆北疆地区、南疆地区、东疆地区各站点极端高温事件的高温事件强降水日阈值如图 4-45～图 4-47 所示，高温事件日阈值最小的站点为南疆的吐尔尕特，为 18.9℃，最大的高温事件日阈值则出现在东疆的吐鲁番，为 43.903℃，而北疆地区和南疆地区

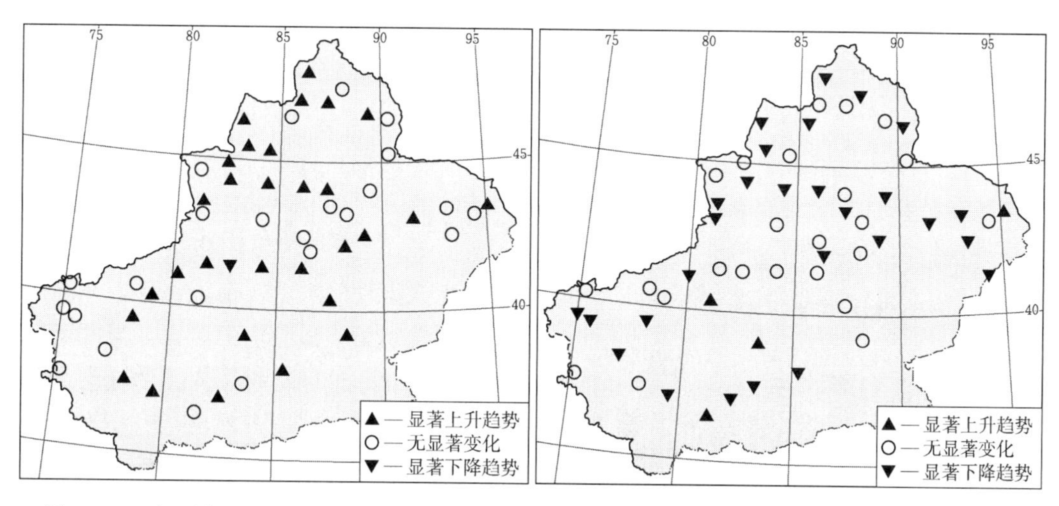

图 4-43 新疆高温日数的 M-K 趋势分布图　　图 4-44 新疆低温日数的 M-K 趋势分布图

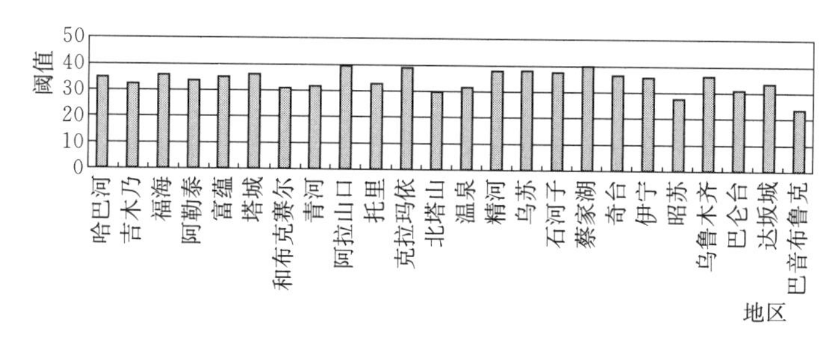

图 4-45 北疆地区各站点极端高温事件的强降水日阈值

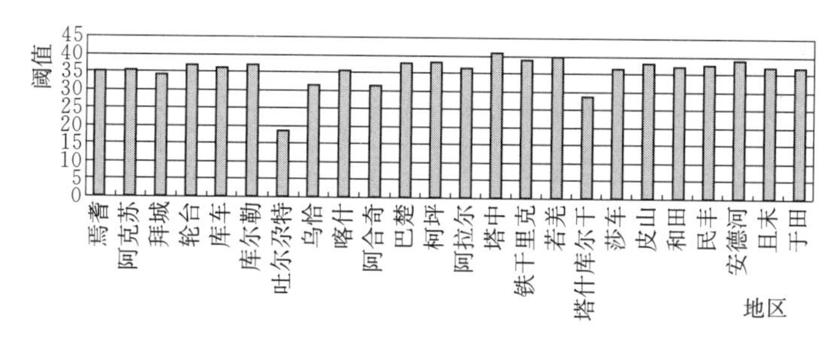

图 4-46 南疆地区各站点极端高温事件的强降水日阈值

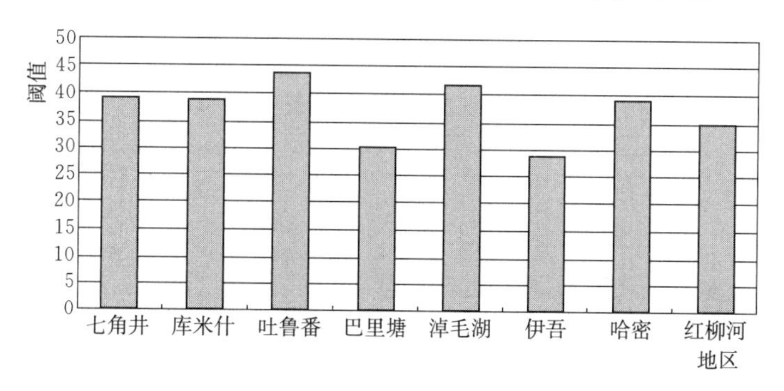

图 4-47 东疆地区各站点极端高温事件的强降水日阈值

的高温事件日阈值差别不大，北疆地区高温事件日阈值大于 35℃的有 12 个站点，占北疆地区站点数的 50%，南疆地区高温事件日阈值大于 35℃的有 18 个站点，占南疆地区站点数的 75%。

1960—1969 年，1970—1979 年，1980—1989 年，1990—1999 年，2000—2008 年 5 个年代际，新疆极端高温事件发生的次数如图 4－48 所示。可以看出：

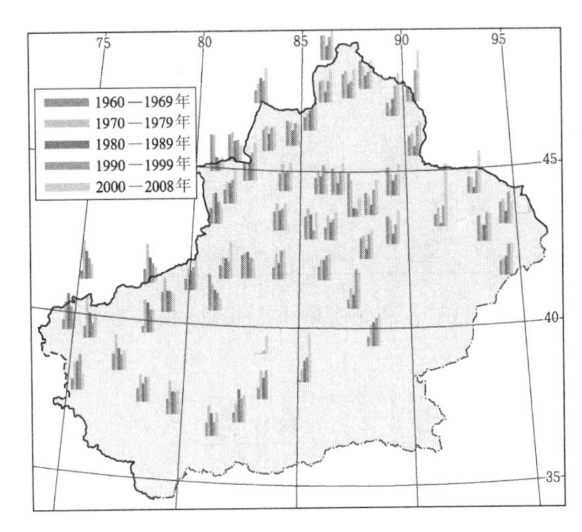

图 4－48　5 个年代际的极端高温事件次数

（1）5 个年代际，北疆地区发生极端高温事件的次数与南疆地区、东疆地区极端高温事件发生的频次差异并不是很大。北疆地区乌鲁木齐站的极端高温事件，20 世纪 60 年代发生 18 次，70 年代发生 29 次，80 年代发生 4 次，90 年代发生 32 次，2000—2008 年发生 95 次，南疆地区且末站的极端高温事件 20 世纪 60 年代发生 5 次，70 年代发生 19 次，80 年代发生 33 次，90 年代发生 38 次，2000—2008 年发生 74 次。

（2）随着年代际的变化，所有站点的极端高温事件次数有增加，与全球变暖的趋势相一致，与以前相比，近年来极端事件发生次数和频率都有所增长。

对于低温的研究，选取第 99 个百分位作为极端低温事件的阈值。具体定义如下：将新疆各站点 1960—2008 年的多年日最高温的温度资料按降序排列，得到第 99 个百分位所对应的温度，将其作为极端高温事件的下阈值。当日温度小于极端低温事件的临界阈值，则判断发生了一次极端低温事件。

新疆北疆地区、南疆地区、东疆地区的极端低温事件日阈值如图 4－49～图 4－51 所示。可以看出，北疆各站点的低温事件日阈值要远远小于南疆和东疆地区的低温事件日阈值，而低温事件日阈值在南疆和东疆并没有明显的差异。低温事件日阈值最小的站点为北疆的巴音布鲁克，为－40.003℃，最大的低温事件日阈值则出现在南疆地区

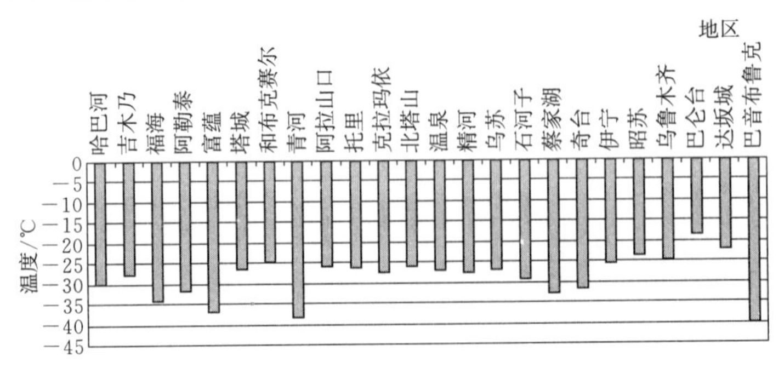

图 4－49　北疆地区各站点极端低温事件低温日阈值

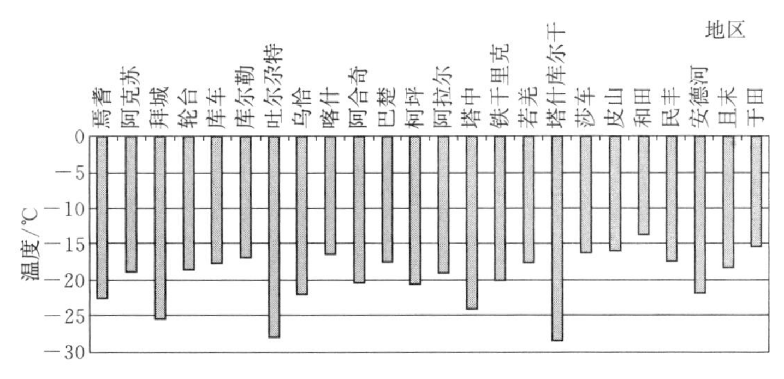

图 4-50 南疆地区各站点极端低温事件低温日阈值

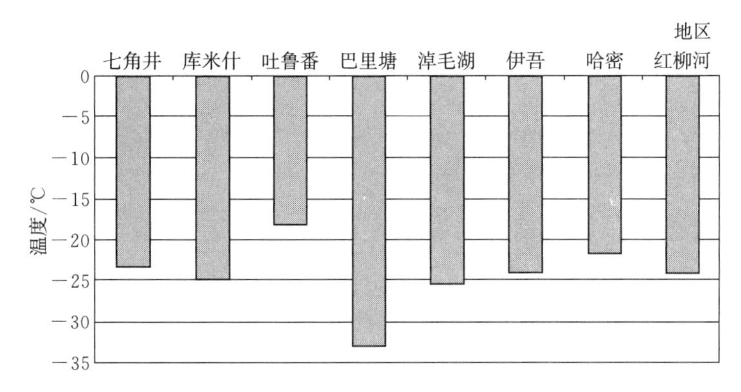

图 4-51 东疆地区各站点极端低温事件低温日阈值

地区的和田，为−14℃，此外，北疆地区的青河也出现了−38.7℃的低温事件日阈值。

1960—1969 年，1970—1979 年，1980—1989 年，1990—1999 年，2000—2008 年 5 个年代际新疆极端低温事件发生的次数如图 4-52 所示。可以看出：

(1) 5 个年代际，北疆地区、东疆地区发生极端低温事件的次数比南疆地区多，位于北疆地区的石河子站，极易发生极端低温事件，20 世纪 60 年代发生 415 次、70 年代发生 390 次、80 年代发生 364 次、90 年代发生 318 次、2000—2008 年发生 302 次，北疆地区的塔什库尔站 60 年代发生极端低温事件 13 次、70 年代发生 33 次、80 年代发生 30 次、90 年代发生 34 次、2000—2008 年发生 64 次。同样，位于北疆地区的乌苏站 60 年代发生极端低温事件 86 次、70 年代发生 41 次、80 年代发生 28 次、90 年代发生 2 次、2000—2008 年发生 21 次。

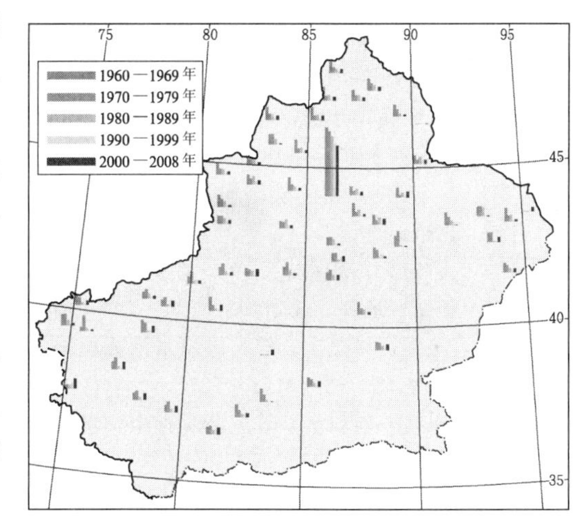

图 4-52 5 个年代际的极端高温事件次数

(2) 随着年代际的变化，绝大多数站点发生极端低温事件的次数减少，即与以前相比，近年来极端低温事件发生次数和频率都是减少和下降的。

参考文献

[1] 李剑锋，张强，白云岗，等. 新疆地区最大连续降水事件时空变化特征 [J]. 地理学报，2012，67 (3)：312-320.

[2] 张强，李剑锋，陈晓宏，等. 基于Copula函数的新疆极端降水概率时空变化特征 [J]. 地理学报，2011，11 (1)：3-12.

[3] 李剑锋，张强，陈晓宏，等. 新疆极端降水概率分布特征的时空演变规律 [J]. 灾害学，2011，26 (2)：11-17.

[4] 戴新刚，任宜勇，陈洪武. 近50年新疆温度降水配置演变及其尺度特征 [J]. 气象学报，2007，65 (6)：1003-1010.

[5] 薛燕. 半个世纪以来新疆降水和气温的变化趋势 [J]. 干旱区研究. 2003，20 (2)：127-130.

[6] 任国玉. 我国降水变化趋势的空间特征 [J]. 应用气象学报，2000，11 (3)：322-330.

[7] 施雅风，张祥松. 气候变化对西北干旱区地表水资源的影响和未来趋势 [J]. 中国科学，1995，25 (9)：968-977.

[8] 翟盘茂，邹旭恺. 1951—2003年中国气温和降水变化及其对干旱的影响 [J]. 气候变化研究进展，2005，1 (1)：16-18.

[9] 肖义. 基于Copula函数的多变量水文分析计算方法及应用研究 [D]. 武汉：武汉大学，2007.

[10] 孙鹏，张强，陈永勤，等. 基于月尺度马尔科夫模型的塔河流域洪旱灾害研究 [J]. 自然灾害学报，2015，24 (1)：46-54.

[11] 孙鹏，张强，白云岗，等. 基于马尔科夫模型的新疆水文气象干旱研究 [J]. 地理研究，2014，33 (9)：1647-1657.

[12] 孙鹏，张强，白云岗，等. 基于可变模糊算法的塔里木河流域干旱风险评价 [J]. 自然灾害学报，2014，23 (5)：148-155.

[13] 邓晓宇，张强，李剑锋，等. 基于不同气候变化情景的东江流域水资源量预测研究 [J]. 中山大学学报（自然科学版），2015，54 (2)：141-149.

[14] 王月，张强，张生，等. 淮河流域降水过程时空特征及其对ENSO影响的响应研究 [J]. 地理科学，2016，36 (1)：128-134.

[15] 祁添垚，张强，孙鹏，等. 气候暖化对中国洪旱极端事件演变趋势影响研究 [J]. 自然灾害学报，2015，24 (3)：143-152.

[16] 顾西辉，张强，陈晓宏，等. 气候变化与人类活动联合影响下东江流域非一致性洪水频率 [J]. 热带地理，2014，34 (6)：746-757.

[17] 黄金龙，陶辉，苏布达，等. 塔里木河流域极端气候事件模拟与RCP4.5情景下的预估研究 [J]. 干旱区地理，2014，37 (3)：490-498.

[18] 孙鹏，张强，邓晓宇，等. 塔里木河流域干旱风险评估与区划 [J]. 中山大学学报（自然科学版），2014，53 (3)：121-127.

[19] 孙鹏，张强，刘剑宇，等. 新疆近半个世纪以来季节性干旱变化特征及其影响研究 [J]. 地理科学，2014，34 (11)：1377-1384.

[20] 梁立功. 新疆塔河流域气温、降水和径流变化特征 [J]. 人民黄河，2014，36 (8)：24-27.

[21] Zhang Qiang，Xu Chongyu，Chen Yongqin David et al. Spatial assessment of hydrologic alteration across the Pearl River Delta，China，and possible underlying causes [J]. Hydrological Processes，2009，23：1565-1574.

[22] Kunkel K E. North American trends in extreme precipitation [J]. Natural Hazards，2003，29 (2)：291-305.

第5章 新疆干旱预警因子筛选及标准研究

5.1 新疆干旱预警因子筛选

干旱成因复杂，影响因素多，通常把干旱分为气象干旱、农业干旱、水文干旱和社会经济干旱四类。气象干旱是指某时段由于蒸发量和降水量的收支不平衡，水分支出大于水分收入而造成的水分短缺现象。农业干旱，以土壤含水量和植物生长状态为特征，是指农业生长季节内因长期无雨，造成大气干旱、土壤缺水，农作物生长发育受抑导致的明显减产，甚至无收的一种农业气象灾害。水文干旱，通常用河道径流量、水库蓄水量和地下水位值等来定义，是指河川径流低于其正常值或含水层水位降低的现象，其主要特征是在特定面积、特定时段内可利用水量的短缺。社会经济干旱，是指由自然降水系统、地表和地下水量分配系统及人类社会给排水系统这三大系统不平衡造成的异常水分短缺现象。

目前，气象干旱及水文干旱研究发展较为成熟，资料获取简单，计算方便快捷，在全球得到广泛应用，例如美国干旱监测中心主要发布气象干旱的监测情况。而农业干旱及社会经济干旱，由于其涉及复杂的农业及社会经济因素，影响因素繁多，各影响因素的形成、发展和预测仍需要大量研究，由于涉及人类活动，该干旱的检测及预警具有较多的主观性及不确定性，因此这两类干旱的研究尚未成熟，应用范围不广。

事实上，短期的气象干旱将会导致表层土壤缺水，农作物生长受影响，农作物减产，从而引发农业干旱。通常农业干旱发生在气象干旱之后，具有一定的滞后期，这与前期的土壤表层含水量有关。长期的气象干旱将会影响地表水和地下水的供给，河道径流量、水库蓄水量和地下水位都可能减少，这就是水文干旱。即使气象干旱结束后，水文干旱也会持续较长时间。气象干旱、农业干旱和水文干旱最终会影响社会经济的发展，最直接体现在经济损失上。

可见，气象干旱是农业干旱、水文干旱及社会经济干旱的主要成因。气象干旱的出现是其他干旱出现的预兆，因此，气象干旱是其他类型干旱的预警因子之一。本章针对新疆近年来频发的干旱灾害问题，以提高农业抗旱避险能力为目标，主要关注新疆农业干旱问题。因此把气象干旱作为农业干旱的预警在实际生产中具有指导作用。监测到气象干旱后，相关部门仍有一定时间采取抗旱措施，避免农业干旱的发生、减少旱灾损失。

气象干旱指标是评价气象干旱的重要方法，是监测气象干旱的重要工具。根据

2006年11月1日开始实施的《气象干旱等级》(GB/T 20481—2006),气象干旱指数指利用气象要素,根据一定的计算方法所获得的指标,来监测或评价某区域某时间段内由于天气异常引起的水分亏欠程度。国内外学者对气象干旱指标进行了大量研究。Palmer于1965年提出*PDSI*干旱指标;Mckee等在1993年提出标准降水指标*SPI*;鞠笑生等于1997年提出中国*Z*干旱指数。这些指标的计算主要采用降水、气温等气象资料。

由于降水和气温的气象干旱发生在农业干旱、水文干旱和社会经济之前,具有一定的预警性。另外气象干旱的监测和研究非常成熟,得到广泛认可。同时考虑到原始数据获得的可能性,结合上文对干旱形成因子的研究,认为降水和气温是新疆干旱灾害预警因子。

干旱指标是干旱研究和建立干旱评估标准的基础。干旱指标是表征某一地区干旱程度的标准,是旱情描述的数值表达,起着量度、对比和综合分析旱情的作用,是加强干旱监测、预测、预警和进一步开展旱灾研究的基础。干旱指标制定得客观合理,对干旱过程就反映准确;反之,就有可能遗漏一些干旱过程,也会增加一些非干旱化的过程。而且,干旱指标的确定应该具有一定的普适性,以便能在不同的气候地区模拟和描述干旱的发生。指标中的要素过于简单,自然简便易行,但用以描述干旱这样一个复杂而综合的现象,必定又有其局限性。若指标过于复杂,在应用上会受到资料获取的约束限制。甚至由于对人、物、财要求太高,致使难以实际推广应用。

国内外采用的干旱指标很多,归纳起来可以分为单因子指标和多因子指标。单因子气象指标是最简单的一类干旱指标,通常只以降水量或者温度作为单一因素来进行分析,这类指标仅以单个要素的值或其距平值的大小作为衡量标准,如降水统计量指标、降水距平百分率指标P_a、雨量距平指标*RAI*、Bhalme和Moolcy干旱指标*BMDI*、降水量标准差指标、湿度指标*M*、相对距平干旱指标、朗格雨量指数、德马顿干燥指数、谢尼良诺夫水热系数等,这类指标一般简便易行,但把干旱这种复杂的综合现象简单归结为一个要素的影响,是不够全面和完善的。由于它不考虑下垫面等具体地理特征,难以反映地面上实际发生的干旱状况,因而只有大范围发生严重干旱,使降水量成为干旱的决定性因素时,它给出的干旱灾情才有可能与实际吻合。并且它无法给出干旱的起始和终止时间,更不能描述干旱的具体发展过程。因此,这类单因子气象干旱指标多用于历史干旱情况的分析和评估,其应用范围很有限。常用的单因子气象指标主要有降雨因素指标和年降水量变差系数指标,以及我国曾采用过的年径流系数指标、正负距平指标和比值百分数指标等。我国气象中心的*Z*指标和中央气象局气象科学研究院的*P*指数指标也属于单因子指标。

从本质上讲,干旱是一种区域性现象。正是基于这个原因,多因子指标在考虑降水、温度的同时,还要试图以区域为基础处理干旱程度问题,综合考虑雨量的蒸散发、土壤的渗透性等多种水文气象因素对干旱的作用。这类干旱指标在我国使用较多的主要是美国 Palmer 气象干旱指标 *BDSI* 等。

本节共采用 12 个干旱指标来衡量新疆干湿特征的时空分布，有降水量指标、朗格雨量指数、德马顿干燥指数、湿润指数、谢尼良诺夫水热系数、干燥度指标、*M* 指标、最长干期天数、降水距平百分率、标准差指标、*SPI*、I_S以及 *Z* 指标，其中：降水量指标、*M* 指标、最长干期天数、降水距平百分率、标准差指标、*SPI*、I_S、*Z* 指标仅以降水量作为衡量干湿状况的重要因素；温度距平百分率仅以气温作为评判干湿状况的重要因素；而朗格雨量指数、德马顿干燥指数、湿润指数、谢尼良诺夫水热系数、干燥度指标则会考虑降水和气温两个因子对于干湿特征的共同作用。用各种干旱指标分别对新疆的干湿特征进行分析，然后对比分析每种指标的优缺点所在，以期今后利用干旱指标判定新疆干湿特征更为准确可行。下面对部分指标进行介绍。

5.1.1 降水量指标

降水量指标是根据该地区年平均降水量的多少进行气候干旱划分的指标。因为降水量是决定干湿的主要因子，且计算简便，容易读懂，所以是最常用的指标。按照降水量指标进行气候干旱划分，一般将全球气候干旱分为四类地区：一是干旱地区，指年降水量为 200～250mm 的地区；二是半干旱地区，指年降水量为 200～450mm 或 250～500mm 的地区；三是半湿润地区，指年降水量为 450～650mm 或 500～750mm 的地区；四是湿润地区，指年降水量为 650mm 或 750mm 以上的地区。

降水量指标为单因子指标，采用降水量指标来判断新疆的干湿情况，只是考虑降水量作为干湿情况的影响因子。按照降水量指标的判断标准，将新疆各站点的降水资料与降水量指标进行对比判断。除了天山北麓的昭苏为半湿润地区，天山中段的乌鲁木齐、巴仑台、伊宁以及天山北麓的塔城地区为半湿润之外，其他地区均属于半干旱地区。

由于新疆降水量稀少，采用降水量指标直接判断，会加重旱情，而且也不能够很好地评判新疆地区发生干旱的灾害程度，判断结果会与实际情况有较大偏差，应该将降水量指标的标准适当下调。以期更好地反映出该地区降水量所处的等级范围。调整后的降水量指标见表 5-1。

表 5-1　　调整后的降水量指标

等级	降水量	等级	降水量	等级	降水量	等级	降水量
1	$16<P<50$	3	$102<P<150$	5	$206<P<250$	7	$503<P<750$
2	$51<P<100$	4	$169<P<200$	6	$266<P<500$		

利用适当调整后的降水量指标，所判断的新疆降水量分布如图5-1所示。位于塔克拉玛干沙漠地区的和田、于田、民丰、安德河、塔中、且末、若羌、铁干里克以及天山东段的吐鲁番、七角井、哈密、淖毛湖降水量最为稀少，接下来是昆仑山北麓的皮山、莎车、塔什库尔干，天山南麓的喀什、巴楚、柯坪、阿克苏、库车、轮台、库尔勒、焉耆，天山中段的库米什、乌鲁木齐以及天山东段的伊吾、红柳河，然后天山北麓和阿尔泰山南麓地区的降水就会更加丰沛，新疆降水量最多的地区是位于天山北麓的昭苏。

新疆气温分布如图5-2所示。结合图5-2可以看出，位于塔里木盆地边缘以及天山东段的地区气温明显高于其他地区，又如图5-1所示，这些地区降水稀少，再加之气温较高，蒸发和水分的散失都比较严重，因此就更容易发生干旱。

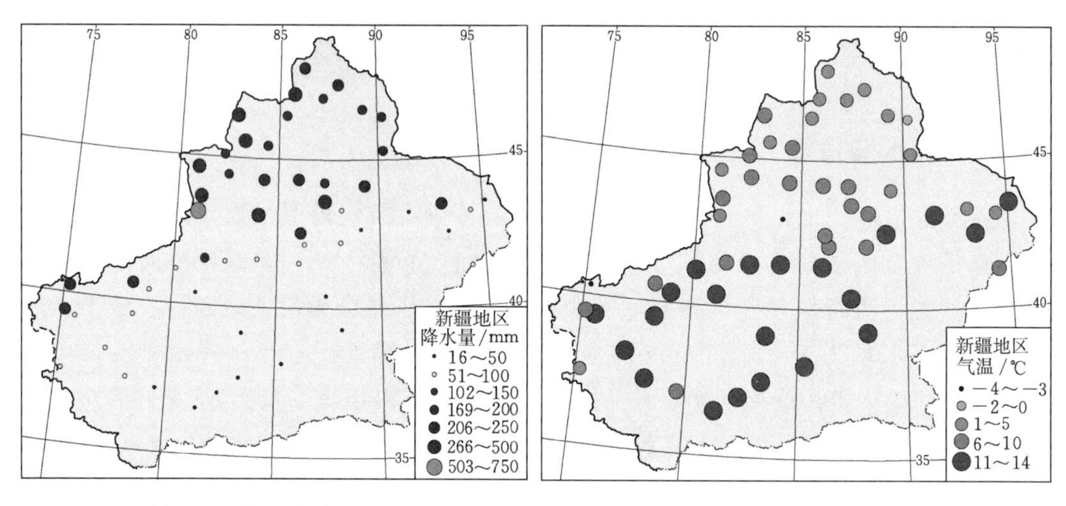

图5-1 新疆降水量分布

图5-2 新疆气温分布

5.1.2 朗格雨量指数

朗格雨量指数的计算公式为

$$R=r/\theta \tag{5-1}$$

式中 θ——年平均气温（1920年改为气温在0℃以上月份的各月平均气温的平均值）；

r——降水量。

R 值：0～20为沙漠气候；20～40为半沙漠气候。

么忱生计算结果表明：当纬度改变时，朗格雨量指数也改变。我国干旱、半干旱区的计算结果比应有值要低。

运用上述朗格雨量指数指标直接判断之后，几乎新疆所有资料站点的朗格雨量指数 R 均为0～20，绝大部分地区被判断为沙漠气候。

新疆朗格雨量指数分布如图5-3所示。由图5-3可以看出，除个别站点外，新疆北疆地区和南疆地区总体上同样表现沙漠气候，明显与实际情况不符合，加重了旱情。将朗格雨量指数进行调整，如果还是遵照原来的朗格雨量指数，将所评判的地区划分为沙漠气候和半沙漠气候，则重新定义 R 值，使得 R 值在 0～3 时为沙漠气候，R 值在 3～55 时，表现为半沙漠气候，这样则能够更好地符合新疆地区的实际情况。新疆调整后的朗格雨量指数分布如图 5-4 所示。从图 5-4 可以看出，封闭性的塔里木盆地边缘和东疆地区主要表现为沙漠性气候，而新疆其他地区的资料站点均表现出半沙漠性气候。

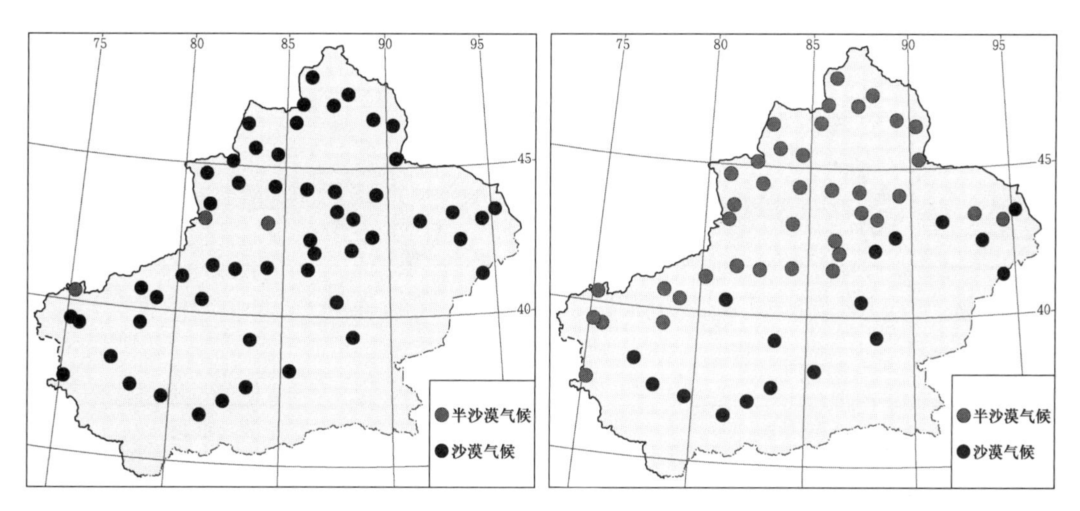

图 5-3　新疆朗格雨量指数分布　　图 5-4　新疆调整后的朗格雨量指数分布

5.1.3 德马顿干燥指数

德马顿干旱指标为

$$I=R/(T+10) \tag{5-2}$$

式中　R——月降水量；

T——月平均气温。

I 值越小，表明大气越旱。么忱生检验。在我国 $I=5$ 的地方是沙漠和草原的界限。$I<5$ 的地方是沙漠，5～10 的地方为草原，10～20 的地方是旱农耕作区。$T+10$ 接近零的地方此指数不适用。

将 7—8 月逐月 I 值作为伏旱指标，定义 7—8 月任一月内，伏旱强度指数 $I\leqslant 2.5$ 为有伏旱年；反之为无旱年。

新疆德马顿干燥指数分布如图 5-5 所示。运用德马顿干燥指数进行判断，新疆的沙漠主要分布在塔里木盆地，也就是我国最大的塔克拉玛干沙漠所在之处，而草原和旱农耕作区主要分布在天山北麓和阿尔泰山南麓的地区。

计算 7—8 月逐月的德马顿干燥指数作为伏旱指标，新疆 7—8 月德马顿干燥指数分布如图 5-6 所示。从图 5-6 可以看出，只有和布克赛尔、昭苏、巴仑台、巴音布鲁克、吐尔尕特、阿合奇在部分年份表现出无旱年，而其他资料站点均为伏旱年。新疆无旱年站点见表5-2。

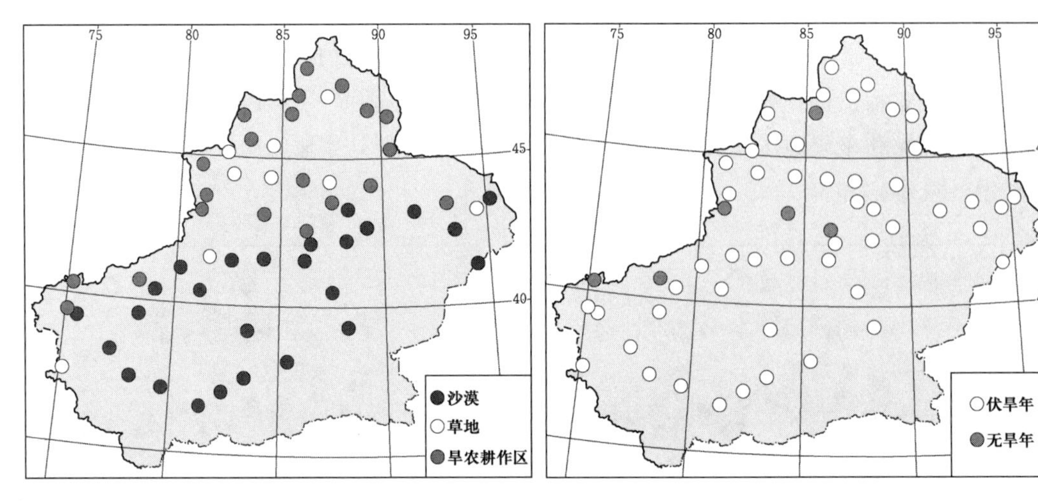

图5-5 新疆德马顿干燥指数分布　　图5-6 新疆7—8月德马顿干燥指数分布

表5-2　新疆无旱年站点

站点	资料长度/年	无旱年数	无旱年份
和布克赛尔	55	1	1993
昭苏	54	25	1958，1959，1961，1963，1964，1967，1968，1971，1972，1973，1974，1975，1981，1982，1988，1990，1992，1993，1996，1998，1999，2001，2002，2003，2007
巴仑台	51	5	1991，1993，1998，2000，2007
巴音布鲁克	51	21	1958，1959，1961，1962，1963，1965，1971，1972，1982，1989，1991，1993，1994，1996，1999，2000，2001，2002，2005，2007，2008
吐尔尕特	50	10	1963，1964，1970，1972，1974，1982，1998，2001，2004，2007
阿合奇	52	1	1996

5.1.4 湿润指数

李建芳等在对宝鸡地区干旱进行分析时，根据德马顿的干旱指标：

$$I=R/(T+10) \tag{5-3}$$

提出湿润指数 m 作为干旱的判据。其计算公式为

$$m=R/[T+(T+10)]^2 \tag{5-4}$$

式中 R——月降水量；

T——月平均气温。

应用湿润指数判断该地的干湿特征，当计算所得的湿润指数 $m<2$ 时，则判断该月为干旱月，否则，即认定没有发生干旱。

利用湿润指数判定新疆地区的干湿情况，只有极少数的站点在少数几个月份会表现出无旱，除了阿勒泰、富蕴、乌鲁木齐、吐尔尕特、巴里塘、伊吾 6 个站点会在少数月份中表现为无旱之外，其他站点甚至表现出全年 12 个月均为干旱月，明显与实际情况不符，加重了旱情。

对湿润指数的判定标准进行调整，重新规定，当计算所得的湿润指数 $m<0.2$ 时，判断为干旱月。判断结果如下：

北疆地区的湿润指数分布如图 5-7 所示。从图 5-7 中可以看出，新疆北疆地区无旱月出现在 11 月、12 月、次年 1—3 月，而 4—10 月均被判定为干旱月，5 月只有昭苏站点表现为无旱月，结合上文中所提到的昭苏、伊宁两个站点降水丰沛这一点，就可以很好地解释昭苏表现为无旱月的事实了，这主要是因为昭苏靠近伊犁河谷地带，伊犁河谷北、东、南三面环山，北面有西北—东南走向的科古琴山、婆罗科努山；南有北东东—南西西走向的哈克他乌山和那拉提山；中部还有乌孙山、阿吾拉勒山等横亘，构成“三山夹两谷”的地貌轮廓。三列山系向东辐合于东部的依连哈比尔尕山汇，使伊犁河谷形成向西开敞的喇叭形谷地，可以大量接受来自大西洋的湿润水汽，每年春季湿润的西风气流进入伊犁河谷，由低向高处爬升，气流由暖变冷，在山前地带形成丰富的降水，因此伊犁河谷是新疆最湿润的地区，夏季丰富的降水和春季天山融雪使伊犁河谷不仅水源丰富，而且丰水时间很长。

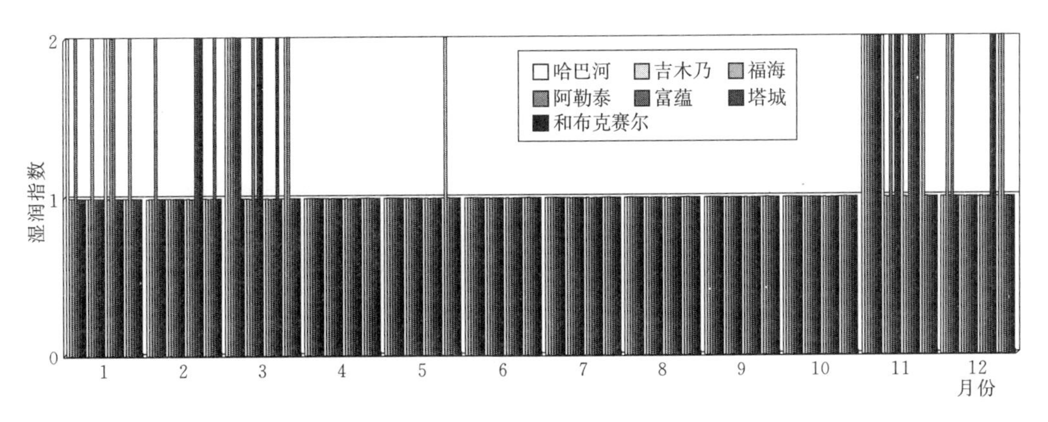

图 5-7 北疆地区的湿润指数分布

11 月表现为无旱的站点数最多，有 66.67%，3 月也有 50%的站点表现为无旱，而 12 月、次年 1 月、2 月表现为干旱的站点分别有 20.83%、29.17%、20.83%。

南疆地区的湿润指数分布如图 5-8 所示。从图 5-8 中可以看出，新疆南疆地区无旱月出现在 3 月、6 月、7 月、8 月、9 月、11 月，而其他月份均被判定为干旱月。其中，2月、12月表现为无旱月的站点数最多，均有16.67%比例的站点。可以看出，南疆个别站点在少数月份中表现为无旱，只有吐尔尕特站点2月、4月、5月、10月、12月共5个月均表现为无旱，除此之外，绝大部分的站点还是呈现出全年干旱的状态。新疆南疆地区春季、夏季、秋季干旱严重，而冬季干旱并没有那么严重。

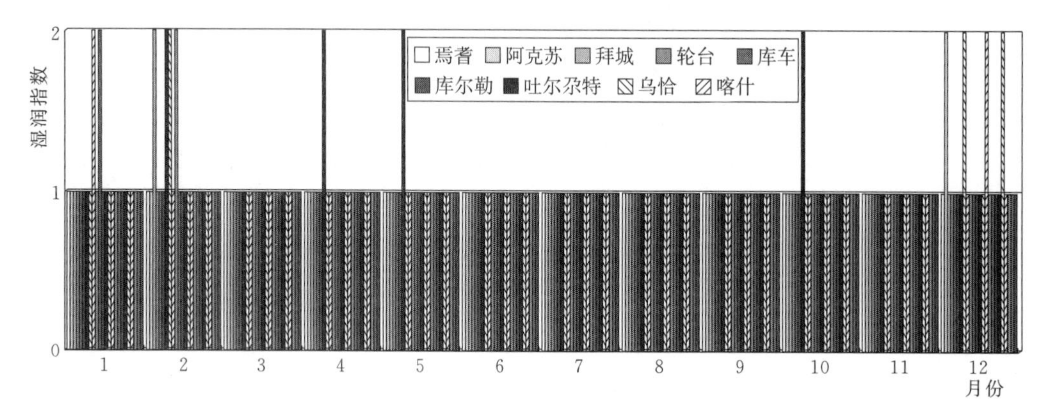

图5-8 南疆地区的湿润指数分布

东疆地区的湿润指数分布如图5-9所示。从图5-9中可以看出，新疆东疆地区无旱月出现在1月、2月、3月、11月、12月，而4—10月均被判定为干旱月，正好也可以从这里得出，在新疆东疆地区，春季、夏季、秋季干旱严重，而冬季干旱并没有那么严重。将南疆、北疆、东疆地区的湿润指数分布图对比之后，也可以看出，南疆的干旱程度要比北疆和东疆地区严重，不仅全年无旱月份少，而且表现为无旱的站点数目也很少。

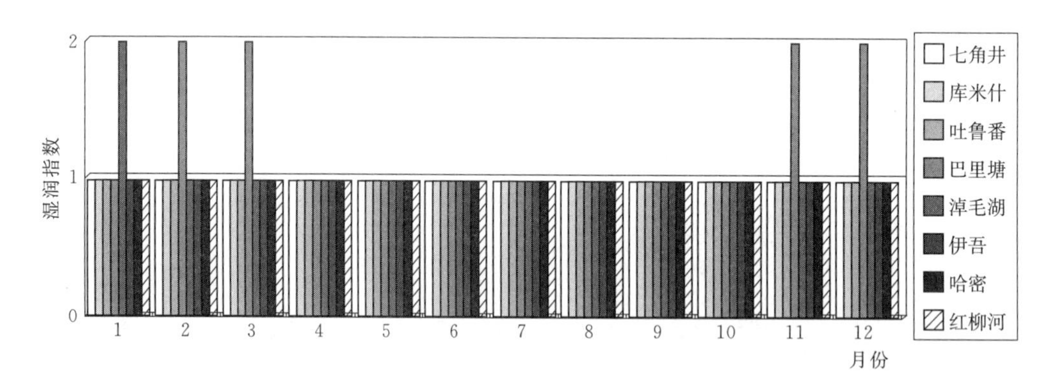

图5-9 东疆地区的湿润指数分布

5.1.5 谢尼良诺夫水热系数

谢尼良诺夫水热系数为

$$HT_c = R/(0.1\sum t) \tag{5-5}$$

式中 R——气温在10℃以上期间的降水量；

$\sum t$——同期的活动积温。

$HT_c<1.0$ 时表示半干旱，$HT_c<0.50$ 时表示干旱。式中取 10℃以上的时段，是认为 10℃以上是作物生长期。在我国用 0℃以上时段的 R 和 $\sum t$ 得到的结果，也与实况符合，$HT_c<1.0$ 也表示干旱。

利用谢尼良诺夫水热系数分析新疆地区的干湿特征，可以得到谢尼良诺夫水热系数指标，见表 5-3，由表 5-3 中可以看到，89.29%的地区均表现出干旱状态，而只有位于伊犁河谷附近的昭苏表现为湿润，位于天山北麓的托里、温泉，天山中段的巴音布鲁克、巴仑台以及天山东段的巴里塘共 5 个站点表现为半干旱，北疆地区很多处于半干旱地带的站点都被判断为干旱地带，与实际情况不符，因此采用谢尼良诺夫水热系数，对旱情的判断结果是加重的。

表 5-3 谢尼良诺夫水热系数指标

状态划分	干旱	半干旱	半湿润
谢尼良诺夫水热系数	89.29%	8.93%	1.79%

适当的调整谢尼良诺夫水热系数，在对新疆的干湿状况进行分析，新疆谢尼良诺夫水热系数分布如图 5-10 所示。从图 5-10 中可以看出，塔里木盆地及天山东段主要表现出干旱，而阿尔泰山南麓及天山北麓地区降水量相对丰沛，位于新疆伊犁地区的昭苏是新疆较为湿润的地区。干旱区也主要集中在天山南麓的塔里木盆地一带，而天山南麓山地的一些站点和天山北麓都呈现出半干旱的状态，伊犁河谷地带一些草原地区表现为湿润状态。

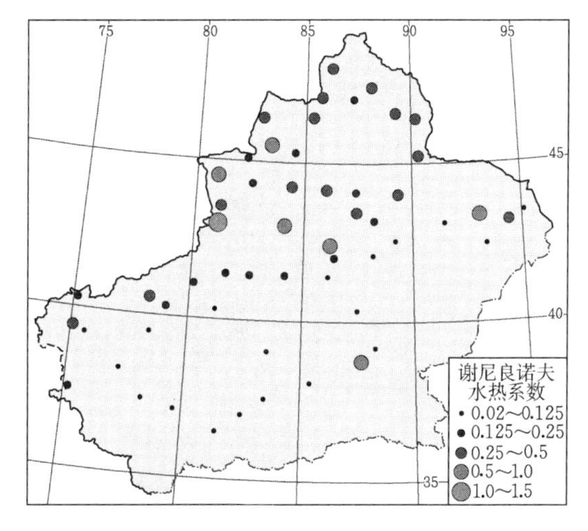

图 5-10 新疆谢尼良诺夫水热系数分布

5.1.6 干燥度指标

降水量与可能蒸发量之比称为干燥度，可能蒸发量与降水量之比称为湿润指数或湿润度，湿润指数和干燥度互为倒数，这样既考虑到水分收入（降水），又考虑到水分支出（蒸发），能定量说明水分的盈亏，是世界上最通行的气候干旱指标。

在气候区划中，中国科学院以谢良尼诺夫提出的水热系数为基础，结合我国情况，提出我国气候区划以干燥度（k）来划分的观点。

k 可以表示为

$$k=E/r=0.16\sum(t/r) \tag{5-6}$$

式中 E——植物生长活跃期间的可能蒸发量；

r——同期的降水量。

可能蒸发量是以日平均气温大于10℃稳定期的积温乘以0.16表示的。干燥度指标见表5-4。

表5-4 干燥度指标

气候类型	干燥度 k	气候类型	干燥度 k
湿润气候	$k<1$	半干旱气候	$1.5\leqslant k<4$
半湿润气候	$1\leqslant k<1.5$	干旱气候	$4\leqslant k$

利用干燥度指数分析新疆地区的干湿特征，可以得到干燥度指标，反映新疆地区的干湿状况，见表5-5。由表5-5可以看出，83.93%的地区均表现出干旱状态，只有位于伊犁河谷附近的昭苏表现为湿润，表现为半干旱的地区除了用谢尼良诺夫水热系数判定的托里、温泉、巴音布鲁克、巴仑台、巴里塘5个半干旱地区，还有位于新疆北部的塔城和和布克赛尔2个站点，虽然干燥度指数判定干旱的程度会比谢尼良诺夫水热系数轻，但是根据干燥度指数的判定结果，其中很多北疆的半干旱地带都被划分为干旱地带，与实际情况不符，因此采用干燥度指数，对旱情的判断结果还是加重的。

表5-5 干燥度指标反映新疆地区的干湿状况

状态划分	干旱	半干旱	半湿润
干燥度	83.93%	14.29%	1.79%

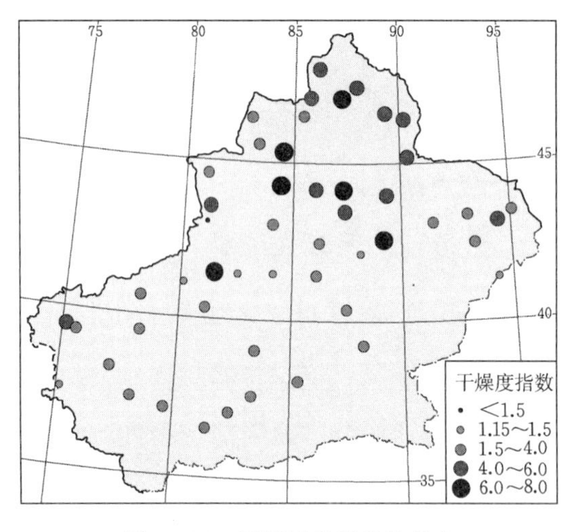

图5-11 新疆干燥度指数分布

由表5-5可以看出，新疆地区总体来说，气候非常干旱，绝大部分地区都属于干旱气候，只有14.29%的地方表现为半干旱，仅1.79%的地方表现为半湿润。新疆干燥度指数分布如图5-11所示。从图5-11可以看出，天山南麓的阿克苏、轮台等地表现为半湿润气候，吐鲁番盆地边缘的于田、民丰等地以及天山东段的七角井、哈密等地表现为半干旱，而北疆准噶尔盆地边缘的克拉玛依、奇台等地及天山中段的乌鲁木齐、吐鲁番等地表现为干旱。可见采用干燥度指数评判的新疆地区的干湿状况北疆较南疆更干旱，但是这与新疆地区的实际情况以及其他各类指标所判定的结果相差较大，不能很好地反映出新疆地区的实际情况，因此，干燥度指数不是很适合判断新疆的干湿状况。

适当的调整干燥度指数，再对新疆的干湿状况进行分析，从图5-11中可以看出，塔里木盆地的塔克拉玛干沙漠边缘地带以及天山东段部分地区表现出干旱，而随着北上，天山北麓以及天山南麓山区地带则逐渐表现为半干旱气候，而且有些地区，如伊宁、昭苏，因其处于伊犁河谷的特殊地形而表现为半湿润的气候特征。

5.1.7 *M* 指标

M 指标是用某一时段的降水量距平值与标准差的百分比来表示。计算公式为

$$M=100(x_i-\overline{x})/\sigma \tag{5-7}$$

式中 M——湿度指标；

σ——标准偏差；

x_i——某一时段的降水量；

$\overline{x}$——降水量多年同期均值。

根据 *M* 值大小，将干旱等级划分为 4 级，见表 5-6。

表 5-6　　　*M* 指标

等级	类型	*M* 值	等级	类型	*M* 值
1	干旱	$-30\leqslant M$	3	中旱	$-150<M\leqslant-80$
2	轻旱	$-80<M\leqslant-30$	4	重旱	$M<-150$

M 指数的干旱等级可用于任一时间尺度。利用 *M* 指数对新疆地区的干湿状况进行分析，新疆地区 *M* 指标判断的旱涝年次数见表 5-7。由表 5-7 可以看出，随着时间序列的增进，20 世纪 50、60 年代干旱发生次数较少，而 70—90 年代，干旱频发，但是到 2000 年之后，干旱发生的频次以及干旱发生的强度都有所下降。新疆地区降水稀少，不能像传统意义上按照降水量的多少来进行判断，而是要根据降水丰枯的程度，判断是否发生了干旱。

表 5-7　　　新疆地区 *M* 指标判断的旱涝年次数

地区		北疆					南疆					东疆				
状态划分		干旱	轻旱	中旱	重旱	总	干旱	轻旱	中旱	重旱	总	干旱	轻旱	中旱	重旱	总
时间	1951—1959 年	72	9	11	3	95	42	20	22	4	88	25	4	5	2	36
	1960—1969 年	106	53	55	23	237	104	56	65	5	230	26	23	17	4	70
	1970—1979 年	105	66	58	11	240	110	53	58	9	230	36	19	12	3	70
	1980—1989 年	122	54	55	9	240	133	45	41	11	230	40	11	15	4	70
	1990—1999 年	163	41	27	9	240	160	38	29	3	230	44	16	8	2	70
	2000—2008 年	166	31	19	0	216	144	32	28	1	205	37	17	10	1	65

北疆地区 *M* 指标干旱等级频率分布图如图 5-12 所示。由表 5-7，结合图 5-12 可以看出，新疆北疆地区的干旱多以发生 *M* 指标旱涝等级中的干旱为主，干旱的发生频率最大，接下来是轻旱，而中旱和重旱的发生频率较低。

南疆地区 M 指标干旱等级频率分布图如图 5－13 所示。由表 5－7，结合图 5－13 可以看出，新疆南疆地区的干旱多以发生 M 指标旱涝等级中的干旱为主，干旱的发生频率最大，接下来是轻旱，而中旱和重旱的发生频率较低。

东疆地区 M 指标干旱等级频率分布图如图 5－14 所示。由表 5－7，结合图 5－14 可以看出，新疆南疆地区的干旱多以发生 M 指标旱涝等级中的干旱为主，干旱的发生频率最大，接下来是轻旱，而中旱和重旱的发生频率较低。

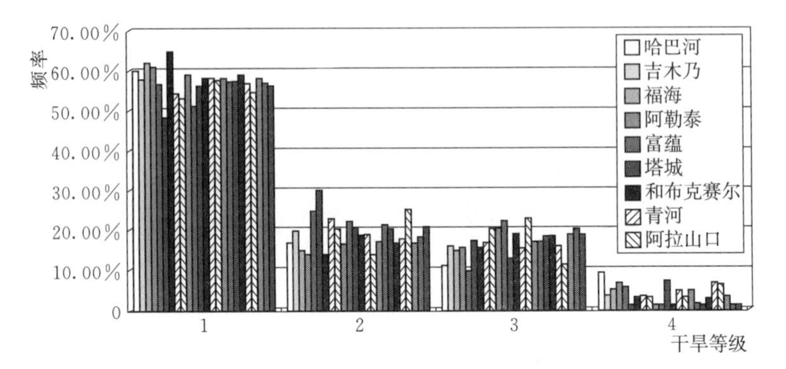

图 5－12　北疆地区 M 指标干旱等级频率分布图

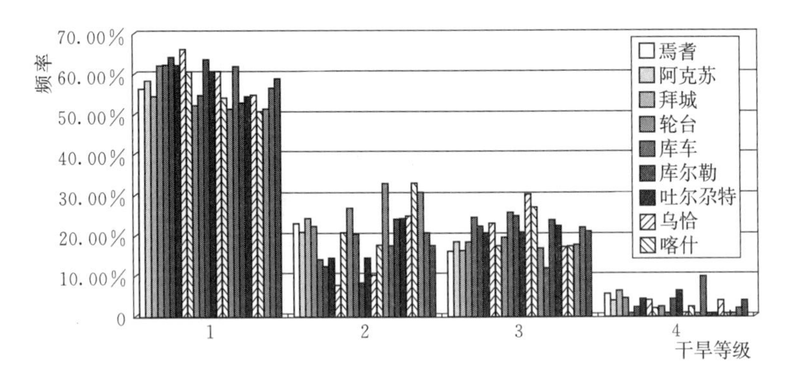

图 5－13　南疆地区 M 指标干旱等级频率分布图

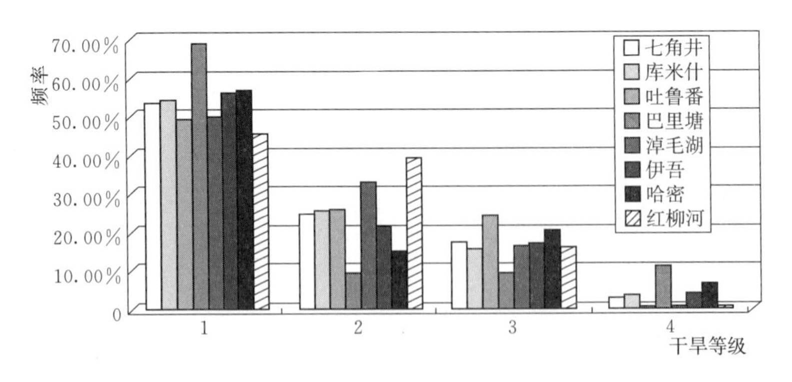

图 5－14　东疆地区 M 指标干旱等级频率分布图

采用 M 指标分析新疆地区的干湿状况，得到北疆与南疆的干旱发生次数和强度都差不多，甚至有时会出现北疆的干旱程度比南疆的干旱程度还要严重，推测可能原因为采用该指标，会把干旱年、轻旱年判断为中旱、重旱年所致，因此总体来说，M 指标的判断还是在一定程度上加重了旱情。

5.1.8 降水距平百分率

降水距平百分率反映了某时段降水与同期平均状态的偏离程度，不同地区不同时期有不同的平均降水量，因此，它是一个具有时空对比性的相对指标，是表征某时段降水量异常的方法之一，能直观反映由降水异常引起的干旱。在我国气象日常业务中，多用于评估月、季、年发生的干旱事件，其计算公式为

$$R=\frac{r-\bar{r}}{\bar{r}}\times 100\% \tag{5-8}$$

式中 r——某时段降水量；

$\bar{r}$——该时段多年平均降水量。

本节旱涝标准根据表 5-8 降水距平百分率指标及新疆短期气候预测的有关规定来划分。

降水距平百分率指标见表 5-8。新疆北疆地区、南疆地区、东疆地区降水距平百分率指标判断的旱涝年次数见表 5-9～表 5-11。

表 5-8 降水距平百分率指标

等级	类型	R 指数值	等级	类型	R 指数值
1	重涝	$80<R$	5	轻旱	$-50<R\leqslant-20$
2	中涝	$50<R\leqslant80$	6	中旱	$-80<R\leqslant-50$
3	轻涝	$20<R\leqslant50$	7	重旱	$R<-80$
4	正常	$-20<R\leqslant20$			

利用降水距平百分率对新疆地区的干湿状况进行分析，结合表 5-9～表 5-11 可以看出，随着时间序列的增进，20 世纪 60 年代干旱发生次数较少，而 70—90 年代，干旱频发，但是到 2000 年之后，干旱发生的频次以及干旱发生的强度都有所下降。而丰水年随着时间序列递增，也就是说，用降水距平百分率进行判断，能够看出，新疆地区的干湿特征中的“干”不论是次数还是程度都是有所下降的，而“湿”则从出现次数以及表现的强度各方面都是增加的。

表 5-9 北疆地区降水距平百分率指标判断的旱涝年次数

时间	状态划分						
	重涝次数	中涝次数	轻涝次数	正常次数	轻旱次数	中旱次数	重旱次数
1962—1969 年	0	0	17	81	51	20	23
1970—1979 年	0	0	12	133	56	27	12
1980—1989 年	0	0	49	109	53	17	12
1990—1999 年	0	0	63	128	32	10	7
2000—2008 年	0	1	57	123	28	6	1

表 5-10　　南疆地区降水距平百分率指标判断的旱涝年次数

时　间	状　态　划　分						
	重涝次数	中涝次数	轻涝次数	正常次数	轻旱次数	中旱次数	重旱次数
1960—1969年	0	2	23	82	42	27	54
1970—1979年	0	4	38	74	40	25	49
1980—1989年	0	18	58	59	26	22	47
1990—1999年	0	11	67	82	31	13	26
2000—2008年	0	11	62	77	23	11	23

表 5-11　　东疆地区降水距平百分率指标判断的旱涝年次数

时　间	状　态　划　分						
	重涝次数	中涝次数	轻涝次数	正常次数	轻旱次数	中旱次数	重旱次数
1960—1969年	0	1	5	23	17	8	16
1970—1979年	0	1	10	29	14	10	6
1980—1989年	0	0	15	27	8	7	13
1990—1999年	0	2	23	22	12	4	7
2000—2008年	0	1	17	21	14	4	8

新疆北疆地区、南疆地区、东疆地区降水距平百分率干旱等级频率分布图如图5-15～图5-17所示。

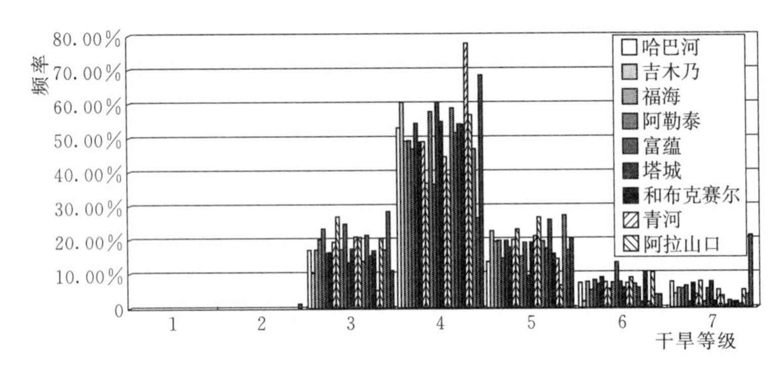

图 5-15　北疆地区降水距平百分率干旱等级频率分布图

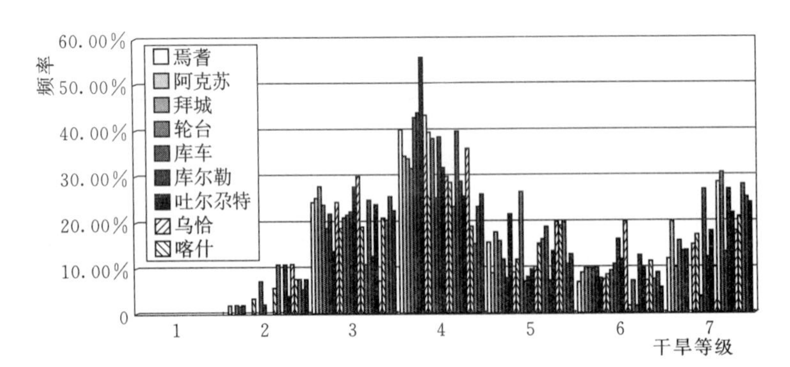

图 5-16　南疆地区降水距平百分率干旱等级频率分布图

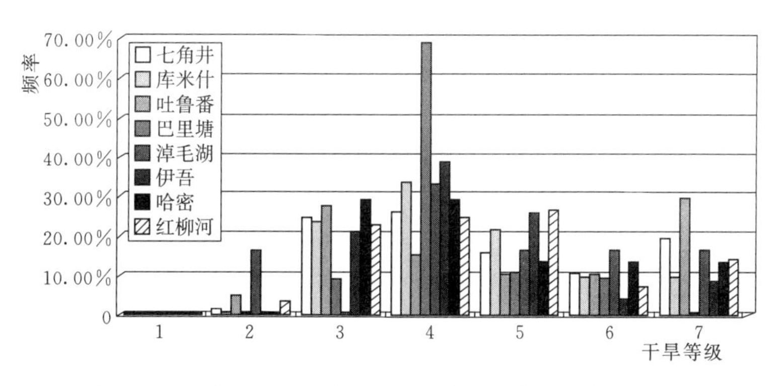

图 5-17 东疆地区降水距平百分率干旱等级频率分布图

由图 5-15 可以看出，用降水距平百分率评判新疆北疆地区绝大部分表现为正常，有少部分会表现出轻微的干、湿情况，偶尔才会发生比较严重的干湿状况。从图 5-15 中也可以得知，北疆地区气候主要表现为“干”，而“湿”的发生频次很少、程度很弱。

由图 5-16 可以看出，用降水距平百分率评判新疆南疆地区绝大部分表现为正常，有少部分会表现出轻微的干、湿情况，偶尔才会发生比较严重的干湿状况。从图 5-16 中也可以得知，南疆地区气候主要表现为“干”，而“湿”的发生频次很少、程度很弱。

结合表 5-9、表 5-10 可以看出，在对“干”的判断上，降水距平百分率的判定结果是南疆地区的干旱程度要强于北疆地区，而在对于“湿”的判断上，表现出南疆地区比北疆地区湿的现象，这与实际情况不符合，因此，降水距平百分率评定新疆的“干”，与实际相符，而对于“湿”的评定并不准确，对于灾情的评判会比实际严重。

由图 5-17 可以看出，用降水距平百分率评判新疆东疆地区绝大部分表现为正常，有少部分会表现出轻微的干、湿情况，偶尔才会发生比较严重的干湿状况。从图 5-17 中也可以得知，东疆地区气候主要表现为“干”，而“湿”的发生频次很少、程度很弱。新疆月降水距平百分率见表 5-12。

表 5-12　　新疆月降水距平百分率

月份	正距平年数	距平值不小于100%的年数	正距平极值	负距平年数	距平值不大于-85%的年数	负距平极值
1	18	3	215.21%	29	1	-85.12%
2	18	3	211.65%	29	0	-81.17%
3	17	6	221.78%	30	1	-88.45%
4	21	2	143.57%	26	0	-80.32%
5	23	1	217.89%	24	0	-64.56%
6	22	1	120.42%	25	0	-70.03%
7	26	0	90.04%	21	0	-59.57%
8	20	2	114.27%	27	0	-73.92%

续表

月份	正距平年数	距平值不小于100%的年数	正距平极值	负距平年数	距平值不大于−85%的年数	负距平极值
9	23	4	181.94%	24	1	−86.37%
10	16	3	463.70%	31	1	−93.32%
11	21	5	227.37%	26	1	−86.64%
12	44	34	817.58%	3	0	−47.24%

选取部分站点1962—2008年的降水资料（这样可以保证所选取的站点都有当年的降水资料，不存在数据缺测），利用月降水距平百分率分析新疆地区的干湿情况，从表5-12中可知1月降水距平百分率为正值的有18年，100%以上的有3年，最多的达到215.12%，负值有29年，距平值不大于−85%的年数有1年。2月降水距平百分率为正值的有18年，100%以上的有3年，最多的达到211.65%，负值有29年。10月降水距平百分率为正值的有16年，100%以上的有3年，最多的达到463.70%，负值有31年，距平值不大于−85%的年数有1年，最多的可达−93.32%。12月降水距平百分率为正值的有44年，100%以上的有34年，最多的达到817.58%，负值有3年，没有距平值不大于−85%的年份。1987年降水最为均匀，降水距平百分率最大，为84.89%。同样通过分析也可以得到，新疆降水量主要集中在4—10月，降水变率为0.54%～4.99%。

新疆地区所选站点的降水距平百分率见表5-13。由表5-13得到，新疆地区年降水相对变率较大，巴仑台、巴音布鲁克、焉耆、阿克苏、吐尔尕特、阿拉尔、若羌、塔什库尔干、民丰、茫崖站点的降水偏丰，偏度为0.51%（阿拉尔）～80.18%（民丰），而其他地区的站点降水均呈现出降水偏枯的现象，偏度为1.68%（昭苏）～60.16%（阿勒泰）。

表5-13　新疆所选站点的降水距平百分率

地点	距平百分率	地点	距平百分率	地点	距平百分率
哈巴河	−47.14%	伊　宁	−23.18%	喀　什	−13.62%
吉木乃	−44.55%	昭　苏	−1.68%	阿合奇	−35.33%
福　海	−42.99%	乌鲁木齐	−44.31%	巴　楚	−36.98%
阿勒泰	−60.16%	巴仑台	3.94%	柯　坪	−19.85%
塔　城	−36.12%	达坂城	−58.81%	阿拉尔	0.51%
和布克赛尔	−6.96%	七角井	−51.38%	铁干里克	20.74%
青　河	−36.56%	库米什	−14.63%	若　羌	−52.03%
阿拉山口	−42.50%	巴音布鲁克	14.49%	塔什库尔干	19.72%
托　里	−29.35%	焉　耆	46.20%	莎　车	−58.37%
克拉玛依	−46.43%	吐鲁番	−16.57%	皮　山	−35.47%
北塔山	−36.37%	阿克苏	31.76%	民　丰	80.18%

续表

地点	距平百分率	地点	距平百分率	地点	距平百分率
温　泉	−14.16%	拜　城	−12.42%	且　末	−28.78%
精　河	−33.35%	轮　台	−50.56%	茫　崖	50.08%
乌　苏	−33.99%	库　车	−25.45%	于　田	−44.44%
石河子	−27.53%	库尔勒	−3.94%	伊　吾	−13.58%
蔡家湖	−28.67%	吐尔尕特	7.61%	哈　密	−27.30%
奇　台	−51.44%	乌　恰	−5.50%	红柳河	−23.86%

5.1.9 温度距平百分率

温度距平百分率反映了某时段温度与同期平均状态的偏离程度，不同地区不同时期有不同的平均气温，因此，与降水距平百分率一样，温度距平百分率也是一个具有时空对比性的相对指标。其计算公式为

$$R=\frac{t-\bar{t}}{t}\times 100\% \tag{5-9}$$

式中　t——某时段气温；

$\bar{t}$——该时段多年平均气温。

温度距平百分率指标见表5-14。新疆北疆地区、南疆地区、东疆地区气温距平百分率指标判断的旱涝年次数见表5-15～表5-17。利用温度距平百分率对新疆地区的干湿状况进行分析，结合表5-14～表5-17可以很明显地看出，北疆地区、南疆地区、东疆地区均呈现出重度干湿状况发生频次很大，而其他轻度干湿状况发生很少的现象，这与实际情况很不相符，不适用于新疆干湿情况的判断。

表5-14　温度距平百分率指标

等级	类型	T指数值	等级	类型	T指数值
1	重涝	$4<T$	5	轻旱	$-2<T\leqslant-1$
2	中涝	$2<T\leqslant4$	6	中旱	$-4<T\leqslant-2$
3	轻涝	$1<T\leqslant2$	7	重旱	$T<-4$
4	正常	$-1<T\leqslant1$			

表5-15　北疆地区气温距平百分率指标判断的旱涝年次数

时　间	状况划分						
	重涝次数	中涝次数	轻涝次数	正常次数	轻旱次数	中旱次数	重旱次数
1962—1969年	68	6	3	1	2	6	106
1970—1979年	41	15	6	17	6	11	144
1980—1989年	88	11	9	14	7	14	97
1990—1999年	152	13	5	6	4	14	46
2000—2008年	183	5	7	3	2	2	14

表 5-16 南疆地区气温距平百分率指标判断的旱涝年次数

时 间	状况划分						
	重涝次数	中涝次数	轻涝次数	正常次数	轻旱次数	中旱次数	重旱次数
1960—1969年	18	11	11	25	19	38	108
1970—1979年	0	22	17	13	37	11	22
1980—1989年	29	22	18	46	18	35	62
1990—1999年	83	30	11	21	15	21	49
2000—2008年	131	26	9	16	3	5	17

表 5-17 东疆地区气温距平百分率指标判断的旱涝年次数

时 间	状况划分						
	重涝次数	中涝次数	轻涝次数	正常次数	轻旱次数	中旱次数	重旱次数
1960—1969年	12	3	2	4	3	5	41
1970—1979年	0	2	0	2	7	1	9
1980—1989年	0	20	8	0	9	3	6
1990—1999年	0	39	6	4	5	4	1
2000—2008年	0	52	6	1	1	2	0

新疆北疆地区、南疆地区、东疆地区气温距平百分率干旱等级频率分布图如图5-18～图5-20所示。

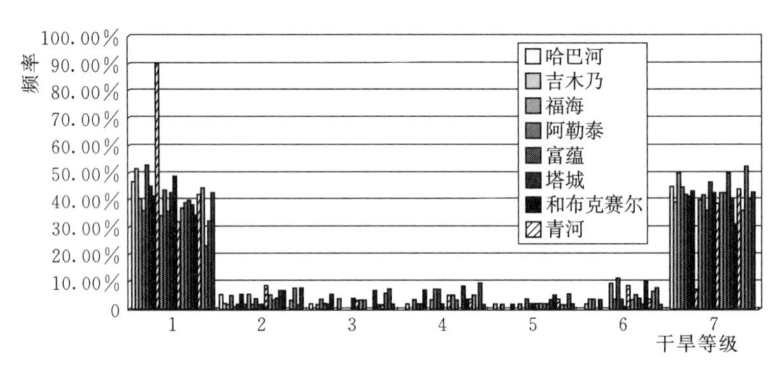

图 5-18 北疆地区气温距平百分率干旱等级频率分布图

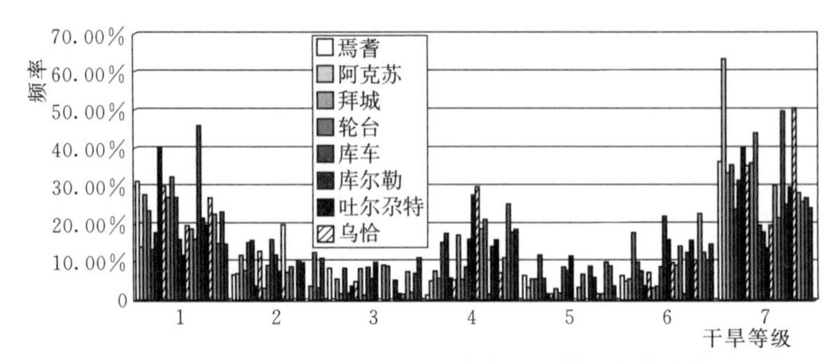

图 5-19 南疆地区气温距平百分率干旱等级频率分布图

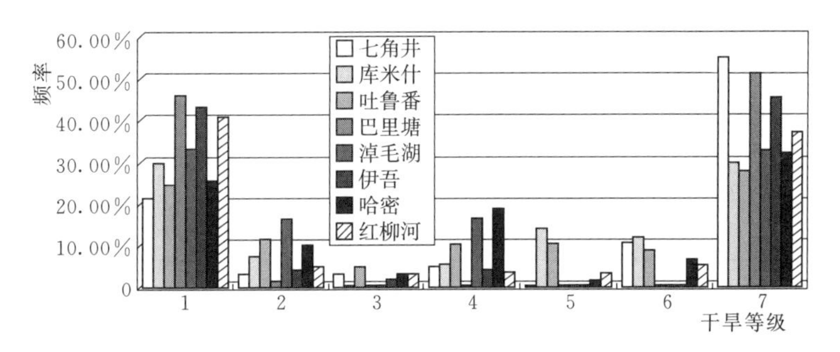

图 5-20 东疆地区气温距平百分率干旱等级频率分布图

由图 5-18 可以看出，用温度距平百分率评判新疆北疆地区的干湿情况，绝大部分表现为极端干湿情况，有极少时候会表现出轻微的干、湿情况甚至正常，与实际不符，可见温度距平百分率不适用于北疆地区干湿特征的评定。

由图 5-19 可以看出，用温度距平百分率评判新疆南疆地区的干湿情况，绝大部分表现为极端干湿情况，有极少时候会表现出轻微的干、湿情况甚至正常，与实际不符，可见温度距平百分率不适用于南疆地区干湿特征的评定。

由图 5-20 可以看出，用温度距平百分率评判新疆东疆地区的干湿情况，绝大部分表现为极端干湿情况，有极少时候会表现出轻微的干、湿情况甚至正常，与实际不符，可见温度距平百分率不适用于东疆地区干湿特征的评定。

5.1.10 标准差指标

徐尔灏于 1950 年，在假定年降雨量服从正态分布的基础上，提出用降雨量的标准差来划分旱涝等级，即

$$K = \frac{r - \bar{r}}{\sigma} \tag{5-10}$$

式中 r——某年降雨量；

$\bar{r}$——多年平均年降雨量；

σ——降雨量的均方差。

标准差指标干旱等级划分见表 5-18。

表 5-18　标准差指标干旱等级

等级	类型	K 指数值	等级	类型	K 指数值
1	大涝	$2<K$	4	旱	$-2<K\leqslant-1$
2	涝	$1<K\leqslant2$	5	大旱	$K<-2$
3	正常	$-1<K\leqslant1$			

新疆北疆地区、南疆地区、东疆地区标准差指标判断的旱涝年次数见表 5-19～表 5-21。利用标准差指标对新疆地区的干湿状况进行分析，结合表 5-18～表 5-21 可以看出，随着时间序列的增进，20 世纪 60—80 年代，干旱频发，但是到 1990 年之后，

干旱发生的频次以及干旱发生的强度都会有所下降。而丰水年则是随着时间序列递增的，也就是说，用标准差进行判断，能够看出，新疆地区的干湿特征中的“干”不论是次数还是轻度都是有所下降的，而“湿”则从出现次数以及表现的强度各方面都是增加的。

表5-19　北疆地区标准差指标判断的旱涝年次数

时　间	状　况　划　分				
	大涝次数	涝次数	正常次数	旱次数	大旱次数
1962—1969年	3	12	118	57	2
1970—1979年	0	11	180	47	2
1980—1989年	9	35	149	46	1
1990—1999年	14	44	155	25	2
2000—2008年	9	37	158	12	0

表5-20　南疆地区标准差指标判断的旱涝年次数

时　间	状　况　划　分				
	大涝次数	涝次数	正常次数	旱次数	大旱次数
1960—1969年	2	9	169	49	1
1970—1979年	6	19	160	44	1
1980—1989年	16	34	135	44	1
1990—1999年	11	41	158	20	0
2000—2008年	12	39	141	13	0

表5-21　东疆地区标准差指标判断的旱涝年次数

时　间	状　况　划　分				
	大涝次数	涝次数	正常次数	旱次数	大旱次数
1960—1969年	0	2	43	14	1
1970—1979年	1	7	45	7	0
1980—1989年	0	6	42	12	0
1990—1999年	4	16	34	6	0
2000—2008年	1	9	40	6	0

结合表5-19～表5-21可以看出，在对“干”的判断上，标准差指标的判定结果是北疆的极端干旱程度要强于南疆，而在对于“湿”的判断上，表现出南疆比北疆“湿”的现象，这与实际情况不符合，因此，标准差在评判极端干湿程度时并不准确，不能很好地适用于新疆干湿特征的分析。

新疆北疆地区、南疆地区、东疆地区标准差指标干旱等级频率分布图如图5-21～图5-23所示。

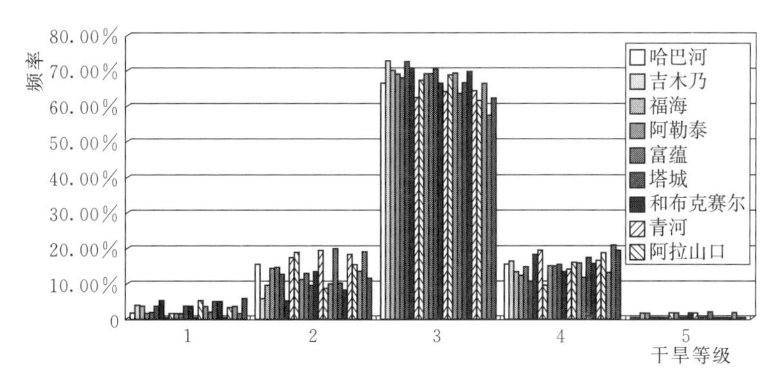

图 5-21 北疆地区标准差指标干旱等级频率分布图

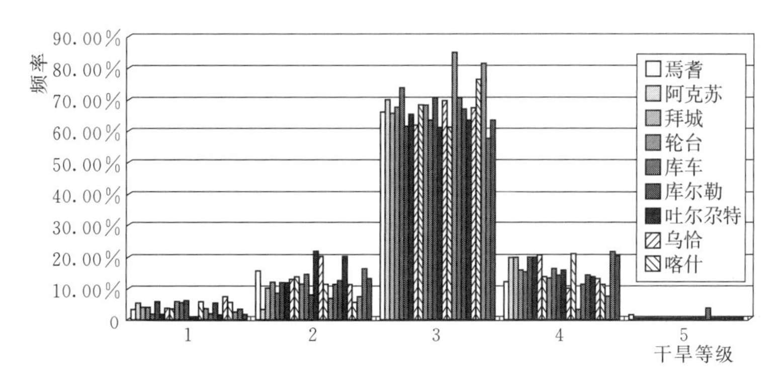

图 5-22 南疆地区标准差指标干旱等级频率分布图

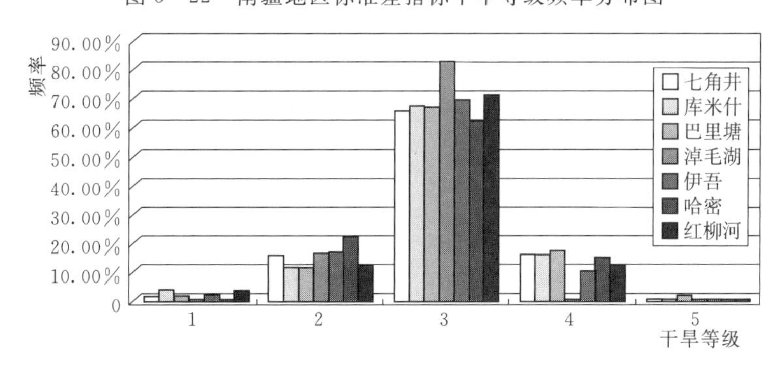

图 5-23 东疆地区标准差指标干旱等级频率分布图

由图 5-21 可以看出，用标准差指标评判北疆地区的干旱，绝大部分表现为正常，有少部分会表现出轻微的干、湿情况，偶尔才会发生比较严重的干湿状况。

由图 5-22 可以看出，用标准差指标评判南疆地区的干旱，绝大部分表现为正常，有少部分会表现出轻微的干、湿情况，偶尔才会发生比较严重的干湿状况。从图 5-22 中也可以得知，南疆地区气候主要表现为“干”，而“湿”的发生频次很少、程度很弱。

由图 5-23 可以看出，用标准差指标评判东疆地区的干旱，绝大部分表现为正常，有少部分会表现出轻微的干、湿情况，偶尔才会发生比较严重的干湿状况。从图 5-23 中也可以得知，东疆地区气候主要表现为“干”，而“湿”的发生频次很少、程度很弱。

5.1.11　*SPI*

SPI 是美国学者 McKee 等在认识到降水不足对地下水、水库蓄水、土壤水、积雪厚度和径流等方面影响差异的基础上开发的。*SPI* 与我国所采用的标准差指数类似，可以认为是标准偏差，即降水值偏离平均值。从应用角度分析，*SPI* 利用变量累计的方法，比简单的百分比法和距平法更能反映一段时间内降水与水资源状态之间的关系，除了农业应用外，还可以在各类水资源的供给与调控管理中应用。

由于不同时间、不同地区降水量变化幅度很大，直接用降水量很难在不同时空尺度上相互比较，而且降水分布是一种偏态分布，不是正态分布，因此在降水分析中，采用 Γ 分布概率来描述降水量的变化，然后再经正态标准化求得 *SPI*。

假设某一时段的降水量为 x，则其 Γ 分布的概率密度函数为

$$g(x)=\frac{1}{\beta^{\alpha}\Gamma(\alpha)}x^{\alpha-1}\mathrm{e}^{-x/\beta}\quad(x>0) \tag{5-11}$$

$$\Gamma(\alpha)=\int_0^{\infty}x^{\alpha-1}\mathrm{e}^{-x}\mathrm{d}x \tag{5-12}$$

式中　α——形状参数；

β——尺度参数；

x——降水量；

$\Gamma(\alpha)$——gamma 函数。

最佳的 α、β 估计值可采用极大似然估计方法求得，即

$$\hat{\alpha}=\frac{1+\sqrt{1+4A/3}}{4A} \tag{5-13}$$

$$\hat{\beta}=\frac{\overline{X}}{\hat{\alpha}} \tag{5-14}$$

$$A=\ln(\overline{x})-\frac{\sum\ln x}{n} \tag{5-15}$$

式中　n——计算序列的长度。

于是，给定时间尺度的累计概率可计算为

$$G(x)=\int_0^{x}g(x)\mathrm{d}x=\frac{1}{\hat{\beta}^{\alpha}\Gamma(\alpha)}\int_0^{x}x^{\alpha-1}\mathrm{e}^{-x/\beta}\mathrm{d}x \tag{5-16}$$

令 $t=x/\hat{\beta}$，式（5－16）可变为不完全的 gamma 方程

$$G(x)=\frac{1}{\Gamma(\hat{\alpha})}\int_0^{x}t^{\hat{\alpha}-1}\mathrm{e}^{-t}\mathrm{d}t \tag{5-17}$$

由于 gamma 方程不包含 $x=0$ 的情况，而实际降水量可以为 0，因此累计概率表示为

$$H(x)=q+(1-q)G(x) \tag{5-18}$$

式中　q——降水量为 0 的概率。

如果 m 表示降水时间序列中降水量为 0 的数量，则 $q=m/n$。

累计概率 $H(x)$ 可以转换为标准正态分布函数。

当 $0<H(x)\leqslant 0.5$ 时

$$Z=SPI=-\left(t-\frac{c_0+c_1t+c_2t^2}{1+d_1t+d_2t^2+d_3t^3}\right) \tag{5-19}$$

$$t=\sqrt{\ln\left[\frac{1}{H(x)^2}\right]} \tag{5-20}$$

当 $0.5<H(x)<1$ 时

$$Z=SPI=-\left(t-\frac{c_0+c_1t+c_2t^2}{1+d_1t+d_2t^2+d_3t^3}\right) \tag{5-21}$$

$$t=\sqrt{\ln\left\{\frac{1}{[1-H(x)]^2}\right\}} \tag{5-22}$$

式中，$c_0=2.515517$；$c_1=0.802853$；$c_2=0.010328$；$d_1=1.432788$；$d_2=0.189269$；$d_3=0.001308$。

据此可以求得 SPI，标准化降水指标 SPI 干旱等级值见表 5-22。

表 5-22　标准化降水指标 *SPI* 干旱等级

等级	类型	*SPI* 指数	等级	类型	*SPI* 指数
1	重涝	$2\leqslant SPI$	5	轻旱	$-1.5\leqslant SPI<-1$
2	中涝	$1.5\leqslant SPI<2$	6	中旱	$-2\leqslant SPI<-1.5$
3	轻涝	$1\leqslant SPI<1.5$	7	重旱	$SPI<-2$
4	正常	$-1\leqslant SPI<1$			

新疆北疆地区、南疆地区、东疆地区 SPI 指标判断的旱涝年次数见表 5-23～表 5-25。利用 SPI 对新疆地区的干湿状况进行分析，结合表 5-23～表 5-25 可以看出，随着时间序列的增进，20 世纪 60—80 年代，干旱频发，但是到 1990 年之后，干旱发生的频次以及干旱发生的强度都会有所下降。而丰水年则是随着时间序列递增的，也就是说，用标准差进行判断，能够看出新疆地区的干湿特征中的“干”不论是次数还是轻度都是有所下降的，而“湿”则从出现次数以及表现的强度各方面都是增加的。不论是对“干”，还是“湿”的判断，SPI 都能很好地适用于新疆地区干湿特征的分析，分析结果与实际相符度高。

表 5-23　北疆地区 *SPI* 判断的旱涝年次数

时　间	状　况　划　分						
	重涝次数	中涝次数	轻涝次数	正常次数	轻旱次数	中旱次数	重旱次数
1962—1969 年	25	62	150	1485	312	144	78
1970—1979 年	21	71	208	1961	318	173	128
1980—1989 年	59	99	210	2004	319	131	58
1990—1999 年	64	133	322	1957	216	116	72
2000—2008 年	79	195	363	1781	132	33	9

表 5-24　　南疆地区 *SPI* 判断的旱涝年次数

时　间	状　况　划　分						
	重涝次数	中涝次数	轻涝次数	正常次数	轻旱次数	中旱次数	重旱次数
1960—1969 年	27	76	210	1966	290	112	59
1970—1979 年	43	102	230	1982	253	109	41
1980—1989 年	76	120	246	1981	223	73	41
1990—1999 年	86	182	309	1897	190	64	20
2000—2008 年	58	145	356	1705	164	42	14

表 5-25　　东疆地区 *SPI* 判断的旱涝年次数

时　间	状　况　划　分						
	重涝次数	中涝次数	轻涝次数	正常次数	轻旱次数	中旱次数	重旱次数
1960—1969 年	8	26	62	589	105	37	13
1970—1979 年	13	25	80	622	67	24	9
1980—1989 年	11	34	74	613	59	29	20
1990—1999 年	29	48	102	584	60	14	3
2000—2008 年	25	45	80	548	88	20	10

新疆北疆地区、南疆地区、东疆地区 *SPI* 干旱等级频率分布图如图 5-24～图 5-26 所示。

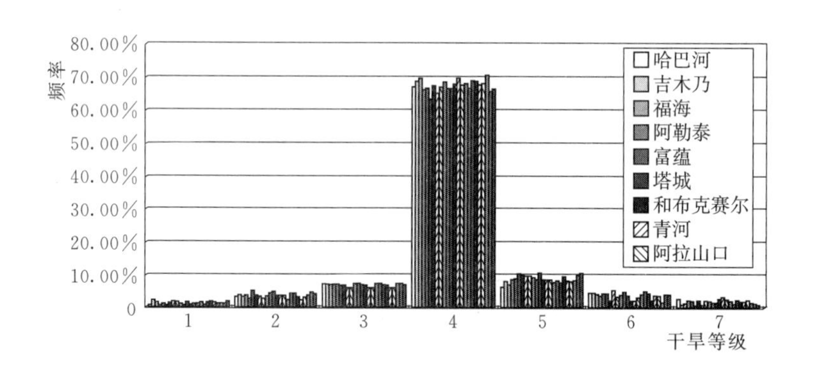

图 5-24　北疆地区 *SPI* 干旱等级频率分布图

由图 5-24 可以看出，用 *SPI* 评判新疆北疆地区的干旱，绝大部分表现为正常，有少部分会表现出轻微的干、湿情况，偶尔才会发生比较严重的极端干湿状况。

由图 5-25 可以看出，用 *SPI* 评判新疆南疆地区的干旱，绝大部分表现为正常，有少部分会表现出轻微的干、湿情况，偶尔才会发生比较严重的极端干湿状况。

由图 5-26 可以看出，用 *SPI* 评判新疆东疆地区的干旱，绝大部分表现为正常，有少部分会表现出轻微的干、湿情况，偶尔才会发生比较严重的极端干湿状况。

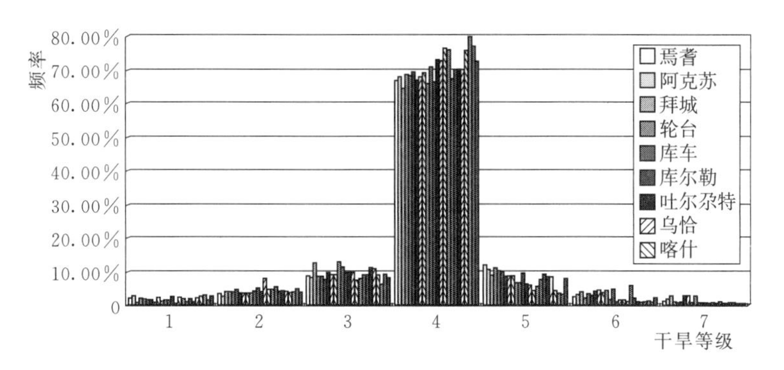

图 5-25　南疆地区 *SPI* 干旱等级频率分布图

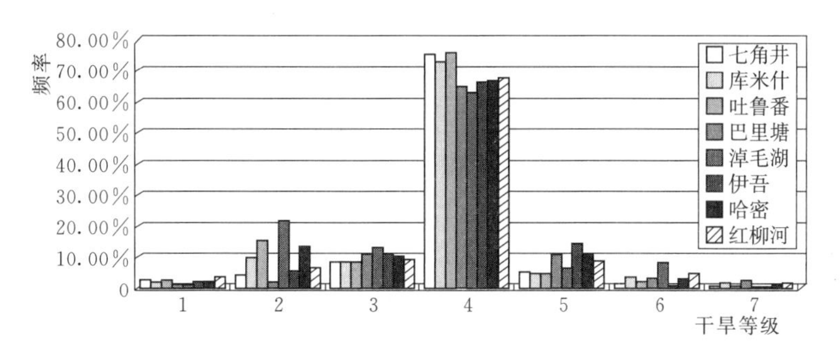

图 5-26　东疆地区 *SPI* 干旱等级频率分布图

基于干旱自身的复杂性和对社会影响的广泛性，在评价干旱程度及其影响时需要了解不同时间尺度上的水分变化。因此分析不同时间尺度上的干旱情况很有必要。*SPI* 具有多时间尺度的特征，不同时间尺度的 *SPI* 可以用于监测不同类型的旱涝，多种时间尺度 *SPI* 的综合应用可实现对旱涝的综合监测评估。分别分析 1 个月、3 个月、6 个月、12 个月、24 个月的 *SPI*，以更好地判断在不同时间尺度上新疆地区的干旱情况。选取部分站点 1962—2008 年的降水资料（这样可以保证所选取的站点都有当年的降水资料，不存在数据缺测），利用不同时间尺度的 *SPI* 来分析新疆地区的干湿情况。

不同时间尺度（*SPI*1、*SPI*3、*SPI*6、*SPI*12、*SPI*24）的 *SPI* 指标如图 5-27～图 5-31 所示。

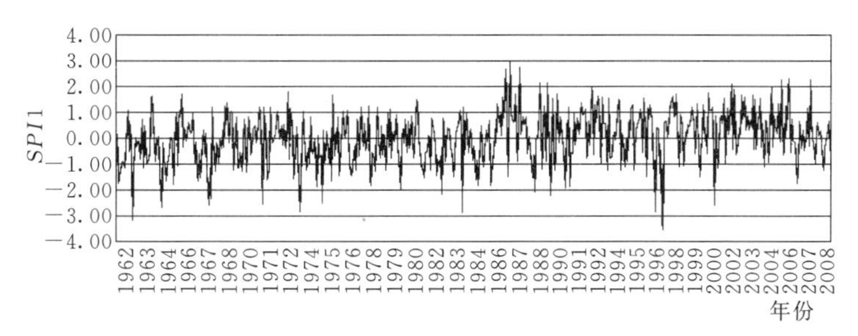

图 5-27　不同时间尺度（*SPI*1）的 *SPI*

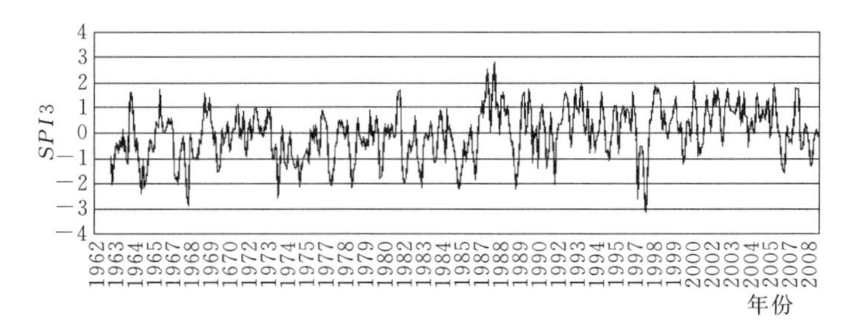

图 5 - 28　不同时间尺度（*SPI*3）的 *SPI*

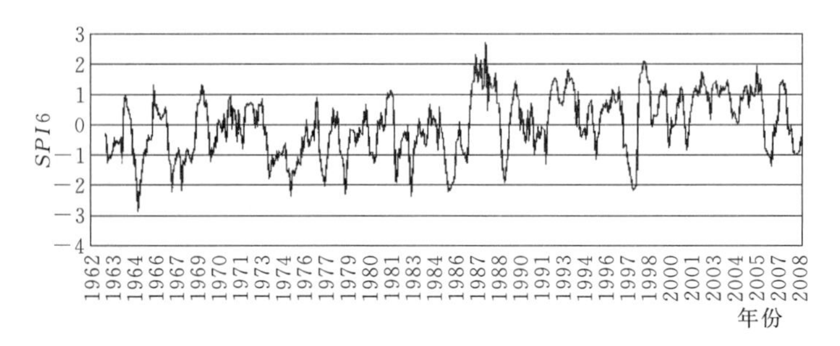

图 5 - 29　不同时间尺度（*SPI*6）的 *SPI*

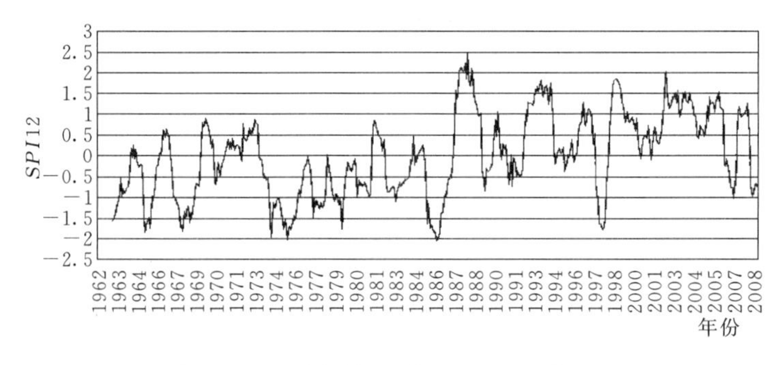

图 5 - 30　不同时间尺度（*SPI*12）的 *SPI*

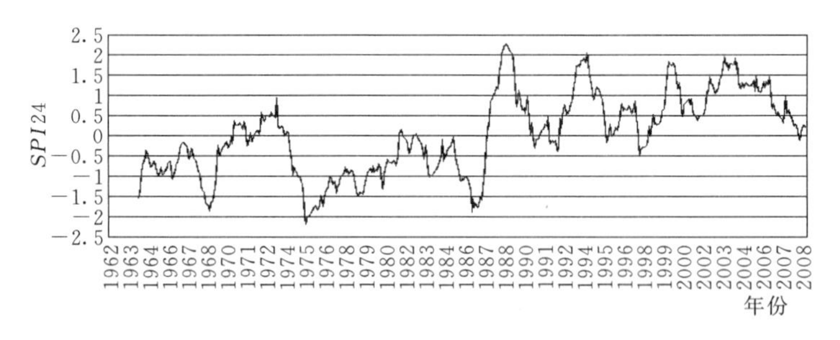

图 5 - 31　不同时间尺度（*SPI*24）的 *SPI*

图 5 - 27 和图 5 - 28 分别为 1 个月的 *SPI*1 和 3 个月的 *SPI*3，由于短时间的 *SPI* 受到短时间降水的影响较大，因此 *SPI* 值在 0 上下波动非常频繁，反映出短时间新疆地区的旱涝变化特征。

随着时间尺度的逐渐增加，6 个月的 *SPI*6，12 个月的 *SPI*12 和 24 个月的 *SPI*24

中，*SPI* 对于短时间段内降水的响应越来越小，变化幅度减小，旱涝变化也逐渐稳定，干湿频率降低，持续时间加长，表现出明显的旱涝周期，呈现出长时间序列下较为明显的旱涝趋势。

据统计资料记载，新疆地区出现“干”的年份主要在1962年、1967年、1968年、1974年、1975年、1985年、1986年，而“湿”主要出现在1987年、1998年、2003年。

根据图5-27～图5-31，*SPI*1表明1962年2—3月、7月，1963年1月、9月，1964年11月，1965年2月、3月、9月、12月，1967年3—4月，1967年11月—1968年2月，1973年12月，1975年5月，1977年4—5月，1978年7—8月，1985年7—9月，2004年6月、10月，2006年9—10月，2007年11月，2008年6月表现为“干”；1962年8月，1964年3—4月，1986年12月，1987年4月、6月、10月，1992年6月、9月，1998年3—5月，2002年1月、4月、6月、7月表现为“湿”。

*SPI*3表明1963年2月、3月，1964年11月—1965年1月，1967年3—7月，1967年12月—1968年2月，1973年12月—1974年1月，1975年5—7月，1977年4—8月，1978年8—12月，1985年6—11月，2006年8—10月，2008年6—8月表现为“干”；1964年4月、5月，1987年2月—1988年2月，1992年6—9月，1998年4—8月，2002年12月—2003年4月，2003年9—11月，2004年3月、12月，2005年1月、2月、8月、10月，2006年1—3月、2007年7—9月表现为“湿”。

*SPI*6表明1963年3—5月，1965年1—6月，1967年4—9月，1968年1—4月，1973年11月—1974年1月，1974年4—5月，1975年2月—1976年1月，1977年5—10月，1978年9月—1979年1月，1985年7月—1986年2月，2006年12月—2007年1月表现为“干”；1987年4月—1988年3月，1988年4—10月，1992年6—11月，1998年4—10月，2002年4—9月，2002年11月—2003年7月，2003年9月—2004年3月，2005年4月、5月、8—11月，2006年1—4月，2007年7—12月表现为“湿”。

*SPI*12表明1963年1—6月表现为“干”，1965年4—10月，1967年8月—1968年12月，1974年5月—1976年4月，1977年6月—1978年4月，1979年3—7月，1985年7月—1986年9月表现为“干”；1987年7月—1989年2月，1992年9月—1994年1月，1998年8月—1999年7月，2002年4月—2003年5月，2003年6月—2004年3月，2005年6月，2005年8月—2006年7月，2007年8—11月，2008年1—3月表现为“湿”。

*SPI*24表明1964年1—3月，1965年5—6月、9月，1966年4—5月，1968年5月—1969年5月，1974年12月—1977年11月，1978年8月—1979年5月，1985年9月—1987年5月，2007年4月表现为“干”；1988年1月—1989年5月，1993年5月—1995年2月，1999年7月—2000年6月，2002年4月—2006年7月表现为“湿”。

通过对不同时间尺度的旱涝情况比较可知，随着时间尺度的延长，同一时段所表现出的旱涝情况也会有较大的差异，旱涝等级会发生变化，而且旱涝的起始和终止时间也会相对后延。这是因为随着分析旱涝时所考虑的时间尺度的延长，前期短时间降水的累积效应会很好地表现出来。

由 $SPI12$ 和 $SPI24$ 可以看出，新疆地区的“干”主要发生在1962年、1963年、1965年、1967—1968年，1974—1975年，1977年、1985—1986年，新疆地区的“湿”主要发生在1987—1988年，1992—1993年，1998年，2002—2003年，与实际情况相符，而且也同新疆地区由冷干向暖湿发展的趋势相符合，随着新疆降雨量增多，旱情的发生有所缓和，而洪涝灾害的发生频率有上升趋势。

5.1.12 I_S

I_S实际上就是降水标准化变量与温度标准化变量之差，即

$$I_S=\frac{R-\overline{R}}{\sigma_R}-\frac{T-\overline{T}}{\sigma_T} \tag{5-23}$$

式中 R——某时段降水量；

$\overline{R}$——多年平均降水量；

σ_R——降水量均方差；

T——某时段平均气温；

$\overline{T}$——多年平均气温；

σ_T——气温均方差。

I_S考虑了气温对干旱发生的影响，一般地，在其他条件相同时，高温有利于地面蒸发；反之则不利于蒸发，因此当降水减少时，高温将加剧干旱的发展或导致异常干旱，反之将抑制干旱的发生与发展，这从气温对干旱的影响物理机制上讲完全正确。但气温对干旱的影响程度随地区和时间有所不同，因此在运用 I_S指标时，应对温度影响项加适当权重。

I_S绝对值大的负、正值分别相应于高温少雨和低温多雨两种气候异常状态，这意味着 T 与 R 必须负相关，I_S才有意义。降水温度均一化指标干旱等级见表5-26。

表5-26 降水温度均一化指标干旱等级

等级	类型	I_S指数	等级	类型	I_S指数
1	重涝	$3.25\leqslant I_S$	5	轻旱	$-1.6\leqslant I_S<-0.85$
2	中涝	$1.6\leqslant I_S<3.25$	6	中旱	$-2.25\leqslant I_S<-1.6$
3	轻涝	$0.85\leqslant I_S<1.6$	7	重旱	$I_S<-2.25$
4	正常	$-0.85\leqslant I_S<0.85$			

新疆北疆地区、南疆地区、东疆地区降水温度均一化指标判断的旱涝年次数见表5-27～表5-29。利用 I_S对新疆地区的干湿状况进行分析，结合表5-27～表5-29可以看出，随着时间序列的增进，20世纪60年代干旱发生次数较少，而从70年代开始直到现在，干旱频发，干旱发生的频次以及干旱发生的强度都会有所上升。而丰水年则是随着时间序列递减的，也就是说，用 I_S进行判断，能够看出，新疆地区干湿特征中的“干”不论是次数还是程度都是有所上升的，而“湿”则从出现次数以及表现的强度

各方面都呈现出下降的趋势。

表 5-27 北疆地区降水温度均一化指标判断的旱涝年次数

时间	状况划分						
	重涝次数	中涝次数	轻涝次数	正常次数	轻旱次数	中旱次数	重旱次数
1962—1969 年	6	29	16	74	31	26	10
1970—1979 年	1	17	34	137	41	8	2
1980—1989 年	7	30	23	111	37	16	16
1990—1999 年	0	30	29	94	44	23	20
2000—2008 年	0	6	19	104	43	27	17

表 5-28 南疆地区降水温度均一化指标判断的旱涝年次数

时间	状况划分						
	重涝次数	中涝次数	轻涝次数	正常次数	轻旱次数	中旱次数	重旱次数
1960—1969 年	1	24	36	133	25	5	5
1970—1979 年	6	26	30	115	38	11	4
1980—1989 年	3	34	33	103	35	15	7
1990—1999 年	5	24	37	76	46	27	15
2000—2008 年	1	12	21	72	46	28	25

表 5-29 东疆地区降水温度均一化指标判断的旱涝年次数

时间	状况划分						
	重涝次数	中涝次数	轻涝次数	正常次数	轻旱次数	中旱次数	重旱次数
1960—1969 年	1	8	10	36	9	4	2
1970—1979 年	1	10	11	44	4	0	0
1980—1989 年	1	9	6	28	20	5	1
1990—1999 年	1	5	8	33	12	8	3
2000—2008 年	0	3	4	16	15	15	12

新疆北疆地区、南疆地区、东疆地区 I_S干旱等级频率分布图如图 5-32～图 5-34 所示。

由图 5-32 可以看出，用 I_S评判新疆北疆地区的干旱，绝大部分表现为正常，有少部分会表现出轻微的干、湿情况，偶尔才会发生比较严重的干湿状况。从图 5-32 中也可以得知，北疆地区气候主要表现为“干”，而“湿”的发生频次很少、程度不强。

由图 5-33 可以看出，用 I_S评判新疆南疆地区的干旱，绝大部分表现为正常，有少部分会表现出轻微的干、湿情况，偶尔才会发生比较严重的干湿状况。从图 5-33 中也可以得知，北疆地区气候主要表现为“干”，而“湿”的发生频次很少、程度不强。

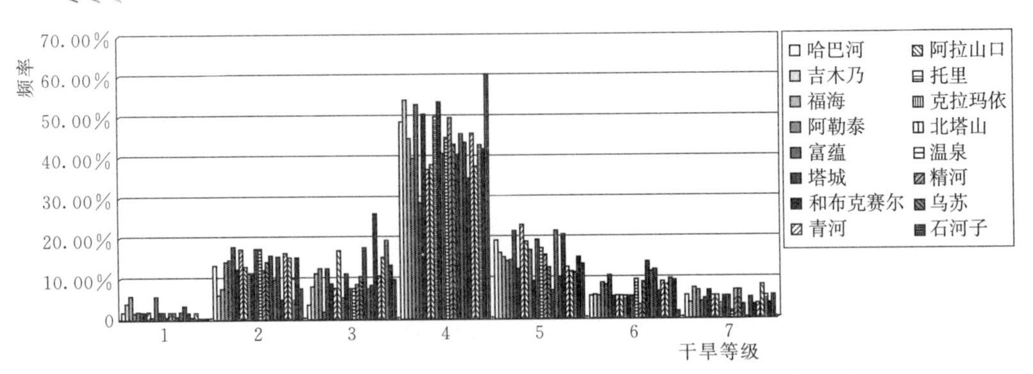

图5-32 新疆北疆地区降水温度均一化指标干旱等级频率分布图

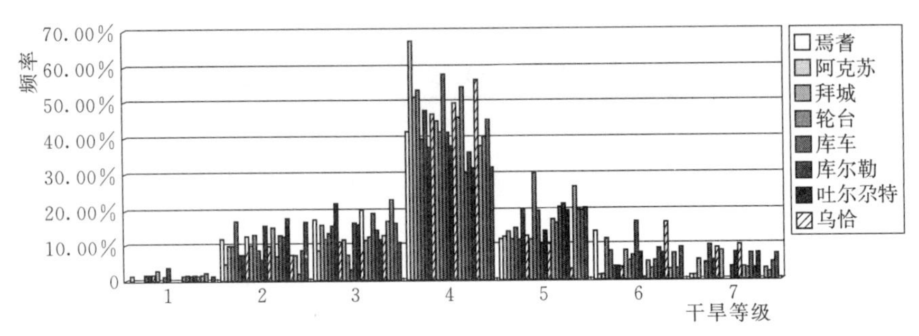

图5-33 新疆南疆地区降水温度均一化指标干旱等级频率分布图

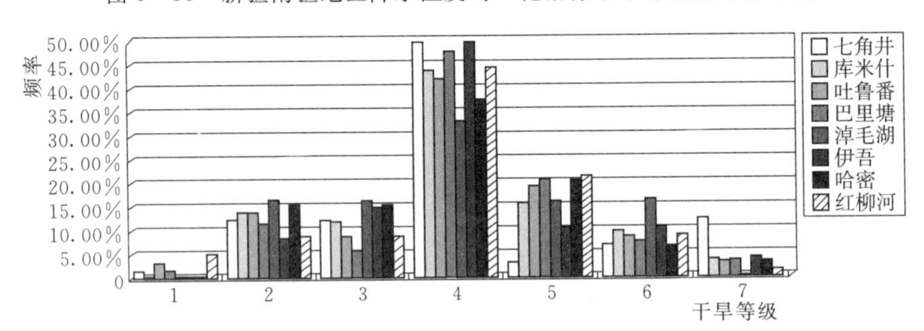

图5-34 新疆东疆地区降水温度均一化指标干旱等级频率分布图

结合表5-27、表5-28可以看出，在对“干”的判断上，I_S的判定结果是南疆地区的干旱程度要强于北疆地区，而在对于“湿”的判断上，也表现出北疆地区比南疆地区湿的现象，这与实际情况符合，因此，不论是对“干”，还是“湿”的判断，I_S都能很好地适用于新疆地区干湿特征的分析，分析结果能较好地符合实际情况，但是其有一个缺点就是它在处理长时间序列上，并不如 *SPI* 指标效果那么好。

由表5-29结合图5-34可以看出，用I_S评判南疆地区的干旱，绝大部分表现为正常，有少部分会表现出轻微的干、湿情况，偶尔才会发生比较严重的干湿状况。还可以得知，北疆地区气候主要表现为“干”，而“湿”的发生频次很少、程度不强。

5.1.13 *Z* 指标

由于某一时段的降水量一般并不服从正态分布，假设降水量服从 Person Ⅲ 型分

布，其概率密度分布为

$$P(x)=[\beta\Gamma(\gamma)]^{-1}[(x-\alpha)/\beta]^{\gamma-1}e^{-(x-\alpha)/\beta} \tag{5-24}$$

对降水量 x 进行正态化处理，将概率密度函数 Person Ⅲ型分布转换为以 Z 为变量的标准正态分布，其公式为

$$Z=\frac{6}{C_S}\left(\frac{C_S}{2}\varphi+1\right)^{1/3}-\frac{6}{C_S}+\frac{C_S}{6} \tag{5-25}$$

式中 C_S——偏态系数，为标准化变量。

C_S可由降水资料序列计算求得，即

$$C_S=\frac{\sum_{i=1}^{n}(x_i-\bar{x})^3}{n\sigma^3} \quad \varphi_i=\frac{x_i-\bar{x}}{\sigma} \tag{5-26}$$

$$\sigma=\sqrt{\frac{1}{n}\sum_{i=1}^{n}(x_i-\bar{x})^2},\quad \bar{x}=\frac{1}{n}\sum_{i=1}^{n}x_i \tag{5-27}$$

根据 Z 变量的正态分布曲线，划分为 7 个等级，并确定其相应的 Z 界限值，Z 指标干旱等级见表 5-30。

表 5-30 **Z 指标干旱等级**

等级	类型	Z 值	等级	类型	Z 值
1	重涝	$1.645<Z$	5	轻旱	$-1.037<Z\leqslant-0.542$
2	中涝	$1.037<Z\leqslant1.645$	6	中旱	$-1.645<Z\leqslant-1.037$
3	轻涝	$0.542<Z\leqslant1.037$	7	重旱	$Z\leqslant-1.645$
4	正常	$-0.542<Z\leqslant0.542$			

选取部分站点 1962—2008 年的降水资料（这样可以保证所选取的站点都有当年的降水资料，不存在数据缺测），利用 SPI、I_S以及 Z 指标来对比分析新疆地区的旱涝情况如图 5-35 所示。

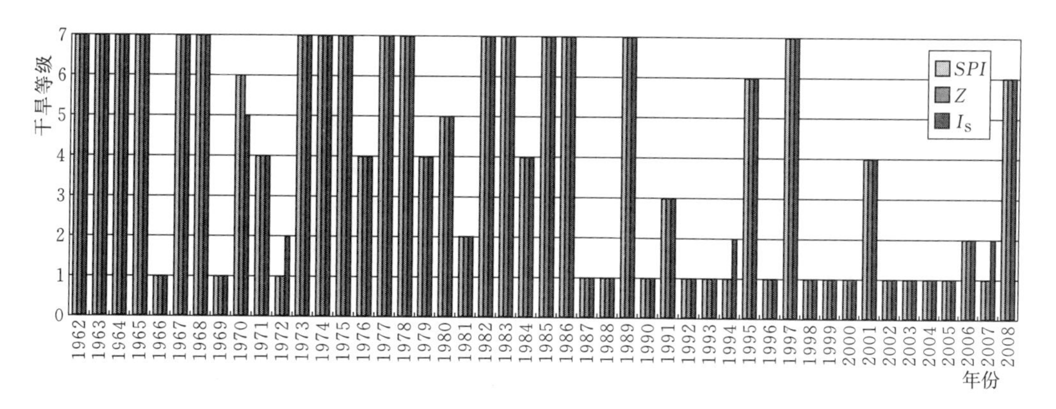

图 5-35 利用 SPI、I_S及 Z 指标判定出的新疆地区旱涝情况

相比而言，SPI 是根据降水量的概率分布计算累积概率，然后再转化成标准正态分布而得，与 Z 指标相比具有优良的计算稳定性，较好地符合实际降水的变化趋势，

明显地反映了旱涝程度。

由图5-35可以看出，*SPI*、*Z*指标、I_S指数在新疆干旱的判定上很符合，都可以有效地用来分析新疆地区的干旱状况，但是*SPI*与*Z*指标判定结果之间的一致性更好一些。经过判定，在1962—2008年间，1962—1965年，1967—1968年，1974—1975年，1977年、1985—1986年常发生干旱，20世纪80年代以后新疆极端降水事件显著增多、降水量明显增加。因此，新疆地区的洪涝主要发生在1987—1988年，1992—1993年，1998年，2002—2003年，可以看出1987年以前，多发生干旱，发生干旱的年份达到18年，占69.23%，而1987年以后，则多发生洪涝，发生洪涝的年份达到了17年，占81%。可以看出新疆地区由少雨向多雨转变的趋势。

*SPI*与*Z*指标之间的相关系数达到1，它们所分析的情况更能真实地反映出新疆地区的旱涝情况，说明在我国常采用的*SPI*与*Z*指标也同样能够很好地适用于新疆地区干旱情况的分析与判断。

*SPI*和*Z*指标在计算时把相同月份的降水量作为一个序列来衡量，某月的旱涝程度是与长时间序列的平均水平相比较得出的，某月的降水量较大则对应的指标值也较大（趋向于湿润）；反之对应的指标值也较小（趋向于干旱）。相比而言，*SPI*是根据降水量的概率分布计算累积概率，然后再转化成标准正态分布而得，与*Z*指标相比具有优良的计算稳定性，很好地符合实际降水的变化趋势，明显地反映了旱涝程度。对*SPI*与*Z*指标进行比较可以看出：

（1）*SPI*和*Z*指标的计算只需要降水作为输入量，资料容易获取，也避免了机理模型繁杂的计算和大量经验性的参数输入，同时又抓住了反映干旱的主项：降水。而且由于不涉及具体的干旱机理，其时空适应性强，克服了机理性干旱指标因为寒冷、地形、土壤类型等因素所造成的使用上的制约。

（2）*SPI*和*Z*指标两者用非正态分布拟合某一时段的降水量，再经过正态化处理，在计算原理上具有一定的相似性，这也是两者在全国不同气候区域评价旱涝等级时得到一致性极显著的原因，也显示了在一定程度上两者的可替代性。但是这两种指标在计算过程中采取不同的技术路线，因而对于旱涝程度的衡量效果不尽相同。*Z*指标是把概率密度函数直接标准化，其中涉及偏态系数、标准变量等参数，表明*Z*指标的大小不仅与降水量有关，还与降水的时空分布有关。*SPI*则是通过概率密度函数求解累积概率，再将累积概率标准化，计算过程中没有涉及与降水量的时空分布特性有关的参数，降低了指标值计算的时空变异，对不同时空的旱涝状况都有良好的反映。通过对*SPI*和*Z*指标的对比分析发现，与*Z*指标相比，*SPI*具有更加优越的计算稳定性。

（3）*SPI*同*Z*指标一样存在因不涉及干旱机理而产生的不足。首先，由于*SPI*的计算特性，不同地点的干旱等级频度相同，即假定了所有地点发生旱涝极端事件的概率相同，无法标识旱涝频发地区。其次，除由于降水偏少影响以外，气候变暖蒸发加大也是造成干旱的重要因素，而*SPI*没有考虑气温、蒸发对干旱的影响。最后，*SPI*值的计算是建立在长时间序列基础上的，其单月值是在该时间序列同一时期平均水平上的反映。

（4）由于 *SPI* 多时间尺度的特性，从而使得用同一个干旱指标反映不同时间尺度和不同方面的水资源状况成为可能。而且，*SPI* 可以直接区分引起干旱的两种直接原因：土壤水分亏缺和用于补给的水分亏缺。

SPI 计算简单易行，资料容易获取，同时在各个地区和各个时段都具有良好的计算稳定性，能有效地反映旱涝状况，优于在我国有成熟应用的 *Z* 指标。而且还具有优越的多时间尺度应用特性，可以满足不同地区、不同应用的需求，因而可以为我国的水资源评估和不同时间尺度的干旱监测服务。

各种干旱指标在分析新疆干旱时所得到的各旱涝等级频率如图 5－36 所示。由图 5－36 可以看出，在分析新疆地区的干旱程度时，虽然三种指标之间都存在差异，但是都表明新疆大多年份的旱涝等级都是在正常水平内，只有少数情况会出现重旱或重涝，由上面的分析可知，新疆在逐步从干冷走向暖湿，但就目前的统计资料来看，新疆地区的干湿状况发生“干”的情况远远要多于发生“湿”的情况。

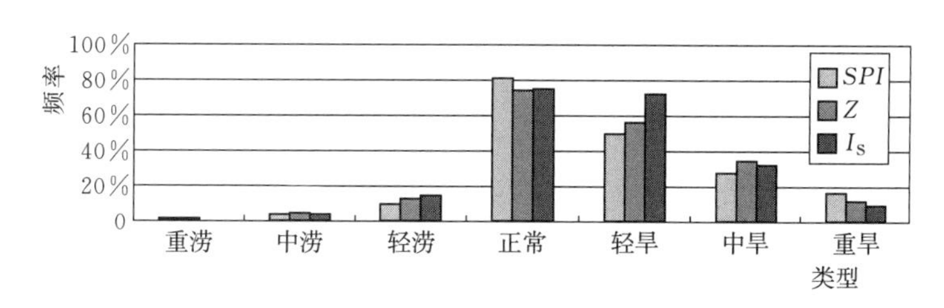

图 5－36　各种干旱指标在分析新疆干旱时所得到的各旱涝等级频率

5.2 干旱评估标准

《气象干旱等级》（GB/T 20481—2006）规定了以下五个气象干旱指数的干旱等级标准：降水量距平百分率（P_a）、相对湿润度指数（*M*）、标准化降水指标（*SPI*）、土壤相对湿度干旱指数（*R*）、帕默尔干旱指数（*X*）。不同气象干旱指标具有不同的特点，结合各指标应用的广泛程度和成熟程度，以及掌握的气象资料和上文的分析计算，选择 *SPI*、中国 *Z* 干旱指标和降水量距平百分率（P_a）作为北疆干旱评估标准。

5.2.1 *SPI*

SPI 由 Mckee 等于 1993 年提出，能从不同时间尺度评价干旱。由于 *SPI* 具有资料获取容易，计算简单，能够在不同地方进行干旱程度对比等优点，从而得到广泛应用。

由于降水量分布一般不是正态分布，而是一种偏态分布。因此在进行降水分析和干旱监测、评估中，采用 Γ 分布概率来描述降水量的变化。*SPI* 就是在计算出某时段内降水量的 Γ 分布概率后，再进行正态标准化处理，最终用标准化降水累积频率分布来划分干旱等级。

标准化降水指标的计算步骤为：

（1）假设某时段降水量为随机变量 x，则其 Γ 分布的概率密度函数为

$$f(x)=\frac{1}{\beta^{\gamma}\Gamma(x)}x^{\gamma-1}\mathrm{e}^{-x/\beta}\quad(x>0) \tag{5-28}$$

式中 β——尺度参数，$\beta>0$；

γ——形状参数，$\gamma>0$。

β 和 γ 可用极大似然法求得。

确定概率密度函数中的参数后，对于某一年的降水量 x_0，可求出随机变量 x 小于 x_0 的时间概率为

$$F(x<x_0)=\int_0^{\infty}f(x)\mathrm{d}x \tag{5-29}$$

（2）降水量为0时的事件概率为

$$F(x=0)=\frac{m}{n} \tag{5-30}$$

式中 m——降水量为0的样本数；

n——总样本数。

（3）对 Γ 分布概率进行正态标准化处理，得到

$$F(x<x_0)=\frac{1}{\sqrt{2\pi}}\int_0^{\infty}\mathrm{e}^{-Z^2/2}\mathrm{d}x \tag{5-31}$$

对式（5-30）进行近似求解可得

$$\left.\begin{aligned}Z&=S\,\frac{t-(c_2t+c_1)t+c_0}{[(d_3t+d_2)t+d_1]t+1}\\t&=\sqrt{\ln\frac{1}{F^2}}\end{aligned}\right\} \tag{5-32}$$

当 $F>0.5$，$S=1$，当 $F\leqslant0.5$，$S=-1$。

其中，$c_0=2.515517$；$c_1=0.802853$；$c_2=0.010328$；$d_1=1.432788$；$d_2=0.189269$；$d_3=0.001308$。

求得的 Z 值就是 SPI。

得到 SPI 后，可根据 SPI 确定干旱等级。目前 SPI 干旱等级大致有三种分类方法。表5-30是Mckee提出的干旱等级划分，在国际领域得到广泛应用。表5-31的划分在国内研究中使用较多。表5-32是GB/T 20481—2006中的 SPI 干旱等级，其划分与Mckee的等级划分基本相似，只有轻旱等级划分不同，$SPI>-0.5$ 划分为无旱等级。随着新疆经济的发展，耕地面积不断增加，农业需水量也相应增加，历史上同样的缺水程度，其造成灾害的面积和程度将会随之增大。考虑到新疆经济现状及发展趋势，农业用水增加情况，结合GB/T 20481—2006的 SPI 干旱等级划分标准，把 $-0.5\leqslant SPI\leqslant0$ 也划分为轻度干旱，也就是采用Mckee的干旱等级划分方法，见表5-33。

表 5-31 **SPI 干旱等级 1**

SPI	干旱等级	发生概率	*SPI*	干旱等级	发生概率
(−1.0，0]	轻度干旱	0.341	(−2.0，−1.5]	重度干旱	0.044
(−1.5，−1.0]	中度干旱	0.092	≤2.0	极端干旱	0.023

表 5-32 **SPI 干旱等级 2**

SPI	干旱等级	发生概率	*SPI*	干旱等级	发生概率
(−1.0，0]	正常	0.341	(−2.0，−1.5]	中度干旱	0.044
(−1.5，−1.0]	轻度干旱	0.092	≤2.0	重度干旱	0.023

表 5-33 **SPI 干旱等级 3**

SPI	干旱等级	发生概率	*SPI*	干旱等级	发生概率
>−0.5	无旱	0.192	(−2.0，−1.5]	重旱	0.044
(−1.0，−0.5]	轻旱	0.150	≤2.0	特旱	0.023
(−1.5，−1.0]	中旱	0.092			

5.2.2 中国 *Z* 干旱指数

中国 *Z* 干旱指数由鞠笑生等于 1997 年提出，其特点与计算方法与 *SPI* 相近。

由于降水量分布一般不是正态分布，而是一种偏态分布。因此在进行降水分析和干旱监测、评估中，采用 Pearson Ⅲ分布概率来描述降水量的变化。*SPI* 就是在计算出某时段内降水量的 Pearson Ⅲ分布概率后，再进行正态标准化处理，最终用标准化降水累积频率分布来划分干旱等级。

SPI 的计算步骤为：

(1) 假设某时段降水量为随机变量 x，则其 Pearson Ⅲ分布的概率密度函数如下

$$f(x)=\frac{\beta}{\Gamma(x)}(x-a)^{\alpha-1}e^{-\beta,(x-a)},\quad x>0 \tag{5-33}$$

式中 α、β、a——Pearson Ⅲ的三个参数。

确定概率密度函数中的参数后，对于某一年的降水量 x_0，可求出随机变量 x 小于 x_0 的时间概率为

$$F(x<x_0)=\int_0^{\infty}f(x)\mathrm{d}x \tag{5-34}$$

(2) 降水量为 0 时的事件概率为

$$F(x=0)=\frac{m}{n} \tag{5-35}$$

式中 m——降水量为 0 的样本数；

n——总样本数。

(3) 对 Pearson Ⅲ分布概率进行正态标准化处理为

$$F(x < x_0) = \frac{1}{\sqrt{2\pi}}\int_0^{\infty} e^{-Z^2/2}dx \tag{5-36}$$

对式（5-35）进行求解可得

$$Z = \frac{6}{C_S}\left|\frac{C_S}{2}\Phi_i + 1\right|^{\frac{1}{3}} - \frac{6}{C_S} + \frac{C_S}{6} \tag{5-37}$$

$$C_S = \frac{\sum_{i=1}^{n}(X_i - \overline{X})^3}{n\sigma^3}$$

$$\Phi_i = \frac{X_i - \overline{X}}{\sigma}$$

$$\sigma = \sqrt{\frac{1}{n}\sum_{i=1}^{n}(X_i - \overline{X})^2}$$

$$\overline{X} = \frac{1}{n}\sum_{i=1}^{n}X_i$$

式中 C_S——偏态系数；

Φ_i——标准变量。

求得的 Z 值就是中国 Z 干旱指标。

根据中国 Z 干旱指标的正态分布曲线，划分干旱等级并确定其相应的 Z 界限值，中国 Z 干旱指标干旱等级见表5-34。

表5-34 中国Z干旱指标干旱等级

Z 值	干旱等级	Z 值	干旱等级
(−0.842，0]	接近正常	(−1.645，−1.037]	大旱
(−1.037，−0.842]	偏旱	≤−1.645	极旱

5.2.3 降水量距平百分率 P_a

降水量距平百分率 P_a 计算简单，具有较长的使用历史，得到广泛应用。

降水量距平百分率是表征某时段降水量较常年值偏多或偏少的指标之一，能直观反映降水异常引起的干旱；在气象日常业务中多用于评估月、季、年发生的干旱时间。降水量距平百分率等级适合于半湿润、半干旱地区平均气温高于10℃的时段。

某时段 P_a 可计算为

$$P_a = \frac{P - \overline{P}}{\overline{P}} \times 100\% \tag{5-38}$$

式中 P——某时段降水量，mm；

$\overline{P}$——计算时段同期气候平均降水量，mm。

$$\overline{P} = \frac{1}{n}\sum_{i=1}^{n}P_i \tag{5-39}$$

式中 n——年数，$n=1\sim30$。

GB/T 20481—2006 中，降水量距平百分率干旱等级按月尺度、季尺度和年尺度划分，每个尺度划分为 5 个干旱等级，见表 5-35。

表 5-35 降水量距平百分率干旱等级划分表

等级	类型	降水量距平百分率/%		
		月尺度	季尺度	年尺度
1	无旱	$-40<P_a$	$-25<P_a$	$-15<P_a$
2	轻旱	$-60<P_a\leqslant-40$	$-50<P_a\leqslant-25$	$-30<P_a\leqslant-15$
3	中旱	$-80<P_a\leqslant-60$	$-70<P_a\leqslant-50$	$-40<P_a\leqslant-30$
4	重旱	$-95<P_a\leqslant-80$	$-80<P_a\leqslant-70$	$-45<P_a\leqslant-40$
5	特旱	$P_a\leqslant-95$	$P_a\leqslant-80$	$P_a\leqslant-45$

5.2.4 相对湿润度指数 M

相对湿润度指数是表征某时段降水量与蒸发量之间平衡的指标之一。本等级标准反映作物生长季节的水文平衡特征，适用于作物生长季节旬以上尺度的干旱监测和评估。

相对湿润度指数计算公式为

$$M=\frac{P-PE}{PE} \tag{5-40}$$

式中 P——某时段的降水量，mm；

PE——某时段的可能蒸散量，mm，用 FAO Penman - Moteith 或 Thornthwaite 方法计算。

Thornthwaite 方法是求解可能蒸散量的经验公式。该方法的主要特点是以月平均温度为主要依据，并考虑纬度因子（日照长度）建立的经验公式，需要输入的因子少，计算方法简单，具体公式为

$$PE_m=16.0\times\left(\frac{10T_i}{H}\right)^A \tag{5-41}$$

式中 PE_m——可能蒸散量，是指月可能蒸散量，mm/月；

T_i——月平均气温，℃；

H——年热量指数；

A——常数。

各月热量指数 H_i 计算公式为

$$H_i=\left(\frac{T_i}{5}\right)^{1.514} \tag{5-42}$$

年热量指数 H 的计算公式为

$$H = \sum_{i=1}^{12} H_i = \sum_{i=1}^{12} \left(\frac{T_i}{5}\right)^{1.514} \tag{5-43}$$

常数 A 的计算公式为

$$A = 6.75 \times 10^{-7} H^3 - 7.71 \times 10^{-5} H^2 + 1.792 \times 10^{-2} H + 0.49 \tag{5-44}$$

当月平均气温 $T_i \leqslant 0$℃时，月热量指数 $H_i = 0$，月可能蒸散量 $PE_m = 0$。

相对湿润度干旱等级划分见表 5-36。

表 5-36　相对湿润度干旱等级划分

等级	类型	相对湿润度	等级	类型	相对湿润度
1	无旱	$-0.40 < M$	4	重旱	$-0.95 < M \leqslant -0.80$
2	轻旱	$-0.65 \leqslant M \leqslant -0.40$	5	特旱	$M \leqslant -0.95$
3	中旱	$-0.80 < M \leqslant -0.65$			

5.2.5 综合气象干旱指数的计算方法

综合气象干旱指数是利用近 30 天（相当月尺度）和近 90 天（相当季尺度）*SPI*，以及近 30 天相对湿润度指数进行综合而得，该指标既反映短时间尺度（月）和长时间尺度（季）降水量气候异常情况，又反映短时间尺度（影响农作物）水分亏欠情况。该指标适合实时气象干旱监测和历史同期气象干旱评估。综合气象干旱指数（*CI*）的计算公式为

$$CI = aZ_{30} + bZ_{90} + cM_{30} \tag{5-45}$$

式中　Z_{30}、Z_{90}——近 30 天和近 90 天的 *SPI*；

M_{30}——近 30 天相对湿润度指数；

a——近 30 天标准化降水系数，由达轻旱以上级别 Z_{30} 的平均值除以历史出现最小 Z_{30} 值，平均取 0.4；

b——近 90 天 *SPI*，由达轻旱以上级别 Z_{90} 的平均值除以历史出现最小 Z_{90} 值，平均取 0.4；

c——近 30 天 *SPI*，由达轻旱以上级别 M_{30} 的平均值除以历史出现最小 M_{30} 值，平均取 0.8。

综合气象干旱等级划分见表 5-37。

表 5-37　综合气象干旱等级划分

等级	类型	*CI* 值	干旱影响程度
1	无旱	$-0.6 < CI$	降水正常或较常年偏多，地表湿润，无旱象
2	轻旱	$-1.2 < CI \leqslant -0.6$	降水较常年偏少，地表空气干燥，土壤出现水分轻度不足
3	中旱	$-1.8 < CI \leqslant -1.2$	降水持续较常年偏少，土壤表面干燥，土壤出现水分不足现象，地表植物叶片白天有萎蔫现象

续表

等级	类型	CI 值	干旱影响程度
4	重旱	$-2.4<CI\leqslant-1.8$	土壤出现水分持续严重不足现象，土壤出现较厚的干土层，植物萎蔫、叶片干枯，果实脱落；对农作物和生态环境造成较严重影响，对工作生产、人畜饮水产生一定影响
5	特旱	$CI\leqslant-2.4$	土壤出现水分长时间严重不足现象，地表植物干枯、死亡；对农作物和生态环境造成严重影响，对工作生产、人畜饮水产生较大影响

参考文献

[1] 张强，姚玉璧，王莺，等．中国南方干旱灾害风险特征及其防控对策［J］．生态学报，2017，37（21）：1-12.

[2] 张强，王润元，邓振镛．中国西北干旱气候变化对农业与生态影响及对策［M］．北京：气象出版社，2012.

[3] 张强，姚玉璧，李耀辉，等．中国西北地区干旱气象灾害监测预警与减灾技术研究进展及其展望［J］．地球科学进展，2015，30（2）：196-213.

[4] 温克刚，史玉光．中国气象灾害大典：新疆卷［M］．北京：气象出版社，2006.

[5] 慈晖，张强，陈晓宏，等．1961—2010年新疆生长季节指数时空变化特征及其农业响应［J］．自然资源学报，2015，30（6）：963-973.

[6] 慈晖，张强，白云岗，等．标准化降水指数与有效干旱指数在新疆干旱监测中的应用［J］．水资源保护，2015，31（2）：7-14.

[7] 孙鹏，张强，陈永勤，等．基于月尺度马尔科夫模型的塔河流域洪旱灾害研究［J］．自然灾害学报，2015，24（1）：46-54.

[8] 孙鹏，张强，白云岗，等．基于马尔科夫模型的新疆水文气象干旱研究［J］．地理研究，2014，33（9）：1647-1657.

[9] 孙鹏，张强，白云岗，等．基于可变模糊算法的塔里木河流域干旱风险评价［J］．自然灾害学报，2014，23（5）：148-155.

[10] 邓铭江．中国塔里木河治水理论与实践［M］．北京：科学出版社，2009.

[11] 卫捷，马柱国．Palmer干旱指数、地表湿润指数与降水距平的比较［J］．地理学报，2003，58（9）：117-124.

[12] 杨扬，安顺清，刘巍巍，等．帕尔默旱度指数方法在全国实时旱情监视中的应用［J］．水科学进展，2007，18（1）：52-57.

[13] 姜逢清，朱诚，胡汝骥．新疆1950—1997年洪旱灾害的统计与分形特征分析［J］．自然灾害学报，2002，11（4）：96-100.

[14] 陈永勤，孙鹏，张强，等．基于Copula的鄱阳湖流域水文干旱频率分析［J］．自然灾害学报，2013，22（1）：75-84.

[15] 孙鹏，张强，陈晓宏，等．塔里木河流域枯水径流演变特征、成因与影响研究［J］．自然灾害学报，2013，22（3）：135-143.

[16] 鞠笑生，杨贤为，陈丽娟，等．我国单站旱涝指标确定和区域旱涝级别划分的研究［J］．应用气象学报，1997，8（1）：26-33.

[17] 孙可可，陈青青，陈超群，等．基于水资源干旱指数的阿克苏绿洲干旱预警模式及其应用［J］．灌溉排水学报，2017，36（5）：84-89.

[18] 何斌，吕爱锋，武建军，等. 中国干旱灾害评估与空间特征分析 [J]. 地理学报（英文版），2011，21 (2)：235-249.

[19] 刘琳，杨志勇，徐宗学. 辽宁省农业干旱灾害风险评价及分区 [J]. 水电能源科学，2013 (1)：1-4.

[20] 王燕，王润元，张凯，等. 干旱气候灾害及甘肃省干旱气候灾害研究综述 [J]. 灾害学，2009，24 (1)：117-121.

[21] 李艳春，桑建人，舒志亮. 用最长连续无降水日数建立宁夏的干旱预测概念模型 [J]. 灾害学，2008，23 (1)：10-13.

[22] 李思诺，翁白莎. SPI 和 SPEI 在阿克苏河流域的适用性分析 [J]. 水资源与水工程学报，2016，27 (1)：101-107.

[23] 王莺，李耀辉，胡田. 基于 SPI 指数的甘肃省河东地区干旱时空特征分析 [J]. 中国沙漠，2014，34 (1)：244-253.

[24] 陈昱潼，畅建霞，黄生志，等. 基于 PDSI 的渭河流域干旱变化特征 [J]. 自然灾害学报，2014 (5)：29-37.

[25] 张晓煜，杨晓光，李茂松，等. 农业干旱预警研究现状及发展趋势 [J]. 干旱区资源与环境，2011，25 (11)：18-22.

[26] 徐启运，张强，张存杰，等. 中国干旱预警系统研究 [J]. 中国沙漠，2005，25 (5)：785-789.

[27] 席北风，贾香风，武书龙. 干旱预警指标探讨 [J]. 山西气象，2006 (2)：15-16.

[28] 景毅刚，杜继稳，张树誉. 陕西省干旱综合评价预警研究 [J]. 灾害学，2006，21 (4)：47-49.

[29] 杨永生. 粤北地区干旱监测及预警方法研究 [J]. 干旱环境监测，2007，21 (2)：79-82.

[30] 陈艳春，何祥登，黄九莲. 山东省农田干旱预警模型 [J]. 山东气象，2005，25 (2)：24-25.

[31] 郝璐，王静爱，张化. 内蒙古草地畜牧业系统旱灾风险评价模型 [J]. 应用基础与工程科学学报，2008，16 (2)：414-424.

[32] 王平，史培军. 陕西省农业旱灾系统及农业旱灾灾情模型研究 [J]. 自然灾害学报，1998，7 (2)：29-36.

[33] 何艳芬，张柏，刘志明. 农业旱灾及其指标系统研究 [J]. 干旱地区农业研究，2008，26 (5)：239-244.

[34] HERBST P H，BREDENKAMP D B，BARKER H M G. A technique for the evaluation of drought from rainfall data [J]. Journal of Hydrology，1966，4 (66)：264-272.

[35] McKee T B，Doesken N J，Kleist J. Drought monitoring with multiple time scales [C] //Ninth conference on applied climatology. Boston，MA：AMS，1995：233-236.

[36] McKee T B，Doesken N J，Kleist J. The relationship of drought frequency and duration to time scales [C]. Eighth Conference on Applied Climatology，1993.

[37] Zhang Qiang，Xu Chong-Yu，Chen Xiaohong. Reference evapotranspiration changes in China：natural processes or human influences [J]. Theoretical and Applied Climatology，2011，103：479-488.

[38] V. Kumar Boken. Improving a drought early warning model for an arid region using a soil-moisture index [J]. Applied Geography，2009，29：402-408.

[39] DANNY Marks，JAMES Domingo，DAVE Susong，et al. A spatially distributed energy balance snowmelt model for application in mountain basins [J]. Hydrological Processes，1999，13 (12/13)：1935-1959.

[40] Hock R. Temperature index melt modelling in mountain areas [J]. Journal of Hydrology，2003，

282 (1-4): 104-115.

[41] Hock R. A distributed temperature-index ice and snowmelt model including potential direct solar radiation [J]. Journal of Glaciology, 1999, 45 (149): 101-111.

[42] Allen R G, Pereira L S, Raes D, et al. Crop evapotranspiration: Guidelines for computing crop water requirements-Irrigation and Drainage Paper No 56 [M]. Food and Agriculture Organization of the United Nations. Rome, Italy.

[43] V. Kumar. An early warning system for agricultural drought in an arid region using limited data [J]. Journal of Arid Environments, 1998 (40): 199-209.

[44] Paulo A A, Ferreira E, Coelho C, Pereira L S. Drought class transition analysis through Markov and Loglinear models, an approach to early warning [J]. Agricultural Water Management, 2005, 77: 59-81.

[45] Ana A. Paulo, Luis S. Pereira. Prediction of SPI drought class transitions using Markov chains [J]. Water Resource Management, 2007, 21: 1813-1827.

[46] Lohani V K, Loganathan G V. An early warning system for drought management using the Palmer drought index [J]. Journal of the American water Resource Association, 1997, 33 (6): 1375-1386.

[47] Jayaraman V, Chandrasekhar M G, Rao U R. Managing the natural disasters from space technology inputs [J]. Acra Astronautica, 1997, 40: 291-325.

[48] Huang Wencheng, Chou Chiaching. Risk-based drought early warning system in reservoir operation [J]. Advances in Water Resources, 2008, 31: 649-660.

第6章　干旱监测预警及水资源优化调度决策研究

本章主要从区域与流域两个不同尺度论述了干旱监测预警系统的研发，区域尺度主要以新疆全区为研究对象，以干旱预警因子为指标，构建了干旱空间监测预警分析系统；流域尺度选择新疆北疆地区的玛纳斯河流域为典型流域，构建了集监测预警与水资源优化调度为一体的综合系统，为新疆地区干旱灾害防治宏观管理与微观调控提供了技术手段。

6.1　新疆干旱监测预警系统总体模型

新疆干旱监测预警系统由系统内部气象数据库、Arcgis 文档、主程序、极端降水分析子系统、干旱监测预警子系统、干旱空间分析子系统等组成，新疆干旱监测预警系统总体模型如图 6-1 所示。

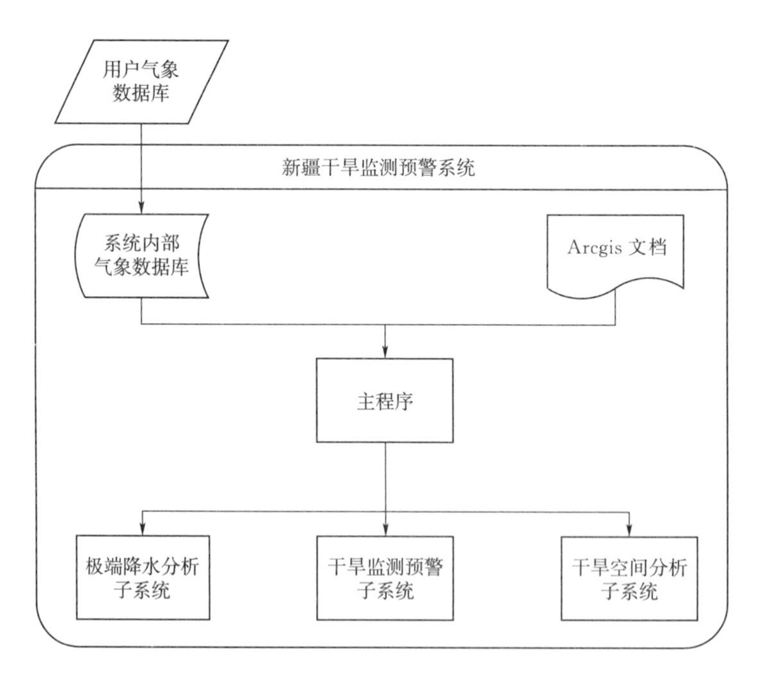

图 6-1　新疆干旱监测预警系统总体模型

下面对各部分功能进行简单介绍：

(1) 系统内部气象数据库：基于 Microsoft SQL 2005 建立数据库，主要包括日降水资料、日气温资料，定时或手动从用户气象数据库中得到更新或重置。

(2) Arcgis 文档：新疆干旱监测预警系统基于该 Arcgis 文档进行空间分析，工程文件名为 xinjiang. mxd。其包括站点、新疆县界线、新疆县界、高程、边界、新疆范围6个图层。

(3) 极端降水分析子系统：输入各站点日降水气温数据。输出每年极端降水指标 NW、CDD、P_{75}、D_{75}、I_{75}、P_{25}、D_{25}、I_{25}，各指标特定重现期的值，基于 Copula 的联合概率分布图和特定重现期的联合重现期。

(4) 干旱监测预警子系统：输入各站点日降水气温数据，计算目前国际主流的干旱指标：SPI (1、3、6、12)、Z (1、3、6、12)、降水及气温的 R (1、3、6、12)。根据马尔科夫链预测未来3个月最可能出现的干旱情况及其出现概率。

(5) 干旱空间分析子系统：计算出某时间某尺度干旱指标，并对其插值，得到新疆空间干旱情况图。

6.2 新疆干旱监测预警系统介绍

目前已完成极端降水分析子系统、干旱监测预警子系统、干旱空间分析子系统的大部分功能开发，下面进行简要介绍。

1. 新疆干旱监测预警系统主程序

新疆干旱监测预警系统基于 ArcEngine 进行二次开发，其主程序具有空间操作的基本功能，是极端降水分析子系统、干旱监测预警子系统、干旱空间分析子系统的基础平台。

菜单栏有“文件”“空间分析”“设置”三个子菜单。“文件”子菜单能实现 ArcGis 文件重置、保存、退出等基础操作。“空间分析”子菜单能进入干旱空间分析子系统。“设置”子菜单实现数据库相关设置。新疆干旱监测预警系统主程序如图 6-2 所示。

工具栏具有打开、保存、撤销、重做、添加图层、删除图层、整体显示、放大、缩小、拖动、选择等空间分析基本操作功能。

程序窗口左栏是图层操作栏，能实现图层的显示、隐藏、移动、移除、查看属性、标注等操作。图层操作栏如图 6-3 所示。图层属性如图 6-4 所示。

主程序窗口右栏是数据视图，能实现空间数据的浏览、放大、缩小、选定等功能，同时提供极端降水分析子系统与干旱监测预警子系统入口。数据视图如图 6-5 所示。

主窗口最下方为状态栏，能实现程序计算进度监测、状态显示、比例尺显示、坐标显示等功能。状态栏如图 6-6 所示。

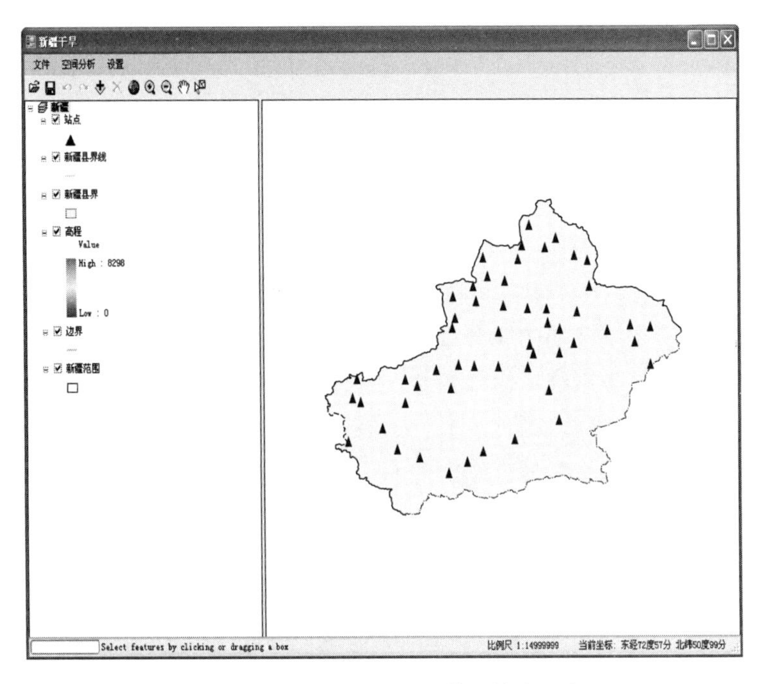

图 6-2　新疆干旱监测预警系统主程序

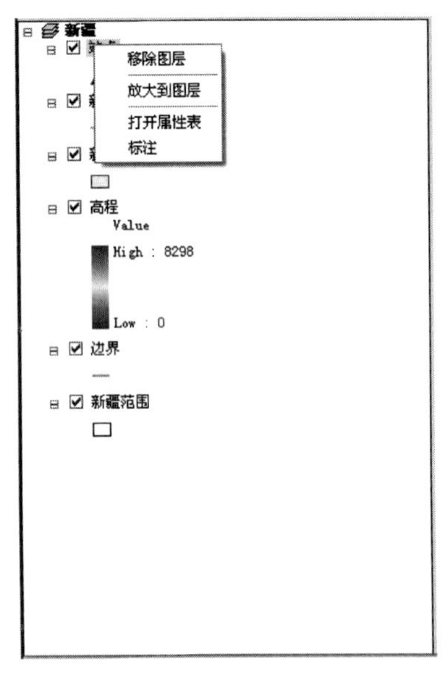

图 6-3　图层操作栏

属性表[站点]记录数:54

FID	Shape	X	Y	Name	Code
0	Point	86.24	48.03	哈巴河	51053
1	Point	85.52	47.26	吉木乃	51059
2	Point	87.28	47.07	福海	51068
3	Point	88.05	47.44	阿勒泰	51076
4	Point	89.31	46.59	富蕴	51087
5	Point	83	46.44	塔城	51133
6	Point	85.43	46.47	和布克赛尔	51156
7	Point	90.23	46.4	青河	51186
8	Point	82.34	45.11	阿拉山口	51232
9	Point	83.36	45.56	托里	51241
10	Point	84.51	45.37	克拉玛依	51243
11	Point	90.32	45.22	北塔山	51288
12	Point	81.01	44.58	温泉	51330
13	Point	82.54	44.37	精河	51334
14	Point	84.4	44.26	乌苏	51346
15	Point	86.03	44.19	石河子	51356
16	Point	87.32	44.12	蔡家湖	51365
17	Point	89.34	44.01	奇台	51379
18	Point	81.2	43.57	伊宁	51431
19	Point	81.08	43.09	昭苏	51437
20	Point	87.39	43.47	乌鲁木齐	51463
21	Point	86.18	42.44	巴仑台	51467

图 6-4　图层属性

2. 极端降水分析子系统

在主程序窗口中通过“选定”工具选定单个站点，点击右键，在右键菜单中选择“降水分析”则可进入极端降水分析子系统。极端降水分析子系统实现极端降水指标 NW、CDD、P_{75}、D_{75}、I_{75}、P_{25}、D_{25}、I_{25} 的计算，并基于 Copula 计算其联合分布。

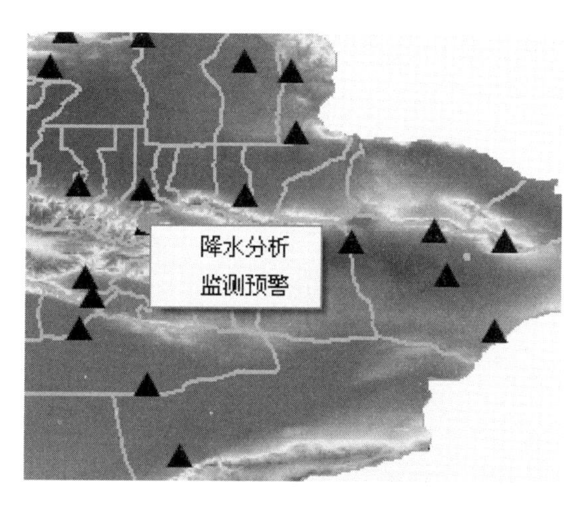

图 6-5 数据视图

图 6-6 状态栏

输出各指标特定重现期的值，基于 Copula 联合概率分布图和特定重现期的联合重现期。极端降水分析子系统如图 6-7 所示。

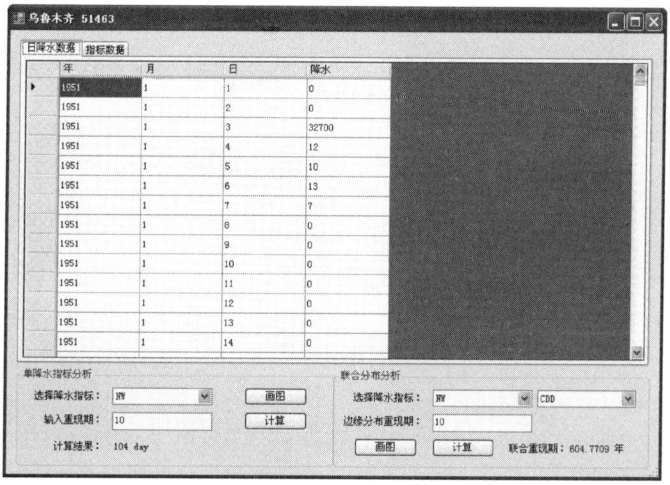

图 6-7 极端降水分析子系统

“日降水数据”以表格形式展示数据库中的日降水数据。“指标数据”以表格形式显示各年极端降水指标 NW、CDD、P_{75}、D_{75}、I_{75}、P_{25}、D_{25}、I_{25}。指标数据如图 6-8 所示。

“单降水指标分析”可实现对极端降水指标 NW、CDD、P_{75}、D_{75}、I_{75}、P_{25}、D_{25}、I_{25}一些简单的分析。在“选择降水指标”中选择需要分析的降水指标，单击“画图”按钮，即可计算出以年份为横轴、极端降水指标为纵轴的极端降水指标时间变化图，极端降水指标 NW 图如图 6-9 所示。该窗口基于 Matlab Complie Runtime，能够

日降水数据 | 指标数据

Year	NW	D75	P75	I75	CDD	D25
1951	66	15	1595	106.33	25	307
1952	93	24	2471	102.96	20	301
1953	111	25	2411	96.44	33	296
1954	87	22	2130	96.82	37	301
1955	71	23	2140	93.04	19	302
1956	102	18	1863	103.5	18	293
1957	79	23	1798	78.09	24	301
1958	122	31	3059	98.68	18	272
1959	112	30	2617	87.23	19	271
1960	111	24	1739	72.46	19	277
1961	86	13	1014	78	24	302
1962	74	11	916	83.27	30	312
1963	79	19	1867	98.26	25	300
1964	86	18	1635	90.83	21	308

图 6-8　指标数据

实现保存、打印、放大、缩小、拖动等基本功能。在“输入重现期”中输入需要计算的重现期，点击“计算”按钮，即可计算出极端降水指标指定重现期的值，并显示在“计算结果;”右侧。

“联合分布分析”中实现基于 Copula 的极端降水联合分布研究。在“选择降水指标”中选择需要分析的两个指标，单击“画图”按钮，则可得到两降水指标 Copula CDF 图，极端降水指标 *CDD* 及 *NW* Copula CDF 图如图 6-10 所示。在“边缘分布重现期”中输入边缘分布的重现期，点击“计算”按钮，则可计算出指定边缘分布重现期的联合分布重现期。

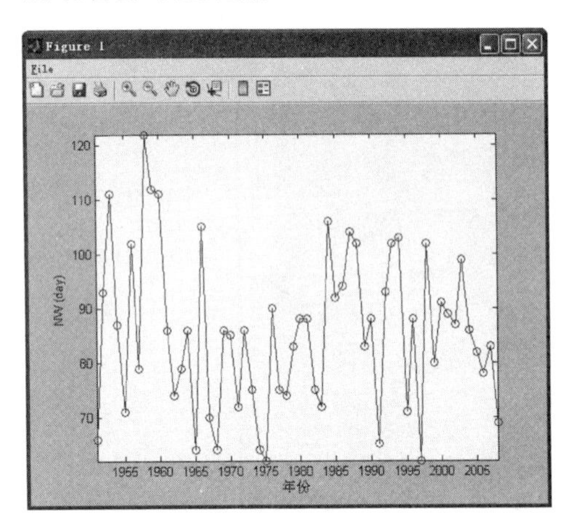

图 6-9　极端降水指标 *NW* 图

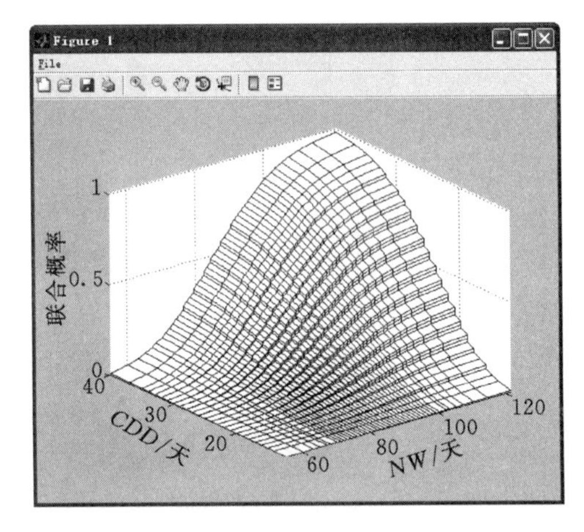

图 6-10　极端降水指标 *CDD* 及 *NW* Copula CDF 图

3. 干旱监测预警子系统

主程序窗口中通过“选定”工具选定单个站点，点击右键，在右键菜单中选择“监测预警”则可进入干旱监测预警子系统。通过干旱监测预警子系统，用户能计算目前国际主流的干旱指标：*SPI*（1、3、6、12）、*Z*（1、3、6、12）、降水距平指标 *R*（1、3、6、12）。根据马尔科夫链预测未来 3 个月最可能出现的干旱情况及其出现概率，干旱监测预警子系统如图 6-11 所示。

“气温降水”以表格形式显示数据库中该站点的日平均气温、日最高气温、日最低

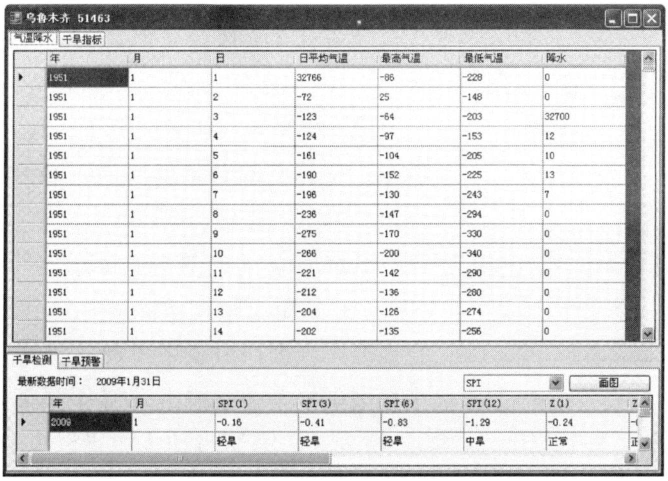

乌鲁木齐 51463

气温降水 | 干旱指标

年	月	日	日平均气温	最高气温	最低气温	降水
1951	1	1	32766	-86	-228	0
1951	1	2	-72	25	-148	0
1951	1	3	-123	-64	-203	32700
1951	1	4	-124	-97	-153	12
1951	1	5	-161	-104	-205	10
1951	1	6	-190	-152	-225	13
1951	1	7	-196	-130	-243	7
1951	1	8	-236	-147	-294	0
1951	1	9	-275	-170	-330	0
1951	1	10	-266	-200	-340	0
1951	1	11	-221	-142	-290	0
1951	1	12	-212	-136	-280	0
1951	1	13	-204	-126	-274	0
1951	1	14	-202	-135	-256	0

干旱检测 | 干旱预警

最新数据时间： 2009年1月31日 SPI 画图

年	月	SPI(1)	SPI(3)	SPI(6)	SPI(12)	Z(1)	Z
2009	1	-0.16	-0.41	-0.83	-1.29	-0.24	-
		轻旱	轻旱	轻旱	中旱	正常	正

图 6-11 干旱监测预警子系统

气温、日降水量等气象信息。“干旱指标”以表格形式显示 1 月、3 月、6 月、12 月 4 个尺度的干旱指标 *SPI*、*Z* 和降水距平 *R*，能够方便地对不同干旱指标、不同尺度进行比较分析，如图 6-12 所示。

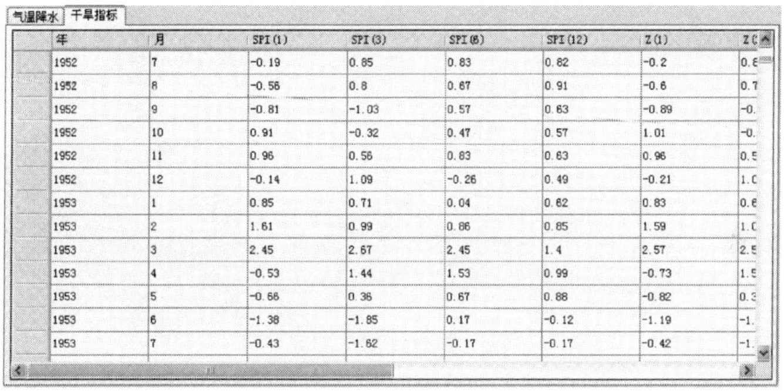

气温降水 | 干旱指标

年	月	SPI(1)	SPI(3)	SPI(6)	SPI(12)	Z(1)	Z(
1952	7	-0.19	0.85	0.83	0.82	-0.2	0.8
1952	8	-0.56	0.8	0.67	0.91	-0.6	0.7
1952	9	-0.81	-1.03	0.57	0.63	-0.89	-0.
1952	10	0.91	-0.32	0.47	0.57	1.01	-0.
1952	11	0.96	0.56	0.83	0.63	0.96	0.5
1952	12	-0.14	1.09	-0.26	0.49	-0.21	1.0
1953	1	0.85	0.71	0.04	0.62	0.83	0.6
1953	2	1.61	0.99	0.86	0.85	1.59	1.0
1953	3	2.45	2.67	2.45	1.4	2.57	2.5
1953	4	-0.53	1.44	1.53	0.99	-0.73	1.5
1953	5	-0.66	0.36	0.67	0.88	-0.82	0.3
1953	6	-1.38	-1.85	0.17	-0.12	-1.19	-1.
1953	7	-0.43	-1.62	-0.17	-0.17	-0.42	-1.

图 6-12 干旱指标

“干旱检测”给用户提供最新数据的时间，并且以表格形式显示最新数据时间不同尺度的 *SPI*、*Z*、降水距平 *R* 值，并计算其对应的干旱等级，如图 6-13 所示。“干旱预警”由最新数据时间下不同尺度的 *SPI*、*Z*、降水距平 *R* 值，通过马尔科夫链计算未来 3 个月最有可能出现的干旱等级，及其发生概率，如图 6-13 所示。

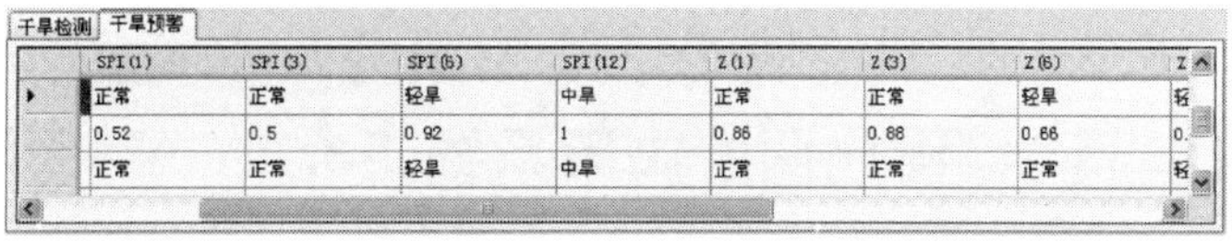

干旱检测 | 干旱预警

SPI(1)	SPI(3)	SPI(6)	SPI(12)	Z(1)	Z(3)	Z(6)	Z
正常	正常	轻旱	中旱	正常	正常	轻旱	轻
0.52	0.5	0.92	1	0.86	0.88	0.66	0.
正常	正常	轻旱	中旱	正常	正常	正常	轻

图 6-13 干旱预警

图 6-14 *SPI* 空间分析

4. 干旱空间分析子系统

目前该子系统能实现基于 *SPI* 的空间分析。在主程序窗口菜单中点击“空间分析”菜单，选择“*SPI*”，打开“*SPI* 空间分析”对话框，如图 6-14 所示。选择空间分析的时间点和 *SPI* 的时间尺度，点击“确定”按钮。

系统将自动计算该时间点下指定时间尺度的 *SPI*，并采用反距离插值法对整个新疆区域 *SPI* 进行插值，根据插值结果和表 6-1 的等级划分确定各个区域干旱等级，输出 *SPI* 干旱等级分布图，如图 6-15 所示。系统自动添加“*SPI*（时间：2001 年 7 月；尺度：3 个月）”图层，并显示不同颜色对应的干旱等级。

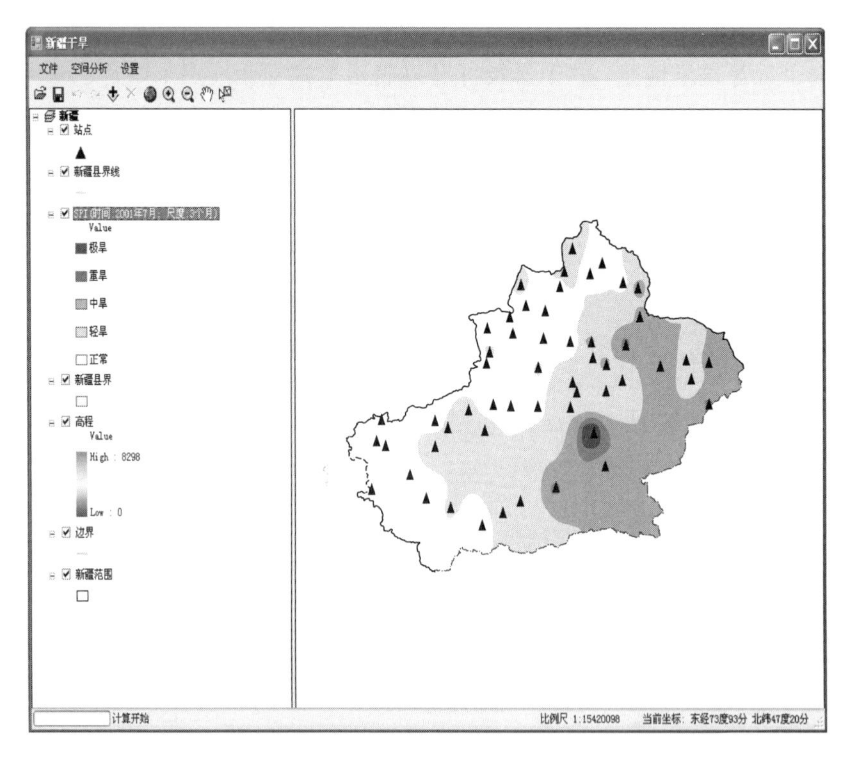

图 6-15 2001 年 7 月 3 个月时间尺度 *SPI* 干旱等级空间分布图

6.3 典型流域干旱监测预警及水资源优化调度决策系统研究

为提高干旱防治的可操作性，本节主要选取新疆北疆地区的玛纳斯河流域作为研究对象，构建基于干旱监测预警与水资源优化调度决策为一体的干旱防治管理系统，提高流域的干旱防治管理水平，并为其他流域提供借鉴。

玛纳斯河流域位于新疆天山北麓，准噶尔盆地南沿，属于典型的干旱区。玛纳斯河全长324km，流域面积1.98万km^2，多年平均径流量为12.54亿m^3。沿流域自上而下分别有兵团第八师14个团场及石河子乡，沙湾县5个乡，玛纳斯县8个乡，兵团第八师新湖农场及克拉玛依市小拐乡。总耕地面积约400多万亩。

6.3.1 玛纳斯河流域干旱监测预警系统研究

玛纳斯河干旱监测预警系统是以新疆干旱监测预警系统为基础开发的一个针对玛纳斯河流域的干旱监测预警系统。该系统只需要玛纳斯河流域的水文气象数据，减少了获取数据的难度，提高了可操作性，并且针对该流域的特征进行一定程度的优化，同时去掉一些由于资料限制等因素而导致计算结果偏差较大的功能。

6.3.1.1 玛纳斯河干旱监测预警系统总体模型

玛纳斯河干旱监测预警系统由系统内部气象数据库、Arcgis文档、主程序、极端降水分析子系统、干旱监测预警子系统、干旱空间分析子系统等组成（图6-1）。

下面对各组件功能进行简单介绍：

系统内部气象数据库：系统内部气象数据库包括日降水资料、日气温资料，用户手动输入或导入。

Arcgis文档：新疆干旱监测预警系统基于该Arcgis文档进行空间分析，工程文件名为mariver.mxd。

极端降水分析子系统：输入各站点日降水气温数据。输出每年极端降水指标NW、CDD、P_{75}、D_{75}、I_{75}、P_{25}、D_{25}、I_{25}，各指标特定重现期的值，基于Copula的联合概率分布图和特定重现期的联合重现期。

干旱监测预警子系统：输入各站点日降水气温数据，计算目前国际主流的干旱指标：SPI（1、3、6、12）、Z（1、3、6、12）、降水及气温的R（1、3、6、12）。根据马尔科夫链预测未来3个月最可能出现的干旱情况及其出现概率。

干旱空间分析子系统：计算出某时间某尺度干旱指标，并对其插值，得到新疆空间干旱情况图。

玛纳斯河干旱监测预警系统主界面如图6-16所示。

6.3.1.2 玛纳斯河干旱监测预警系统运行环境

计算服务器：

操作系统：Windows XP及以上

运行环境：ArcEngine 9.3，.Netframework，Matlab Compile Runtime

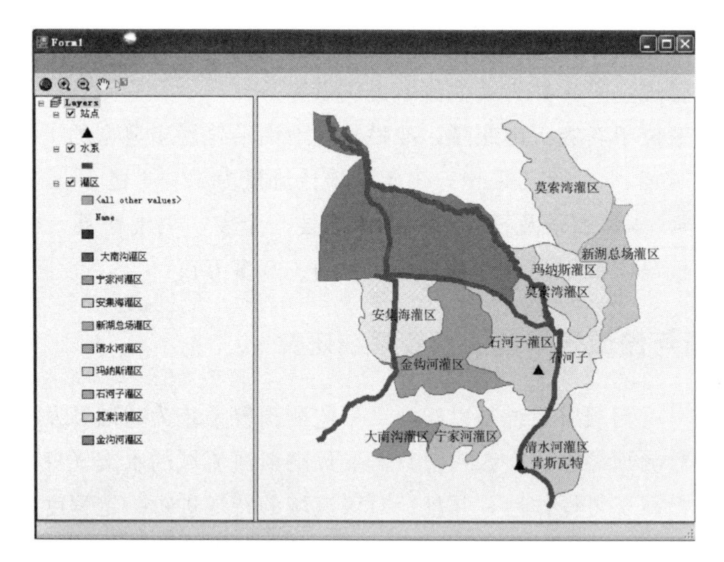

图 6-16 玛纳斯河干旱监测预警系统主界面

CPU：Intel P4 2.0Ghz 及以上

内存：1G 及以上

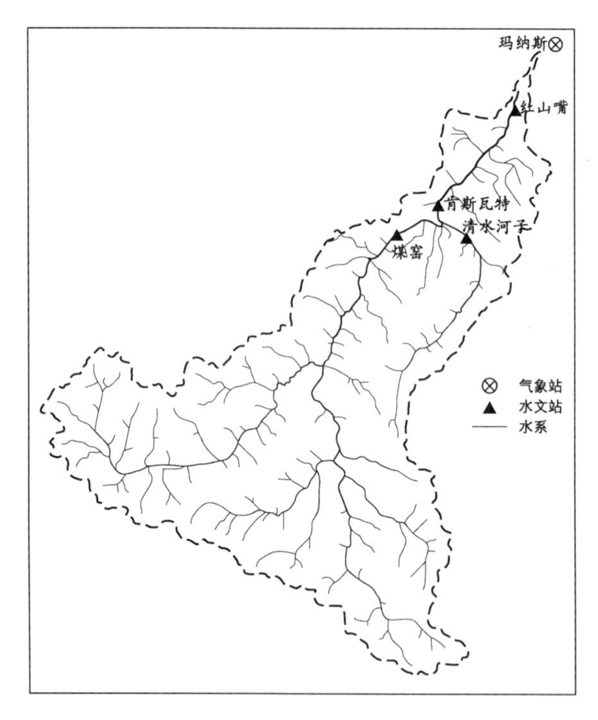

图 6-17 玛纳斯河流域水系及水文站点分布图

6.3.2 玛纳斯河流域水资源优化调度决策系统研究

6.3.2.1 玛纳斯河流域水文过程

1. 建模分析

应用含融雪结构的新安江模型对玛纳斯河流域不同气候情景下的径流过程进行模拟研究。玛纳斯河流域水系及水文站点分布图如图 6-17 所示。

(1) 以玛纳斯河流域为研究区，在大量阅读相关方面文献和广泛收集资料的基础上，分析收集到的流域实测资料，整理需要输入模型的数据，如降水、蒸发和气温等。根据实测资料求得研究区降水、气温和径流的模比系数差积曲线，分析各水文要素对径流的影响。

(2) 利用 GIS 软件工具提取流域水系，并对研究流域进行分带处理。

(3) 根据收集到的研究区流域多年实测资料，建立相应的含融雪结构的新安江模型，模拟流域现状径流的变化，对模拟结果进行分析。检验期模拟结果统计表见表6-1。

表6-1　　检验期模拟结果统计表

年份	实测径流量/亿 m^3	模拟径流量/亿 m^3	径流量相对误差/%	径流过程平均误差/%
1983	30.92	32.75	−2.8	27.8
1984	31.07	28.17	−9.3	32.3
1985	32.71	32.16	−1.7	29.3
1986	35.11	38	8.2	23.8
1987	41.84	45.56	8.9	34
均值	34.33	35.33	0.66	29.44

（4）根据对研究区气候特征的分析及全球气候变化的趋势，进行不同气候情景的设定，采用模拟方案为：降水不变，日气温增加1℃和2℃；气温不变，日降水减少和增加20%，进行日径流量模拟。不同气候情景下玛纳斯河流域径流变化量见表6-2。

表6-2　　不同气候情景下玛纳斯河流域径流变化量

年份	气温升高后的年径流变化量/(亿 $m^3 \cdot s^{-1}$)				降水改变后的年径流变化量/(亿 $m^3 \cdot s^{-1}$)			
	$T+1$℃	增幅/%	$T+2$℃	增幅/%	$P+20\%$	增幅/%	$P-21\%$	增幅/%
1983	40.13	29.80	48.76	57.72	34.31	10.98	31.23	1.01
1984	38.13	22.72	46.68	50.26	30.03	−3.35	26.45	−14.85
1985	42.05	28.58	52.92	61.79	34.66	5.97	30.01	−8.26
1986	50.30	43.26	63.81	81.75	39.04	11.20	37.29	6.21
1987	57.13	36.54	52.02	24.33	48.63	16.22	42.68	2.01
均值	45.55	32.18	52.84	55.17	37.33	8.21	33.53	−2.78

（5）利用含融雪结构的新安江模型，模拟不同气候变化情景下流域径流的变化情况，并进行径流对气候变化的敏感度分析。

2. 主要结论

（1）玛纳斯河流域年平均气温呈上升趋势，流域年径流量随气温的升高呈明显增加的趋势，说明径流对气温的变化比较敏感。

（2）玛纳斯河年平均降水呈下降趋势，但趋势平缓，幅度较小，流域年径流量受降水变化影响不大。

（3）玛纳斯河流域年径流过程对气温变化的响应与其对降水变化的响应相比，变化更为显著，说明气温升高是影响玛纳斯河年径流量变化的主要原因。

（4）夏季温度的变化对于玛纳斯河径流量的变化影响较大，因此在夏季气温增幅较大、持续高温时间较长的年份，应加强对特大洪水的防御，以免对当地工农业生产以及居民生活产生危害。

6.3.2.2　玛纳斯河水资源配置及优化调度模型

1. 方法与过程

(1) 收集、整理并分析了玛纳斯河流域社会、经济和生态环境等与其相关的资料数据。

(2) 参考玛纳斯河流域水利工程现状图、按照玛纳斯河流域水流与各种耗水之间的关系做出的玛纳斯河流域水资源系统节点图。

根据玛纳斯河流域各灌区与干支渠的分水关系，将整个玛纳斯灌区划分为石河子北灌区、清水河灌区、老沙湾灌区、下野地/小拐灌区、玛纳斯县南灌区、北五岔灌区、新湖灌区、莫索湾灌区、头工乡灌区、凉州户灌区、石河子南灌区、铁路渠灌区 12 个灌区计算单元，玛纳斯河流域灌区划分统计表见表 6－3。玛纳斯河流域灌区划分示意图如图 6－18 所示。

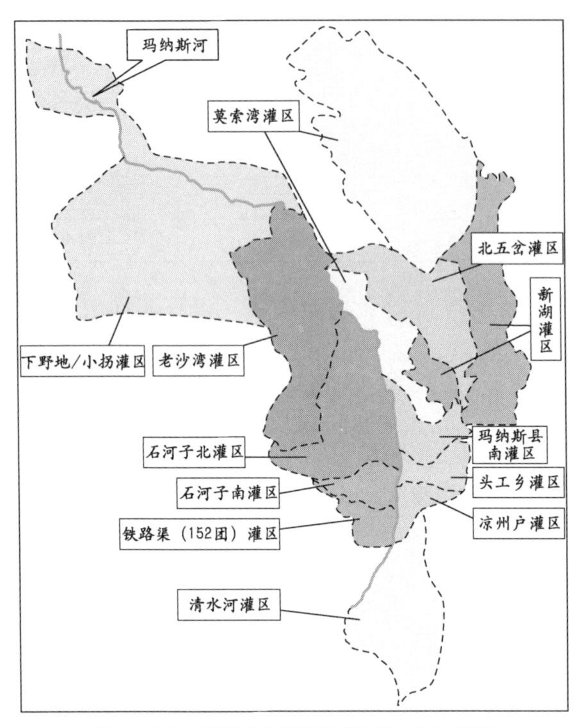

图 6－18　玛纳斯河流域灌区划分示意图

表 6－3　玛纳斯河流域灌区划分统计表

灌区名称	代码	灌溉面积 /10^3 hm^2	退水 /条	退水出路 代码 1	退水点 代码 1	退水 1 退水比	退水出路 代码 2	退水点 代码 2	退水 2 退水比
石河子北	381	32.0	1	351	117	1			
清水河	382	1.7	1	309	104	1			
老沙湾	383	28.9	1	350	408	1			
下野地/小拐	384	61.9	1	361	408	1			
玛纳斯县南	385	16.5	1	339	408	1			
北五岔	386	8.0	1	329	408	1			
新湖	387	25.8	1	328	408	1			
莫索湾	388	49.3	1	332	408	1			
头工乡	389	6.2	1	336	408	1			
凉州户	390	6.2	1	335	408	1			
石河子南	391	3.5	2	341	408	0.32	347	117	0.68
铁路渠	392	1.3	1	345	408	1			

将玛纳斯河灌区内的8座中小型水库，按取用水关系，概化为夹河子水库、大海子水库、新户坪水库、大泉沟水库、蘑菇湖水库和海子湾水库6座水库，水库代码及特征水位见表6-4。

表6-4 水库代码及特征水位

水库名称	引水渠道	水库代码	死水位/m	正常蓄水位/m
夹河子水库	玛纳斯河	401	392.00	401.50
大海子水库	东岸大渠	402	406.20	413.00
新户坪水库	东岸大渠	403	422.40	427.00
大泉沟水库	大泉沟引洪渠	404	383.00	389.00
蘑菇湖水库	两库联合渠	405	380.20	391.30
海子湾水库	头浮渠	406		

将流域内石河子城市用水、电厂区用水和玛纳斯县城镇用水作为三个相对集中的城镇供水处理，代码依次为510、511和512。

流域内有4座电站，电站代码分别为612、613、614和615，出力分别为12.8MW、26.25MW、9.0MW和9.0MW。

（3）根据玛纳斯河流域管理章程及玛纳斯河水管处配水办法，确定玛纳斯河河水的用水策略：

1）灌溉统计年度。从前一年11月16日至当年11月15日为灌溉统计年度，再划分为春季枯水期、洪水期、秋季枯水期和冬季蓄水期，前3个时期为玛河灌区用水期。

2）按照玛纳斯河流域管理章程对玛纳斯县、新湖总场、沙湾县和农八师石河子市各时期的分水比例进行确定。

（4）计量标准。玛纳斯河灌区分配河水单位的水量均以玛纳斯河流域管理处在各支干渠上的测流断面为计量标准。

由于西大桥至夹河子水库流程达20km，渗漏较大，因此在西大桥测水断面流量小于5m^3/s时，不列入全河可分水量内。

洪水期下泄洪水超过夹河子水库拦洪能力时，其排洪水量不列入分水比例之内（以超过各渠道最大输水能力为计算标准）。

（5）基于WRMM模型构建玛纳斯河流域水资源优化配置模型，并对该模型进行了参数分析和率定。

玛纳斯河流域1999—2003年各灌区实际与模拟引水统计见表6-5。实际与模拟年平均流量统计见表6-6。

2. 主要结论

（1）特殊枯水年的水资源配置方法与过程。

1）采用工程水文研究方法，确定特殊枯水年来水过程。

2）研究WRMM模型的罚值与分水策略的关系问题，以期在抗旱调水过程中，灵活运用罚值实现特别干旱年份的水资源规划方案。

表 6-5 玛纳斯河流域1999—2003年各灌区实际与模拟引水统计表

单位：亿 m^3

代码	灌区名称	计算面积/km^2	渠系系数	1999年		2000年		2001年		2002年		2003年		1999—2003年平均		
				实测	模拟	实测	模拟	实测	模拟	实测	模拟	实测	模拟	实测	模拟	误差/%
381	石河子北	320	0.681	0.67	0.65	0.87	0.83	0.83	0.79	0.31	0.31	0.39	0.38	0.61	0.59	3.3
382	清水河	17	0.606	0.02	0.08	0.08	0.08	0.08	0.07	0.09	0.09			0.07	0.08	−14.3
383	老沙湾	289	0.587	1.40	1.39	1.52	1.50	1.27	1.26	1.79	1.77	1.29	1.28	1.45	1.44	0.7
384	下野地/小拐	619	0.597	2.99	2.98	3.25	3.23	2.72	2.70	3.84	3.73	2.76	2.74	3.11	3.08	1.0
385	玛纳斯县南	165	0.651	0.11	0.11	0.13	0.13	0.12	0.11	0.11	0.11	0.10	0.10	0.11	0.11	0.0
386	北五岔	80	0.573	0.51	0.51	0.55	0.54	0.48	0.48	0.43	0.43	0.07	0.07	0.41	0.41	0.0
387	新湖	258	0.524	1.65	1.65	1.77	1.72	1.56	1.53	1.38	1.38	0.24	0.24	1.32	1.30	1.5
388	莫索湾	494	0.710	3.52	3.52	3.78	3.74	3.36	3.36	3.56	3.56	3.32	3.18	3.51	3.47	1.1
389	头工乡	62	0.650	0.09	0.09	0.12	0.12	0.06	0.06	0.05	0.05	0.06	0.06	0.08	0.08	0.0
390	凉州户	62	0.700	0.03	0.03	0.08	0.08	0.01	0.01	0.03	0.03	0.05	0.05	0.04	0.04	0.0
391	石河子南	35	0.693	0.29	0.29	0.30	0.29	0.30	0.27	0.38	0.28	0.34	0.34	0.32	0.30	6.3
392	铁路渠	134	0.630	0.05	0.05	0.06	0.06			0.08	0.08	0.08	0.08	0.07	0.07	0.0
合计		2535		11.32	11.34	12.49	12.31	10.79	10.65	12.04	11.81	8.70	8.52	11.09	10.95	−0.4

表 6-6 玛纳斯河流域1999—2003年渠道实际与模拟年平均流量统计表

单位：m^3/s

代码	名称	1999年		2000年		2001年		2002年		2003年		误差/%
		实测	模拟	实测	模拟	实测	模拟	实测	模拟	实测	模拟	
201	玛河首段	27.87	35.47	21.20	23.13	10.28	18.97	27.20	35.63	2.85	15.13	−43.50
222	东岸大渠	8.53	9.29	10.25	10.21	9.30	9.48	7.57	9.12			−6.90
236	头二三宫渠	0.29	0.30	0.38	0.39	0.20	0.21	0.17	0.18	0.18	0.18	−4.4
241	渡槽渠	1.02	1.14	1.16	1.07	1.16	1.07	1.67	1.20	2.75	1.31	25.4
243	涵洞渠	3.59	3.57	5.33	3.88	4.62	4.77	1.36	2.96			−2.0
245	铁路渠	0.17	0.18	0.19	0.19			0.24	0.25	0.26	0.26	−2.5
合计		41.47	49.95	38.51	38.89	25.56	34.49	38.21	49.34	6.03	16.89	−33.9

（2）特殊干旱年供水策略。

1）对四个供水大单位的供水比不超出《玛纳斯河流域管理章程》的框架。

2）每个用水大单位设部分地下水可开采量，将机井作为备用水源优先供给生活用水。

3）对于每个供水大单位内部，可以打破现状供水比，优先供给最重要的需水单元。

4）可根据高效节水面积比设置特殊干旱年的灌区重要程度，以确定优先供水比例。

5）若有预报，可改变水库调度规程，以库存水降低旱灾损失。

（3）调度策略的主要实现步骤。

1）干旱等级预警。

2）来水过程筛选（历史纪录或预报来水）。

3）最优供水标准（默认《玛纳斯河流域管理章程》）。

4）确定供水策略（备选方案及调整方案）。

5）供水优先顺序及限定水量（默认《玛纳斯河流域管理章程》）。

6）供需平衡计算。

7）供水调整与评价。

结果显示该模型适应性强，模型弹性好，结构简单合理，可以很好模拟水资源的分配过程。

6.3.2.3 玛纳斯河干旱监测预警及水资源管理信息系统

在研究流域地表水、地下水资源优化调度的基础上，建立联合决策调度模型，利用地理信息系统（geographic information system，GIS）集成技术，将流域水资源优化决策模型与流域的管理调度相结合，建立优化调度决策信息系统。

1. 玛纳斯河干旱监测预警及水资源管理信息系统总体设计

（1）开发平台。采用ARCGIS地理信息系统以及相应的二次开发平台；数据库系统采用SQL SEVER 2000，玛河流域地图采用1∶5万地形图。

（2）系统结构。玛纳斯流域水资源配置与管理系统结构如图6-19所示。

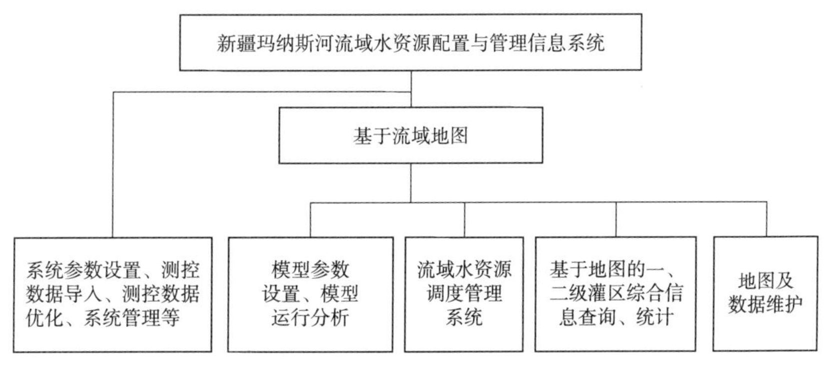

图6-19 玛纳斯流域水资源配置与管理系统结构图

（3）系统功能设计。系统功能示意如图 6－20 所示。

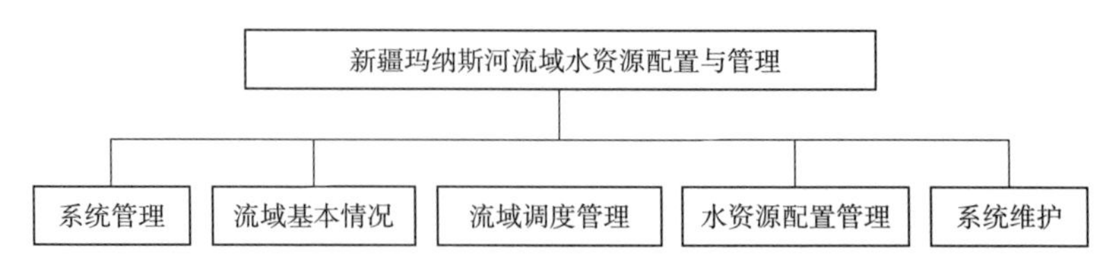

图 6－20　系统功能示意图

（4）系统模块。“水资源配置管理”以 WRMM 模型为核心，可根据来水情况、灌区面积、渠系过水量、灌区种植结构、地下水补给等对各灌区的用水量进行分配。水资源配置管理功能模块如图 6－21 所示。

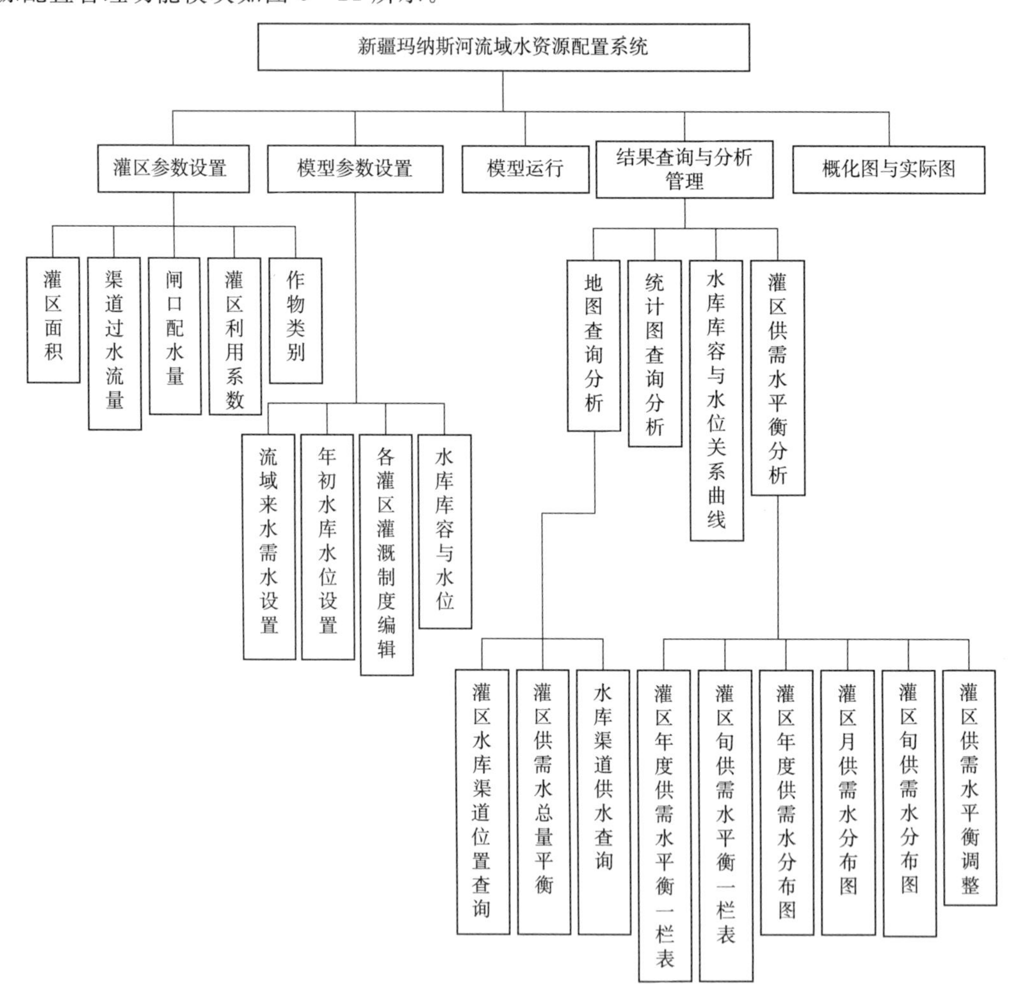

图 6－21　水资源配置管理功能模块

2. 模板参数设置

（1）灌区参数设置模块。该模块主要进行模型运行所需的灌区参数设置，若无灌区变化，可选默认值，界面如图 6－22 所示。

来水、需水等其他数据编辑
玛纳斯河红山嘴站地表来水
2000 年 地表来水逐旬平均流量（立方米/秒）
年每旬平均值
1、 15.230
2、 13.720
3、 11.610
4、 12.040
5、 12.530
6、 12.080
7、 12.320
8、 14.300
9、 16.180
10、 13.780
11、 12.240
12、 12.850
13、 17.560
14、 25.650
15、 21.940
16、 31.880
17、 126.770
18、 122.840
19、 147.700
20、 219.100
21、 270.170
22、 185.060
23、 164.870
24、 114.440
25、 62.950
26、 48.260
27、 33.740
28、 28.490
29、 24.290
30、 21.450
31、 18.870
32、 16.390
33、 16.000
34、 15.640
35、 14.620
36、 14.140
根据灌溉制度计算灌区用水
打开
添加
保存
删除
关闭

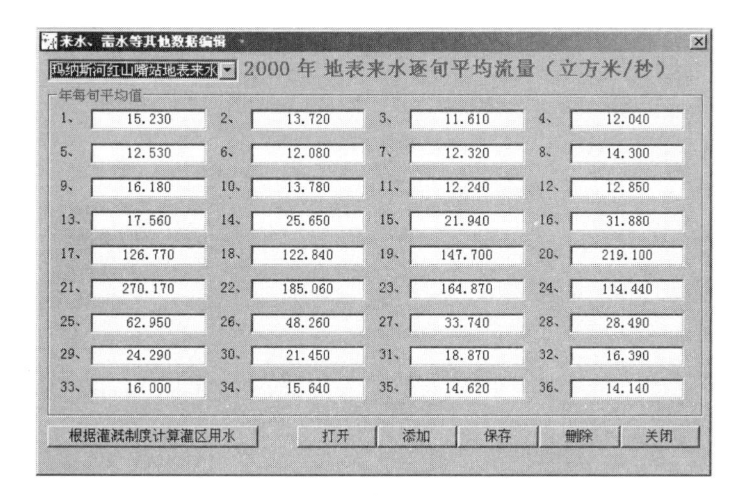

图 6-22 灌区面积参数设置界面

(2) 渠道过水流量。系统共有 51 个渠段的过水流量设置，若无渠系改造，可选择默认值，渠道过水流量设置界面如图 6-23 所示。

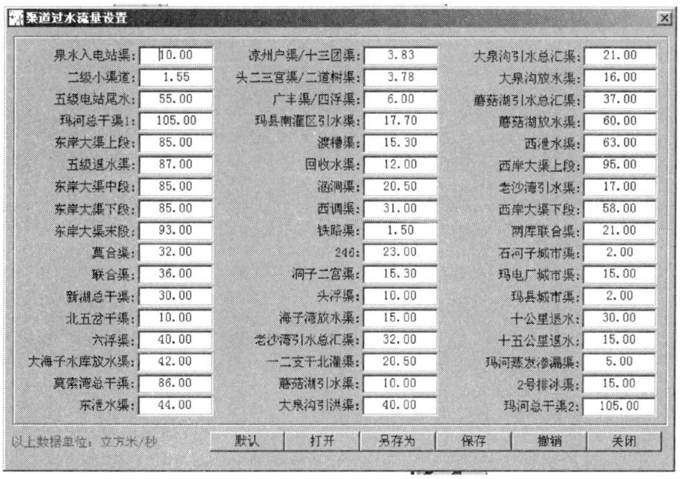

渠道过水流量设置
泉水入电站渠: 10.00
二级小渠道: 1.55
五级电站尾水: 55.00
玛河总干渠1: 105.00
东岸大渠上段: 85.00
五级退水渠: 87.00
东岸大渠中段: 85.00
东岸大渠下段: 85.00
东岸大渠末段: 93.00
莫合渠: 32.00
联合渠: 36.00
新湖总干渠: 30.00
北五岔干渠: 10.00
六浮渠: 40.00
大海子水库放水渠: 42.00
莫索湾总干渠: 86.00
东泄水渠: 44.00
凉州户渠/十三团渠: 3.83
头二三宫渠/二道树渠: 3.78
广丰渠/四浮渠: 6.00
玛县南灌区引水渠: 17.70
渡槽渠: 15.30
回收水渠: 12.00
涵洞渠: 20.50
西调渠: 31.00
铁路渠: 1.50
246: 23.00
洞子二宫渠: 15.30
头浮渠: 10.00
海子湾放水渠: 15.00
老沙湾引水总汇渠: 32.00
一二支干北灌渠: 20.50
蘑菇湖引水渠: 10.00
大泉沟引洪渠: 40.00
大泉沟引水总汇渠: 21.00
大泉沟放水渠: 16.00
蘑菇湖引水总汇渠: 37.00
蘑菇湖放水渠: 60.00
西泄水渠: 63.00
西岸大渠上段: 95.00
老沙湾引水渠: 17.00
西岸大渠下段: 58.00
两库联合渠: 21.00
石河子城市渠: 2.00
玛电厂城市渠: 15.00
玛县城市渠: 2.00
十公里退水: 30.00
十五公里退水: 15.00
玛河蒸发渗漏渠: 5.00
2号排冰渠: 15.00
玛河总干渠2: 105.00
以上数据单位：立方米/秒
默认
打开
另存为
保存
撤销
关闭

图 6-23 渠道过水流量设置界面

(3) 闸口配水量。若配水规则与玛纳斯河分水章程无区别，可选系统默认值，界面与渠道过水流量设置相似。

(4) 灌区地下水补给和利用系数设置。若地下水利用无新的变化，可选系统默认值，灌区地下水利用系数设置界面如图 6-24 所示。

(5) 来水与需水设置。需水数据可取系统默认值，也可按灌区改造情况进行修改，来水及需水选择界面如图 6-25 所示。

来水可选择预测来水过程或者设计来水过程，也可选择系统默认值。

(6) 年初水库水位设置。根据来水情况按历年水库运行记录估算，或者直接抄录水库运行状况，系统默认值为设计水平年初值。水库水位设置界面如图 6-26 所示。

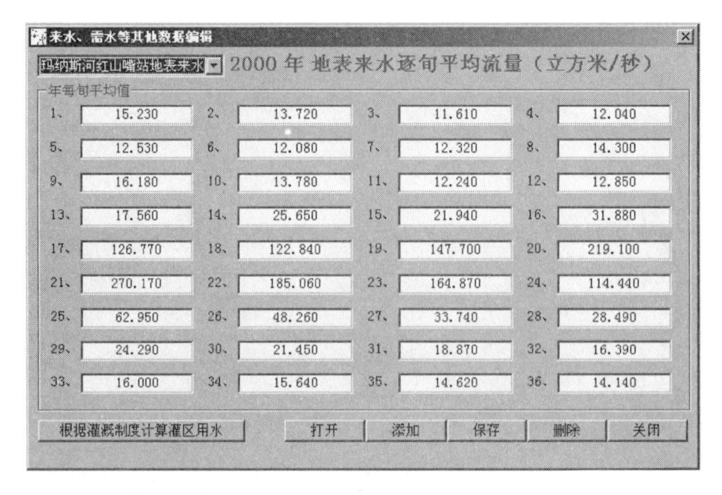

图 6-24　灌区地下水利用系数设置界面

图 6-25　来水及需水选择界面

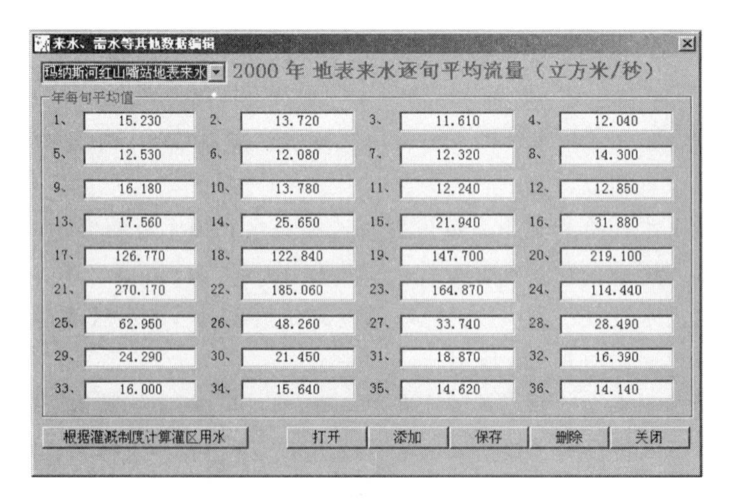

图 6-26　水库水位设置界面

（7）灌区灌溉制度。灌溉制度决定了各灌区的需水，是制订需水计划的主要依据，也是模型进行供需水平衡计算的主要依据。其内容主要是灌区内种植作物的需水情况，按年度以月为单位设置。可按已有灌溉制度默认，允许调整修改。灌溉制度设置界面如图6－27所示。

灌溉制度

石河子南灌区2004年灌溉制度

作物名称	作物种植面积（万亩）	1月（立方米/亩）	2月（立方米/亩）	3月（立方米/亩）	4月（立方米/亩）	5月（立方米/亩）	6月（立方米/亩）	7月（立方米
播前灌	.00	.00	.00	.00	.00	.00	.00	.0
赤地冬灌	.00	.00	.00	.00	.00	.00	.00	.0
春麦	.00	.00	.00	.00	.00	.00	.00	.0
大豆	.00	.00	.00	.00	.00	.00	.00	.0
冬小麦	1.26	.00	.00	73.60	73.60	73.60	73.60	.0
瓜菜	1.89	.00	.00	.00	.00	.00	.00	.0
棉花	15.14	.00	.00	.00	.00	.00	83.00	82.
苗、果、林	1.74	.00	.00	.00	.00	71.80	71.80	75.7
苜蓿	.00	.00	.00	.00	.00	.00	.00	.0
葡萄	.00	.00	.00	.00	.00	.00	.00	.0
其它	1.53	.00	.00	.00	.00	84.30	.00	.0
甜菜	.00	.00	.00	.00	.00	.00	.00	.0
油料	.06	.00	.00	.00	.00	68.20	68.20	69.
正播玉米	.16	.00	.00	.00	.00	.00	35.00	73.0
合 计	21.78	0	0	73.6	73.6	297.9	331.6	300.

打开 添加 删除 保存 关闭

图 6－27 灌溉制度设置界面

（8）库容曲线。模型中列出的水库需要输入相应的库容曲线，也可以根据水库除险加固情况进行修改。水库水位库容修改界面如图 6－28 所示。

3. 模型运行与结果分析

（1）模型运行。设置好上述参数后可进行模型运算。经过模型计算可得出，流域内在平衡分配水量的前提下，各灌区供需水方案、各渠段水库需水单位的需水数据。可按年度、月、旬的计算统计。运行时系统将提示选择计算的年度。

（2）结果查询与分析。

1）地图查询分析提供基于地图模型运算结果的查询分析功能。灌区水库渠道位置提供灌区河渠道位置的关联操作，系统单元位置及特征查询界面如图 6－29 所示。

2）灌区供需水总量平衡分析。模型运行计算后，可在地图上直接点击灌区，显示该灌区所查年份的供需水平衡计算结果。计算结果用统计图和报表形式给出。

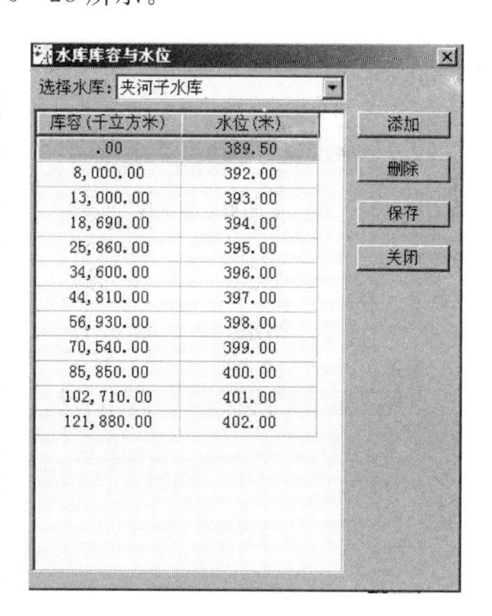

水库库容与水位

选择水库：夹河子水库

库容（千立方米）	水位（米）
.00	389.50
8,000.00	392.00
13,000.00	393.00
18,690.00	394.00
25,860.00	395.00
34,600.00	396.00
44,810.00	397.00
56,930.00	398.00
70,540.00	399.00
85,850.00	400.00
102,710.00	401.00
121,880.00	402.00

添加 删除 保存 关闭

图 6－28 水库水位库容修改界面

3）渠道水库供水查询。干渠、水库供水数据的显示查询的方式、功能和操作形式与图 6－29 相似。

图6-29　系统单元位置及特征查询界面

4）灌区供需平衡分析。

灌区供需平衡分析主要包括：①灌区年度供需水平衡一览表；②灌区旬供需水平衡一览表；③灌区年度供需水分布图。以专题地图渲染的形式，在地图上表示各灌区年度供需水平衡（供需差）的情况。计算单元供需平衡分析界面如图6-30所示。

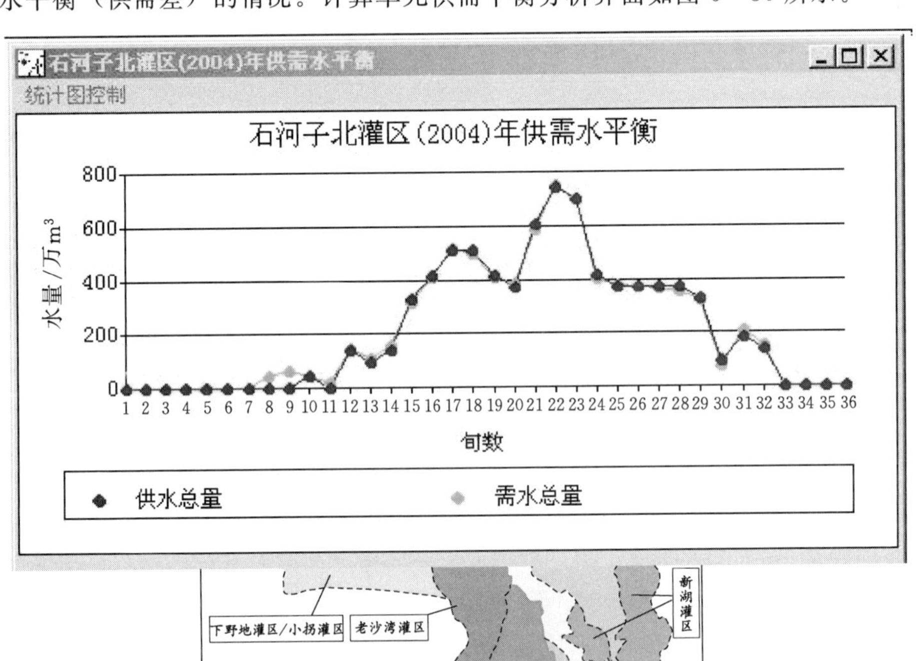

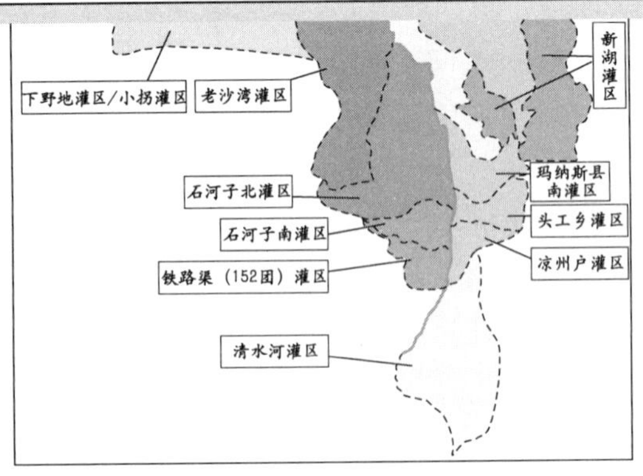

图6-30　计算单元供需平衡分析界面

a. 灌区月供需水分布图。以专题地图渲染的形式，在地图上表示各灌区年度中每月供需水平衡（供需差）的情况。2003 年度玛河流域各灌区年度供需水分布图如图 6－31 所示。2003 年度 6 月玛纳斯河流域各灌区年度供需水分布图如图 6－32 所示。

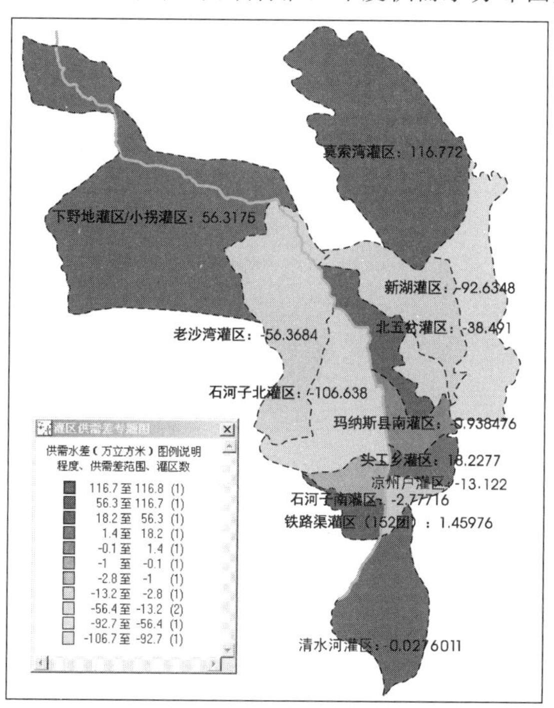

图 6－31　2003 年度玛纳斯河流域各灌区年度供需水分布图（单位：万 m^3）

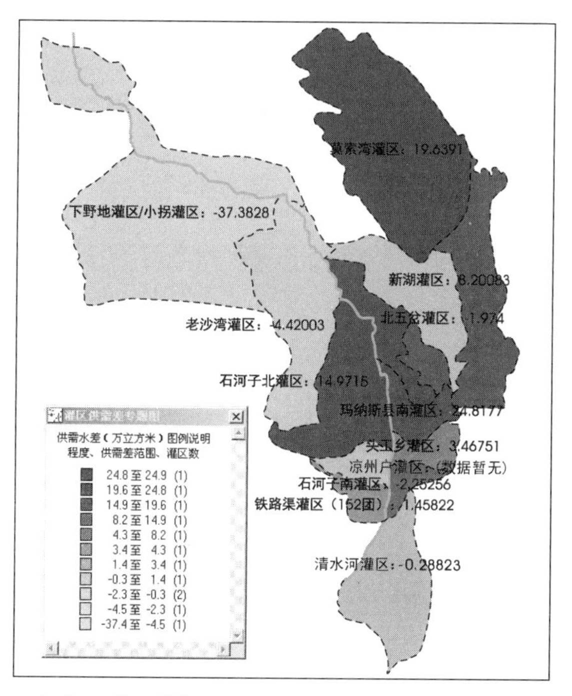

图 6－32　2003 年度 6 月玛纳斯河流域各灌区年度供需水分布图（单位：万 m^3）

b. 灌区旬供需水分布图。

c. 灌区供需水调整。经模型计算的结果，可为管理者有效管理、调度水量提供直观的参考依据，对供需差较大的灌区，可人工进行调整，并可将调整前和调整后的分布图同时显示，以供分析比较。灌区供水调整界面示意图如图6-33所示。图6-34中石河子北灌区显示为−106.638，说明缺水106.638万m^3。

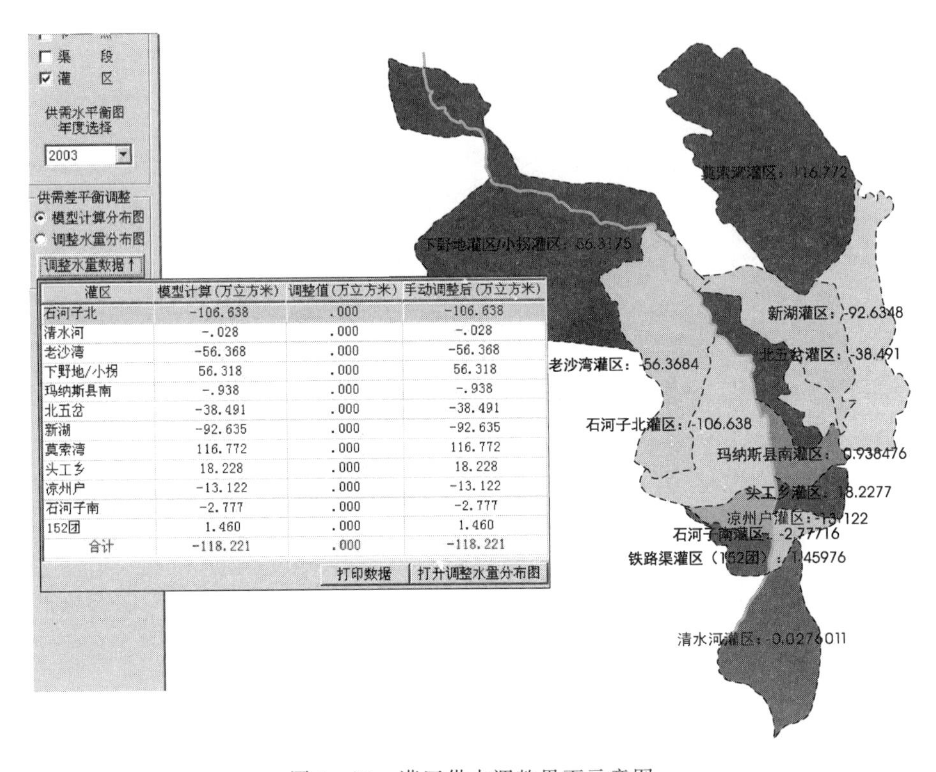

灌区	模型计算（万立方米）	调整值（万立方米）	手动调整后（万立方米）
石河子北	-106.638	.000	-106.638
清水河	-.028	.000	-.028
老沙湾	-56.368	.000	-56.368
下野地/小拐	56.318	.000	56.318
玛纳斯县南	-.938	.000	-.938
北五岔	-38.491	.000	-38.491
新湖	-92.635	.000	-92.635
莫索湾	116.772	.000	116.772
头工乡	18.228	.000	18.228
凉州户	-13.122	.000	-13.122
石河子南	-2.777	.000	-2.777
152团	1.460	.000	1.460
合计	-118.221	.000	-118.221

图6-33 灌区供水调整界面示意图

手动调加100万m^3。手动调整不平衡区域界面示意图如图6-34所示。

灌区	模型计算（万立方米）	调整值（万立方米）	手动调整后（万立方米）
石河子北	-106.638	100.000	-6.638
清水河	-.028	.000	-.028
老沙湾	-56.368	.000	-56.368
下野地/小拐	56.318	.000	56.318
玛纳斯县南	-.938	.000	-.938
北五岔	-38.491	.000	-38.491
新湖	-92.635	.000	-92.635
莫索湾	116.772	.000	116.772
头工乡	18.228	.000	18.228
凉州户	-13.122	.000	-13.122
石河子南	-2.777	.000	-2.777
152团	1.460	.000	1.460
合计	-118.221	100.000	-18.221

打印数据 打开调整水量分布图

图6-34 手动调整不平衡区域界面示意图

调整前后的灌区供需水平衡状况分布显示界面如图6-35所示。

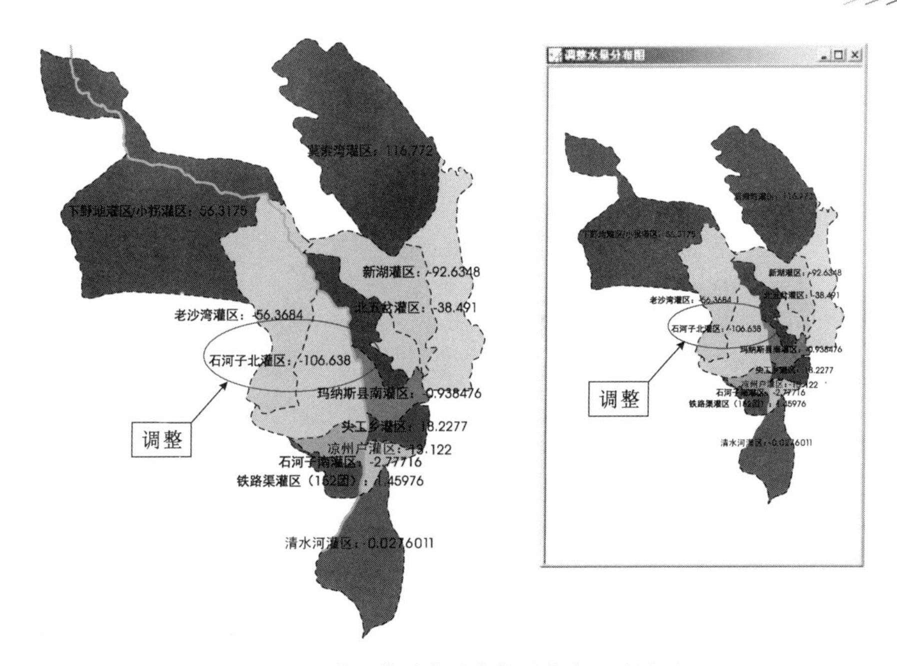

图 6-35 灌区供需水平衡状况分布显示界面

（3）模型概化（节点）图与实际流域供需水系统图。系统提供了灌区平面分布图与水资源系统概化图的比对功能，概化图中所有元素（节点、渠段、灌区、水库等）可在图中对应查找。灌区平面分布图与水资源系统概化示意图对比如图 6-36 所示。

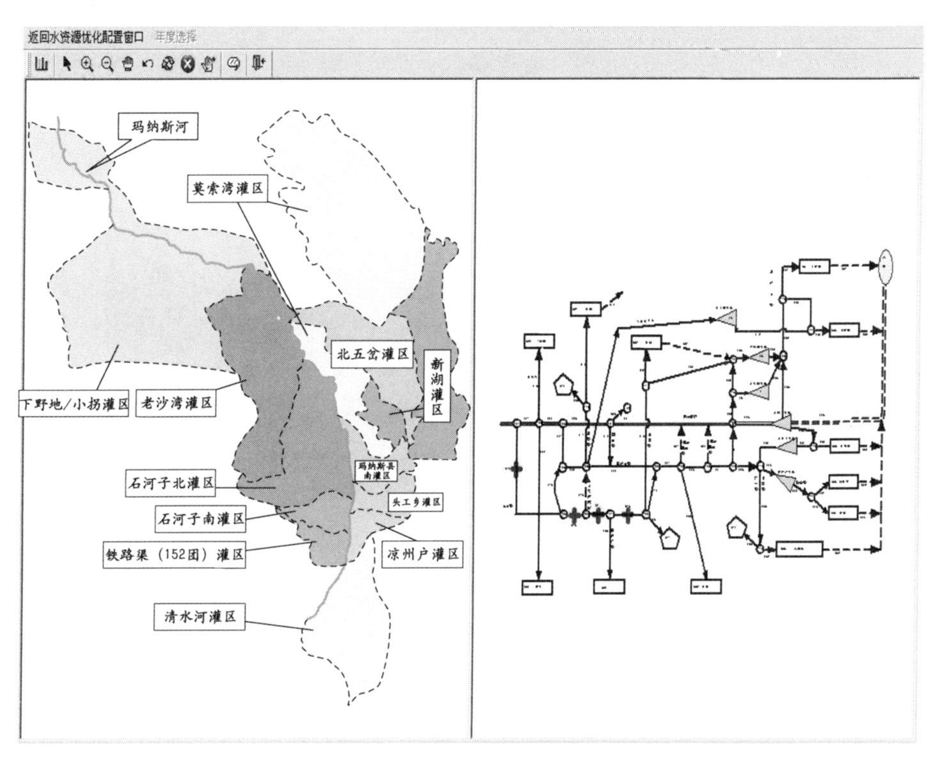

图 6-36 灌区平面分布图与水资源系统概化示意图对比

(4) 其他。系统还提供了各主要灌区和水利工程的基本情况，报表、数据、图形的打印输出等功能。流域基本情况数据库界面如图 6 - 37 所示。玛纳斯河流域地表水资源配置管理信息系统界面示意图如图 6 - 38 所示。玛纳斯河流域水资源系统节点图如图 6 - 39 所示。

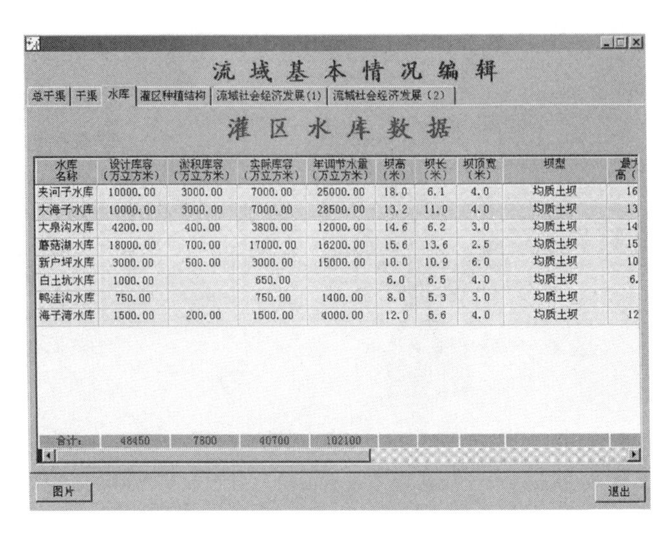

水库名称	设计库容（万立方米）	淤积库容（万立方米）	实际库容（万立方米）	年调节水量（万立方米）	坝高（米）	坝长（米）	坝顶宽（米）	坝型
夹河子水库	10000.00	3000.00	7000.00	25000.00	18.0	6.1	4.0	均质土坝
大海子水库	10000.00	3000.00	7000.00	28500.00	13.2	11.0	4.0	均质土坝
大泉沟水库	4200.00	400.00	3800.00	12000.00	14.6	6.2	3.0	均质土坝
蘑菇湖水库	18000.00	700.00	17000.00	16200.00	15.6	13.6	2.5	均质土坝
新户坪水库	3000.00	500.00	3000.00	15000.00	10.0	10.9	6.0	均质土坝
白土坑水库	1000.00		650.00		6.0	6.5	4.0	均质土坝
鸭洼沟水库	750.00		750.00	1400.00	8.0	5.3	3.0	均质土坝
海子湾水库	1500.00	200.00	1500.00	4000.00	12.0	5.6	4.0	均质土坝
合计：	48450	7800	40700	102100				

图 6 - 37　流域基本情况数据库界面

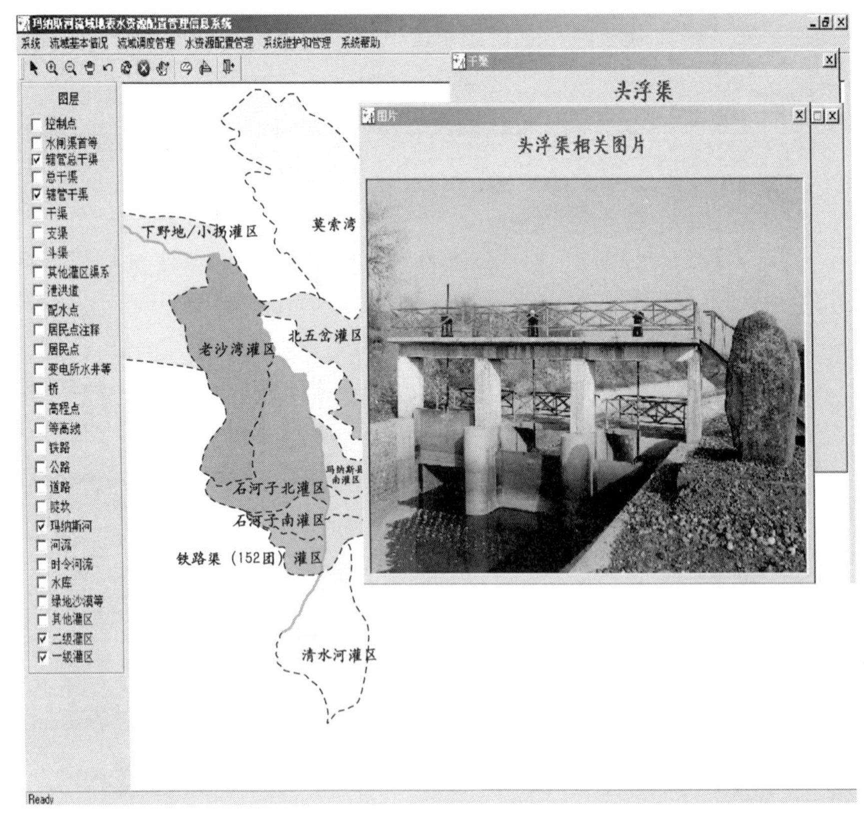

图 6 - 38　玛纳斯河流域地表水资源配置管理信息系统界面示意图

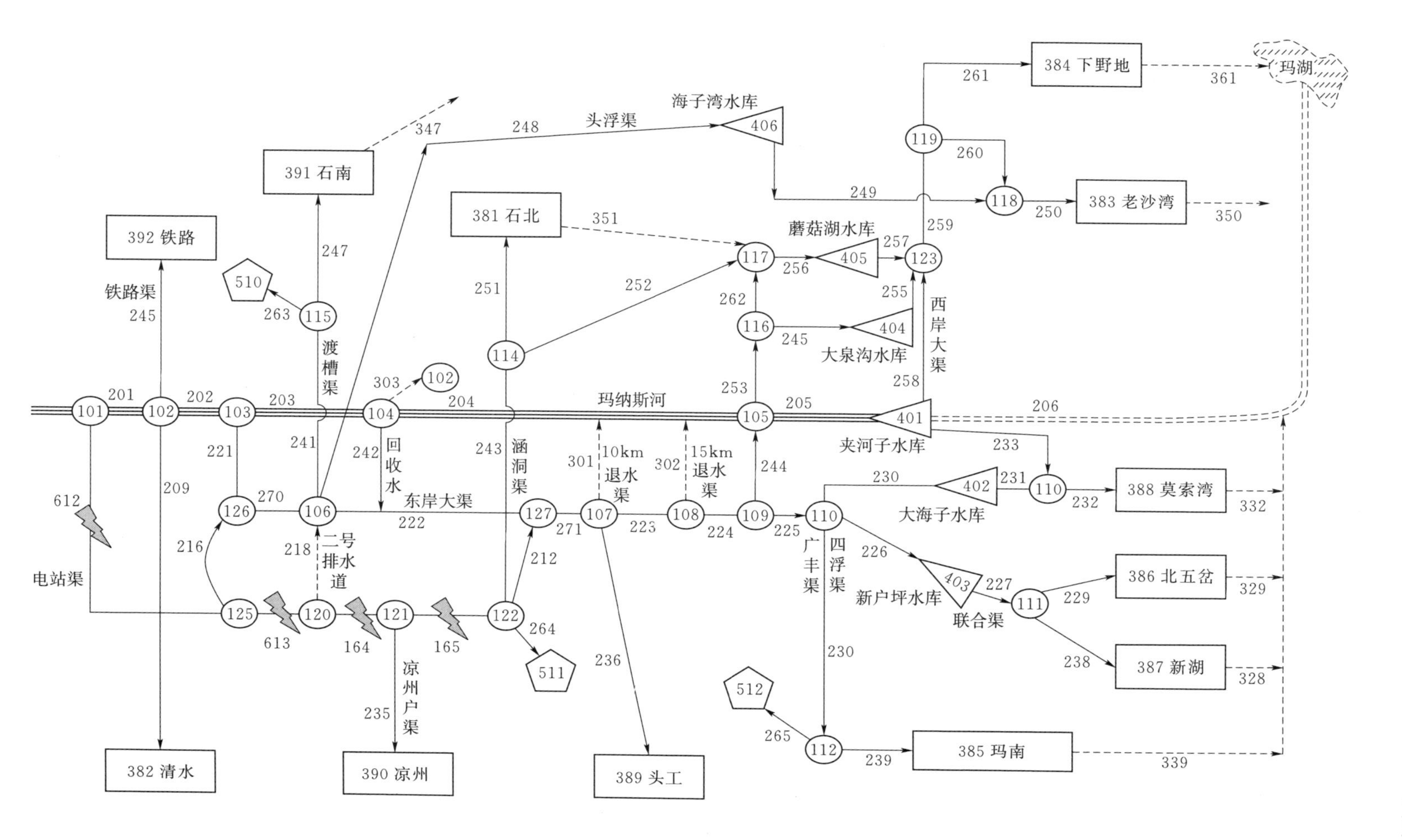

图 6-39 玛纳斯河流域水资源系统节点图

6.4 小　　结

本章主要针对新疆宏观尺度下的干旱防治管理，介绍了区域尺度下的新疆干旱监测预警系统。为进一步提高干旱防治管理的精度及可操作性，介绍了流域尺度下的玛纳斯河流域的干旱监测预警与水资源优化调度决策系统。

（1）新疆干旱监测预警系统由系统内部气象数据库、Arcgis文档、主程序、极端降水分析子系统、干旱监测预警子系统、干旱空间分析子系统组成。为宏观尺度的干旱防治及资源调配提供参考和技术依据。

（2）玛纳斯河干旱监测预警系统是以新疆干旱监测预警系统为基础开发的一套针对玛纳斯河流域的干旱监测预警系统。该系统只需要玛纳斯河流域的水文气象数据，减少获取数据的难度，提高可操作性，并且针对该流域的特征进行一定程度的优化，同时去掉一些由于资料限制等因素而导致计算结果偏差较大的功能。

（3）玛纳斯河水资源调度系统是在研究流域地表水、地下水资源优化调度的基础上，建立联合决策调度模型，利用GIS（地理信息系统）系统集成技术，将流域水资源优化决策模型与流域的管理调度相结合，建立优化调度决策信息系统。该系统的开发平台系统采用ARCGIS地理信息系统以及相应的二次开发平台，数据库系统采用SQL SEVER 2000，玛河流域地图采用1∶5万地形图。该系统为含融雪结构的新安江模型，可实现不同气候情景下的径流过程进行模拟研究，通过干旱预警进行玛纳斯河水资源优化调度，提出了应对干旱的水资源调度方案。

参考文献

[1] 徐启运，张强，张存杰，等．中国干旱预警系统研究［J］．中国沙漠，2005，25（5）：785-789.

[2] 王发，艾红．人工智能物联网旱灾监控预警系统设计［J］．自动化与仪表，2015（4）：23-26.

[3] 刘招，黄文政，王丽霞，等．考虑多水源的灌区水文干旱预警系统及其评价［J］．干旱区资源与环境，2015，29（8）：104-109.

[4] 孔蕊，谷延霞，任振辉．基于数据融合技术的农业干旱预警系统设计研究［J］．中国农机化学报，2013，34（3）：209-212.

[5] 卫建国，张晓煜，张磊，等．基于GIS的宁夏干旱监测预警系统设计与应用［J］．气象科技，2011，39（5）：635-640.

[6] 张晓煜，杨晓光，李茂松，等．农业干旱预警研究现状及发展趋势［J］．干旱区资源与环境，2011，25（11）：18-22.

[7] 符国槐，费玉娟，杨再强，等．农业气象灾害预警系统研究进展［J］．安徽农业科学，2011，39（18）：10936-10938，10941.

[8] 朱兰娟，蔡海航，姜纪红，等．农业气象灾害预警系统的开发与应用［J］．科技通报，2008，24（6）：758-761.

[9] 王春乙，王石立，霍治国，等．近10年来中国主要农业气象灾害监测预警与评估技术研究进

展［J］．气象学报，2005，63（5）：659－671．

［10］ 刘亚岚，王世新，阎守邕，等．遥感与GIS支持下的基于网络的洪涝灾害监测评估系统关键技术研究［J］．遥感学报，2001，5（1）：53－57．

［11］ 莫建飞，钟仕全，李莉，等．基于DEM的洪涝灾害监测模型与应用［J］．安徽农业科学，2010，38（8）：4169－4171．

［12］ 王平，史培军．陕西省农业旱灾系统及农业旱灾灾情模型研究［J］．自然灾害学报，1998，7（2）：29－36．

［13］ 何艳芬，张柏，刘志明．农业旱灾及其指标系统研究［J］．干旱地区农业研究，2008，26（5）：239－244．

［14］ 张翔，夏军，贾绍凤．干旱期水安全及其风险评价研究［J］．水利学报，2005，36（9）：1138－1142．

［15］ 方红远，甘升伟，余莹莹．区域供水系统干旱历时特性综合分析［J］．水科学进展，2007，18（1）：96－101．

［16］ 陈守煜．工程模糊集理论与应用［M］．北京：国防工业出版社，1998．

［17］ 李勋贵．水资源系统耦合理论及其在泾河水文水资源研究中的应用［D］．西安：长安大学，2008．

［18］ 姜立明，庄卫东．ZigBee/GPRS技术在精准农业中的应用研究［J］．农机化研究，2014，36（4）：185－188．

［19］ 郭家，马新明，郭伟，等．基于ZigBee网络的农田信息采集系统设计［J］．农机化研究，2013，32（11）：65－70．

［20］ 杨鑫，申长军，王克武，等．基于SIM900的苗情图像无线传输系统设计［J］．中国农机化学报，2013，34（4）：252－255．

［21］ 尹健康，陈昌华，邢小军，等．基于BP神经网络的烟田土壤水分预测［J］．电子科技大学学报，2010，39（6）：891－895．

［22］ 王友贺，谷秀杰．农业干旱指标研究综述［C］．第26界中国气象学会年会，2009．

［23］ 袁文平，周广胜．干旱指标的理论分析与研究展望［J］．地球科学进展，2004，19（6）：982－990．

［24］ 冯锐，张玉书，纪瑞鹏，等．GIS的干旱监测信息系统研究［J］．辽宁工程技术大学学报 2006，25（5）：785－788．

［25］ 唐卫，吴焕萍，罗兵，等．基于GIS的气象服务产品后台制作系统［J］．计算机工程 2009，35（17）：232－234．

［26］ 匡昭敏，陈超泉，黄永璘，等．基于RS和GIS的生态环境监测评估应用系统［J］．计算机工程，2008，34（8）：258－260．

［27］ 高方立，曹晓林，杨定中，等．GIS支持下的重庆市自然灾害综合区划［J］．长江流域资源与环境，2003，12（5）：485－490．

［28］ V. Kumar Boken. Improving a drought early warning model for an arid region using a soil－moisture index［J］．Applied Geography，2009，29：402－408．

［29］ Ana A. Paulo. Luis S. Pereira. Prediction of SPI drought class transitions using Markov chains［J］．Water Resource Management，2007，21：1813－1827．

［30］ Wilhite D A. Drought：A Global Assessment［M］．Routledge，2000：3－18．

［31］ Lampros Vasiliades，Athanasios Loukas. Hydrological response to meteorological drought using the Palmer drought indices in Thessaly，Greece［J］．Desalination，2009，237：3－21．

［32］ Huang W C，Chou C C. Risk－based drought early warning system in reservoir operation［J］．Advances in Water Resources，2008，31（4）：649－660．

［33］ Huang W C，Chou C C. Drought early warning system in reservoir operation：Theory and practice ［J］. Water Resources Research，2005，41：97－116.

［34］ Huang W C，Yuan L C. A drought early warning system on real－time multireservoir operations ［J］. Water Resources Research，2004，40 (6)：289－302.

［35］ Liu Yan fang，Jiao Li min. The application of BP networks toland suitability evaluation ［J］. Geo－spatial Information Science，2002，5 (1)：55－61.

第 7 章　新疆主要作物节水抗旱新技术研究

7.1　节水抗旱技术的理论与方法

7.1.1　作物抗旱生理代谢与节水研究

干旱对作物的影响是广泛而深远的，它不仅影响作物各个生育期，从种子萌发、营养生长和生殖生长、到开花结实，同时也影响作物的各种生理代谢，如光合作用、呼吸代谢、水分和养分的吸收和转化等。通过对植物抗旱生理的研究，一方面可以指导作物栽培和灌溉；另一方面可以筛选和培育抗旱性强的新品种。自 20 世纪以来，国内外学者对干旱胁迫下作物体内的生理、生化变化过程进行了一系列的研究。

实践表明，根据作物水分生理、光合作用、冠层结构、干物质积累、气孔阻力和叶面积指数等生理指标确定的作物关键需水期、土壤水分指标和需水敏感指数，为适宜的调亏期、调亏指标和相应的调亏技术体系建立，经济灌溉定额和灌溉制度制定提供了具体的定量标准，取得了明显的节水增产效果。利用作物水分胁迫时根系产生的干旱信号功能，康绍忠等（1997）提出了采用控制性分根交替的节水灌溉技术。

干旱使农作物产生一系列生理变化的同时，也发生了一系列的生化反应，表现为植物体内各种激素的变化，目前除对脱落酸（abscisicacid，ABA）与干旱的关系研究较多，对生长素（auxin，IAA）、赤霉素（gibberellin，GA）、细胞分裂素（cytokinin，CTK）、乙烯和多胺等的研究不多；这些化学物质作为植物干旱胁迫时的主要逆境信号已经为人们所认识，利用这些干旱胁迫的研究成果，已经生产出了多种作物抗旱保水剂和作物生长调节剂，用于作物栽培中。

7.1.2　非充分灌溉理论研究

传统的农田灌溉是以获得单位面积产量最高为工程设计的基本准则。随着工农业的飞速发展，全社会对水资源的需要不断增长，尤其在我国水资源严重短缺的北方地区，在采用各种节水措施的同时，不得不从根本上探讨水资源的最合理利用方式，提高水的有效利用率，非充分灌溉理论就是在这一客观现实条件下产生的。非充分灌溉又称有限灌溉或亏缺灌溉（evapotranspiration deficit irrigation，EDI），是作物实际蒸散量小于潜在蒸散量的灌溉或灌水量不能充分满足作物需水量的灌溉。作物在适度水分亏缺的逆境下对于有限缺水具有一定的适应性和抵抗效应，适度水分亏缺不一定使产量显著降低反而使作物水分利用效率显著提高，禾谷类作物早期适度缺水有利于增产，然而不同时期水分亏缺对作物生长与产量的影响不同，作物某些生长阶段适度水分亏缺对促进作物群体高产具有积极作用，但也存在较大的风险性。

控制性交替灌溉（controlled alternate irrigation，CAI），是依据作物光合作用蒸腾失水与叶片气孔开度的关系，以及根系提高水分利用率的生理功能提出的一种全新的农田节水调控思路，强调利用作物水分胁迫时产生的信号功能，即人为保护或控制根系活动层的土壤在垂直剖面或水平面的某个区域干燥，使作物根系始终有一部分生长在干燥或较干燥的土壤区域中，限制该部分的根系吸水，让其将水分胁迫的信号传递到叶的气孔，形成最优的气孔开度，同时通过人工控制使在垂直剖面或水平面上的干燥区域交替出现，这样就可以使不同区域或部位的根系交替经受一定的干旱锻炼，即可减小棵间全部湿润时的无效蒸发损失和总的灌溉用水量，又可提高根系对水分和养分的利用率，以不牺牲作物的光合产物积累而达到节水的目的。

7.1.3 农艺调控技术研究

农艺节水指利用耕作、覆盖措施和化学制剂进行调控，达到节水高产目的的一项节水技术。查阅文献发现主要包括节水种植业制度、（耕作、覆盖、化学）保墒技术、水肥耦合调控技术。有研究表明，秸秆覆盖的田间生态状况优于地膜覆盖。通过使用地膜和覆盖地布能有效减少地表无效蒸发，提高根际土壤含水量，还能抑制各种杂草生长。保水剂是一种能吸收自身重量数百倍甚至上千倍的去离子水或数十倍含盐水分的新型功能性高分子材料，它能提高土壤吸水、保水、保肥能力。在实际生产中，要使保水剂的节水抗旱效果充分发挥，需综合考虑气候、地区、土壤、作物等因素，降低保水剂的施用成本，提高投入产出比，才能促进保水剂在农业上的规模化应用。地下地膜截水墙节水抗旱技术能阻断土壤水分侧向运移、保持耕地土壤水分，起到抗旱增产的作用。小麦对N、P的吸收随土壤含水量的增加而增加，当土壤相对含水量从54%增加到80%时，水肥交互作用则由李比希协同作用类型转变为顺序加和性类型。在干旱条件下以抗旱剂浸种和喷施效果最好。作物应用保水剂对土壤保水效果最好，种衣剂拌种与抗旱剂喷施配合施用亦能明显增强作物抗旱增产的能力。在滴灌、喷灌和漫灌3种灌溉方式中滴灌最有利于提高春玉米叶片的水分利用效率。通过开沟埋草沟灌、地面覆盖，使灌溉水渗透土壤，能有效减少地表径流和蒸散损失，提高灌溉水的利用率和果园经济效益。

农艺节水中覆膜保墒的作物产量明显高于秸秆覆盖，这是因为其减少了土壤表面水分的蒸发，提高了作物的水利用率，但是覆膜措施相对于秸秆覆盖来说也存在污染土壤、田间生长状况较差的缺点。N、P等营养元素能随土壤含水量的升高而增加，因此良好的水肥耦合制度能有效提高水分利用率和增加作物产量。在干旱条件下，选择合适的保水剂施用，能明显增强作物抗旱增产的能力，但由于保水剂用量少，形状不规则，不利于机械施用，而影响了其在大田农业中的应用。

7.1.4 节水抗旱技术应用现状

随着全球性水资源供需矛盾的日益加剧，世界各国特别是发达国家都把发展节水高效农业作为农业可持续发展的重要措施。节水农业发达的国家在生产实践中，始终把提高灌溉（降）水的利用率、作物水分利用效率和水资源的再生利用率和农业生产效益作为研究重点和主要目标，在研究节水农业基础理论和应用技术的基础上，将高新技术、新材料和新设备与传统农业节水技术相结合，加大农业节水技术和产品中的高科技含量，建立适合其国情的节水农业技术体系，形成较为完善的节水农业技术和产品市场，加快传统粗放型农业向现代精准型农业的转变进程。

世界范围内，节水农业因各国经济发展水平和缺水程度的差异而形成不同的发展模式。以埃及、巴基斯坦、斯里兰卡、印度等为代表的经济欠发达国家，受自身经济条件和技术水平的限制，节水农业的发展主要采用以渠道防渗技术和地面灌水技术为主、配合相应的农业措施和天然降水资源利用技术为主体的模式。以美国、以色列、日本、澳大利亚等为代表的经济发达国家，发展节水农业主要采用以高标准的固化渠道和管道输水技术、现代喷微灌技术和改进后的地面灌水技术为主，并与天然降水资源利用技术、生物节水技术、农艺节水技术和用水系统的现代化管理技术相结合的模式。

发达国家的节水农业大致经历了如下几个发展阶段：首先，在科学规划的基础上，强化农田水利基础设施的建设，采用管道与高标准的固化渠道将农业用水输送到田间，最大限度地减少输水过程中的水量损失，提高输水效率；其次，在田间大面积推广应用现代喷灌技术、微灌技术、改进后的地面灌溉技术、农业栽培与耕作等农艺节水技术的同时，充分利用天然降水资源，尽量减少农田水分损失，提高作物水分利用效率；最后，将现代生物技术与农艺措施结合，选育和推广种植水分利用效率较高的作物品种，调节和利用作物本身的生理功能和遗传特性，最大限度地提高作物水分利用效率。在该阶段内，通过深入研究作物水分生理需求与田间水分转化机制，建立了以作物水分信息采集为依据的精确控制灌溉系统，实现农业的高效用水。在建立了完善的输水系统和采用了先进的灌水技术后，节水农业的发展重点已由输水过程中的节水和田间灌水过程中的节水转移到生物节水、作物精量控制用水以及节水系统的科学管理上，重视农业节水与生态环境保护的密切结合，这体现了现代节水农业技术的发展趋势与方向。

这些节水抗旱措施的应用可大致分布在四个基本环节中：①减少渠系（管道）输水过程中的水量蒸发渗漏损失，提高灌溉水的输水效率；②减少田间灌溉过程中水分的深层渗漏和地表流失，提高灌溉水的利用率，减少单位灌溉面积的用水量；③蓄水保墒，减少农田土壤的水分蒸发损失，最大限度地利用天然降水和灌溉水资源；④提高作物水分利用效率，减少作物的水分奢侈性蒸腾消耗，获得较高的作物产量和用水效益。

7.2 主要作物节水抗旱新技术

7.2.1 棉花调亏灌溉技术研究

7.2.1.1 材料与方法

水分是植株生长发育所必需的物质，又是其各种生理生化活动的参与者或介质，只有当植株水的吸收、输导和散失三者之间调节适当时，才能维持其良好的水分平衡。然而，由于自然环境的影响，植物常常生长在不同程度的水分胁迫下，因此，长期以来植物本身就形成了一种适宜不良环境的生态生理调节机制。叶片是植物体新陈代谢最为活跃的部位，很多研究表明，盐分和干旱胁迫都能引起叶片的衰老脱落或枯死。鉴于植物一些与水分代谢密切相关的生理指标如叶片的自然饱和亏缺、相对含水量、保水力及叶水势等，较其生化指标的测定容易，故常用叶片的这些生理特性来表示作物的抗旱性。

叶片的自然饱和亏缺是叶片不受水分以外其他物质影响的水分生理指标，可以反映叶片内纯水的变化；叶片保水力指叶片在离开植物体后保持原有水分的能力，它能反映植物原生质的耐脱水能力与叶片角质层的保水能力；叶水势反映叶内水分的能势状况，是叶片细胞水分状况的一个重要指标，也能反映出植物从叶内蒸腾水分的难易程度。研究土壤不同水分条件下棉株生育期内水分生理指标（叶片水分饱和亏、叶片保水力及叶水势）的变化情况，以期为棉花节水灌溉提供生理基础和理论依据。

1. 试验材料

试验以盆栽形式进行。所用的容器为上口径44cm、下口径36cm、高50cm的聚乙烯塑料桶。

2. 实验设计与管理

本试验共设三个处理，即在棉花生育期内，分别以田间持水量的70%～80%（处理Ⅰ）、60%～70%（处理Ⅱ）、50%～60%（处理Ⅲ）控制各个水分处理的灌溉用水量，且每个处理设置三个重复。桶内按1.37g/cm^{3}的干容重分层装填晒干过筛（孔径为2mm）后的土，该试验中所用的土壤为沙性土，装填深度为45cm。为使棉籽能够顺利出土，在播种前的一周向桶内灌水，使桶中的土壤含水量达到田间持水量；试验采用先撒种，后立即覆地膜的播种方式。桶内的土壤含水量自行达到设计处理的含水量下限时，直接灌水至水分处理的含水量上限。

种子在播种前先进行晒种，晒种能促进棉花种子完成后熟作用，提高发芽率、发芽势，并能杀死种子表面附着的病菌；然后对种子进行泡种处理。将处理后的种子播于4.0cm深度处，每个桶内撒播4颗种子。待棉苗出现1片真叶前后一次定苗，每桶留一棵苗。每个盆桶中按照每666.7m^{2}施2300kg农家肥、15kg尿素、10kg磷二铵作基肥，在苗期和花铃期分别追 10kg/666.7m^{2}的尿素，同时在苗期视苗株的长势适量喷洒助壮素叶面肥，在棉株的生长后期，为防止早衰则喷 2 次磷酸二氢钾叶面肥。试验过程中用钠灯作为光源补充室内光照的不足。

3. 观测指标与测定方法

(1) 叶片水分饱和亏缺：剪取棉花叶片，迅速放入铝盒，称出鲜重；在称鲜重后，将叶片样品浸入蒸馏水中数小时，取出，用吸水纸擦干样品表面水分，称重；反复几次直至恒重即得样品饱和重量；把饱和后的叶片放入烘箱中，于 105℃下 0.5h 杀青，然后于 80℃下烘至恒重，称出干重。按照

叶片水分饱和亏缺=(叶片饱和重量－叶片鲜重)/(叶片饱和重量－叶片干重)

计算得出叶片水分饱和亏缺。

(2) 离体叶片保水力：剪取棉花功能叶片，迅速插入蒸馏水中，饱和 3h，取出叶片，称取叶片重量。将叶片悬于室内，在空气中缓慢脱水（记录室内湿度和温度）至恒重后称重，再同前面的方法将叶片在烘箱中烘干，称取干重。叶片含水量等于叶片饱和后失去的水重与叶片干重的比值。

(3) 叶水势：采用小液流法。取浸过棉株第四片功能叶的蔗糖溶液一小滴（为便于观察加入少许甲基蓝），放入未浸过其叶片的原浓度溶液中，观察有色溶液的浮沉：液滴上浮，表示浸过叶片后的溶液浓度变小；液滴下沉，表示溶液浓度变大；若液滴不动，表示浓度未变化，该溶液渗透势即等于叶水势。于上午 10 时取样，每次处理每株取叶片 1 片，3 次重复。

(4) 干物质重：采用烘干法测定，于生育后期测定冠（茎、叶）干重和根干重，即

根冠比=根干重/冠干重

(5) 土壤含水率：采用土钻取土烘干称重法。

7.2.1.2 不同水分处理对叶片自然饱和亏缺的影响

自然饱和亏缺是反映作物水分亏缺程度的指标之一，其值越大说明越缺水。不同水分处理下叶片自然饱和亏缺随生育期的变化图如图 7-1 所示，各处理叶片自然饱和亏缺在整个生育期内呈下降—上升—下降—上升的趋势。盛花期前，各处理的自然饱和亏缺加重，其自然饱和亏缺的大小顺序为：处理Ⅱ＞处理Ⅲ＞处理Ⅰ，由于棉株在苗期时植株小，耗水量较少，因此，这段时期内的棉株自然饱和亏缺值较小；此后随着棉株的生长，耗水量逐渐增大则到开花期各处理的自然饱和亏缺值加大。进入盛花期后，棉株的营养生长与生殖生长并存，其耗水量更大，对于处理Ⅲ来说，其亏缺值由 22%变化到 27%，幅度较大，原因是土壤中的平均含水率低，致使在这一需水量多的时期，容易产生棉株生长缺水现象，因此水分胁迫状态下的自然饱和亏就会相应加剧，此阶段的自然饱和亏缺值最大。故处理Ⅲ处于水分胁迫状态，不适于棉株的生长。

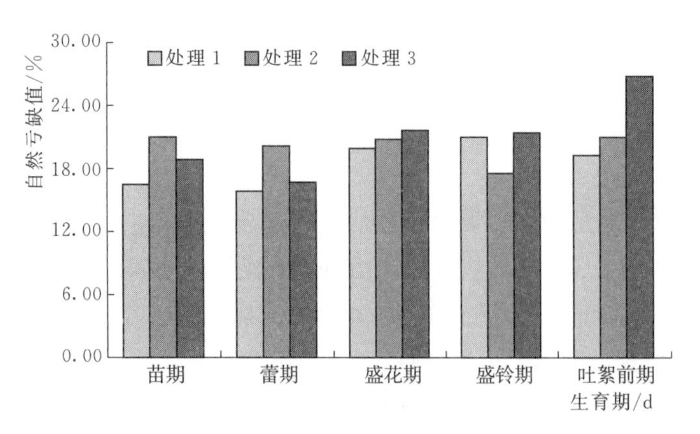

图7-1 不同水分处理下叶片自然饱和亏缺随生育期的变化图

7.2.1.3 不同生育期叶片保水力的变化

叶片含水量越高，表明叶片保水力越强；反之，保水力越弱。不同水分处理下叶片保水力随生育期的变化图如图7-2所示。由图7-2可看出，各水分处理下整个生育期内的叶片含水量呈单峰值变化，均在棉株的生育前期和后期较小，按水分处理的各叶片含水量分别在盛铃期、盛花期和蕾期出现峰值，其值分别为2657%、1981%、1894%。产生这种现象的原因在于花铃期是棉株营养生长和生殖生长的旺期，其耗水量大，处理Ⅰ、处理Ⅱ的棉株在这一时期土壤水分有补给，而处理Ⅲ则处于水分胁迫状态，故而植株的生长比处理Ⅲ缺水时的好；而处理Ⅲ为使叶片内能有较少的水分散失，满足生长的需求，叶片保水力的峰值出现的生育期则提前，这可能是植株抵御干旱的反应。从整个生育期来看3种水分处理下的叶片含水量处理Ⅰ最大，处理Ⅲ最小。

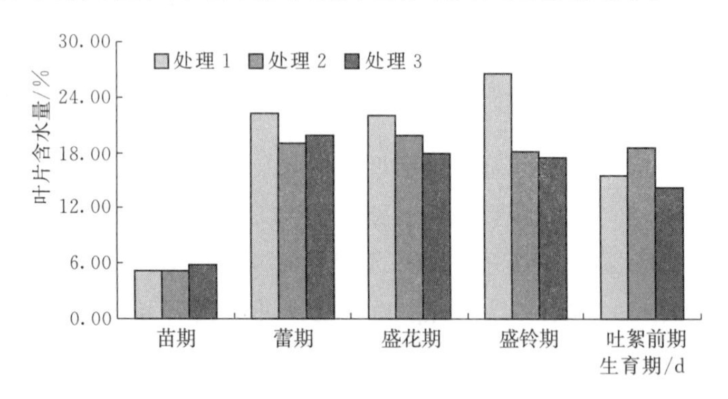

图7-2 不同水分处理下叶片保水力随生育期的变化图

7.2.1.4 不同水分处理叶水势的变化及其与土壤含水率的关系

在植物的SPAC系统中，水分在植物体内的运输取决于水分的自由能，表现为水势的高低，植物组织的水势越低，吸水能力越强，反之水势越高，吸水能力越弱，将水分输送到其他较缺水细胞的能力就越强，这可以用来确定植物的受旱程度和抗旱能力，也可作为合理灌溉的生理指标。因此，在作物水分生理的研究中常有测定的必要。

1. 叶水势的变化情况

不同水分处理下不同生育期叶水势变化如图 7-3 所示。由图 7-3 可以看出，随着生育进程的变化，处理Ⅰ、处理Ⅱ棉株的叶水势呈升高再降低后较稳定的变化趋势，而处理Ⅲ则表现出生育前期叶水势高，后期稳定偏低的趋势。原因是棉株生长前期，由于植株矮小，对水分的需求量较少，土壤中水分的供应充足，叶面积也小，蒸腾作用较弱，故而叶片水势较高；但是随着棉株生育进程的增加，土壤中水分的消耗加大，土壤水势也渐低，棉株的叶水势也随之降低；到了棉株生长的后期，棉株主要进入棉铃的蓄积温度开絮时期，一部分根系和叶片死亡脱落，需要的土壤水分不多，棉株水分的欠缺状况得到缓解，因此叶水势变化较小。处理Ⅰ、处理Ⅱ在全生育过程中叶水势相差不大，其值为－0.67～－1.3MPa；而处理Ⅲ中的叶水势值则较前两个处理迅速下降 0.8MPa 左右，表现为在整个生育期内的叶水势最小，这说明土壤干旱程度的加剧和干旱时间的延长加剧了叶水势的降低。

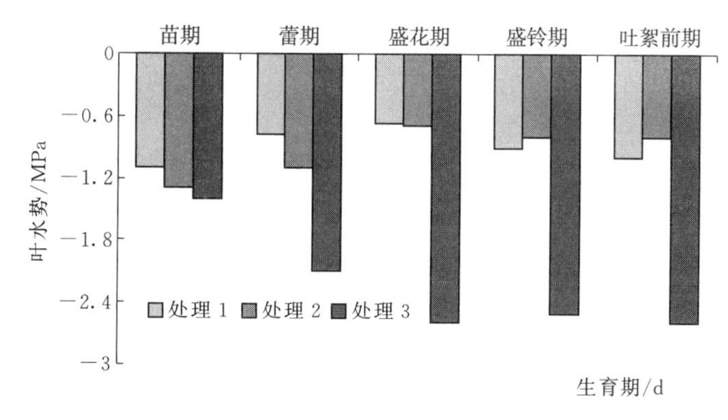

图 7-3 不同水分处理下不同生育期叶水势变化图

2. 叶水势与土壤含水量的关系

土壤含水量下降，蒸腾加快，叶水势降低；土壤含水量增加，蒸腾减弱，叶水势回升。这是植株抵抗干旱条件的生理性反应。研究表明，林木在某生长阶段叶水势与土壤含水量呈双曲线或 e 指数关系，不同的生育期内水棉株水势与土壤水含水量呈显著的线性关系。通过对棉株生育期内不同水分处理的土壤体积含水量和叶水势的测定，拟合得出叶水势（MPa）与土壤含水率（cm^3/cm^3）两者呈二次多项式关系，相关系数 R 为 70.8，不同水分处理下叶水势与含水量的关系见表 7-1。

表 7-1 不同水分处理下叶水势与含水量的关系

测定的生育期	处理Ⅰ		处理Ⅱ		处理Ⅲ	
	叶水势 (ψ_L)/MPa	体积含水量 (W)/%	叶水势 (ψ_L)/MPa	体积含水量 (W)/%	叶水势 (ψ_L)/MPa	体积含水量 (W)/%
苗期	−1.1	0.1541	−1.3	0.1566	−1.4	0.1553

续表

测定的生育期	处理Ⅰ		处理Ⅱ		处理Ⅲ	
	叶水势(ψ_L)/MPa	体积含水量(W)/%	叶水势(ψ_L)/MPa	体积含水量(W)/%	叶水势(ψ_L)/MPa	体积含水量(W)/%
蕾期	−0.78	0.1588	−1.1	0.1538	−2.1	0.1395
盛花期	−0.67	0.1503	−0.7	0.1467	−2.6	0.1294
盛铃期	−0.9	0.1602	−0.8	0.1435	−2.5	0.1244
吐絮前期	−1	0.1567	−0.9	0.1650	−2.66	0.1173
拟和公式	$\psi_L=11511W^2-3584.3W+277.98$		$\psi_L=2931.6W^2-916.65W+70.496$		$\psi_L=813.97W^2-189.7W+8.444$	
相关系数	0.81		0.83		0.98	

处理Ⅲ在整个生育期过程中叶水势基本随土壤含水量的降低而下降，变化曲线较陡，生育期的中前期叶水势下降快，后期保持在一个较小值；处理Ⅱ和处理Ⅰ叶水势随土壤含水量的变化曲线较缓，并且随土壤含水量的增加叶水势有下降的趋势，原因可能在于两处理在生育期内进行了不同程度的灌水处理，在生育期的后期灌水时，由于此时棉株的根系下扎深度较深，灌水后土壤水入渗到主根吸水区的时间长，在土壤平均含水量升高时，叶水势还没有得到恢复。由表7-1还可以看出，在整个生育期内灌水较少的处理Ⅲ在盛花期时叶水势迅速下降，此时土壤含水量是田间持水量的59.6%，此后叶水势一直保持在一个很低的水平。

3. 不同水分处理对干物质累积的影响

不同水分处理对棉株干物质的影响如图7-4所示。由图7-4可知，冠干重和总生物量随着灌水量处理的减少而降低，比较三个处理的总生物量，发现处理Ⅱ、处理Ⅲ比处理Ⅰ分别减少了19%和45%；根干重则表现出处理Ⅱ最大，处理Ⅲ最小，说明干旱不利于冠干重和总生物量的累积，而适度的干旱可以提高根干重，干旱胁迫情况下严重阻碍了棉株的生长。分析不同处理水分处理下的根冠比，发现随灌水处理的减小根冠比

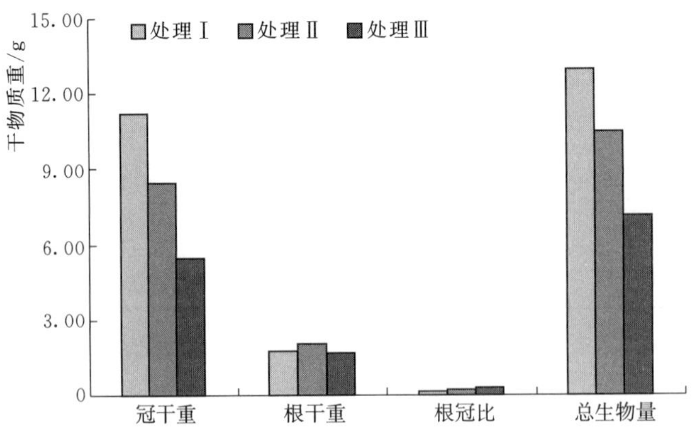

图7-4 不同水分处理对棉株干物质的影响

增大，处理Ⅰ～处理Ⅲ的根冠比分别为0.15、0.24和0.30，这也说明棉株通过调节地上部分与地下部分的生长来应对干旱造成的危害，在水分胁迫严重时减低地上和地下生物量来缓解棉株对水分的供求矛盾。综合比较可知，处理Ⅲ不适合棉株的生长。

7.2.1.5 结论

（1）根据室内盆栽试验资料，分析了不同水分处理下（田间持水量的70%～80%、60%～70%、50%～60%）棉株水分生理特性的变化：在棉株的生育进程中，随着土壤水分处理的降低，叶片自然饱和亏值加大，离体叶片保水力减弱，叶水势下降，这反映了当水分处于亏缺时棉株相应的生理指标降低，由此看出，棉株通过改变叶片的生理特性以提高抗旱性；同时也为我们通过这些抗旱性指标的变化来调节土壤水分供给提供一定的理论依据。

（2）对三种土壤水分处理下叶水势与土壤体积含水量进行定量分析，结果表明叶水势（MPa）与土壤含水率（cm^3/cm^3）两者呈二次多项式形式；由叶水势与土壤体积含水量的关系可知，当土壤含水量降至田间持水量的59.6%以下时，叶水势一直保持在一个很低的水平。

（3）通过对生育后期棉株的冠干重、根干重和总生物量的分析可知，随着灌水处理的降低冠干重和总生物量减小，根冠比增加；适度干旱可以增加根系干重，干旱胁迫严重的处理Ⅲ则表现出整个植株生长状况下降。与结论（2）相对应，则看出应该将处理Ⅲ（50%～60%）的上限土壤含水量为田间持水量的60%作为实际灌溉的下限。

（4）由于试验在室内进行，受光照和通气性的限制，叶片水分生理指标的变化受包括作物本身调节作用在内的多种因素影响，因此，还需要对它们与土壤水分及气象等众多条件关系做深入研究，以便更好地应用于实际。

7.2.2 棉花调亏灌溉的关键技术指标研究

调亏灌溉是一种新的灌溉策略，其有别于传统灌溉概念，即对于一些作物，由于其生理生化作用受到遗传特性或生长激素的影响，在其生长发育的某些时期人为施加一定的水分胁迫即可影响其光合产物向不同组织器官的分配，从而获得提高产量而舍弃营养器官生长量和有机合成物质总量的结果。调亏灌溉在应用中有一定风险，因为适度的水分亏缺可能很快发展成较严重的水分亏缺，从而对作物造成危害，另外在作物某些生育时期，轻度的水分亏缺即可造成产量的大幅度下降，因此调亏灌溉正确实施的关键，在于确定出特定作物适宜的水分调亏时期和亏缺程度。本研究探索覆膜棉花适宜的调亏时期和水分亏缺程度，以期达到节水增产的效应。

7.2.2.1 材料与方法

2009—2010年在新疆乌兰乌苏农业气象站试验田进行了系统的大田覆膜棉花调亏灌溉试验。该试验田土壤类型为中壤土，肥力中等，地下水位在8m以下。0～60cm土层平均容重为 1.42g/cm³，土壤平均调萎系数和田间持水量分别为 9.05cm³/cm³ 和 36.9cm³/cm³。供试棉花品种为新陆早 7 号，从播种到收获只采摘 1 遍，全生育期共 173 天。试验小区规格为净宽 1.6m，膜宽 1.4m，畦长 25.0m，在畦田两侧各留宽为 0.1m 的露地带以增加灌溉水的入渗。棉株种植方式为膜内种植，每畦 4 行，行距按 35cm—50cm—35cm 两密一稀方式配置，株距 10～11cm，植株密度为 16.5 万～17.2 万株/hm²，肥料为播种时一次性投入，尿素施用量为 127.5kg/hm²，磷酸二胺为 532.0kg/hm²，在随后生育期内不再追肥。试验共设 8 个处理，每个处理 3 个重复，尽量消除地力的差异。本试验对棉花不同处理水分状况的控制，通过不同的灌溉制度得以实现。以对照丰水处理为标准，该处理在蕾期（头水）、初花期（二水）和花铃盛期（三水）灌水的土壤含水率下限值分别为 18.45cm³/cm³、20.30cm³/cm³ 和 18.45cm³/cm³，轻旱和中旱灌水日期分别比对照推迟 3 天和 5 天，重旱处理在该阶段不进行灌水，棉花不同灌溉处理在各生育期的灌水定额见表 7-2。

表 7-2 棉花不同灌溉处理在各生育期的灌水定额 单位：m³/hm²

处　理	苗期	蕾期	初花期	花铃盛期	吐絮期
对照	0	750	750	750	0
蕾期轻旱	0	600	750	750	0
蕾期中旱	0	450	750	750	0
蕾期重旱	0	0	750	750	0
初花期轻旱	0	750	600	750	0
初花期中旱	0	750	450	750	0
花铃盛期轻旱	0	750	750	600	0
花铃盛期中旱	0	750	750	450	0

主要观测项目为：作物生长发育状况、各处理小区的 0～60cm 土层土壤含水率及各处理的最终产量。另外，在花铃盛期用美国产 LI-6200 型光合测定系统对棉花进行了光合速率日变化的测定；土壤含水率用取土烘干称重法测定，每 7 天测定 1 次，灌前和灌后加测；各处理的农田蒸发蒸腾量采用水量平衡法计算。

7.2.2.2 水分胁迫对棉花株高、叶面积的影响

在作物的各项生理过程中，生长对水分胁迫最为敏感，即使是轻微的胁迫也会产生不同的反应。本次试验中各处理棉花的叶面积指数（leaf area index，LAI）和株高资料表明，蕾期水分胁迫对株高和 *LAI* 影响明显，其程度随水分胁迫加强而增大，蕾期重旱处理（该期未灌水）的植株呈明显矮小化现象，生长缓慢且复水后长势依然较对照缓慢，最终高度仅为对照处理的 63.8%，*LAI* 为对照的 39.5%。进入花期以后，棉花生长以生殖生长为主，因此该期及以后水分胁迫对棉花株高和 *LAI* 影响微弱。不同水分处理棉花株高见表 7-3。不同处理棉花的 *LAI* 如图 7-5 所示。

表 7-3　不同水分处理棉花株高　单位：cm

日　期	对照	蕾期轻旱	蕾期中旱	蕾期重旱	初花期中旱	花铃盛期中旱
6月1日	11.8	11.8	11.8	11.7	12.3	108
6月20日	33	32.3	31.4	31.4	36.7	35
7月1日	44.3	43.66	40.99	35	46.2	43.4
7月15日	66	58.4	52.7	39.2	60.8	63.2
7月25日	74.2	69.7	60.3	46.5	67.4	70.5
8月5日	74.3	70.4	62.5	47	70.2	71

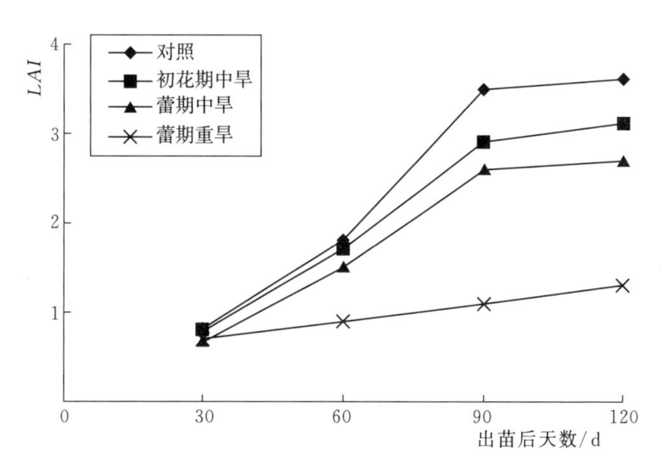

图 7-5　不同处理棉花的 *LAI*

7.2.2.3　水分胁迫对棉花光合作用的影响

水分胁迫可以显著降低作物光合作用，这是干旱条件下棉花减产的一个重要原因。在棉花的花铃盛期用 LI-6200 型便携式光合作用测定系统，逐时段测定各处理棉花叶片光合速率的日变化过程，每次在各处理小区测定 5 片叶子，用其平均值来代表该处理的实际水平。水分亏缺对棉花光合作用的影响如图 7-6 所示。测定当天对各处理 0～60cm 土层含水率进行了观测，对照、花铃盛期轻旱、中旱和蕾期中旱处理的含水率分别为 $34.06cm^3/cm^3$、$23.29cm^3/cm^3$、$20.30cm^3/cm^3$ 和 $22.33cm^3/cm^3$。同对照处理相比较，花铃盛期受旱处理的棉花叶片光合速率在日变化过程中除 8：00 外始终偏小，并且随水分亏缺程度的增强，光合速率的下降幅度加大。蕾期中旱对棉花的株高和叶面积造成一定程度的影响，但并未造成体内生理机能的不可逆损伤，因此复水后仍具有较强的光合能力。实测资料表明，该处理在花铃盛期的光合能力比土壤水分相似的花铃盛期轻旱处理的更高。

7.2.2.4　水分胁迫对皮棉产量和水分利用效率的影响

根据实测土壤含水量、灌水量、降雨量资料，采用水量平衡方程，逐时段计算出各

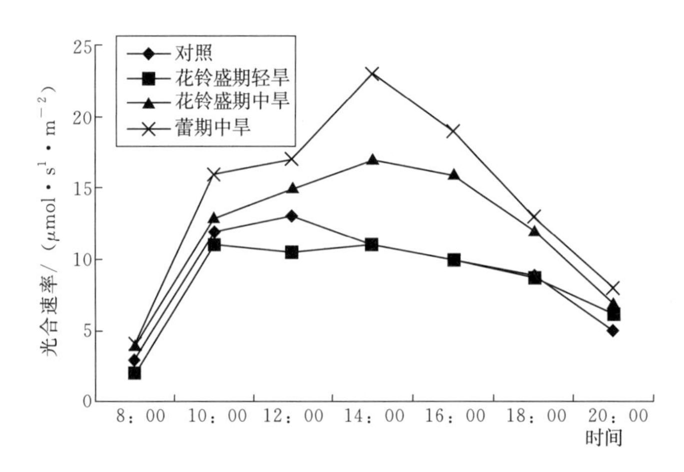

图 7-6 水分亏缺对棉花光合作用的影响

处理棉田的蒸散量。将各时段农田蒸散量累加即可获得棉花在整个生育期内的农田蒸散量。各处理皮棉产量采用 3 个重复的产量均值来代表该处理的实际产量水平。各处理的耗水量（m^3/hm^2）、皮棉产量（kg/hm^2）和水分利用效率（kg/m^3）见表 7-4。

表 7-4 棉花各处理耗水量、皮棉产量及水分利用效率

处理	苗期	蕾期	初花期	花铃盛期	吐絮期	全生育期耗水量/($m^3·hm^{-2}$)	皮棉产量/($kg·hm^{-2}$)	水分利用效率/($kg·m^{-3}$)
对照	750	1456.05	922.95	657	262.05	4048.05	1380	0.3409
蕾期轻旱	750	1322.25	831.15	610.05	222.45	3735.9	1545	0.4136
蕾期中旱	750	1184.55	804.15	629.7	199.95	3568.35	695	0.475
蕾期重旱	750	750	812.1	450.9	150	2913	1260	0.4325
初花期轻旱	750	1453.05	722.1	645	222	3792.15	1395	0.3679
初花期中旱	750	1428.45	501.75	450	208.95	3339.15	1125	0.3369
花铃盛期轻旱	750	1420.2	813.75	420	232.05	3636	1410	0.3878
花铃盛期中旱	750	1401.75	900.75	358.05	217.8	3628.35	1440	0.3969

从表 7-4 可以看出，与对照处理相比较，不同阶段、不同程度的水分亏缺对棉花产量具有不同的影响，其中初花期中旱处理和蕾期重旱处理均导致皮棉产量下降，较对照处理分别下降 18.48%和 8.70%；初花期轻旱、花铃盛期轻旱和中旱处理与对照处理产量大致持平；而蕾期轻旱和中旱处理的皮棉产量较对照高，增产率分别为 11.96%和 22.88%。除初花期中旱处理外，各处理的水分利用效率与对照比较，都有不同程度的提高。蕾期轻旱和中旱处理的水分利用效率较对照分别提高了 21.33%和 39.26%，各处理中唯有初花期中旱的水分利用效率比对照低，表明在初花期棉花对水分亏缺比较敏感，此时中旱处理不仅造成产量下降，同时水分利用效率也降低。

7.2.2.5 棉花根层蕾期土壤水分调亏的适宜下限指标

对本次试验各处理的产量、蒸发蒸腾量和水分利用效率的分析表明，在蕾期适度的水分亏缺有显著的节水增产和提高水分利用效率的效应，但同时蕾期的重旱处理产量下降8.7%，导致此结果发生的原因在于重旱处理的根系土壤水分亏缺已超过了棉花的适应程度。因此在运用调亏灌溉策略时，一定要注意在适宜的阶段对土壤水分进行适宜的调亏处理，只有这样才能得到理想的结果。本次试验对照和蕾期轻、中、重旱处理生育期内0～60cm土壤水分下限值见表7-5。结合产量和水分利用效率的分析结果，可以确定棉花蕾期适宜的土壤水分亏缺下限值为14.76cm^3/cm^3，而对照处理并非是最适宜的生长环境。

表7-5 棉花对照和蕾期轻、中、重旱处理生育期内0～60cm土壤水分下限值

单位：cm^3/cm^3

处　理	苗期	蕾期	初花期	花铃盛期
对照	25.83	18.45	20.3	18.45
蕾期轻旱	25.83	16.6	17.71	182
蕾期中旱	25.83	14.76	16.6	15.5
蕾期重旱	25.83	12.92	18.45	23.98

蕾期轻旱和中旱处理不仅节约了灌水量，同时可以增加产量和提高作物水分利用效率，表明蕾期是棉花进行水分调亏的适宜时期。依据实测的0～60cm根系层土壤水分含量资料分析，其适宜的水分亏缺下限为14.76cm^3/cm^3，而对照丰水处理的水分控制状态并非生理或栽培获得最高产量时的最佳水分环境。从本次试验棉花生长发育过程来看，蕾期水分过多，会造成植株旺长，过早封行，大量光合产物分配到作物营养方面，易造成棉蕾脱落，而此时适度的水分亏缺，可促使棉株根系深扎，茎粗节密，果枝健壮和棉蕾脱落率低，从而为丰产打下了良好的基础。

7.2.2.6 结论

(1) 蕾期水分胁迫对株高和LAI影响明显，其程度随水分胁迫加强而增大。进入花期以后，棉花生长以生殖生长为优势，该期及以后水分胁迫对棉花株高和LAI的影响微弱。

(2) 蕾期中旱对棉花的株高和叶面积造成一定程度的影响，但并未造成体内生理机能的不可逆损伤，因此复水后仍具有较强的光合能力。试验结果表明，蕾期适度的水分亏缺处理同丰水理相比较，前者具有明显的节水、增产、提高水分利用效率的作用，该处理较对照处理节水11.85%，增产22.83%，水分利用效率提高39.26%。

(3) 不同的调亏时期和水分亏缺程度对棉花的产量和水分利用效率的影响不同。调亏灌溉在应用中有一定风险，因为适度水分亏缺可能会很快发展成较严重的水分亏缺，从而造成作物产量的下降。

7.2.3 棉花调亏灌溉技术应用模式研究

本研究于2004—2005年在新疆阿克苏地区阿瓦提县西南部的丰收灌区进行，通过设置不同灌水水平，营造不同的土壤水分环境，监测棉花植株生长的生理性状表现及产量，研究棉花高产条件下的不同生育期水分需求规律以及棉田的土壤水分运移转化关系，确定不同水分环境条件下棉花生长性状及对产量的影响。

7.2.3.1　材料与方法

研究采用水平畦灌小区试验，设置不同灌水定额和不同灌溉次数，共8个试验处理。棉花调亏灌溉试验方案见表7-6。

表7-6　棉花调亏灌溉试验方案　单位：m^3/亩

灌溉定额	灌水次数	处理组别	生育期							
			蕾期	花铃期						吐絮期
			7月2日	7月10日	7月15日	7月17日	7月30日	8月5日	8月14日	8月30日
310	5	处理1	65		65		65		60	55
260	4	处理2	65			70		70		55
260	4	处理3		70			70		65	55
200	3	处理4		75				70		55
200	3	处理5	65			70		65		
150	2	处理6	75					75		
150	2	处理7		75				75		
200	3	处理8	65				80			55

测定项目：

（1）棉花全生育期在灌水前后分别对各处理以0～20cm、20～40cm、40～60cm、60～80cm、80～100cm分层取样，设定每处理取样平行，测定土壤水分、盐分含量。

（2）依据生育期观测作物株高、径粗、叶面积等指标；生育期结束后进行棉花产量估测。

7.2.3.2　棉花生育期内的需水强度变化规律

棉花日耗水强度的大小与其生长发育相适应，也与气候因子（日辐射和温度）相适应。棉花全生育期日耗水量变化曲线呈单峰型，苗期棉花植株较小，气温相对较低，日耗水量较小；而后随着棉花叶面积的不断增加，棉花日耗水量逐渐增大，到花铃期日耗水量达最大，吐絮期棉株开始衰老，气温下降，日耗水强度又逐渐变小。

耗水模系数是指作物某一生育期的耗水量占整个生育期总耗水量的百分数，它表明了作物各生育期需水量占总需水量的权重程度，而各生育期需水量的多少是灌水时期与灌水量分配的重要依据。耗水模系数的大小主要受日耗水量和生育期长短两个因素的影响，它不仅反映了作物各生育期的需水特性与要求，也反映出不同生育期对水分的敏感程度和灌溉的重要性。

研究发现棉花前期气温低，植株小，腾发量少，需水量就小。花铃期是棉花需水高峰期，即需水临界期，这时气温高，植株高大，叶片茂盛，腾发量最大。作物需水量也相应最大，需水强度也达到最大值，后期由于气温逐渐降低，植株逐渐衰老，叶面蒸腾减少，需水量也就相应减少。因此，棉花需水敏感期为花铃期，其次为蕾期、吐絮期与苗期。而灌水的关键时期为花铃期与蕾期。棉花阶段需水量与模系数见表 7-7。

表 7-7　　棉花阶段需水量与模系数

项　目	阶　段　划　分				全生育期
	苗期	蕾期	花铃期	吐絮期	
阶段需水量/mm	39	120	135	52	346
日需水强度/($mm \cdot d^{-1}$)	1.05	3.75	4.27	1.3	2.59
模系数/%	11.3	34.7	39.0	15.0	100

7.2.3.3 棉花产量与生育期灌水量及耗水量的关系

在地面灌条件下，棉花产量与全生育期耗水量之间呈现较好的二次抛物线关系。棉花产量、水分生产效率与耗水量之间的关系如图 7-7 所示。由图 7-7 可以看出，棉花产量随着耗水量的增加快速增加，当耗水量达到一定程度时，产量增加缓慢，开始呈现出“报酬递减”现象，当棉花耗水量达到 420mm 时，产量达到最大值，此后耗水量再增加，产量不但不增加，反而呈现出下降的趋势。

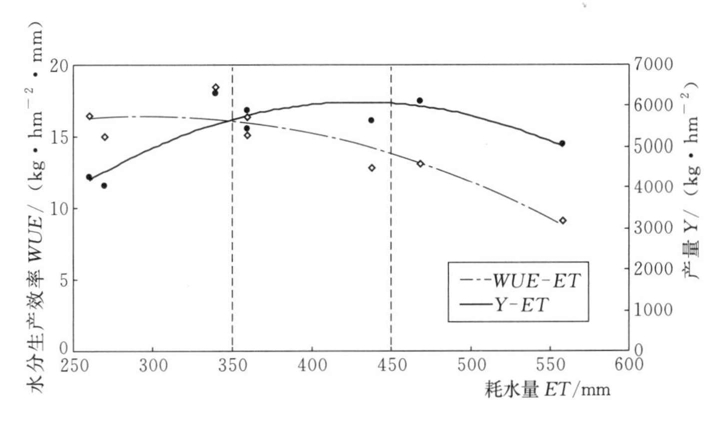

图 7-7　棉花产量、水分生产效率与耗水量之间的关系

产量与耗水量的关系为

$$Y = aET^2 + bET + c \tag{7-1}$$

式中　ET——棉花全生育期耗水量，mm；

Y——产量，kg/hm^2；

a、b、c——回归系数。

棉花产量与耗水量关系的回归系数值见表 7-8。

表7-8 棉花产量与耗水量关系的回归系数值

a	b	c	相关系数
−0.0664	57.07	−6163.4	0.786

需要指出的是，棉花产量与全生育期耗水量的函数关系，在不同的试验年份有所不同，而且利用不同试验年份资料的组合回归得出的关系式，系数也不一样，但曲线形状变化不大，分析得出的最高产量和水分生产效率最高点各自所对应的作物耗水量差异不大，说明作物产量与全生育期耗水量之间存在着一种相对比较稳定的关系。特别是在耗水量居中左右的情况更是如此，这说明作物产量与相同水量在作物生育期内的不同分配方法有非常密切的关系。

7.2.3.4 棉花生育期水分生产函数模型研究

作物水分生产函数反映作物产量随水量变化的规律，是进行科学节水灌溉最基本、最重要的函数。在水资源短缺的地区，是进行灌溉工程的规划、设计、用水管理和灌溉经济效益分析的基本依据。水分生产函数的数学模型主要有静态模型和动态模型两大类，静态模型是不含时间变量的模型，如全生育期模型；动态模型含时间变量，如乘法模型和加法模型等。从20世纪70年代后期开始，国内对作物—水分关系及作物水分生产函数做了大量研究。如水稻水分敏感指标空间变异规律及等直线图研究，冬小麦、玉米等作物水分生产函数模型研究。但是对处于干旱区塔里木盆地棉花水分生产函数模型的研究相对较少。

1. 模型的选取

棉花水分生产函数模型是描述和揭示棉花产量与水分因子之间的数学关系，选取目前得到公认比较合理与最常用的以下几种模型进行分析。

（1）M. E. Jensen 模型：

$$\frac{Y_{\mathrm{a}}}{Y_{\mathrm{m}}}=\prod_{i=1}^{n}\left(\frac{ET_{\mathrm{a}}}{ET_{\mathrm{m}}}\right)^{\lambda_i} \tag{7-2}$$

（2）Minhas 模型：

$$\frac{Y}{Y_{\mathrm{m}}}=\prod_{i=1}^{n}\left[1-\left(1-\frac{ET}{ET_{\mathrm{m}}}\right)_i^2\right]^{\lambda_i} \tag{7-3}$$

（3）H. Blank 模型：

$$\frac{Y_{\mathrm{a}}}{Y_{\mathrm{m}}}=\sum_{i=1}^{n}A_i\cdot\left(\frac{ET_{\mathrm{a}}}{ET_{\mathrm{m}}}\right)_i \tag{7-4}$$

（4）Stewart 模型：

$$\frac{Y_{\mathrm{a}}}{Y_{\mathrm{m}}}=1-\sum_{i=1}^{n}B_i\cdot\left(\frac{ET_{\mathrm{m}}-ET_{\mathrm{a}}}{ET_{\mathrm{m}}}\right)_i \tag{7-5}$$

（5）Singh 模型：

$$\frac{Y_{\mathrm{a}}}{Y_{\mathrm{m}}}=\sum_{i=1}^{n}C_i\cdot\left[1-\left(1-\frac{ET_{\mathrm{a}}}{ET_{\mathrm{m}}}\right)^2\right] \tag{7-6}$$

式中 λ_i——作物不同阶段缺水对产量的敏感指数（幂指数型）；

A_i、C_i——作物不同阶段缺水对产量的敏感系数（乘幂数型）；

B_i——产量影响系数；

Y_a——各处理条件下实际产量，kg/hm²；

Y_m——正常灌溉下产量，kg/hm²；

ET_a——各处理条件下实际蒸发蒸腾量，mm；

ET_m——正常处理下蒸发蒸腾量，mm。

2. 模型中参数的推求

首先对相乘模型进行线性化处理。对式（7-2）、式（7-3）两边取对数，得

$$\ln\frac{Y}{Y_m}=\sum_{i=1}^{n}\lambda_i\ln\left(\frac{ET}{ET_m}\right)_i \tag{7-7}$$

$$\ln\frac{Y}{Y_m}=\sum_{i=1}^{n}\lambda_i\ln\left[1-\left(1-\frac{ET}{ET_m}\right)_i^2\right] \tag{7-8}$$

根据式（7-7），令 $Z=\ln(Y/Y_m)$，则

$$X_i=\ln\left(\frac{ET}{ET_m}\right)_i,\quad K_i=\lambda_i$$

根据式（7-8），令 $Z=\ln(Y/Y_m)$，则

$$X_i=\ln\left[1-\left(1-\frac{ET}{ET_m}\right)_i^2\right],\quad K_i=\lambda_i$$

根据式（7-4），令 $Z=Y/Y_m$，则

$$X_i=\left(\frac{ET}{ET_m}\right)_i,\quad K_i=A_i$$

根据式（7-5），令 $Z=Y/Y_m$，则

$$X_i=\left(1-\frac{ET}{ET_m}\right)_i,\quad K_i=B_i$$

根据式（7-6），令 $Z=Y/Y_m$，则

$$X_i=\left[1-\left(1-\frac{ET}{ET_m}\right)_i^2\right],\quad K_i=C_i$$

则式（7-2）、式（7-3）、式（7-4）、式（7-5）、式（7-6）可统一化成如下线性公式，即

$$Z=\sum_{i=1}^{n}K_i\cdot X_i \tag{7-9}$$

对于不同的模型，只是 Z、X_i 及 K_i 所代表的内容不同。i 代表求解参数时划分的阶段序号，$i=1$，2，…，n，n 为划分的总阶段数。

试验采用 m 个处理，可以得到 J 组 X_{ij}、Z_{ij}（$j=1$，2，…，m；$i=1$，2，…，n）。采用最小二乘法，建立目标函数为

$$\min f=\sum_{j=1}^{m}\left(M_j-\sum_{i=1}^{n}K_iX_{ij}\right)^2,\quad 令\ \frac{\partial f}{\partial K_i}=0$$

则

$$\frac{\partial f}{K_i}=-2\sum_{j=1}^{m}(M_j-\sum_{i=1}^{n}K_iX_{ij})\cdot X_{ij}=0$$

求解该方程，可得到第一组线性联立方程为

$$\begin{cases}L_{11}K_1+L_{12}K_2+\cdots+L_{1n}K_n=L_{1m}\\L_{12}K_1+L_{22}K_2+\cdots+L_{2n}K_n=L_{2n}\\\vdots\\L_{n1}K_1+L_{n2}K_2+\cdots+L_{nn}K_n=L_{nm}\end{cases}\tag{7-10}$$

其中

$$\begin{cases}L_{ik}=\sum_{j=1}^{m}X_{ij}\cdot X_{kj} & (k=1,2,\cdots,n)\\L_{im}=\sum_{j=1}^{m}X_{ij}\cdot M_j & (i=1,2,\cdots,n)\end{cases}$$

相关系数为 $R=\left[\frac{\sum_{i=1}^{n}K_iL_{i,n+1}}{L_{n+1,n+1}}\right]^{\frac{1}{2}}$。

求解式（7-10），求得 K_i、R，即可分别求出原来模型中的 λ_i、A_i、B_i 及 C_i。

塔里木盆地阿瓦提丰收灌区棉花水分生产函数模型的敏感指数、系数见表7-9。

表7-9 塔里木盆地阿瓦提丰收灌区棉花水分生产函数模型的敏感指数、系数

阶段划分	Jensen模型 λ指数	Blank模型 A系数	Stewart模型 B系数	Singh模型 C系数	Minhas模型 λ值
阶段1	0.196	0.00704	0.138	−0.798	0.769
阶段2	0.341	1.067	0.365	2.024	−1.962
阶段3	0.486	0.081	0.519	0.0633	−0.229
阶段4	0.127	−0.037	0.134	−0.336	1.112
相关系数 R	0.990	0.999	0.986	0.998	0.959

3. 棉花水分生产函数模型分析

（1）Jensen模型中的λ值，第3阶段（花铃期）最高，λ值从高到低阶段顺序是：阶段3→阶段2→阶段1→阶段4。Jensen模型公式表明，λ值越高，缺水后 Y/Y_m 值越低，即因为缺水导致的减产越严重（对缺水越敏感），上述λ在第3阶段最高，对缺水最敏感以及缺水后各阶段敏感顺序与棉花的水分生理特性一致，而且模型的相关系数为0.990，因此塔里木盆地阿瓦提丰收灌区棉花采用Jensen模型比较合理。

（2）Blank模型中的 A 系数，最高值出现在第2阶段，但是绝对值大于1，而且在第4阶段出现负数，同时式（7-4）表明该模型应该是 A 系数越小则缺水时减产越敏感，峰值所在阶段与水分生理理论及灌溉实践经验不符合，因此该模型对塔里木盆地阿瓦提丰收灌区棉花不适用。

(3) Stewart 模型中的 B 系数，其变化规律与 Jensen 模型完全一致，从模型式(7-5)可知，B 系数越大则缺水对减产越敏感，B 系数的峰值出现在第 3 阶段，而且与 Jensen 模型中的 λ 值十分相近，因此该模型合理，也适用于塔里木盆地阿瓦提丰收灌区的棉花。

(4) Singh 模型中的 C 系数，最高值出现在第 2 阶段，但是绝对值大于 1，而且在第 1 阶段、第 3 阶段出现了负数，同时式（7-6）表明该模型应该是 C 系数越小缺水时减产越敏感，峰值所在阶段与水分生理理论及灌溉实践经验不符合，因此该模型对于塔里木盆地阿瓦提丰收灌区的棉花采用极不合理。

(5) Minhas 模型中的 λ 值，其情况与 Singh 模型中的 C 系数一样，出现了绝对值大于 1 的情况，而且也出现了负值。因此 Minhas 模型对于塔里木盆地阿瓦提丰收灌区的棉花也不适用。

综上所述，塔里木盆地灌区棉花适宜采用的水分生产函数模型为 Jesen 模型和 Stewart 模型，但是 Jensen 模型为连乘模型，比 Stewart 连加模型更能反映棉花各生育期相互作用对产量的影响。因此，选择 Jeasen 模型较为合理，因此，将 Jensen 模型中的 λ 值代入模型中，得到塔里木盆地阿瓦提丰收灌区棉花水分生产函数的具体表达式为

$$\frac{Y}{Y_{\mathrm{m}}}=\left[\frac{ET_{(1)}}{ET_{(\mathrm{m1})}}\right]^{0.196}\cdot\left[\frac{ET_{(2)}}{ET_{(\mathrm{m2})}}\right]^{0.341}\cdot\left[\frac{ET_{(3)}}{ET_{(\mathrm{m3})}}\right]^{0.486}\cdot\left[\frac{ET_{(4)}}{ET_{(\mathrm{m4})}}\right]^{0.127} \tag{7-11}$$

通过分析，认为棉花的苗期、蕾期、花铃期和吐絮成熟期 4 个生育期，都会因为缺水造成减产，并且各阶段缺水对减产敏感程度不同。对于塔里木盆地灌区，敏感指数 λ 值高峰出现在花铃期，说明此阶段为产量对缺水的敏感期，其次分别为蕾期、苗期和吐絮期。

7.2.4 棉花高产节水优化灌溉制度研究

农作物的灌溉制度是指作物播种前及全生长期内的灌水次数、每次灌水的日期、灌水定额以及灌溉定额。在不考虑灌水成本，仅针对作物增产而言，在传统充分灌溉条件下的最优灌溉值（即适宜土壤含水量）时进行灌溉，灌溉上限值一般应使土壤含水量达到田间持水率。其目的是使作物生长条件得到最大限度的满足，从而获得高产。

然而在干旱缺水的内陆河灌区，尤其塔里木河流域灌区，农作物全生长期的需水量及各生育期的需水量不可能全部得到满足。因此，在节水灌溉或非充分灌溉条件下，在研究作物不同生长阶段缺水减产情况的基础上实行限额灌溉，寻求该作物总灌溉水量在其生育期的最优分配，使整个生长期的总产值最大。以棉花为研究对象，以作物水分生产函数表示土壤水分对作物生长的影响，以农田灌水量为状态变量，建立非充分灌溉制度设计动态规划模型，并结合塔里木盆地阿瓦提丰收灌区的试验资料进行分析研究。

7.2.4.1 确定最优灌溉制度的数学模型

作物灌溉制度优化设计过程是一个多阶段决策过程。因此，本次研究采用动态规划的数学模型。

1. 阶段变量

以生育期为阶段，阶段变量 $i=1, 2, \cdots, N$，N 为棉花全生育期的阶段数。

2. 状态变量

状态变量为各阶段可用于分配的灌溉水量 q_i 及计划湿润层内可供农作物利用的土壤水量 S_i，它是土壤含水率的函数

$$S_i = 667\gamma \cdot H(\beta - \beta_w) \tag{7-12}$$

式中 γ——土壤干容重；

H——计划湿润层深度；

β——计划湿润层内土壤平均含水率；

β_w——土壤含水率下限。

3. 决策变量

决策变量为各阶段实际灌水量 m_i，$i=1, 2, \cdots, N$。

4. 系统方程

系统方程是描述系统在运动过程中状态移转的方程，由于本系统有两个状态变量，系统方程也有两个：

（1）水量分配方程。若对第 i 个生长阶段采用决策变量 m_i 时，可表达为

$$q_{i+1} = q_i - m_i \tag{7-13}$$

式中 q_i、q_{i+1}——第 i 及第 $i+1$ 阶段初可用于分配的水量。

（2）土壤计划湿润层内的水量平衡方程为

$$ET_i + d_i + S_{i+1} = S_i + m_i + P_i + K_i \tag{7-14}$$

式中 d_i——第 i 阶段的渗漏量；

P_i——第 i 阶段的有效降雨量；

S_i、S_{i+1}——第 i 及第 $i+1$ 阶段初土壤中可供利用的水量；

K_i——第 i 阶段的地下水补给量。

由于试区内降雨量、深层渗漏量及地下水补给量较小，因此本次将三项忽略为零，则式（7-14）变化为

$$ET_i + S_{i+1} = S_i + m_i \tag{7-15}$$

5. 目标函数

采用Jensen模型提出的在供水不足条件下，水量和农作物实际产量的连乘模型，目标函数为单位面积的产量最大，即

$$F = \max\left(\frac{Y}{Y_m}\right) = \max \prod_{i=1}^{n}\left(\frac{ET_i}{ET_{mi}}\right)^{\pi_i} \tag{7-16}$$

6. 约束条件

(1) 决策约束：$0 \leqslant m_i \leqslant q_i$，$i=1, 2, \cdots, N$；$\sum m_i \leqslant Q$；$0 \leqslant Q_i \leqslant Q_{i\max}$。

(2) 土壤含水率约束：

$$\beta_w \leqslant \beta \leqslant \beta_t$$

式中 β_t——田间持水率。

7. 初始条件

(1) 假定棉花播种时的土壤含水率为已知，即 $\beta_1 = \beta_0$，则有

$$S = 667\gamma H(\beta_0 - \beta_w) \tag{7-17}$$

(2) 第一时段初可用于分配的水量为棉花全生育期可用于分配的水量，即 $q_1 = Q$。

7.2.4.2 模型求解

本模型是一个具有两个状态变量及两个决策变量的二维动态规划问题，可用动态规划逐次渐近法（dynamic programming successive approximate，DPSA）求解，其步骤为：

第一步，把各个生长阶段初土壤中可供利用的水量 S_i 作为虚拟轨迹，以 q_i 作为第一个状态变量并将其离散成 N 个水平，则该问题就变成一维的资源分配问题，可用常规的动态规划法求解，采用逆序递推，顺序决策计算，其递推方程为

$$f_i^* = \max_{\min}\{R_i(q_i, m_i) \cdot f_{i+1}^*(q_{i+1})\} \quad (i=1, 2, \cdots, N-1) \tag{7-18}$$

式中 $R_i(q_i, m_i)$——在状态 q_i 下，作决策 m_i 时所获得的本阶段效益。

$$R_i(q_i, m_i) = \left(\frac{ET_a}{ET_m}\right)_i^{\lambda_i} \quad (i=1, 2, \cdots, N-1) \tag{7-19}$$

式中 $f_{i+1}^*(q_{i+1})$——余留阶段的最大效益。

$$f_N^*(q_N) = \left(\frac{ET_a}{ET_m}\right)_N^{\lambda_N} \quad (i=1, 2, \cdots, N) \tag{7-20}$$

通过择优计算，可求得给定初始条件下的最优状态序列 $\{q_i^*\}$ 及最优决策序列 $\{m_i^*\}$，$i=1, 2, \cdots, N$。

第二步，将第一步优化结果 $\{q_i^*\}$ 及 $\{m_i^*\}$ 固定下来，在给定的初始条件下，寻求土壤可供利用水量 S_i 和各生长阶段实际耗水量 ET_i 的优化值。将第二个状态变量离散成 NT_1 个水平，决策变量不离散，以免内插，其递推方程为

$$f_i^*(S_i) = \max_{ET_i}\{R_i(S_i, m_i) \cdot f_{i+1}^*(S_{i+1})\} \quad (i=1, 2, \cdots, N-1) \tag{7-21}$$

$$R_i(S_i, m_i) = \left(\frac{ET_a}{ET_m}\right)_i^{\lambda_i} \quad (i=1, 2, \cdots, N-1) \tag{7-22}$$

式中 $R_i(S_i, m_i)$——在状态 S_i 下，做决策 m_i 时所获得的本阶段效益；

$f_{i+1}^*(S_{i+1})$——余留阶段的最大效益。

$$f_N^*(S_N) = \left(\frac{ET_a}{ET_m}\right)_N^{\lambda_N} \quad (i=1, 2, \cdots, N) \tag{7-23}$$

经优化计算，可得最优的状态序列$\{S_i^*\}$及决策序列$\{m_i^*\}$，其中$i=1, 2, \cdots, N$。

第三步，比较第一步和第二步的优化结果，如果第一步的虚拟轨迹和第二步的优化结果不同，则以第二步的优化结果$\{S_i^*\}$作为第一步的试验轨迹，重复上述优化过程，直到对两个状态变量进行最优化计算都得到相同的目标函数值（在拟订的精度范围内）和相同的决策序列为止。

利用节水灌溉优化灌溉制度模型，计算棉花的节水灌溉优化灌溉制度，利用优化数学模型求解棉花优化灌溉制度见表7-10。

表7-10 利用优化数学模型求解棉花优化灌溉制度

可供水量/($m^3 \cdot hm^{-2}$)	苗期/($m^3 \cdot hm^{-2}$)	现蕾期/($m^3 \cdot hm^{-2}$)	花铃期/($m^3 \cdot hm^{-2}$)	吐絮期/($m^3 \cdot hm^{-2}$)	最大相对产量/%
0	0	0	0	0	12.6
900	0	0	900	0	31.6
1500	0	450	1050	0	58.2
2400	0	600	1350	450	78.8
3000	0	900	1650	450	87.5
3600	0	1050	1800	750	90.1
4200	0	1200	2100	900	99.9
4800	0	1350	2400	1050	99.9

从表7-10可以看出，棉花产量随灌水次数及灌水定额的增加有明显的增长，不灌水时的产量仅相当于充分灌溉时产量的12.6%左右；充分显示了干旱内陆河灌区“没有灌溉就没有农业”的特点。当花铃期灌水定额为900m^3/hm^2时，相对产量为31.6%左右；当蕾期灌水定额为450m^3/hm^2，花铃期灌水定额为1050m^3/hm^2时，相对产量为58.2%左右；当蕾期灌水定额为600m^3/hm^2，花铃期灌水定额为1350m^3/hm^2，吐絮期灌水定额为450m^3/hm^2时，相对产量为78.8%左右；当蕾期灌水定额为900m^3/hm^2，花铃期灌水定额为1650m^3/hm^2，吐絮期灌水定额为450m^3/hm^2时，相对产量为87.5%左右；当蕾期灌水定额为1050m^3/hm^2，花铃期灌水定额为1800m^3/hm^2，吐絮期灌水定额为750m^3/hm^2时，相对产量为90.1%左右；当蕾期灌水定额为1200m^3/hm^2，花铃期灌水定额为2100m^3/hm^2，吐絮期灌水定额为900m^3/hm^2时，相对产量为99.9%左右；当蕾期灌水定额为1350m^3/hm^2，花铃期灌水定额为2400m^3/hm^2，吐絮期灌水定额为1050m^3/hm^2时，相对产量为99.9%左右。因此，可以看出当灌溉定额达到4200～4800m^3/hm^2时，若再增加灌水次数和灌水定额，产量增加不明显。

同时还需要说明的是，本模型所确定的灌溉制度是高产省水型的灌溉制度，模型中的关键参数是敏感性指标λ_i，它是通过非充分灌溉试验得到的，反映出不同生长阶段灌水量和土壤水分多少对产量的影响程度。同时，由于λ_i的大小包含了关键灌水期的权重，动态规划目标函数$F=\max\left(\frac{Y}{Y_m}\right)=\max\prod_{i=1}^{n}\left(\frac{ET_i}{ET_{mi}}\right)^{\pi_i}$就含有经济合理灌溉以及使产量达到较高的含义，是节水型（非充分）优化灌溉制度。但由于灌溉试验资料周期较短，对于敏感性指标 λ_i 的试验研究及合理取值还有待进一步研究。

7.2.4.3 结论

非充分灌溉试验及分析表明，棉花早期植株较小，需水强度也小，作物缺水的发展速度比较慢。较慢的水分亏缺发展速度对作物产量的影响较小，调亏灌溉应在作物生长的早期阶段；而在作物生长中期阶段，不适于进行调亏灌溉。

试验研究区地下潜水埋深在棉花生育期内平均为 1.5m，覆膜畦灌棉花在保证高产稳产的条件下，可选择采用的调亏灌溉模式是：头水时间在蕾期，但灌水量适当减小，灌水定额为 $900m^3/hm^2$，花铃前灌第二水，灌水定额为 $1200m^3/hm^2$；花铃期灌第三水，灌水定额为 $1200m^3/hm^2$。

7.2.5 小麦调亏灌溉技术研究

传统的作物灌溉理论认为作物任何生育期，任何程度的水分亏缺都将造成作物的产量降低，因此整个生育期都必须保证充分灌溉，而实践证明适当的水分“干、湿”交替对促进作物高产更有效，作物本身具有生理节水抗旱能力，作物在不同生育期需水量不同，对水分的敏感程度也不同，因此要在作物的需水关键期给予充足的灌溉，其他生育期可适当控水。

7.2.5.1 材料与方法

试验基地位于新疆天山北麓，距乌鲁木齐市 55km 的昌吉回族自治州五家渠水利厅农场。该地区气温年温差较大，无霜期 160 天。降水量稀少，多年平均降水量为 180.1mm。降水多集中在 4、5、6 三个月，约占全年降水量的 43%，全区光照充足，蒸发量大，多年平均水面蒸发量达到 1890mm，并以 7—8 月蒸发量最大。主要气象灾害有干旱、干热风、冻害、霜冻和大风等。

春小麦供试品种为：新春 35 号。播种前施基肥：磷酸二铵 $300kg/hm^2$，复合肥 $150kg/hm^2$，猪粪 $16500kg/hm^2$，生育期追肥（尿素）$450kg/hm^2$。播种时间为 4 月 15 日，收获时间为 7 月 10 日。

各试验处理均在有底测坑中进行，测坑面积（长×宽）：$2m\times3.33m=6.66m^2$，测坑深度（土层厚度）1.5m，土壤质地 0～150cm 为均质壤土。0～100cm 土层土壤平均容重 $1.52g/cm^3$，土壤肥力情况，磷：7.9mg/kg，氮：55.8mg/kg，有机质 6.8mg/kg，土壤肥力属于偏低。试验灌溉水源为井水，采用水泵供水和水表计量水量的方法进行灌溉。

1. 试验方案

根据以往的研究成果，同时结合当地的实际情况，本次春小麦水平畦灌条件下非充分灌溉试验设置不同灌水定额和不同灌水次数，灌溉定额设置为 $1800m^3/hm^2$，

2700m³/hm²，4050m³/hm²，灌水次数设置为2次、3次、4次，共设置7个试验处理，畦灌条件下非充分灌溉试验方案见表7-11。

表7-11 畦灌条件下非充分灌溉试验方案 单位：m³/hm²

处理	灌溉定额	灌水次数	灌溉量			
			分蘖期	拔节期	抽穗期	乳熟期
			4月30日	5月15日	6月1日	6月20日
1	1800	2	900	0	0	900
2	1800	2	0	900	900	0
3	1800	2	900	0	900	0
4	2700	3	0	900	900	900
5	2700	3	900	0	900	900
6	2700	3	900	900	900	0
7	3600	4	900	900	900	900

2. 观测项目

(1) 水分测定：小麦全生育期在灌水前后分别对各处理以0～20cm、20～40cm、40～60cm、60～80cm、80～100cm分层取样，采用烘干法测定土壤水分。

(2) 定株观测：作物生长性状调查采取定株观测，每个实验小区选取10株小麦，系上红绳作为标记，设重复。依据生育期定期定株观测作物株高、叶面积、穗长、穗重等生理指标。

(3) 产量测定：生育期结束分处理测定小麦产量，同时测定小麦穗长、穗数、千粒重。

7.2.5.2 同灌溉定额对春小麦生理和产量的影响

1. 灌溉定额1800m³/hm²，灌水次数为2次

(1) 对春小麦株高和叶面积的影响。

株高生长变化图如图7-8所示。不同时期小麦株高增加量见表7-12。不同时期小麦株高增长率见表7-13。

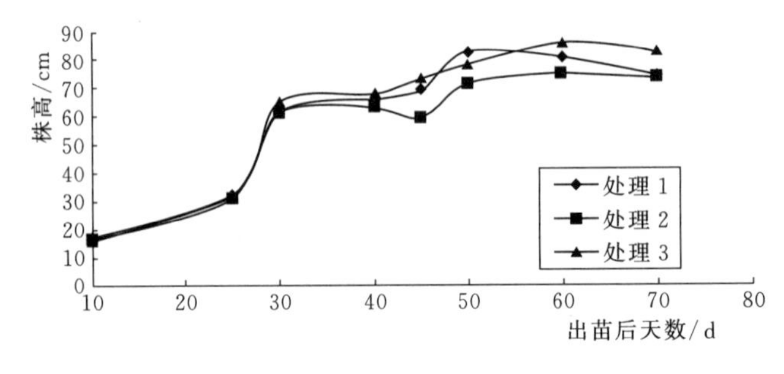

图7-8 株高生长变化图

表 7-12 不同时期小麦株高增加量 单位：mm

处理组别	出苗后天数							
	10天	25天	30天	40天	45天	50天	60天	70天
处理1	17.4	32.8	61.7	66.1	69.4	82.8	80.7	74.3
处理2	16.9	30.9	61.3	63.1	59.6	71.5	75.0	73.5
处理3	16.5	32.8	65.2	68.1	73.5	78.3	85.9	83.0

表 7-13 不同时期小麦株高增长率

处理组别	日期							
	5月10日	5月15日	5月20日	5月30日	6月4日	6月10日	6月15日	6月25日
处理1	88.13%	57.85%	21.00%	9.33%	4.62%	8.82%	4.05%	5.49%
处理2	83.10%	55.12%	20.83%	8.81%	2.99%	6.11%	6.65%	4.83%
处理3	89.26%	58.64%	22.59%	10.21%	5.88%	8.87%	6.20%	6.33%

图7-8和表7-11、表7-12是处理1（分蘖期、乳熟期进行灌溉）、处理2（拔节期、抽穗期进行灌溉）、处理3（分蘖期、抽穗期进行灌溉）生育期株高的生长变化情况。由图7-8和表7-12可以看出，不同灌水时期条件下春小麦的总体生长趋势一致，是由矮到高的趋势，处理1和处理3小麦株高要高于处理2，即在小麦分蘖期灌水，可使小麦的株高达到理想的高度。在春小麦出苗后25天，3个处理的小麦株高增长幅度相对较大，但株高差异不明显，处理1和处理3的小麦株高增长幅度为21.00%～89.26%，要略高于处理2的20.83%～83.1%的；在出苗25～30天，3个处理的小麦株高增长幅度最大，每个处理小麦植株增长近20cm左右；在出苗30天后，3个处理的小麦株高增长幅度逐渐减小，但处理1和处理3的小麦株高增长幅度为4.05%～10.21%，还是高于处理2的2.99%～8.81%。而在小麦整个生育期处理1和处理3的小麦株高增长幅度差异不大，说明在小麦乳熟期灌水对其株高的增长效果不明显。

叶面积的大小，不仅直接影响到作物的蒸腾量，而且影响阳光照射面积的大小与光合作用的能力。表7-14和图7-9是畦灌条件下春小麦相同灌溉定额1800m^3/hm^2，灌水次数为2次，处理1、处理2、处理3生育期叶面积变化情况。由图7-9可以看出，3种不同时期灌水处理下的春小麦叶面积变化在全生育期变化趋势一致，即在生育初期比较小，分蘖期逐渐增大，在拔节孕穗后期（出苗后60天）达到最大，而后逐渐衰退直到成熟；对比3个处理，在春小麦整个生育期处理1和处理3的叶面积要大于处理2，处理1和处理3的春小麦叶面积增长幅度分别为3.13%～25.4%和5.25%～41.96%，同时在分蘖期和抽穗期灌水的处理3叶面积要大于分蘖期和乳熟期的处理1，说明在春小麦分蘖期和抽穗期灌水可明显增大作物的叶面积。

（2）不同处理对春小麦产量和产量指标的影响。图7-10、图7-11和表7-15是处理1、处理2、处理3产量指标（穗长和千粒重）对比图和对比表。小麦的穗长和千粒重是衡量小麦产量的直接因素。

表 7-14　　春小麦不同处理叶面积增加量　　单位：cm^2

处理组别	出苗后天数								
	10天	25天	30天	40天	45天	50天	56天	60天	70天
处理1	5.2	9.0	9.4	13.0	22.6	25.9	26.8	28.9	26.9
处理2	5.1	7.3	8.2	10.4	19.1	22.2	24.7	26.7	22.2
处理3	5.3	9.0	10.0	12.0	24.7	31.5	32.9	33.0	28.0

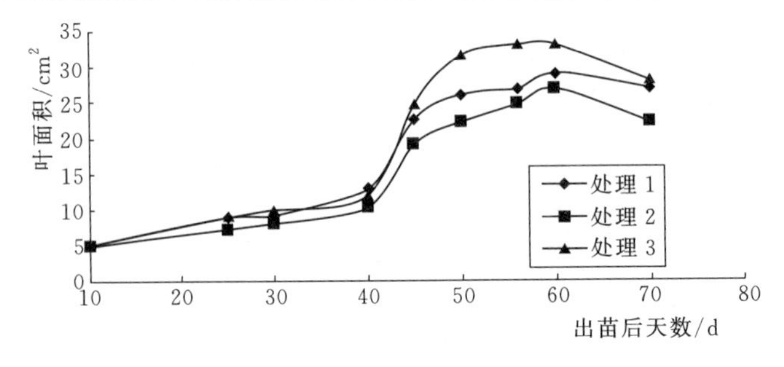

图 7-9　叶面积变化图

表 7-15　　春小麦不同处理穗长和千粒重

处理组别	灌溉定额 /($m^3 \cdot hm^{-2}$)	灌水次数	穗长 /cm	千粒重 /g
处理1	1800	2	14	44.64
处理2	1800	2	13.5	43.3
处理3	1800	2	14.5	45.2

由图7-10和图7-11可以看出，畦灌条件下春小麦相同灌溉定额1800m^3/hm^2，灌水次数为2次，处理1和处理3的穗长较处理2增长3.7%和7.4%，千粒重较处理2增长3.1%和4.3%，说明处理2只在春小麦拔节期和抽穗期灌水，影响了小麦的穗长和千粒重，导致这两个产量指标相对偏小；而处理3的穗长和千粒重较处理1分别增长3.6%和1.3%。因此，在有限的水资源情况下，应保证春小麦在分蘖期和抽穗期灌水，为实现稳产、高产奠定基础。

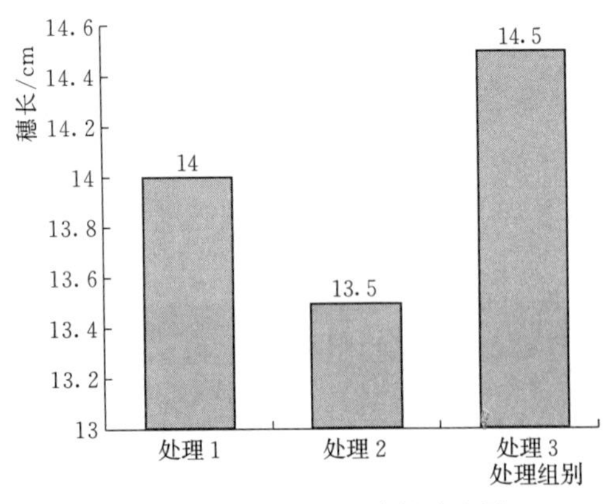

图 7-10　不同处理穗长对比图

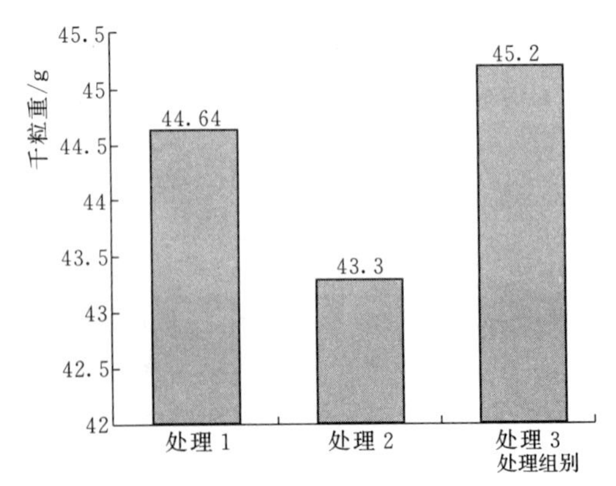

图 7-11　不同处理千粒重对比图

表7-16和图7-12为不同生育期灌溉对产量的影响表和影响图。

表7-16　灌溉定额1800m³/hm²情况下不同生育期灌溉对产量的影响表

处理组别	灌溉定额/(m³·hm⁻²)	灌溉量/(m³·hm⁻²)				产量/(kg·hm⁻²)
		分蘖期	拔节期	抽穗期	乳熟期	
		4月30日	5月15日	6月1日	6月20日	
处理1	1800	900			900	5001
处理2	1800		900	900		4750.5
处理3	1800	900		900		5083.5

由表7-16和图7-12可以看出，在分蘖期不进行灌溉的处理2较分蘖期灌溉的处理1和处理3产量低，分别减产5.3%和7%，说明春小麦在分蘖期灌溉对产量有影响；在乳熟期进行灌溉的处理1较乳熟期不进行灌溉的处理3产量略低，说明春小麦在乳熟期灌溉对春小麦增产不明显。由此表明春小麦在拔节期和乳熟期可适当控水，在灌溉定额为1800m³/hm²，灌2次水的情况下，春小麦在分蘖期和抽穗期进行灌溉，可使其产量相对较高。

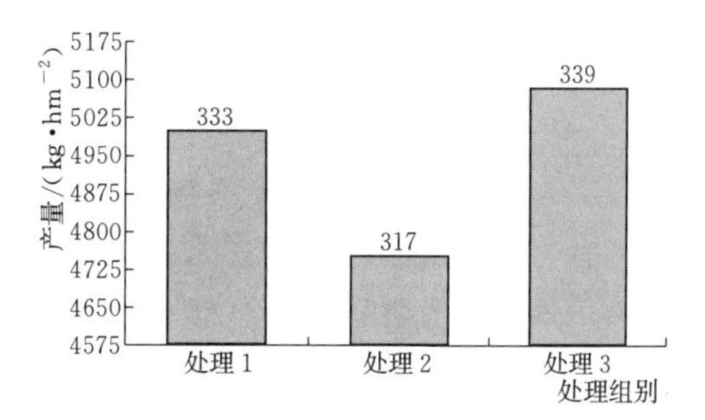

图7-12　不同生育期灌溉对春小麦产量的影响图

2. *灌溉定额2700m³/hm²，灌水次数为3次*

(1) 对春小麦株高和叶面积的影响。不同生育期株高生长变化如图7-13所示。不同时段株高增加量见表7-17。不同时段株高增长率见表7-18。

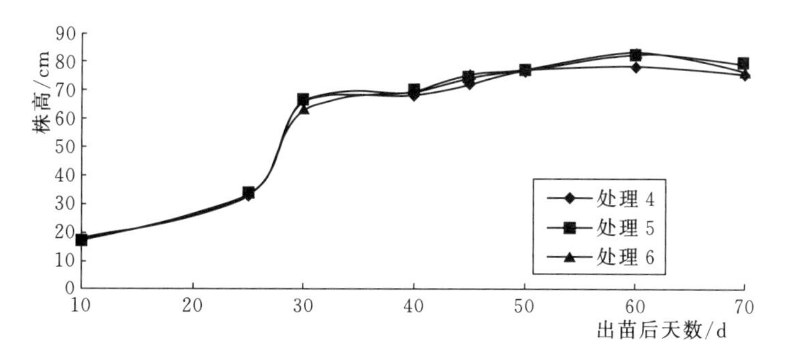

图7-13　不同生育期株高生长变化

表7-17　不同时段株高增加量

处理组别	出苗后天数							
	10天	25天	30天	40天	45天	50天	60天	70天
处理4	17.6	32.8	65.7	67.9	72.0	76.8	78.4	75.5

续表

处理组别	出苗后天数							
	10天	25天	30天	40天	45天	50天	60天	70天
处理5	16.9	33.4	66.0	69.4	74.3	76.8	82.3	79.1
处理6	17.0	33.8	63.0	69.7	75.6	77.3	83.4	76.8

表7-18　　不同时段株高增长率

处理组别	日期							
	5月10日	5月15日	5月20日	5月30日	6月4日	6月10日	6月15日	6月25日
处理4	91.18%	63.08%	17.92%	4.00%	10.77%	2.78%	8.11%	5.63%
处理5	107.83%	53.62%	22.64%	9.23%	4.23%	5.41%	5.13%	6.10%
处理6	108.09%	55.56%	28.57%	2.78%	4.05%	3.90%	8.75%	5.75%

由图7-13和表7-17可以看出，不同灌水时期条件下春小麦的总体生长趋势一致，是由矮到高，处理5和处理6小麦株高要高于处理4，说明春小麦在分蘖期灌水可使其株高达到理想的高度。在春小麦出苗后25天，三个处理的小麦株高增长幅度相对较大，但株高差异不明显，处理5和处理6的小麦株高增长幅度为22.64%~108.09%，大于处理4的17.92%~91.18%；在出苗后25~30天，三个处理的小麦株高增长幅度最大，每个处理小麦植株增长20~22cm；在出苗30天后，三个处理的小麦株高增长幅度减小，处理5和处理6的小麦株度增长幅度为2.78%~9.23%，与处理2小麦株高的增长幅度2.78%~10.77%差异不明显。而处理5和处理6的小麦株高增长幅度差异不大。说明在小麦乳熟期灌水对其株高的增长效果不明显。

不同生育期叶面积增大量如图7-14所示。不同时段叶面积增长率见表7-19。由图7-14看出，3种不同时期灌水处理下的春小麦叶面积变化在全生育期变化趋势一致，即在生育初期比较小，分蘖期逐渐增大，在拔节孕穗后期（出苗后60天）达到最大，而后逐渐衰退直到成熟，在出苗后40~60天之间叶面积增长幅度最大。对比3个处理，在春小麦整个生育期处理5和处理6的叶面积要大于处理4，处理5和处理6的春小麦叶面积增长幅度分别为2.67%~37.5%和12.7%~62.93%，说明小麦

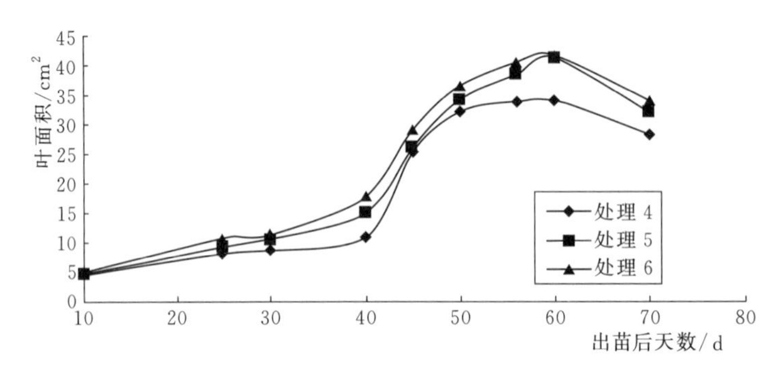

图7-14　不同生育期叶面积增大量

在分蘖期灌水对叶面积影响较大，同时小麦整个生育期在乳熟期不灌水的处理 6 叶面积要大于处理 5，但差异不大，说明小麦在乳熟期灌水对整个小麦生育期叶面积的增长贡献不明显。

表 7-19　　不同时段叶面积增长率

处理组别	出苗后天数								
	10 天	25 天	30 天	40 天	45 天	50 天	56 天	60 天	70 天
处理 4	4.6	8.2	8.7	11.0	25.3	32.1	33.8	34.0	28.2
处理 5	4.7	9.3	10.7	15.1	26.1	34.2	38.4	41.2	32.0
处理 6	5.2	10.8	11.4	17.9	29.1	36.5	40.5	41.7	33.9

（2）对春小麦产量与产量指标的影响。图 7-15 和图 7-16 是处理 4、处理 5、处理 6 产量指标（穗长和千粒重）对比图。由图 7-15、图 7-16 可以看出，畦灌条件下春小麦相同灌溉定额 2700m³/hm²，灌水次数为 3 次，处理 5 和处理 6 的穗长较处理 2 增长 3.7%和 7.4%，千粒重较处理 2 增长 3.1%和 4.3%，说明，处理 2 即只在春小麦拔节期和抽穗期灌水，影响了小麦的穗长和千粒重，导致这两个产量指标相对偏小；而处理 3 的穗长和千粒重较处理 1 分别增长了 3.6%和 1.3%。因此，在有限的水资源情况下，即春小麦灌溉定额为 2700m³/hm²，灌水次数为 3 次时，应保证春小麦在分蘖期、拔节期和抽穗期灌水，为实现稳产、高产奠定基础。春小麦不同处理穗长和千粒重见表 7-20。

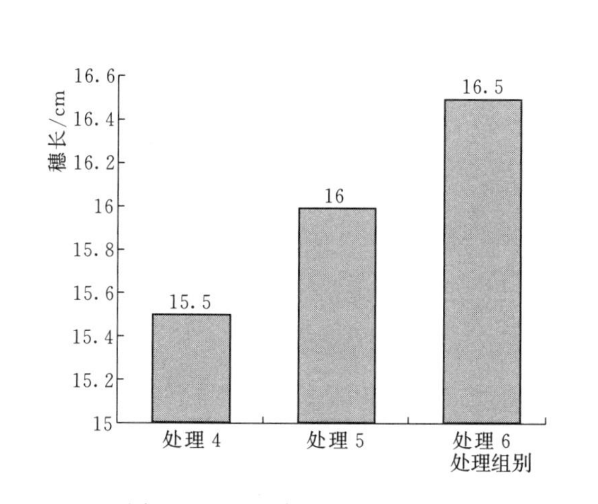

图 7-15　不同处理穗长对比图

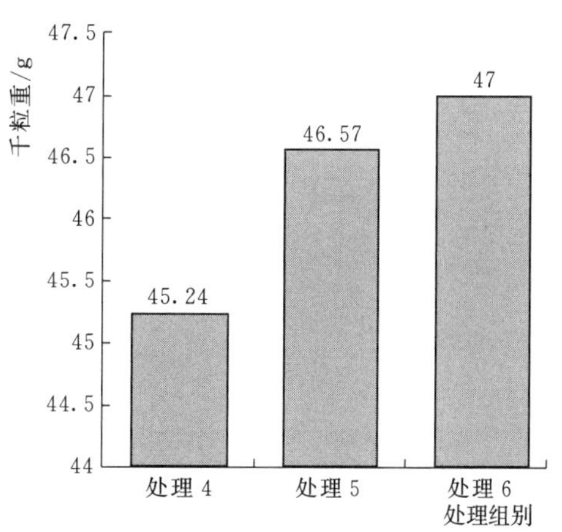

图 7-16　不同处理千粒重对比图

表 7-20　　春小麦不同处理穗长和千粒重

处理组别	灌溉定额 /($m^3 \cdot hm^{-2}$)	灌水次数 /次	穗长 /cm	千粒重 /g
处理 4	2700	3	15.5	45.24
处理 5	2700	3	16	46.57
处理 6	2700	3	16.5	47

表 7-21 和图 7-17 为畦灌条件下春小麦相同灌溉定额 2700m^3/hm^2，灌水次数为 3 次，不同生育期灌水对产量的影响关系，共设置三种处理，处理 4 在拔节期、抽穗期、乳熟期进行灌溉，处理 5 在分蘖期、抽穗期、乳熟期进行灌溉，处理 6 在分蘖期、拔节期、抽穗期进行灌溉，每次灌水定额均为 900m^3/hm^2。由图 7-17 可以看出在分蘖期不进行灌溉（处理 4）较处理（处理 5、处理 6）产量低，表明春小麦分蘖期灌溉对小麦产量的影响较大。

表 7-21 灌溉定额 2700m^3/hm^2 情况下不同生育期灌溉对产量影响

处理组别	灌溉定额 /($m^3 \cdot hm^{-2}$)	灌溉量/($m^3 \cdot hm^{-2}$)				产量 /($kg \cdot hm^{-2}$)
		分蘖期	拔节期	抽穗期	乳熟期	
		4 月 30 日	5 月 15 日	6 月 1 日	6 月 20 日	
处理 4	2700		900	900	900	5085
处理 5	2700	900		900	900	5850
处理 6	2700	900	900	900		6000

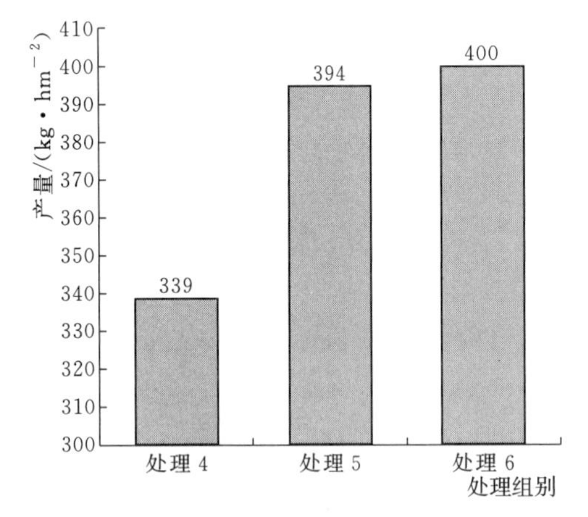

图 7-17 生育期灌溉量对产量的影响

可以看出，在分蘖期不进行灌溉的处理 4 较分蘖期灌溉的处理 5、处理 6 产量低，分别减产 16.4%和 18%，差异明显，说明春小麦在分蘖期灌溉对产量影响较大；在乳熟期进行灌溉（处理 5）较乳熟期不进行灌溉（处理 6）产量低 6kg/亩（1.4%），说明春小麦在灌浆期灌水对春小麦产量的影响较小。由此表明春小麦在灌溉定额为 2700m^3/hm^2，灌 3 次水的情况下，可在乳熟期适当控水，即在分蘖期、拔节期、抽穗期灌水可使小麦产量相对较高。

3. 不同灌水量、灌水次数对小麦生长性状和产量的影响

（1）不同灌水量、灌水次数对小麦生长性状的影响。图 7-18、图 7-19 分别为处理 3、处理 6、处理 7 株高和叶面积随出苗天数的变化图。春小麦株高变化情况见表 7-22。春小麦叶面积变化情况见表 7-23，不同时段株高增长量表见表 7-24。由图 7-18、图 7-19 可以看出，处理 3、处理 6、处理 7 小麦生长趋势总体一致，由矮到高，并且随着灌水量和灌水次数的增大小麦的株高也随之增高，处理 7 的小麦株高均大于处理 6 和处理 3。结合表 7-22 可知，各处理小麦在出苗后 30 天，小麦株高增长较快，此后直到收获，小麦株高增长率逐渐变缓；同时处理 6 和处理 7 小麦株高增长率要远大于处理 3、处理 6 和处理 7 株高增长量差异较小；由图 7-19 可以看出 3 种不同灌水

定额的春小麦叶面积变化在全生育期变化趋势是一致的，即在生育初期比较小，分蘖期逐渐增大，在拔节孕穗后期（出苗后 60 天）达到最大，而后逐渐衰退直到成熟，在出苗后 40～60 天之间叶面积增长幅度最大。对比 3 个处理，在春小麦整个生育期处理 7 和处理 6 的叶面积要大于处理 3，同时小麦整个生育期在乳熟期灌水的处理 7 叶面积要大于不灌水处理 6，但差异不大，说明小麦在乳熟期灌水对整个小麦生育期叶面积的增长贡献不明显。

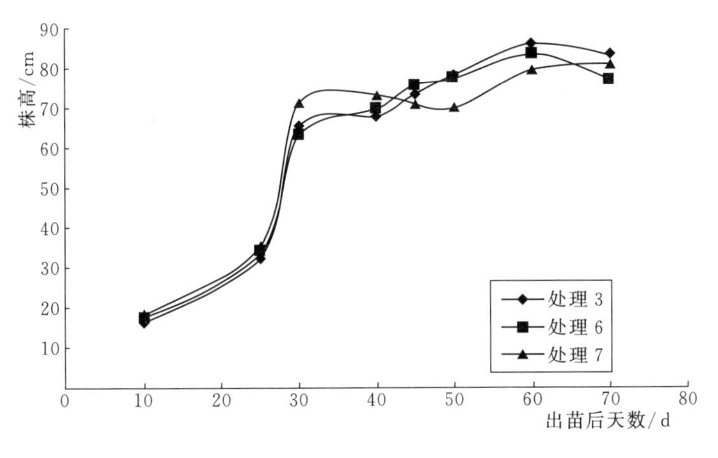

图 7-18 株高变化图

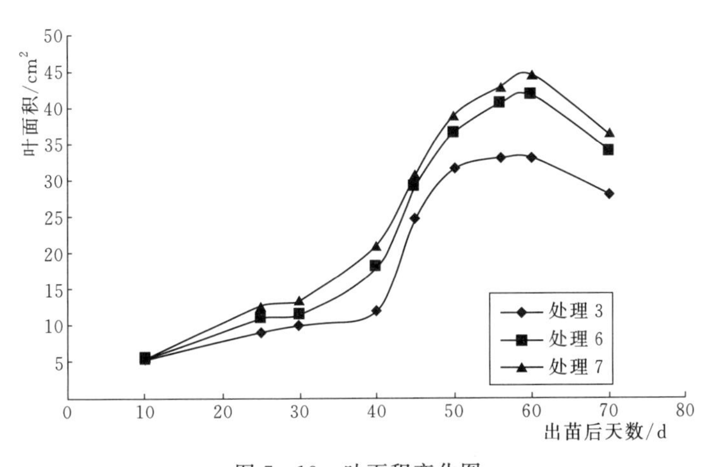

图 7-19 叶面积变化图

表 7-22 春小麦株高变化情况

处理组别	出苗后天数							
	10 天	25 天	30 天	40 天	45 天	50 天	60 天	70 天
处理 3	16.5	32.8	65.2	68.1	73.5	78.3	85.9	83.0
处理 6	17.0	33.8	63.0	69.7	75.6	77.3	83.4	76.8
处理 7	18.3	35.7	71.3	73.0	70.8	69.9	79.4	81.0

表 7-23 春小麦叶面积变化情况

处理组别	出苗后天数							
	10天	30天	40天	45天	50天	56天	60天	70天
处理3	5.3	10.0	12.0	24.7	31.5	32.9	33.0	28.0
处理6	5.2	11.4	17.9	29.1	36.5	40.5	41.7	33.9
处理7	5.4	13.5	21.0	30.8	39.0	42.8	44.5	36.4

表 7-24 不同时段株高增长量表

处理组别	日期							
	5月10日	5月15日	5月20日	5月30日	6月4日	6月10日	6月15日	6月25日
处理3	88.26%	58.64%	18.59%	7.21%	5.88%	6.27%	6.20%	6.33%
处理6	108.09%	55.56%	28.57%	2.78%	4.05%	3.90%	8.75%	5.75%
处理7	102.78%	61.64%	23.73%	6.85%	5.64%	4.98%	6.36%	4.89%

（2）不同灌水量、灌水次数对小麦产量的影响。作物整个生育期，灌水量、灌水次数直接影响着产量的高低。图7-20和图7-21分别为处理3、处理6、处理7畦灌春小麦的穗长和千粒重的对比图。春小麦不同处理穗长和千粒重见表7-25。表7-26和图7-22为畦灌春小麦不同灌水量，不同灌水次数情况下不同生育期灌溉对小麦产量的影响。

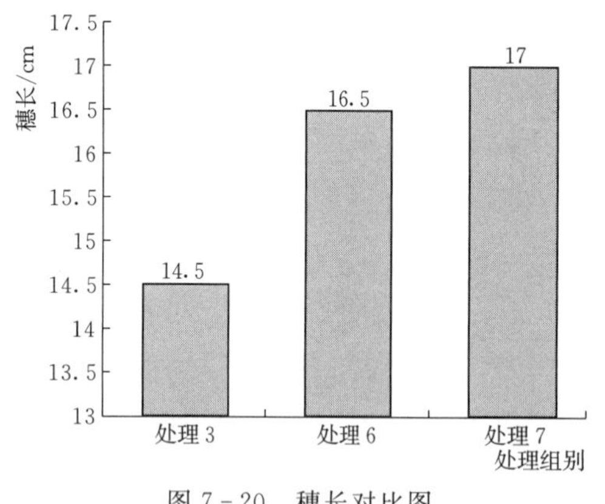

图7-20 穗长对比图

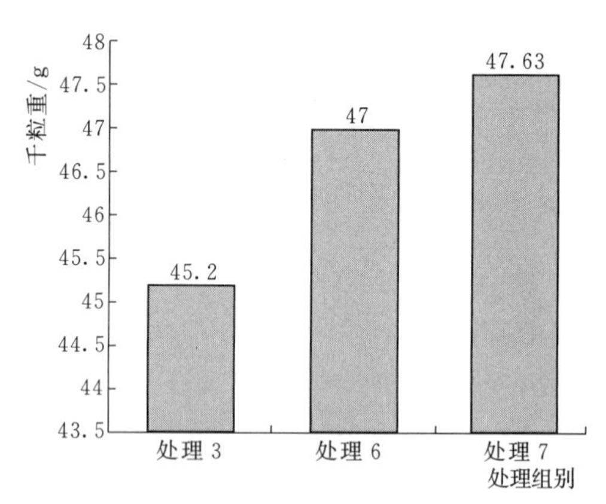

图7-21 千粒重对比图

表 7-25 春小麦不同处理穗长和千粒重

处理组别	灌溉定额 /($m^3 \cdot hm^{-2}$)	灌水次数	穗长 /cm	千粒重 /g
处理3	1800	2	14.5	45.2
处理6	2700	3	16.5	47
处理7	3600	4	17	47.63

表 7-26　　不同灌水量情况下不同生育期灌溉对产量影响

处理组别	灌溉定额 /($m^3 \cdot hm^{-2}$)	灌水次数	灌溉量/($m^3 \cdot hm^{-2}$)				产量 /($kg \cdot hm^{-2}$)
			分蘖期	拔节期	抽穗期	乳熟期	
			4月30日	5月15日	6月1日	6月20日	
处理3	1800	2	900		900		5085
处理6	2700	3	900	900	900		5850
处理7	3600	4	900	900	900	900	6000

由图 7-20、图 7-21 可以看出，随着灌水量和灌水次数的增大，穗长和千粒重也随之增加。对比 3 个处理，处理 7 和处理 6 的小麦穗长和千粒重均大于处理 3，且差异明显，处理 7 与处理 6 差异不明显，说明在乳熟期灌水对小麦的穗长和千粒重的增长贡献不大。

由图 7-22 可知，处理 6 和处理 7 产量相差不大，处理 7 灌溉量为 $3600m^3/hm^2$，整个生育期灌水 4 次时即分蘖期 1 次、拔节期 1 次、抽穗期 1 次、乳熟期 1 次，可使小麦产量最高，可达到亩产 411kg。处理 3 灌水量为 $1800m^3/hm^2$，灌水两次时即分蘖期 1 次，抽穗期 1 次，小麦产量较低。结果表明小麦在整个生育阶段灌水量为 $2700 \sim 3600m^3/hm^2$ 对产量影响不大，小麦分蘖期灌水对产量影响较大，因此在水资源短缺的情况下，可对小麦将进行亏缺灌溉，即灌水量为 $2700m^3/hm^2$，灌水 3 次，即在分蘖期灌水 1 次，拔节期灌水 1 次，抽穗期灌水 1 次，乳熟期可适当控水。

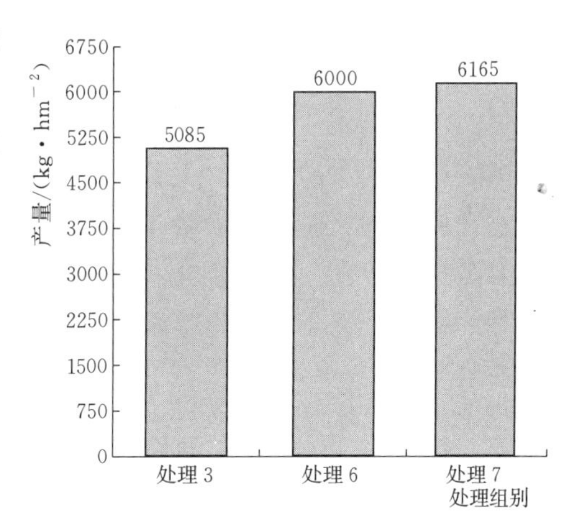

图 7-22　不同灌水量不同生育阶段灌溉对产量的影响

7.2.5.3　结论

(1) 适时适量地灌溉对于促进小麦生长具有重要意义，灌水量的大小与灌水次数影响着小麦的生长变化及产量。

(2) 北疆水平畦灌春小麦非充分灌溉模式：灌水 3 次水时，在分蘖期、拔节期和抽穗期各灌 1 次水，乳熟期不进行灌溉；当灌 2 次时，推荐分蘖期灌一次、乳熟期灌一次水。

7.3　化学抗旱技术在农业上的应用与发展

干旱是长期困扰我区农业生产发展的因素之一，特别是春旱更为严重。农业化学抗旱节水技术针对性强、适应性广、应急性好，以其见效迅速、使用简便、投入经济、无毒无害、能发挥独特作用的特点，为其他常规农业措施难以替代。

7.3.1 化学抗旱剂的发展历程

作物的抗旱增产有两条途径：一是筛选适宜的抗旱高产作物品种；二是采用作物抗旱栽培技术，即培育在干旱条件下稳产、高产的抗旱品种及其相应配套的抗旱栽培技术体系，使得有灾抗灾稳产、无灾也能高产。利用生长调节剂调节和控制作物的生长发育与生理生化过程，增强作物在水分胁迫下的适应能力，提高植株耐旱性，从而获得较高的产量。这是目前采用较为广泛和有效的抗旱增产途径。自 Went 在 20 世纪 30 年代证明 IAA 的存在和作用后，植物激素的研究便迅速地开展起来。50 年代发现 GA 和 CTK。60 年代发现 ABA 和 ET，这样便形成五大类植物激素。我国在 60 年代后期，在抑制蒸腾方面做了大量的研究工作，并研制出“土面增温剂”“保墒增温剂”，其抑制和增温效果已达国际水平。70 年代末，我国从风化煤中提取的黄腐酸（fulvic acids，FA）是一种极好的调节植物生长的抗蒸腾剂，具有显著的抗旱节水功能。随着科学技术的发展。人们利用化学方法合成了许多具有植物激素功能的生长调节剂。并迅速地应用于农业生产与作物栽培技术有机结合，着眼于大面积产量的提高和品质的改良，把作物化控技术提高到一个崭新层次，更有效地发挥植物生长调节剂的潜能。近年来，化学调控方法为作物抗旱增产开辟了新的途径，具有广阔的应用前景。

7.3.2 化学抗旱剂的主要作用

7.3.2.1 抑制植物蒸腾

植物从土壤中吸收的水分，有 99%以上通过蒸腾而损失，但植物进行新陈代谢不一定需要蒸腾这么多水分，因此，抑制作物蒸腾是抗旱的重要方面。目前在生产上应用的抗蒸腾剂，其主要作用是减少植物气孔开张度，减缓蒸腾速率，同时改善植株体内水分状况，增加叶片叶绿素含量，以利于光合作用和干物质的积累；并能增强根系活力，防止早衰。如根据树龄选择抗旱剂 1 号 0.5%、1%、1.5%的浓度，对水后喷布树冠，可缩小叶片气孔开张度，减少水分蒸发和蒸腾。在干旱季节喷施 FA 旱地龙，一般用 400～500 倍液，可使叶片含水量提高 15%～25%，喷一次有效期为 17～20 天，喷施间隔期为 20 天，遇大旱时，可增加到 300 倍的浓度，以提高抗旱强度，喷施抑蒸保湿剂也能达到同样的效果。

7.3.2.2 抑制土壤水分蒸发

抗蒸发剂是利用高分子化合物制成的乳状液，喷洒到地面上，在地表面形成一层覆盖膜，可以抑制土壤水分的蒸发。它的特点是能够阻隔土壤水分的蒸发而不影响降雨渗入土壤。抗蒸发剂制品（如沥青乳剂）是高浓度的乳状液，使用时按规定倍数稀释后，均匀喷洒在土壤的表面，用药量为 80～150kg/亩，1～2h 就会形成不规则、层状、连续的多分子薄膜，阻止土壤水分进入大气层，减少地面水分的蒸发。土壤水分主要通过毛细管作用直接从空气中散失，或以气态水形式向大气扩散。各地试验表明，用塑料薄膜覆盖土壤或以成膜化合物（树脂、石蜡、纸浆渣等）的乳液喷洒土壤表面，形成薄膜覆盖土表，能有效阻止土壤毛细管水和气态水向大气中扩散，是目前保护土壤水分、抑制其蒸发的较好方法。在我国，棉花、玉米、花生、西瓜、蔬菜等作物和苗圃地上已较大面积地采用此类方法抗旱保水，既能保墒，又可增温，据试验结果，抗蒸发剂一般抑制水分蒸发 80%～90%，有效期 1 个月至 1 年，可在干旱区广泛使用。

7.3.2.3 吸湿释放水分

这是通过高科技手段从动植物体内提取的 3%高分子聚合物，其作用是将 97%的水分固化，并在适宜的条件下逐渐释放出来，湿润土壤和滋润根系。使用方法为在根系集中处埋入适量的森露固体水，起到抗旱保水的作用。如“科瀚 98”高吸水树脂，其吸水保水性能极强，可以快速吸收雨水和灌溉水，能吸收自身重 750～1000 倍的水分，在几分钟内即可达到 100%的吸水率，同时又具有缓解、使用寿命长的特点，且长期有效，无毒副作用。使用方法为依树冠大小，在树盘周围挖环状沟，深度以达到主要根系分布层为度，然后将此抗旱保水剂与土混匀后施入沟中。幼树株施 20～30g，成年树株施 30～50g，然后浇足水，再覆土将沟填平，以利于植物根系生长。

7.3.3 化学抗旱剂的主要种类与特点

作物对逆境的适应是受遗传特性和作物体内生理状况两种因素的制约形成的，后者又与作物体内激素有着密切关系，利用植物生长调节剂来增强作物对逆境的抵抗能力，已成为目前作物抗逆栽培的途径之一，抗旱剂的应用便是提高作物抗旱性和增加作物产量的一条有效且实用的技术途径，对农作物抗旱增产有着积极的意义。在生产上，应用抗旱剂能够显著提高作物的抗旱性，使作物在干旱条件下仍能保持正常的生长发育，获得较好的作物产量。目前，化学抗旱剂的原料一般为干旱地区分布很广的抗旱植物、采矿废弃物、某些增溶添加剂等。将抗旱植物经化学处理，调节 pH、温度到一定值，加入某采矿废弃物，当 pH 至一定值后反应停止，再经澄清、分离，将液相自然蒸发干燥到一定程度后粉碎包装。

7.3.3.1 拌种剂

生物拌种剂含有丰富的农作物细胞膜稳定剂，能使作物具有较强的抗旱性能，延缓出苗，促进苗齐苗壮，增加绿叶面积和干物质积累，提高个体质量，增强植株抗倒伏性能，确保最大限度发挥作物自身生命活力，以抵抗逆境因子而达到增产的目的。

7.3.3.2 旱地龙

旱地龙是当前化学抗旱技术应用最广的化学抗旱剂之一，它是以黄腐酸为主要原料精制而成的多功能植物抗旱生长营养剂和植物抗蒸腾剂，能有效缩小植物叶面气孔开张度，减少蒸腾，提高叶片相对含水量，促进根系发育，提高根系活力，增强根系对水分、养分的吸收能力，提高叶绿素的含量和光合强度，促进养分的吸收和提高肥料利用率，增加细胞膜系统保护性关键酶，从而提高作物的抗旱性，增加作物产量。

7.3.3.3 6-BA外源脱落酸

6-BA是通过调节内源激素水平，阻止水分胁迫下作物的光合速率、叶绿素含量和叶片水势的下降，提高RuBP羧化酶、超氧化物歧化酶和过氧化氢酶活性，起到降低气孔阻力和MPA含量，从而减轻水分胁迫下活性氧对细胞膜的伤害，增强作物抗旱性的作用。外源脱落酸主要通过调节内源激素而影响作物抗旱性，是植株体内在逆境条件下产生的主要适应调节物质。

7.3.3.4 生根粉

生根粉也是一种应用广泛，且高效无毒的复合型植物生长调节剂，又称生根促进剂。其作用机理主要是加快种子萌发，促进种子根的显著伸长和叶面积的迅速扩大，有利于形成强大的次生根系，增强植株保水力，提高作物抗旱性，达到抗旱节水增产的效果。

7.3.3.5 2，4-D、乙烯利、多效唑和三唑酮

在水分胁迫条件下，施用2，4-D和乙烯利改变了作物体内代谢水平，影响物质合成、积累及转运等一系列生理生化过程，反映在生长的生物物理参数变化上，最终影响作物的生长发育。多效唑和三唑酮则是通过调节作物体的内源激素，抑制顶端生长优势和细胞伸长，促进根系大量生长，使植株抗旱性显著增强。

7.3.3.6 MFB多功能抗旱剂

它是以天然甜菜碱为主要成分，通过科学组配不同植物营养元素而研制成的一种非毒性渗透调节抗旱剂。其作用机理是能够改善作物体内代谢，提高植株体的束缚水含量，维持较长的绿叶功能期，从而提高作物抗旱性，促进籽粒灌浆，增加作物产量。

7.3.3.7 农林作物抗旱剂

这是一种多功能生物降解型天然高分子聚合物，以玉米淀粉为主要原料，采用高新技术研制而成，具有三维空间网状结构，既能吸水吸肥，又能保水保肥。

7.3.3.8 MOC抗旱剂

MOC抗旱剂具有促根壮秆，抑制蒸腾，补充营养，调节植株内部某些生理生化过

程的作用，从而明显提高作物的耐旱性和产量，具备高效、无毒、低成本、易行及适用作物广等特点

7.3.3.9 MOC 保水剂

MOC 保水剂是一种含有植物生长素等的高分子吸水树脂，吸水能力达 400～1200 倍，能在种子周围形成一个含植物生长素的“小蓄水库”，为种子发芽生长提供必要的水分和生长物质。土壤保水剂能改善土壤结构，调节土壤水、热、气状况和供水能力，同时提高土壤肥力和对天然降水的保蓄能力，增强根系吸收合成能力，提高抗旱性，达到增加作物产量的效果。

7.3.4 化学抗旱剂在农业上的应用效果

7.3.4.1 化学抗旱剂在粮食作物上的应用效果

抗旱剂浸种可显著提高出苗率和根冠比，从而增强植株抗旱性，促进作物生长发育和提高产量。小麦浸种处理后，出苗率为 50.9%～80.2%，平均比对照高出 45.4%，根冠比最高的比对照高出 0.78，也大大提高幼苗的绝对生长量，苗高、根数、根长等都明显优于对照。干旱条件下，小麦实施喷醋，能改善植株生理机能，提高抗旱能力，延长叶绿素生命力，从而达到增产，千粒重提高 0.2～3.8g，不孕穗率减少 0.4%～2.1%，有效穗数增加 3.0%～3.1%，各浓度下的单产均比对照增加 214.5kg/hm^2，增产率 9.7%。小麦应用抗旱剂可以延长旗叶功能期，提高植株抗旱能力，增强小麦抗旱性，促进籽粒灌浆成熟，平均增产 13.95%，还改善籽粒营养品质和粗蛋白含量及使赖氨酸含量增加，对小麦具有抗旱增产作用。

旱地龙能明显改善水稻生理功能，增强抗旱能力，促进分蘖和植株生长发育，并改善水稻穗部经济性状，使水稻增产 5.0%～10.0%，最高达 15.7%。在水稻幼穗分化期和灌浆期用 FA 旱地龙处理能明显减轻干旱对水稻产量的影响，其中干旱胁迫处理 6 天、9 天、12 天、15 天后，产量分别比对照提高 3.4%、8.1%、15.7%和 7.0%。如施用 FA 旱地龙使早稻增产 8.6%～13.7%，晚稻盆栽增产 1.8%～19.5%，晚稻池栽增产 5.1%～9.0%。

在玉米生产上，不同抗旱剂都表现一定的抗旱增产效应，旱地龙处理增产 4.1%，健苗素处理增产 9.1%。如宋凤斌等利用四种 MOC 抗旱剂处理可使玉米叶片相对含水量提高 6%～9%，气孔阻力增加 16%～38%，蒸腾速率下降 25%～40%，从而增强叶片保水力，提高植株抗旱性。叶片相对电导率较对照下降 20%～33%，叶绿素含量提高 12%～15%，叶面积衰减率下降 30%～46%，净光合速率增加 20%～49%，单株生物产量提高 16%～30%，单株粒重提高 8%～18%，百粒重提高 16%～30%，最终产量较对照增加 7%～13%，这表明抗旱剂可增强作物抗旱性，维持和提高干旱条件下作物生产能力。

7.3.4.2 化学抗旱剂在经济作物应用方面

研究表明，旱地龙对烤烟生长有明显促进作用，叶片深绿且较厚，手感明显，叶面积、鲜叶重均较对照增加，蒸腾失水较少，水分保持能力阴天能提高5.3%，晴天提高13.2%，烟叶品质改善，产量明显上升，增产20%以上，田间调查烟草花叶病害率下降90%，效果非常明显。烤烟苗期喷施多效唑可培育出根系发达、抗旱性好的健壮烟苗，能提高移栽成活率20%～50%，较对照增产10%左右，并使上等烟比例提高，是一项抗旱保苗、经济有效的抗旱节水栽培技术措施。

不同抗旱剂对棉花也表现出一定的增产效应，旱地龙处理增产10.6%，健苗素处理增产14.9%，利用抗旱型种子包衣剂在棉花上的大面积示范应用效果显示，增产皮棉5～10kg，增产率10%以上，投入产出比1∶30。任立红等将旱地龙应用在棉花上的研究结果显示，抗旱效果显著，能大大地提高棉花的抗逆能力，浸种可提早出苗1～2天，提高出苗率，促进幼苗生长发育。喷施能促进棉花的生长发育，促使果枝提早出现，增加结铃数，提高铃重和改善棉花纤维品质，使单铃重增加0.21g，子指降低0.9g，衣指增加0.2g，衣分提高2.35%，能增加皮棉产量9.7%～30.3%。

7.3.5 农业化学抗旱技术的应用与发展

新疆具有得天独厚的土地、光热资源，有利于农作物优质高产，生产潜力很大。由于水资源时空分布非常不均，随着绿洲人口的持续增长，全球气候变化和水资源的日益匮乏，水资源短缺的矛盾越来越突出，干旱给新疆地区农业生产带来严重损失，因此，应用推广新型的抗旱节水技术，使干旱灾害影响降低到最小化，以及充分合理利用现有宝贵的水资源对新疆农业的可持续健康发展具有重要的现实意义。

在新疆，由于其特殊的地理位置和气候条件，化学抗旱技术早在20世纪70年代便开始研究与应用。其中具有代表性的化学抗旱产品为FA旱地龙，它是利用新疆特有的黄腐植酸资源，经过生化技术改造成功开发出的FA旱地龙土壤改良剂，属于高效有机腐肥的一种，其作用是在同等旱情和水浇条件的情况下，通过有机络合作用，增强盐分溶解运移能力，提高洗盐效率，改良盐碱地效果显著，且能有效改善土壤结构，具有应用广泛、使用安全简便、效果显著、不污染环境、对人畜无毒等特点，是国家重点推广的非工程抗旱科技项目之一。研究表明FA旱地龙在棉花的应用上能起到蓄水保墒的作用，且能够有效降低盐碱，将0～60cm深度土壤盐分控制在0.5ms/cm左右，随着改良剂施用量的增加，棉花株高、茎粗、棉花叶面积和产量均增加，当棉田施用FA旱地龙改良剂1500～2950.5kg/hm^{2}时，能达到较为理想的保水抑盐以及增产增收的效果。棉田施用保水剂则可使棉花净光合速率趋于稳定，有效提高棉花净光合作用率，并且可调节叶片气孔行为从而降低水分蒸腾，提高作物水分利用率，为棉花生理所需要的水分提供了重要保证，从而促进棉花生长，增加棉铃数量，提高棉花产量。

在新疆北疆地区荒山绿化造林中，应用NSI－415保水剂进行不同水平用量的白榆秋季造林试验，结果表明，NSI－415保水剂可显著提高北疆地区白榆秋季造林成活率，但对高、径生长影响不大，穴施法最优用量为60g/株，同时可以显著改善荒山栗钙土壤的物理性质，但对pH值、有机质、总盐均无显著影响。保水剂对大沙枣地上部分生物量也有一定影响，经不同保水剂用量处理的沙枣，地上部分生物量，从大到小依次为80g/株、60g/株、40g/株、20g/株和0g/株，经不同保水剂处理的沙枣，地下部分生物量无明显差异，当保水剂用量为80g/株时，其地上部分总生物量和根系生物量最大。

化学抗旱剂应用在果树上，可提高光合速率、减低气孔导度、降低叶片蒸腾强度，起到促进葡萄生长和减少水分散失的作用，同时还可以提高葡萄叶绿素含量和叶片含水量，有利于减轻干旱胁迫。如对成龄葡萄树喷施"FA旱地龙"与"旱露植宝"两种抗蒸腾剂，均可降低叶片蒸腾速率，显著提高叶片光合作用和水分利用效率。对于"旱露植宝"与"FA旱地龙"两种抗旱蒸腾剂，"旱露植宝"在产量、提高叶片含水量、降低蒸腾速率等指标上要优于"FA旱地龙"，增产幅度为7.2%。但在水分利用效率方面"FA旱地龙"要优于"旱露植宝"，抗旱蒸腾剂的有效期一般在9天左右。在对核桃树的研究上，研究认为采用300mg/L的生根粉溶液对核桃的生根效果最好，比较适合核桃扦插栽培。

农业化学抗旱节水技术是一种特殊的减灾技术。它是通过利用化学物质改善土壤和作物水分状况，促进土壤—作物—大气连续体（soil－plant－atmosphere continuum，SPAC）的水分平衡与高效运转，减少土壤水分的无效散失、渗漏，以及植物叶面水分的低效运转，达到提高植物的生产力和水分利用效率的目的，该技术具有使用方法简便、使用时期灵活的特点，在新疆已得到大力发展与应用，同时由于新疆干旱灾害的区域性与季节性，则需根据干旱发生的时期和不同作物的生长发育特性灵活安排使用不同的化学抗旱技术，以适应季节性干旱的波动性和变异性。

参考文献

[1] 李旭毅，马均，王贺正，等. 几种水稻抗旱节水技术的比较研究 [J]. 生态学杂，2006，25（4）：410－416.

[2] 乔荣，乔晓峰，黄伟，等. 贵州山区果树节水抗旱综合技术措施 [J]. 现代农业科，2012（24）：126－127.

[3] 李炎明，陈云，关新元，等. 保水剂在农业中的应用及研究进展 [J]. 新疆农垦科，2016，39（6）：68－70.

[4] 关军锋，李广敏. 干旱条件下施肥效应及其作用机理 [J]. 中国生态农业学报，2002，10（1）：59－61.

[5] 黄伟，张俊花，张立峰，等. 不同保水剂对甜菜生长影响的生理效应 [J]. 生态学杂志，2015，34（7）：1910－1916.

[6] 黄凤球，杨光立，黄承武，等. 化学节水技术在农业上的应用效果研究 [J]. 水土保持研究，1996，3（3）：118－124.

[7] 蒋菊芳，景元书，王润元，等. 灌溉春玉米大喇叭口期光合特性及水分利用效率研究 [J]. 中国农学通报，2013，29（27）：76－82.

[8] 米艳华，陆琳，黎其万，等. 干热河谷坡地果园灌溉覆盖方式的抗旱节水效应分析 [J]. 干旱

地区农业研究，2011，29（2）：65-71.

[9] 陈玉民，肖俊夫，肖俊杰，等．非充分灌溉研究进展及展望［J］．灌溉排水，2001，20（2）：73-75.

[10] 康绍忠，党育和．作物水分生产函数与经济用水灌溉制度的研究［J］．西北水利科技，1987（1）：1-11.

[11] 曹伟，马英杰，张胜江，等．干旱区棉花畦灌非充分灌溉技术研究——以新疆尉犁县为例［J］．节水灌溉，2012（8）：4-7.

[12] 马福生，康绍忠，王密侠，等．调亏灌溉对温室梨枣树水分利用效率与枣品质的影响［J］．农业工程学报，2006，22（1）：37-43.

[13] 丁端锋，蔡焕杰，王健，等．玉米苗期调亏灌溉的复水补偿效应［J］．干旱地区农业研究，2006，24（3）：64-67.

[14] 孟兆江，卞新民，刘安能，等．调亏灌溉对夏玉米光合生理特性的影响［J］．水土保持学报，2006，20（3）：182-186.

[15] 张步翀，李凤民，齐广平．调亏灌溉对干旱环境下春小麦产量与水分利用效率的影响［J］．中国生态农业学报，2007，15（1）：58-62.

[16] 郭海涛，邹志荣，杨兴娟，等．调亏灌溉对番茄生理指标、产量品质及水分生产效率的影响［J］．干旱地区农业研究，2007，25（3）：133-137.

[17] 孟兆江，卞新民，刘安能，等．调亏灌溉对棉花生长发育及其产量和品质的影响［J］．棉花学报，2008，20（1）：39-44.

[18] 蔡焕杰，康绍忠，张振华，等．作物调亏灌溉的适宜时间与调亏程度的研究［J］．农业工程学报，2000，16（3）：24-27.

[19] 黄兴法，李光永，王小伟，等．充分灌与调亏灌溉条件下苹果树微喷灌的耗水量研究［J］．农业工程学报，2001，17（5）：43-47.

[20] 崔宁博．西北半干旱区梨枣树水分高效利用机制与最优调亏灌溉模式研究［D］．咸阳：西北农林科技大学，2009.

[21] 史文娟，胡笑涛，康绍忠．干旱缺水条件下作物调亏灌溉技术研究状况与展望［J］．干旱地区农业研究，1998（2）：87-91.

[22] 康绍忠，梁银丽．调亏灌溉对于玉米生理指标及水分利用效率的影响［J］．农业工程学报，1998，14（4）：88-93.

[23] 孟兆江，贾大林．夏玉米调亏灌溉的生理机制与指标研究［J］．农业工程学报，1998，14（4）：88-92.

[24] 郭相平，康绍忠．调亏灌溉——节水灌溉的新思路［J］．水资源与水工程学报，1998（4）：22-26.

[25] 孟兆江，贾大林，刘安能，等．调亏灌溉对冬小麦生理机制及水分利用效率的影响［J］．农业工程学报，2003，19（4）：66-69.

[26] 庞秀明，康绍忠，王密侠．作物调亏灌溉理论与技术研究动态及其展望［J］．西北农林科技大学学报（自然科学版），2005，33（6）：141-146.

[27] 蔡大鑫，沈能展，崔振才．调亏灌溉对作物生理生态特征影响的研究进展［J］．东北农业大学学报，2004，35（2）：239-243.

[28] 史文娟，康绍忠，宋孝玉．棉花调亏灌溉的生理基础研究［J］．干旱地区农业研究，2004，22（3）：91-95.

[29] 崔宁博，杜太生，李忠亭，等．不同生育期调亏灌溉对温室梨枣品质的影响［J］．农业工程学报，2009，25（7）：32-38.

[30] 韩占江，于振文，王东，等．调亏灌溉对冬小麦耗水特性和水分利用效率的影响［J］．应用生态学报，2009，20（11）：2671-2677.

［31］ 申孝军，陈红梅，孙景生，等．调亏灌溉对膜下滴灌棉花生长、产量及水分利用效率的影响［J］．灌溉排水学报，2010，29（1）：40-43．

［32］ 孙伟．调亏灌溉（RDI）和简约化叶幕管理对酿酒葡萄生长及果实品质的影响［D］．咸阳：西北农林科技大学，2012．

［33］ 武阳，王伟，雷廷武，等．调亏灌溉对滴灌成龄香梨果树生长及果实产量的影响［J］．农业工程学报，2012，11：118-124．

［34］ 滕元文．抗蒸腾剂及其在果树上的应用［J］．干旱地区农业研究，1992（3）：20-23．

［35］ 王永吉，丁钟荣，王韶唐．几种抗蒸腾剂的作用特点及其对冬小麦抗旱能力影响的研究［J］．西北农林科技大学学报（自然科学版），1993（2）：70-75．

［36］ 戴国荣．抗旱减灾的新途径——介绍“FA旱地龙”抗蒸腾剂［J］．江苏水利科技，1997（A03）：28-29．

［37］ 李茂松，李森，张述义，等．一种新型FA抗蒸腾剂对春玉米生理调节作用的研究［J］．中国农业科学，2003，36（11）：1266-1271．

［38］ 李茂松，李森，张述义，等．灌浆期喷施新型FA抗蒸腾剂对冬小麦的生理调节作用研究［J］．中国农业科学，2005，38（4）：703-708．

［39］ 冯建灿，郑根宝，何威，等．抗蒸腾剂在林业上的应用研究进展与展望［J］．林业科学研究，2005，18（6）：755-760．

［40］ 师长海，孔少华，翟红梅，等．喷施抗蒸腾剂对冬小麦旗叶蒸腾效率的影响［J］．中国生态农业学报，2011，19（5）：1091-1095．

［41］ 李森．新型FA抗蒸腾剂对冬小麦和春玉米的生理调节作用研究［D］．北京：中国农业科学院，2003．

［42］ 陈倩倩．土壤水分含量和抗蒸腾剂对玉米气孔发育及生理过程的影响［D］．咸阳：西北农林科技大学，2011．

［43］ 何爽．不同类型抑制蒸腾剂对大豆和冬小麦生长及产量的影响［D］．北京：中国农业科学院，2009．

［44］ 邓春娟，郭建斌，梁月．抗蒸腾剂对刺槐、核桃水势日变化的影响［J］．林业科技开发，2008，22（6）：30-33．

［45］ 王仰仁，孙小平．山西农业节水理论与作物高效用水模式［M］．北京：中国科学技术出版社，2003．

［46］ 康绍忠，蔡焕杰．农业水管理学［M］．北京：中国农业出版社，1996．

［47］ Mason W. K.，Smith RCG. Irrigation for crops in a sub-humid environment［J］．Irrigation Science，1981，2（2）：89-101．

［48］ Boast C. W.，Robertson T. M.．A “micro-lysimter” method for determining evaporation from bare soil：description and laboratory evaluation［J］．Soil Science Society of America Journal，1982，46（4）：378-387．

［49］ Mohan S.，Arumugam N.．Forecasting weekly reference crop evapotranspiration series［J］．Hydrological Sciences Journal，1995，40（6）：689-702．

［50］ Kustas W. P.，Nonmain J. M.．Use of remote sensing for evaotranspiration monitoring over land surfaces［J］．Hydrological Sciences Journal，1996，37（24）：321-333．

［51］ Du Taisheng，Kang Shaozhong. Water use and yield responses of cotton to alternate partial root-zone drip irrigation in the arid area of north-west China［J］．Irrigation Science，2008，26：147-159．

［52］ Burt C. M.，Clemmens A. J.，Strelkoff T. S.，et al. Irrigation performance measures：efficiency and uniformity［J］．Journal of Irrigation and Drainage Engineering，1997，123（3）：423-442．

[53] Davenport D. C. , Uriu K. , et al. Anti - transpirants increase size, reduce shrivel of olive fruits [J]. Calif . Agric . , 1972, 26: 6 - 8.

[54] Abou - Khaled A. , Hagan R. M. , et al . Effects of kaolinite as a refiective antitranspirant on leaf temperature, transpiration, photosynthesis and water use efficiency [J]. Water Resour. Res. , 1970, 6: 280 - 289.

[55] Soika R. E. , Lentz R. D. . Polyacrylamide for furrow - irrigation erosion control [J]. Irrigation Journal, 1996, 46: 8 - 11.

[56] Luis S. P. , Theib O. , Abdelaziz Z. . Irrigation management under water scarcity [J]. Agricultural Water Management, 2002, 57: 175 - 206.

[57] Ahmad M. . Water pricing and markets in the Near East: policy issues and options [J]. Water Policy, 2000, 2 (3): 229 - 242.

[58] Cosgrove W. , Rijsberman F. . World water vision: Making water everybody's business [M]. London: Earthscan Ltd. , 2000.

[59] Droogers P. . Estimating actual evapotranspiration using a detailed agro - hydrological model [J]. Journal of Hydrology, 2002, 229 (1 - 2): 50 - 58.

[60] Farah H. O. , Bastinnssen W. G. M. . Impact of spatial variations of land surface parameters on regional evaporation: a case study with remote sensing data [J]. Hydrological Processes, 2001 (15): 1587 - 1607.

[61] Hutjes R. W. A. , et al. Biospheric aspects of the hydrological cycle [J]. Journal of Hydrology, 1998, 212 (1 - 2): 1 - 21.

[62] Loveys B. R. , Dry P. R. , Stroll M. , et al. Using plant physiology to improve the water use efficiency of horticultural crops [J]. Acta Horticulturae, 2000, S37 (537): 187 - 197.

[63] Kang Shaozhong, Liang Zongsuo, Zhang Jianhua, et al . Water use efficiency of controlled alternate irrigation on root - divided maize plants [J]. Agricultural Water Manangement, 1998, 38 (1): 69 - 76.

[64] Davies W. J. , Zhang J. . Root signals and the regulation of growth and development of plants in drying soil [J]. Annual Review of Plant Physiology and Plant Molecular Biology, 2003, 42 (1): 55 - 76.

[65] Rao N. H. , Sarma P. B. S. . A simple dated water - production function for use in irrigated agriculture [J]. Agriculture Water Management, 1988, 13 (1): 25 - 32.

第8章　新疆干旱灾害风险评估与分担、补偿机制研究

8.1　干旱风险评估机制分析

8.1.1　研究数据

研究表明20世纪80年代末，新疆由暖干趋向暖湿，本书选择1990—2014年标准化降水蒸散指数（standardized precipitation evaportranspiration index，SPEI）数据分析干旱危险度，数据来源于标准化降水—蒸散指数数据库（http：//sac.csic.es/spei/），该数据集由*SPEI*指标提出者Vicente－Serrano提供，栅格大小为0.5°×0.5°，为了使干旱危险度空间分布更加平滑，把*SPEI*数据重采样至0.1°×0.1°。此外，从新疆统计年鉴和新疆维吾尔自治区2010年人口普查资料获取新疆各地、州、市、县2010年的人口、男性人口、女性人口、农业人口、文盲人口占15岁及以上人口比例、0～14岁人口、15～59岁人口、60岁以上人口、耕地面积、有效灌溉面积、地区生产总值；从新疆流域管理局获取2000—2009年平均受旱面积、粮食损失、经济作物损失。新疆绿洲分布位置示意图如图8－1所示。

8.1.2　研究方法

风险是指某一事件发生的概率和期望损失的乘积，据此我们将干旱风险评估定义为干旱危险度和干旱易损度的乘积。与其他自然灾害风险相同，干旱风险主要受到实际干旱程度和承灾体容易受到干旱影响的程度共同决定的。因此，主要从干旱危险度和承灾体的易损度进行分析。

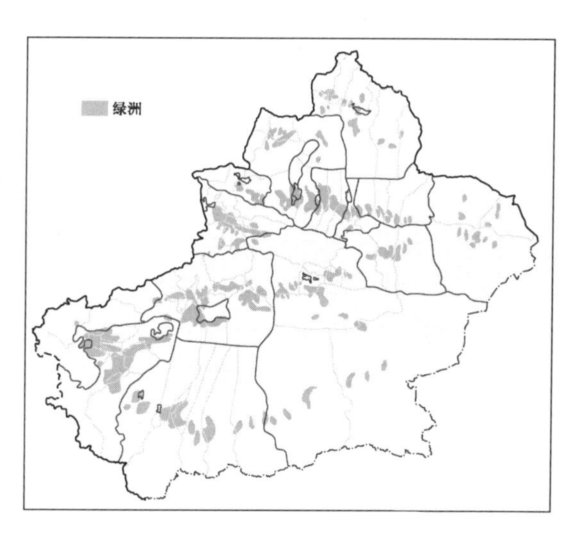

图8－1　新疆绿洲分布位置示意图

8.1.2.1　干旱危险度评价

本章运用*SPEI*来分析新疆干旱等级和干旱时空分布。Vicente－Serrano在2010年提出*SPEI*的计算是基于降水与温

度资料，并且具有多尺度的特点，其最核心的概念是构造一个气象水循环去描述累积的水分缺失或剩余，从而描述干旱。与 *SPEI* 指标相比，*SPEI* 指标加入了潜在蒸散发，综合考虑了温度对干旱的影响，能够更准确地刻画干旱，在气候显著升温的区域更能反映真实的干旱情况；与 *PDSI* 指标相比，*SPEI* 指标计算简单灵活，且具有多时间尺度特征，适用性广。

不同尺度下的水分累计距平值 D_n^k 为

$$D_n^k = \sum_{i=0}^{k-1}(P_{n-i} - PET_{n-i}) \tag{8-1}$$

式中 P——月降水量，mm；

PET——月潜在蒸发量，mm；

k——时间尺度；

n——时间单位数。

与 *SPI* 不同的是，*SPEI* 引入了三参数的 Log-logist 分布拟合 D 序列，具体表达式为

$$f(x) = \frac{\alpha}{\beta}\left(\frac{x-\gamma}{\alpha}\right)\left[1+\left(\frac{x-\gamma}{\alpha}\right)^{\beta}\right]^{-2} \tag{8-2}$$

式中 α——尺度；

β——形状；

γ——位置参数。

其累积分布函数为

$$F(x) = \int_0^x f(t)\mathrm{d}t = \left[1+\left[\frac{x-\gamma}{\alpha}\right]^{\beta}\right]^{-1} \tag{8-3}$$

经标准正态分布反演求解可得

$$SPEI = W - \frac{C_0 + C_1 + C_2W^2}{1 + d_1W + d_2W^2 + d_3W^3} \tag{8-4}$$

$$W = \sqrt{-2\ln(P)} \tag{8-5}$$

$$P = 1 - F(x)$$

当 $P>0.5$ 时，将 P 用 $1-P$ 代入即可。$C_0=2.515517$，$C_1=0.802853$，$C_2=0.010328$，$d_1=1.432788$，$d_2=0.189269$，$d_3=0.001308$。

不同时间的 *SPEI* 具有不同的物理意义。时间尺度较短的 *SPEI* 能够一定程度反映短期土壤水分的变化，这对于农业生产具有重要意义。短期干旱对农业耕作具有很大的负面影响，能很好地揭示春旱、夏旱和秋旱对于新疆地区农业造成的影响。时间尺度较长的 *SPEI* 能反映较长时间的径流变化情况，对于水库管理有重要作用。为了全面反映新疆干旱情况，选择时间尺度为3个月和12个月的 *SPEI*（简称 *SPEI*3 和 *SPEI*12）进行分析。根据表8-1中 *SPEI* 干旱等级划分标准，计算3个月尺度和12个月尺度的干旱等级实际发生的概率，同时赋予不同干旱等级权重系数，各个干旱等级的实际频率根据自然灾害分级标准 Natural breaks 再细分为4个等级。

表 8-1 **SPEI 干旱等级**

SPEI	干旱等级	概率	SPEI	干旱等级	概率
(−1.0，0]	轻度干旱	0.341	(−2.0，−1.5]	重度干旱	0.044
(−1.5，1.0]	中度干旱	0.092	≤−2.0	极端干旱	0.023

定义干旱危险度指数（drought hazard index，DHI）的公式为

$$DHI = (L_r \times L_w) + (M_r \times M_w) + (S_r \times S_w) + (E_r \times E_w) \tag{8-6}$$

式中 L_r——轻度干旱的等级；

L_w——轻度干旱的权重；

M_r——中度干旱的等级；

M_w——中度干旱的权重；

S_r——重度干旱的等级；

S_w——重度干旱的权重；

E_r——极端干旱的等级；

E_w——极端干旱的权重。

轻度干旱、中度干旱、重度干旱、极端干旱的权重分别为 1、2、3、4。以轻度干旱为例，把轻度干旱发生频率按照 Natural breaks 划分为 4 个等级，频率最高的一级等级为 4，最低一级等级为 1。

8.1.2.2 干旱易损度评价

根据搜集的资料选取了 10 个易损度指标，5 个社会经济易损性指标为人口密度、女性与男性比、抚养比、农业人口比重、文盲率，5 个物质易损性指标为灌溉面积比、粮食产量、干旱受灾面积、因旱粮食损失、因旱经济作物损失。运用 Natural breaks 方法分别将 10 个干旱易损度指标分为 4 个等级，Natural breaks 方法是按照数据固有的自然组别分类，使得类内差异最小，类间差异最大，并得到广泛的应用。10 个干旱易损性指标中，粮食单产和灌溉面积比重数值越大，代表地区的农业生产力越高，抗旱能力越强，其干旱易损性的等级越低；其他 8 个指标的干旱易损性等级随着指标数值的增大而增大。在计算中为了保持一致性，将粮食产量和灌溉面积比重等级与指标数值反向排列，其他指标的等级与指标数值成正向排列。

综合干旱易损性指标（drought vulnerability index，DVI）的公式为

$$DVI = \frac{P_r + F_r + D_r + A_r + I_r + L_r + O_r + G_r + B_r + H_r}{10} \tag{8-7}$$

式中 P_r——人口密度的易损性等级；

F_r——女性与男性比的易损性等级；

D_r——抚养比的易损性等级；

A_r——农业人口比重的易损性等级；

I_r——文盲率的易损性等级；

L_r——灌溉面积比重的干旱易损性等级；

O_r——每公顷耕地全年所生产的粮食数量的干旱易损性等级；

G_r——干旱受灾面积等级；

B_r——旱灾粮食损失等级；

H_r——旱灾经济作物损失等级。

根据联合国1991年提出的风险表达式，也是新疆干旱风险度（drought risk index，DRI）的表达式为

$$DRI = DHI \times DVI \tag{8-8}$$

式中 DHI——各县市干旱危险度；

DVI——各县市的干旱易损度。

干旱风险度 DRI 越大表示干旱风险性越大；反之则越小，利用 Natural Breaks 根据干旱危险度指数，把干旱风险划分为4个等级，即轻度风险、中度风险、重度风险、极端风险。如果某一地区没有干旱发生或者易损性极低，则该地区的干旱风险为0。比如沙漠和高山地区，特别是沙漠地区的干旱发生概率极高，但该地区人类活动非常少，其易损性极低，这些地区的干旱风险为0。由于并不是流域的每个县、市都有相应的干旱危险度，因此在县、市没有干旱危险度的情况下，采用相近气象站的干旱危险度作为该县的干旱危险度。

8.1.3 干旱危险度与易损度分析

8.1.3.1 干旱危险度分析

$SPEI3$ 表示3个月短时间尺度的干旱，$SPEI3$ 不同等级频率如图8-2所示。$SPEI12$

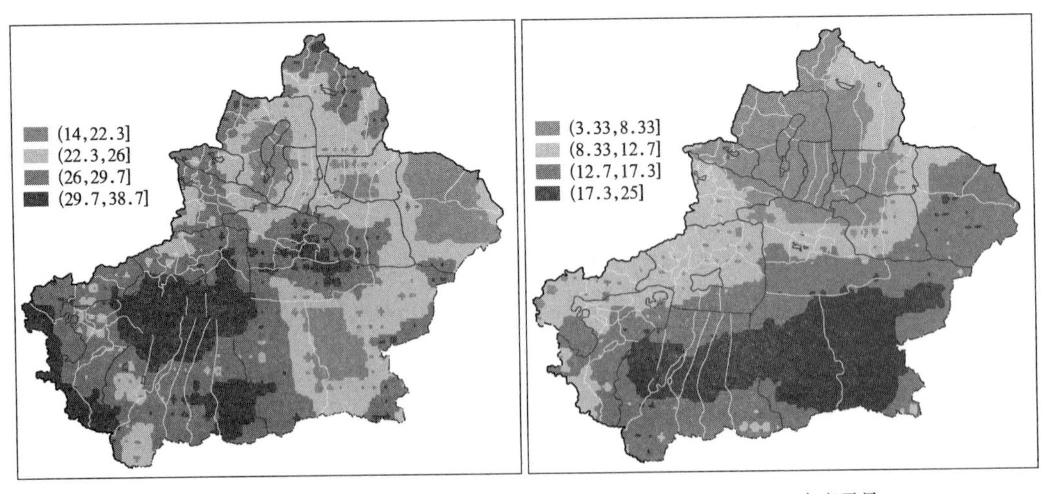

(a) $SPEI3$ 轻度干旱　　(b) $SPEI3$ 中度干旱

图8-2（一） $SPEI3$ 不同干旱等级频率（%）

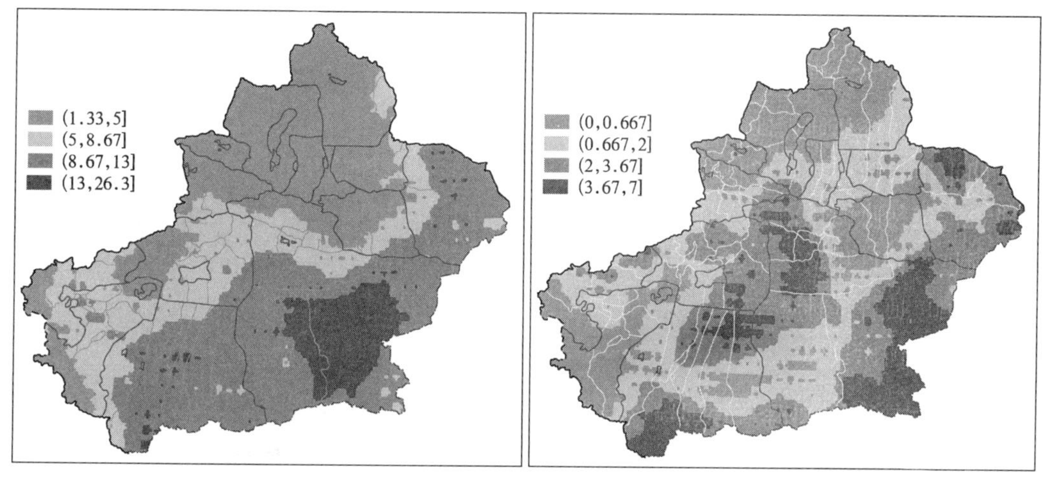

(c) *SPEI*3 重度干旱　　(d) *SPEI*3 极端干旱

图 8-2（二） *SPEI*3 不同干旱等级频率（%）

表示 12 个月长时间尺度的干旱，*SPEI*12 不同干旱等级频率如图 8-3 所示。对于短时间尺度的 *SPEI*3 干旱，新疆西南部轻度干旱频率均在 26%以上［图 8-2（a)］，轻度干旱比较严重；此外阿勒泰南部、新疆中部，轻度干旱发生频率也很高。*SPEI*3 中度干旱频率最高的区域集中在新疆东南部的和田、巴州，另外喀什、哈密地区中度干旱发生频率也很高，北疆绝大多数区域 *SPEI*3 中度干旱和重度干旱频率都很低［图 8-2（b)、（c)］。*SPEI*3 极端干旱频率最高的区域主要集中在阿克苏、和田、巴州、哈密等地，在北疆西北部、中部、喀什和克州南部，*SPEI*3 极端干旱发生的频率最低。

在图 8-2 中，相对于 *SPEI*3 干旱，长时间尺度的 *SPEI*12 轻度干旱频率中心从新疆西南向东南转移，但在北疆发生的频率依然较低。*SPEI*12 中度干旱和轻度干旱发生

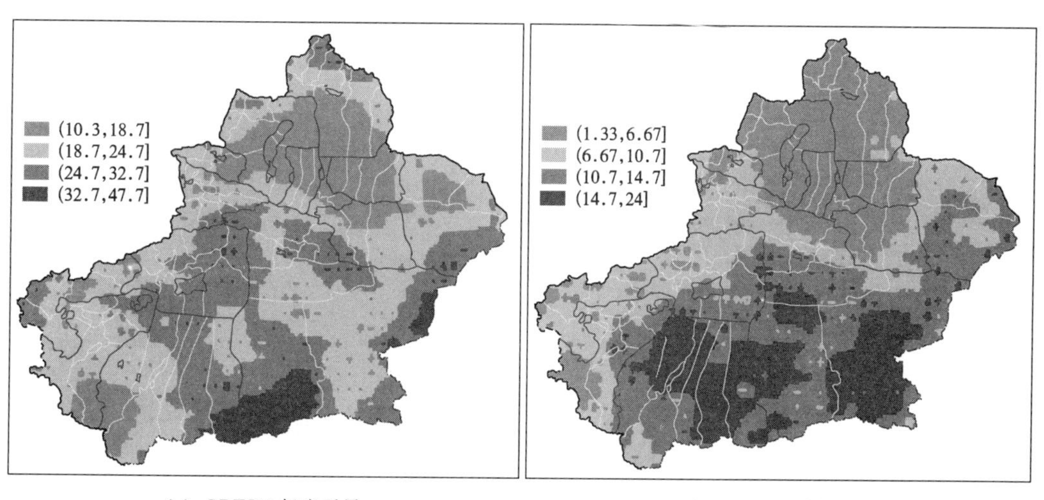

(a) *SPEI*12 轻度干旱　　(b) *SPEI*12 中度干旱

图 8-3（一） *SPEI*12 不同干旱等级频率（%）

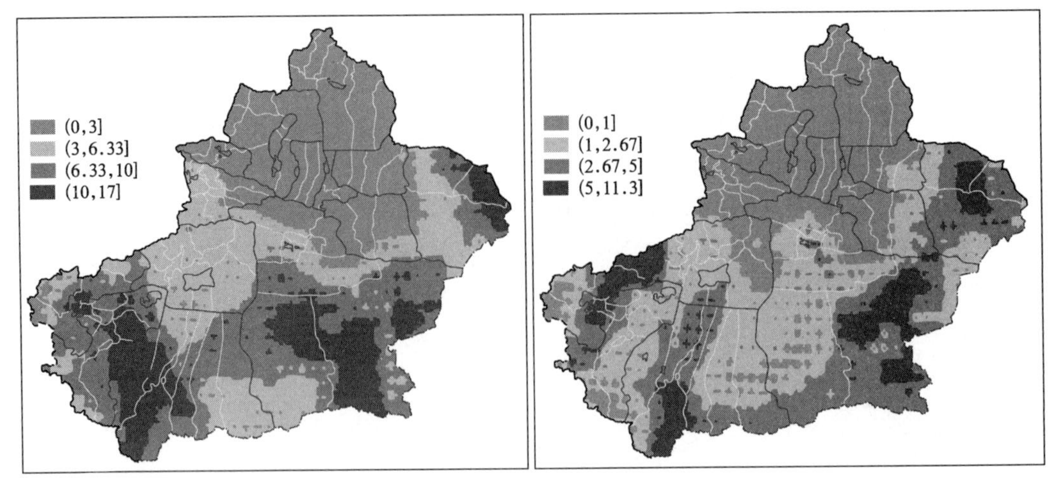

(c) *SPEI*12 重度干旱　　　　(d) *SPEI*12 极端干旱

图 8-3（二）　*SPEI*12 不同干旱等级频率（%）

频率较高的区域依然在新疆东南部的和田、巴州、哈密等地区；*SPEI*12 极端干旱发生频率较高的区域分布相对比较零散，但是依然主要集中在南疆，如克州北部、和田西南部、巴州东南部、哈密大多数地区。

根据式（8-8）计算不同时间尺度的干旱危险度指数，根据 Natural breaks 对不同时间尺度的干旱危险度指数进行分级，*SPEI*3 与 *SPEI*12 干旱危险度区划如图 8-4 所示。图 8-4（a）显示 *SPEI*3 干旱危险度最高和较高的区域主要分布在新疆东南部，尤其是南疆的巴州、和田等地。*SPEI*3 干旱危险度从北至南逐渐变强，北疆大多数地区干旱危险度较低。*SPEI*12 干旱危险度最高的区域从南疆中部向南疆西南方向转移[图 8-4（b）]，同时巴州地区干旱危险度依然很高，和田地区东部干旱危险度加强，

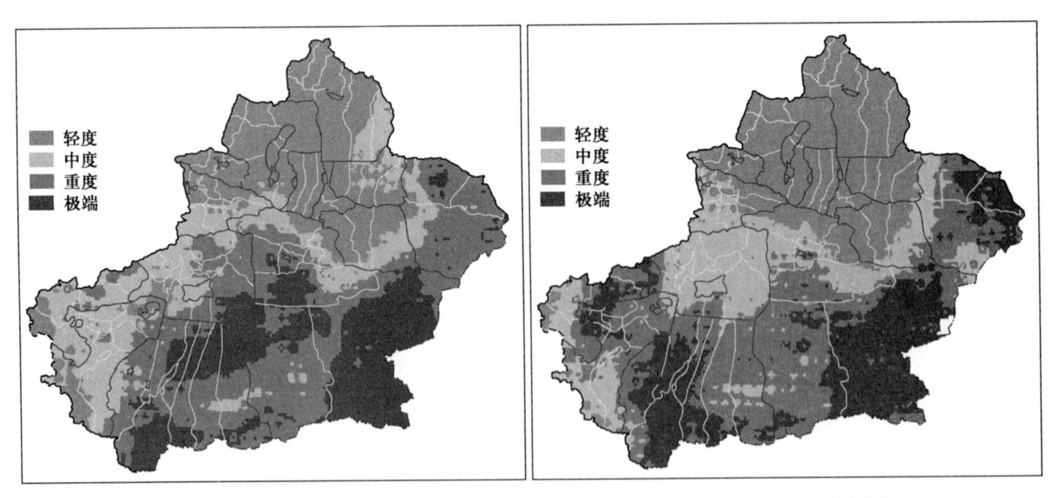

(a) *SPEI*3 综合干旱危险度　　　　(b) *SPEI*12 综合干旱危险度

图 8-4　*SPEI*3 与 *SPEI*12 干旱危险度区划

从重度转变为极端。这表明这些地区不仅受短时间尺度干旱的影响，更受长时间尺度干旱的影响。阿勒泰、昌吉等地 *SPEI*12 长期干旱危险度由中度转变为轻度。

8.1.3.2 干旱易损度分析

社会经济干旱、物质干旱易损度区划如图 8-5、图 8-6 所示，分别从社会经济易损度和物质易损度两个方面，共 10 个指标分析新疆干旱易损性。图 8-5（a）显示新疆西部人口密度明显大于东部，人口密度较高的地方主要在市区，如乌鲁木齐市、克拉玛依市、阿克苏市、库尔勒市，此外喀什地区、伊犁地区人口密度也很高。从人的个体来看，女性与男性性别比对干旱易损度有一定影响，妇女由于生理和心理上的原因，在遭受自然灾害时比男性更容易受到伤害。一个普遍存在的现象是，几乎各个县、市的男性人口均高于女性人口，新疆西部的克州地区、喀什地区、和田地区女性比例较高，女性与男性性别比接近 1∶1。另外，低抚养比可以为经济发展创造有利的人口条件，使整个国家的经济呈高储蓄、高投资和高增长的形式发展。抚养比又称抚养系数，是指在人口当中非劳动年龄人口与劳动年龄人口的比值。当抚养比下降时，人们抚养压力减轻，抵御灾害的能力会大大提高。如图 8-5（c）所示，新疆西南部的抚养比最高（如克州地区、喀什地区、和田地区西部），在新疆东南部、北疆中部抚养比相对较低。整体上，除了市区，新疆农业人口占总人口的百分比都比较高。农业人口比重最高的地区依然主要集中在南疆西部，80%以上均为农业人口，这些地区经济比较落后，农业生产占据主导地位，因此干旱易损性也越高。文盲率是指文盲人口占 15 岁及以上人口百分比，过高的文盲率会导致农民很难学习创新种植、灌溉方法，应对干旱的能力就相对较弱，造成较高的干旱易损性。如图 8-5（e）所示，相对于北疆地区，南疆地区文盲率较高。

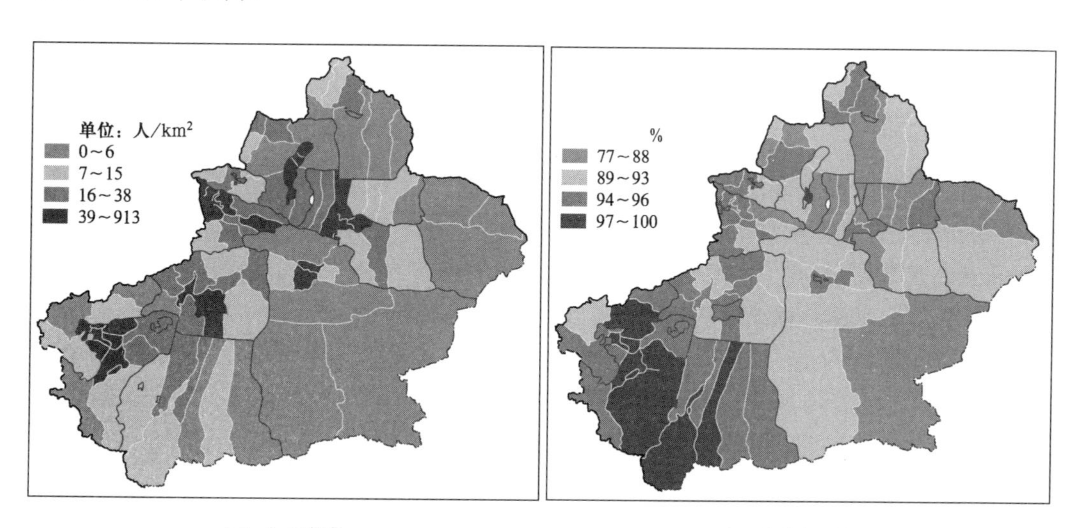

（a）人口密度　　（b）女性与男性比

图 8-5（一） 社会经济干旱易损度区划

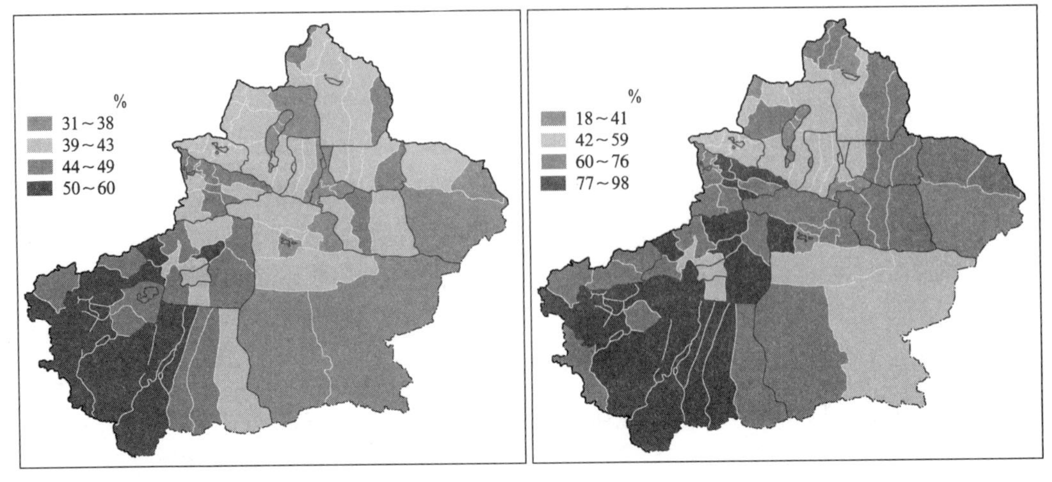

（c）抚养比　　　　（d）农业人口占总人口比重

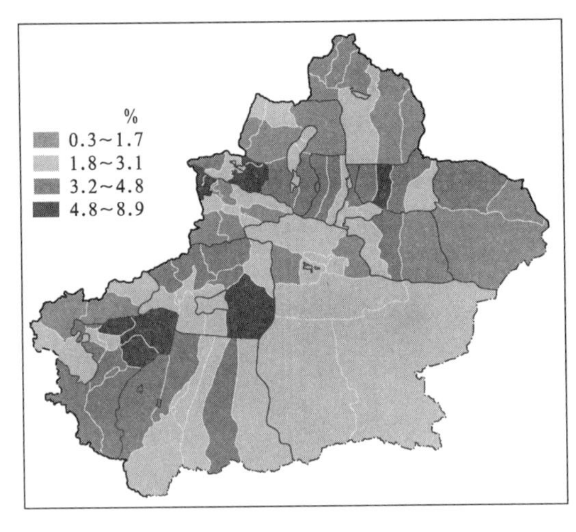

（e）文盲率

图 8-5（二）　社会经济干旱易损度区划

完善的农业灌溉系统可以有效地抵御干旱，减少干旱带来的农业损失。有效灌溉面积对保障干旱区绿洲粮食生产与安全具有重要的意义，有效灌溉面积比重越高，该地区的抗旱能力越强。在极端干旱气候环境下，新疆的农业主要以灌溉为主［图 8-6（a)］，有水的地方才有生命。在南疆绝大多数地区灌溉面积比高达 86%，灌溉面积比较低的区域主要在伊犁、塔城、哈密地区。单位面积粮食产量反映区域农业生产力水平，新疆中部地区粮食产量最高，新疆周边地区粮食产量较低［图8-6（b)］。如图 8-6（c）～图 8-6（e)，喀什地区的干旱受灾、因旱粮食损失、经济作物损失都是最高的，干旱受灾面积相对较高的地区主要集中在新疆西南部的阿克苏、塔城、昌吉。哈密、吐鲁番地区干旱受灾面积和粮食损失最低，但是因旱经济作物损失高。

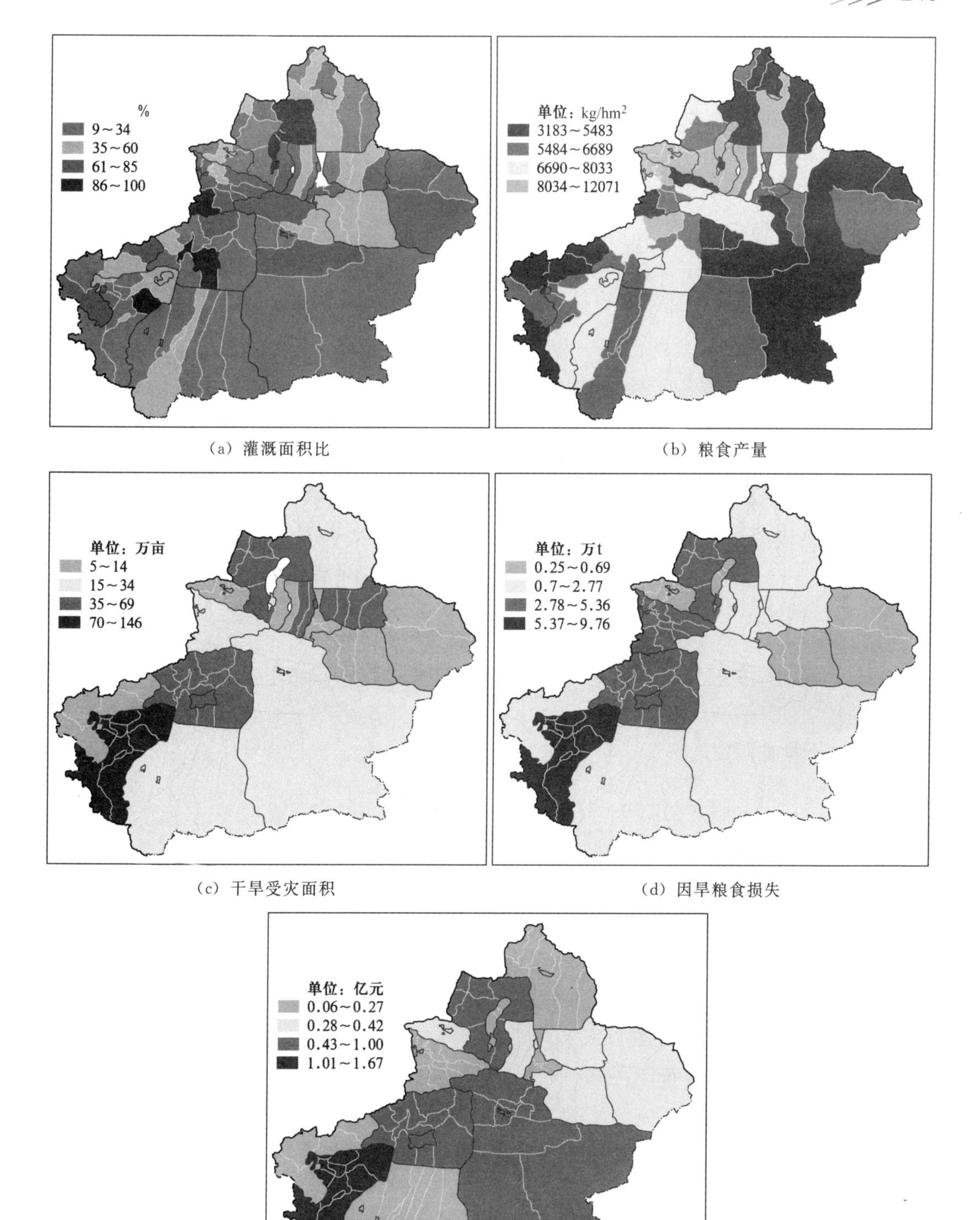

(a) 灌溉面积比

(b) 粮食产量

(c) 干旱受灾面积

(d) 因旱粮食损失

(e) 因旱经济作物损失

图 8-6 物质干旱易损度区划

新疆特殊的地形地貌导致其县级行政区划中包含山区、戈壁滩和沙漠等无人区。无经济活动的区域则不存在干旱风险问题，因此新疆干旱易损度区划图应该按照县级行政区划中的绿洲范围进行绘制。干旱易损度特重区域主要分布在新疆西南部地区，如克州地区、喀什地区、阿克苏局部地区；干旱易损度重度区域主要分布在和田地区西部、阿克苏地区大部地区、伊犁局部地区；新疆东部周边地区综合干旱易损度较低，如巴州、哈密、阿勒泰、博州等地。

综合考虑各个地区干旱危险性和干旱易损性，根据式（8-8）得到新疆3个月时间尺度和12个月时间尺度的干旱风险评估图。*SPEI*3干旱风险特重和重度主要集中在新疆南部，以及哈密西北部。其中和田东部、阿克苏东部、巴州大多数地区，*SPEI*3干旱风险都属于极端风险；喀什地区*SPEI*3干旱风险属于重度。*SPEI*3干旱风险较轻的区域集在北疆大多数地区。随着干旱时间尺度增长，由于干旱危险度的空间变化，新疆中部地区（阿克苏、巴州北部）干旱极端风险向西南方向转移，中部地区极端风险转变成中度风险，说明这些区域主要受短时间尺度干旱的影响。新疆东南部*SPEI*12干旱风险度为重度，长时间尺度的干旱风险依然很强。新疆北部，无论是*SPEI*3短期干旱还是*SPEI*12长期干旱，干旱风险都属于轻度。各县、市综合干旱易损度如图8-7所示。

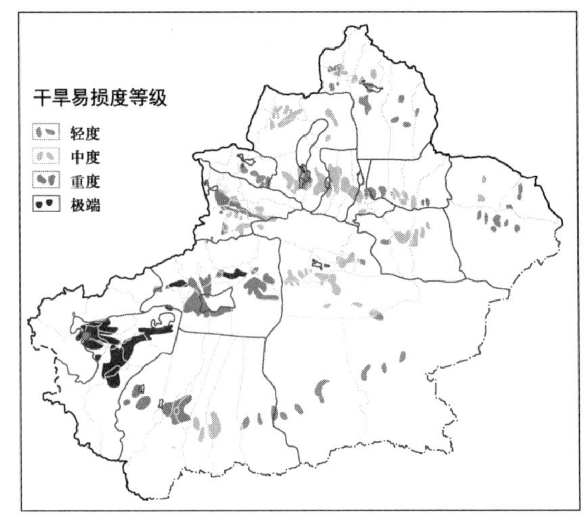

图8-7 各县市综合干旱易损度

8.1.4 干旱风险评估

8.1.4.1 干旱危险度

综合分析不同时间尺度的干旱危险性可知，对于3个月短时间尺度的*SPEI*3干旱，新疆东南部的和田、巴州等地干旱危险性等级最高，哈密地区干旱危险性也很严重，而北疆大多数地区干旱危险性都属于轻度；对于12个月长时间尺度的*SPEI*12干旱，其空间分布与短时间尺度*SPEI*3干旱危险性类似，干旱危险性依然是南高北低。但是南疆中部地区短时间尺度的极端干旱减轻，南疆西南部的克州地区、喀什地区干旱危险度从中度干旱转变为重度干旱和极端干旱。

8.1.4.2 干旱易损度

南疆地区干旱易损性明显高于北疆，综合干旱易损性最严重的区域也在南疆，尤其在喀什地区、阿克苏地区。主要是由于南疆社会经济发展比较落后，较高的农业人口比重、抚养比、因旱粮食损失、因旱经济作物损失，以及不完善的灌溉系统，导致抵御干旱风险的能力较低，干旱易损性较强。新疆中部地区干旱易损性等级属于中度，干旱易损性较低的区域主要在新疆东南和东北的边缘县、市。

通过对比分析各个干旱易损度指标与综合干旱易损度的关系，发现农业人口比重、抚养比、干旱受灾面积、因旱粮食损失、因旱经济作物损失空间分布相对较为一致，和干旱易损度的相关性比较高；和女性与男性人数比、文盲率相关性次之，但是这些指标的高值区也是干旱风险度较高的区域；人口密度与干旱易损性的相关性最低，虽然市区的人口密度较高，但是其应对干旱风险能力相对较强，干旱易损性较低；同时人口密度过低、过度分散也是造成综合干旱易损性相关性较低的原因。粮食产量与灌溉面积比重与干旱易损度成负相关性。尽管新疆西部和东南部各县、市的灌溉面积比重较高，但这些地区有效灌溉面积因工程设施损坏、建设占地、机井报废等原因而减少，该地区的粮食产量低于新疆其他地区，农业生产力低于新疆其他地区。

8.1.4.3 干旱风险度

干旱风险度与干旱危险度、干旱易损度分布具有良好的一致性，这样无疑会使干旱危险度高的区域干旱风险度更高，干旱危险度轻的区域干旱风险度更低。短时间尺度的 *SPEI*3 干旱极端风险主要在和田西部、阿克苏东部、巴州等地，重度风险主要分布在新疆南部的绿洲。对于 *SPEI*12 干旱，在 *SPEI*3 干旱为中度的情况下喀什地区干旱风险已经为重度风险；对于 *SPEI*12 干旱，该地区干旱危险性增强，同时干旱风险度转为极端风险。阿克苏地区干旱易损度等级也很高，但是由于 *SPEI*12 干旱风险度降低，导致阿克苏地区 *SPEI*12 干旱风险变为中度。巴州地区由于地广人稀导致干旱易损性很低，但是较高的干旱危险性导致其大多数地区干旱风险为重度。

(1) 通过各个干旱易损度指标和综合干旱易损度之间的关系，发现农业人口比重、抚养比、干旱受灾面积、因旱粮食损失、因旱经济作物损失是决定干旱易损性的主要因素。

(2) 新疆南部短时间尺度干旱（*SPEI*3）危险性极端和严重的区域与长时间尺度干旱（*SPEI*12）的区域基本吻合，这说明短期干旱和长期干旱对新疆南部地区影响都很大。

(3) 干旱风险是干旱危险性和干旱易损性的综合作用。喀什地区干旱易损性属于极端，干旱危险性较低时干旱风险性为重度（*SPEI*3），当干旱危险性为极端时干旱风险性为极端（*SPEI*12）。阿克苏地区干旱易损性严重，但干旱危险性降低时，其干旱风险度等级从极端变为中度。不同区域干旱风险性的原因有所差异，因此抗旱救灾需根据不同地区的干旱危险度、干旱易损度、干旱风险度，因地制宜，从而提高抵御干旱风险的能力。3 个月和 12 个月尺度干旱风险评估如图 8-8 所示。

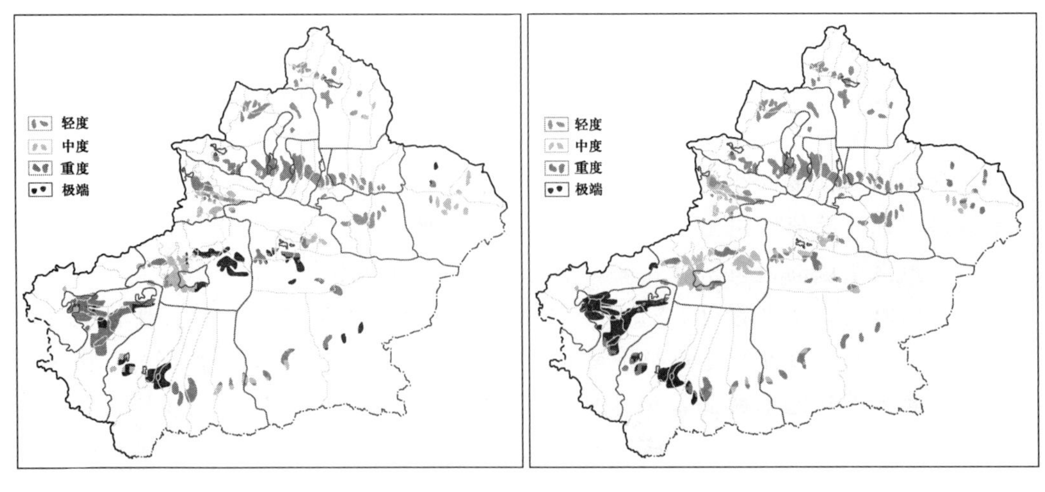

(a) *SPEI*3 干旱风险评估 (b) *SPEI*12 干旱风险评估

图 8－8 3 个月和 12 个月尺度干旱风险评估

8.2 干旱灾害风险分担机制分析

8.2.1 目前存在主要问题

8.2.1.1 旱灾损失评估难

旱灾与洪灾不同，旱灾影响范围广，历时长，隐患大，所造成的损失难以定量估算。我国目前尚缺乏完整的旱灾发生状况和损失情况的基础数据资料。在现行的农业干旱研究中，几乎所有的农业干旱指标都不能对干旱进行定量描述，只是简单的将旱情分成轻旱、中旱、大旱等，对农业旱情的程度不能够进行详尽的刻画。农业干旱的定量描述无论在理论上还是方法上不够深入细致。对农业干旱带来的损失也没有进行深入探讨。干旱的发生是随机的，不同程度的干旱发生也是随机的，因而农业干旱带来的损失不确定。如何正确地对农业旱灾损失进行定量评估是当前面临的难题。

8.2.1.2 旱灾风险补偿制度的融资渠道有限

目前我国实行的是国家财政支持的中央政府主导型补偿融资模式，主要工作由政府部门承担。但是这种模式本身存在着以下弊端：①这种模式下的财政资金很难在最短时间内到位，使得在灾害中受损的生产要素不能得到及时恢复和重建；②依靠政府财政救济转移旱灾风险的作用十分有限。旱灾风险的随机性若由国家预算承受，势必影响财政支出的平衡与稳健。因此将财政资金作为最主要的旱灾风险融资渠道具有很大的风险性和局限性，应该在此基础上开辟更多的风险融资途径。

8.2.1.3 法律法规不健全，制度保障缺失

在我国，公民旱灾保险意识相对薄弱的阶段，强制性的保险法律制度也相对薄弱，使得旱灾风险在推进过程中缺乏法律支持。目前我国还未出台专门的农业保险法，也没有专门的农业保险管理条例。法律法规不健全，导致农业保险尤其是农业旱灾保险的经营主体、组织方式、准备金积累等方面缺乏明确的制度安排。

8.2.1.4 旱灾风险补偿制度的支持性配套措施不足

我国在旱灾发生后基本没有统一负责的协调部门和管理部门。旱灾发生后，国家或政府层面往往会成立临时性领导小组应对危机，相关部门领导会参与到临时小组中协调救灾处理和灾后重建工作，而每次应急之后，小组不被保留或经常运作，以致在旱灾处理以及相应补偿机制方面的经验教训得不到好的传承。

8.2.2 干旱灾害风险分担补偿机制的技术支持

旱灾风险共同体是指根据损失的大小，所有利益相关方，包括个人、保险公司、资本市场、政府等在补偿灾害损失的时候所扮演的不同角色，也可以定义为在政府支持下的多层次旱灾风险补偿机制，这个补偿机制中，包括投保人、保险人、资本市场和政府等主体。旱灾风险损失最终由这些主体逐级分担：旱灾的底层损失主要由个人和保险人承担，中层损失主要由资本市场以及再保险市场承担，超额损失主要由政府承担。这种模式既可以利用保险公司销售、理赔的优势，充分发挥再保险和资本市场在分散风险方面的作用，又通过政府兜底控制了旱灾保险市场的风险水平。此外，通过控制政府补偿的对象，引导投保人自觉降低财产风险，提高财产风险抵御风险的能力，最终达到降低旱灾风险损失的目的。

8.2.2.1 加强旱灾风险评估

政府组织力量制定旱灾风险的科学分级和灾害风险标准，为系统深入研究旱灾风险提供依据；建立起一个包含政府、市场、公众的信息共享平台，依据旱灾时间的各项物理参数和损失记录，建立旱灾风险管理数据库；借鉴国际上旱灾风险评估的先进理论和实践经验，加强旱灾风险的评估准确性，为旱灾保险共同体的正常运行提供技术支持。

8.2.2.2 建立完备而有效的风险数据平台和旱灾预测模型

建立旱灾风险数据平台和旱灾预测模型，为建立旱灾保险机制提供技术支持。在我国保监会的主导下，组织有关力量做相关工作如通过全国社会保险标准化技术委员会编制旱灾风险数据标准，通过建立商业保险公司的自然干旱（如天然来水量减少）和人为干旱（不断扩大的需水量或为保证工业用水而减少农业用水而导致的农业干旱）风险报告制度，尝试建立起旱灾风险数据库。

8.2.2.3 建立较为准确的旱灾损失评估模型

洪水等其他灾害的损失都有较为明确的评估计算方法，可是旱灾的损失计算一直很不明确，预报旱灾只是很简单地说明某个地方出现干旱或是较为严重的干旱，至于准确地描述干旱范围，以及干旱程度和对应程度干旱造成详细损失都很少出现，现借鉴蓄滞洪区洪灾损失计算方法，提出以下计算方法的建议。

1. 建立干旱程度与损失之间的关系

选取具有代表性的典型地区、典型单元、典型部门等分类做旱灾损失调查统计，根据调查资料估算不同干旱程度下，各类财产旱灾损失率，建立干旱程度与各类财产旱灾损失率关系表或关系曲线。

根据影响区内各类经济类型和旱灾损失率的关系，计算旱灾经济损失，表达式为

$$D=D_{ij}\eta_{ij} \tag{8-9}$$

式中 D_{ij}——评估单元在第 j 级干旱程度条件下的第 i 类财产的价值；

η_{ij}——第 i 类财产在第 j 级干旱程度条件下的损失率。

2. 损失率的计算

旱灾损失率是描述旱灾直接经济损失的一个相对指标，通常指各类财产损失的价值与灾前或正常年份原有各类财产价值之比，简称旱灾损失率。旱灾损失率是旱灾经济损失评估的重要指标，影响旱灾损失率的因素很多，如地形、地貌、地区的经济类型，干旱程度，财产类型、成灾季节，抢救措施等。一般可按不同地区、财产类别分别建立旱灾损失率与干旱程度对应的关系曲线或关系表。

干旱灾害损失率模型主要以干旱程度为自变量，损失率为因变量，利用参数统计方法确定模型参数，建立参数统计模型。

8.2.3 构建旱灾风险共同体的融资渠道

旱灾风险的补偿机制可实行分层承担机制，资金来源可以有保险市场、财政支出、资本市场等渠道。

8.2.3.1 保险市场

建立以保险产品为载体的融资渠道，即通过向企业、个人销售旱灾保险产品的方式将资金汇集起来，用于旱灾发生所致经济损失补偿的专项基金。旱灾保险不仅能有效转移和分散风险，而且能通过条款的规定和保费的厘定间接地促使旱灾预防技术的改善，比如鼓励选用抗旱品种的作物、推广节水灌溉技术、加强节水意识等。

8.2.3.2 财政支出

财政支出通过旱灾保障基金体现，这是不可或缺的政府支持，旱灾一旦发生，对人

民生活和社会安定造成一定的影响，因此，旱灾风险救助离不开政府的支持。旱灾保障基金是市政府支持下的政策性基金，对它的设立应该给予财政支持和税收优惠。

8.2.3.3 金融市场

金融市场是能够支撑复杂长期金融工具交易的有效制度。相比于保险市场，资本市场有着更加巨大的资金实力和风险容纳能力。资本市场是通过风险证券化，分散风险，提高风险的融资能力的有效渠道。

利用国内外的资本市场，积极探索开发保险—金融市场相结合的金融工具，将保险市场和政府无法承担的风险部分在容量更大的资本市场上得到有效转移。

8.2.4 构建旱灾风险共同体的法律制度

旱灾保险共同体系的实施必须依靠完善的法律法规的支持，涉及的内容主要包括旱灾保险共同体的机构设置和管理模式、旱灾保险共同体的监管和管理、财政与税收支持的方式和力度等。

在开展旱灾保险的初期，可以借鉴机动车强制保险的做法，由国家制定《旱灾保险条例》，立法明确旱灾风险管理责任与制度，通过建立旱灾强制保险制度推动社会旱灾风险补偿机制的建设，确保旱灾保险各项机制有效运转。明确规定旱灾保险的性质、承保主体、保险基金来源及分摊、险种设计、保险责任、保额和费率厘定依据、理赔规则、补贴和税收优惠、再保险安排要求等内容，并尽力扩大保险人承保业务，满足旱灾保险分散风险的要求。

合理划分干旱等级及其详细描述后，要明确划分保险公司、政府、市场和农户各个单位对于旱灾损失的补偿比例。新疆的农业机械化和产业化程度很高，因此实现旱灾风险投保的可行性很高，如果想此政策在农户间大范围推广，还需要政府出台新的政策支持，特别是在推行旱灾风险投保的最初几年，需要政府极大的财政支持。这方面借鉴内地推行烟叶烘烤时，自动化烤房推行的政策，例如，在推行旱灾风险投保的第一年，政府财政补贴一大部分，保险公司优惠一部分，农户自出一小部分，以此吸引农户投保，使该政策得以推广；以后逐年降低政府补贴的部分，当农户完全认识到旱灾保险制度的好处，就会自费投保了。

8.2.5 构建旱灾风险共同体的支持性配套措施

8.2.5.1 加强各职能部门之间的协作

我国要建立应对旱灾事故的保险制度，首先要明确政府和保险业在灾害管理中的地位和作用，同时，由于旱灾保险涉及的地域、行业较广，要求应对旱灾风险的职能机构之间相互协作，共同发展，如针对保险业务，保监会可对其进行监管；作为主要的行业保障，农业部正积极推进旱灾保险的实施；作为资金保障，财政部在旱灾保险事业中居于重要地位；此外，还有一些其他部门直接或间接地参与旱灾保险的监管工作，相互间的沟通协调十分必要。

8.2.5.2 设立专门的办理投保和理赔的职能部门

新疆农业产业化生产为旱灾投保政策提供了便利条件，县级政府应设立专门的办理投保和理赔的监管职能部门，办理农户与保险公司的合同事宜，同时在遇到灾害时，也办理理赔监管事宜，让政府来确保农户的利益不会被侵害，此举还可提高农业旱灾保险的可行性和可持续性。

建立旱灾保险等干旱风险转移机制，有利于分散和转移干旱灾害风险，可在相当程度上避免受干旱缺水影响的产业遭受毁灭性打击，其在美国、加拿大、澳大利亚、西班牙、日本等国家开展的相当普遍。通常是在严重的干旱事件发生后，为农作物生产者提供低息贷款或无偿援助，支持其灾后恢复生产，支付各种应急费用。把旱灾保险作为一项重要的非工程抗旱减灾措施加以研究，探索经验，逐步建立完备的社会防旱保障和救助制度。当前，急需组织相关方面的专家研究，积极推进旱灾保险制度的建立。

参考文献

[1] 吴绍洪，潘韬，刘燕华，等．中国综合气候变化风险区划 [J]．地理学报，2017，72 (1)：3-17.

[2] 赵宗权，周亮广．江淮分水岭地区旱灾风险评估 [J]．水土保持研究，2017，24 (1)：370-375.

[3] 金菊良，郦建强，周玉良，等．旱灾风险评估的初步理论框架 [J]．灾害学，2014，29 (3)：1-10.

[4] 董婷婷．辽宁省农业干旱风险评价研究 [J]．水利发展研究，2017，17 (2)：54-60.

[5] 刘宪锋，朱秀芳，潘耀忠，等．河南省农业干旱风险评价框架与应用 [J]．北京师范大学学报 (自然科学版)，2015，51 (S1)：8-12.

[6] 徐桂珍．基于自然灾害风险理论的陕西省典型作物干旱灾害风险评估与区划 [J]．中国农村水利水电，2017 (7)：179-188.

[7] 何斌，王全九，吴迪，等．基于灾害风险综合指标的陕西省农业干旱时空特征 [J]．应用生态学报，2016，27 (10)：3299-3306.

[8] 何娇楠，李运刚，李雪，等．云南省干旱灾害风险评估 [J]．自然灾害学报，2016，25 (5)：37-44.

[9] 屈艳萍，郦建强，吕娟，等．旱灾风险定量评估总体框架及其关键技术 [J]．水科学进展，2014，25 (2)：297-303.

[10] 李红英，张晓煜，袁海燕，等．宁夏农业干旱灾害综合风险分析 [J]．中国沙漠，2013，33 (3)：883-887.

[11] 徐新创，葛全胜，郑景云，等．区域农业干旱风险评估研究——以中国西南地区为例 [J]．地理科学进展，2011，30 (7)：883-890.

[12] 王莺，沙莎，王素萍，等．中国南方干旱灾害风险评估 [J]．草业学报，2015，24 (5)：12-24.

[13] 秦大河．中国极端气候事件和灾害风险管理及适应国家评估报告 [M]．北京：科学出版

社，2015.

[14] 吴绍洪. 综合风险防范 [M]. 北京：科学出版社，2011.

[15] 史培军，孙劭，汪明，等. 中国气候变化区划（1961—2010年）[J]. 中国科学：地球科学，2014（10）：2294-2306.

[16] 吴东丽，王春乙，薛红喜，等. 华北地区冬小麦干旱风险区划 [J]. 生态学报，2011，31（3）：760-769.

[17] 姚玉璧，张强，李耀辉，等. 干旱灾害风险评估技术及其科学问题与展望 [J]. 资源科学，2013，35（9）：1884-1897.

[18] 陈虹. 新疆统计年鉴 [M]. 北京：中国统计出版社，2014.

[19] 陈虹. 新疆统计年鉴 [M]. 北京：中国统计出版社，2015.

[20] Davie J C S，Falloon P D，Kahana R，et al. Comparing projections of future changes in runoff and water resources fromhydrological and ecosystem models in ISI-MIP [J]. Earth System Dynamics Discussions，2013，4（1）：279-315.

[21] Portmann F T，Döll P，Eisner S，et al. Impact of climate change on renewable groundwater resources：Assessing the benefits of avoided greenhouse gas emissions using selected CMIP5 climate projections [J]. Environmental Research Letters，2013，8（2）：279-288.

[22] Rosenzweig C，Elliott J，Deryng D，et al. Assessing agricultural risks of climate change in the 21st century in a global gridded crop model intercomparison [J]. Proceedings of the National Academy of Sciences of the United States of America，2014，111（9）：3268-3273.

[23] Kahn M E. The climate change adaptation literature [J]. Review of Environmental Economics & Policy，2016，10（1）：166-178.

[24] Pindyck R. Climate change policy：What do the models tell US [J]. Journal of Economic Literature，2013，51（3）：860-872（813）.

[25] Edenhofer O，Seyboth K. Intergovernmental Panel on Climate Change（IPCC）[J]. Encyclopedia of Energy Natural Resource & Environmental Economics，2013，26（D14）：48-56.

[26] Roderick M L，Sun F，Farquhar G D. Water cycle varies over land and sea [J]. Science，2012，336（6086）：1230-1231.

[27] Vuuren D P V，Edmonds J，Kainuma M，et al. The representative concentration pathways [J]. An overview. Climatic Change，2011，109（1/2）：5-31.

[28] Edmonds J. The representative concentration pathways：An overview [J]. Climatic Change，2011，109（1/2）：5-31.

[29] Thomson A M，Calvin K V，Smith S J，et al. RCP4.5：A pathway for stabilization of radiative forcing by 2100 [J]. Climatic Change，2011，109（1/2）：77-94.

[30] Li K，Wu S，Dai E，et al. Flood loss analysis and quantitative risk assessment in China [J]. Natural Hazards，2012，63（2）：737-760.

[31] Hagemann S，Chen C，Haerter J O，et al. Impact of a statistical bias correction on the projected hydrological changes obtained from three GCMs and two hydrology models [J]. Journal of Hydrometeorology，2011，12（4）：556-578.

第9章　新疆农业抗旱减灾技术体系及集成应用

9.1　农业抗旱减灾技术体系

干旱管理涉及气象、地质、水文、农业、资源、环保、生物、遥感、经济等诸多学科和领域，本课题基于本项目的研究成果，同时综合集成国内外的相关研究成果提出包括指标体系、监测系统、信息系统、工程设施及农业节水技术为一体的农业干旱减灾科技支撑体系。

9.1.1　指标体系

干旱指数，即综合考虑降水、降雪、径流及其他水资源供应指标，对干旱程度做出的定量描述，是开展干旱监测、评估干旱风险、启动相应计划的基本依据。干旱指标体系包括正常降雨百分率指标、Palmer干旱指数、标准降水指标（SPI）、作物水分指数（CMI）、地表水供应指数（SWSI）、垦殖干旱指数（RDI）和Deccies指数等。由于新疆区域环境分异较大，干旱特点不同，综合各项指标进行筛选，提出标准降水指标（SPI），该指标能对多种时间尺度的降水不足进行定量描述，可较好反映干旱对各类水资源可用量的影响，可应用于干旱监测机构中，并可应用于各类水资源的供给和调控管理。

9.1.2　监测系统

监测和早期预警是干旱减灾的基础。它主要是根据有关评价指标，对干旱发生概率、时间、强度、历时、空间范围及特性进行评估分析，并通过多种渠道向决策机构和社会公众提供干旱发展演变情况的监测预警信息。本项目开发了区域与流域两个不同尺度下的新疆干旱监测预警系统，可定期汇总分析气象资料以及来自流域、地州防汛抗旱相关机构的监测数据，实时追踪分析全区范围内的干旱程度、空间范围及其影响，及时发布干旱监测预警信息。

9.1.3　信息系统

根据各地区干旱发生的历史频次，将干旱程度由低到高划分为不同级别，可从该系统获取历史干旱监测分布图、干旱影响评估图、干旱短期混合指标图等，同时可查询相关历史干旱资料，为干旱管理提供技术支持。

9.1.4 工程设施

建立完善的工程设施，提高农田灌溉保证率，是减轻干旱灾害，保障农牧业丰收的关键。因此，根据新疆内水资源特点，大力开展水利建设，通过建库蓄水、跨流域调水、开发地下水等措施，弥补地表水源不足。同时要加强临时供水设施及备用机电井等工程的建设，确保紧急用水需要。在水资源调配管理中利用水资源优化调度系统，对各区域供水量进行实时调度，形成完整的水资源调度调控系统。

9.1.5 农业节水技术

运用土壤水分监测技术对农作物实行精量按需灌溉，在农作物生长期间定期对不同土层的土壤水分进行定点定时测定，并根据气象资料对水分补给量进行计算，做到了按需精量灌溉。在干旱年份，应加大非充分灌溉技术的推广与应用，将干旱损失降低到最大限度。

9.2 农业抗旱减灾技术集成应用

9.2.1 干旱预警及水资源应急调度应用

本项目将干旱预警技术、水资源优化调度技术、GIS技术、计算机技术与局域网络管理技术集成建立了新疆玛纳斯河流域水资源配置与管理信息系统，并在新疆玛纳斯河流域管理处水资源调度中心进行了应用。

系统基于GIS技术，以玛纳斯河流域1∶10000基本地形图为基础，做了流域一级灌区、二级灌区、总干渠、干渠、支渠、斗渠和渠首断面图层和基本地理要素图层，共分30个图层。以4个一级灌区（玛纳斯灌区、莫索湾灌区、石河子灌区、西岸大渠灌区）为主、8个二级灌区（清水河灌区、玛纳斯县灌区、新湖总场灌区、莫索湾灌区、石河子南灌区、石河子北灌区、下野地灌区、老沙湾灌区）为辅，采用水加拿大的WRMM模型作为水资源配置模型，构建了流域水资源合理配置管理系统。

系统硬件配置平台由服务器和终端计算机构成局域网络系统，负责流域水位流量遥控测报和数据处理分析统计工作，主要由两台服务器计算机、两台智能交换机和10台终端计算机构成。其中两台终端计算机负责流域各个渠道断面水位流量数据（共计75个断面，以每天早8时数据为基础）的接收和汇总分析，并生成统计报表（日、旬、月、年），其他终端在各业务部门，各部门可利用提供的分析数据进行本部门的业务工作。

本系统的应用，显著提高了玛纳斯河流域水资源管理水平。通过该系统可全面及时掌握流域内的来水及用水情况，通过预警系统可及时根据来水进行全流域内水资源调配，大大降低干旱灾害可能对流域内农业造成的损失，促进流域内农业经济的健康稳定发展。

9.2.2 棉花节水技术应用示范

通过2009年、2010年两年的时间，在玛纳斯县乐土驿镇建成5000亩棉花节水技术示范区。示范区共建成8个膜下滴灌系统，总面积5000亩，其中滴灌棉花4000亩，加工番茄1000亩。系统主管道采用PVC管，埋于地下，支管为PE软管，置于地面。工程共建设骨干管网28km，田间毛管3000km。

9.2.2.1 示范区概况

乐土驿镇东距首府乌鲁木齐110km，西距玛纳斯24km。地处塔西河冲积扇平原区，农业灌区用水主要以塔西河水为主，井灌水为辅，井水、河水汇流，渠系相互配套，亩均灌溉定额约550m^3。通过对乐土驿镇包括乐土驿村、上庄子村、三个庄村等地区取土样180个，确定该区土壤质地偏黏重，田间持水量24%，容重1.43g/cm^3；土壤有机质0.58%，速效氮28.38mg/kg、速效磷0.62mg/kg，总体肥力水平偏低；土壤盐分含量为0.11%，盐分含量较低。

9.2.2.2 实施效果

项目实施后，滴灌示范区棉花单产370kg/mu（折合皮棉124kg/亩），节肥20%，增产19.4%；膜下滴灌示范区番茄单产8000kg/亩，节肥20%，增产45%。推广示范5000亩，累计增加净效益195.3万元。

项目实施后，项目区水费的征收率由86%提高到98%；灌溉水利用效率提高到0.9，示范区毛灌溉定额（斗口）由450m^3/亩减少到300m^3/亩，节水33%，5000亩示范区共节水75万m^3。

参考文献

[1] 金菊良，杨齐祺，周玉良，等. 干旱分析技术的研究进展[J]. 华北水利水电大学学报（自然科学版），2016，37（2）：1-15.

[2] 金菊良，宋占智，崔毅，等. 旱灾风险评估与调控关键技术研究进展[J]. 水利学报，2016，57（3）：1-15.

[3] 金菊良，郦建强，周玉良，等. 旱灾风险评估的初步理论框架[J]. 灾害学，2014，29（3）：1-10.

[4] 向立云. 洪水风险图编制若干技术问题探讨[J]. 中国防汛抗旱，2015，25（4）：1-7.

[5] 陈晓燕. 旱情监测预测系统建设关键技术研究[D]. 南京：河海大学，2004.

[6] 向立云. 防洪减灾体系概要[J]. 中国防汛抗旱，2011，21（2）：10-11.